石油和化工行业"十四五"规划教材

WULI HUAXUE SHIYAN

物理化学实验

第二版

刘建兰　韩明娟　裴文博　吴雅静　主编

化学工业出版社

·北京·

内容简介

《物理化学实验》（第二版）基本保留了第一版的布局和特色，结合科技进步和仪器更新进行了修订。全书共12章，第1～6章介绍了物理化学实验的教学目的和基本要求、误差分析、有效数字和数据处理方法；实验室安全知识以及事故发生时的急救办法；温度、压力、流量、电化学和光学测量的实验原理与技术，一些现在常用的新型仪器等。第7～11章涵盖了化学热力学、电化学、化学动力学、表面与胶体化学和结构化学等方向的39个实验。第12章收集了物理化学实验常用数据表45个。全书强化了学生实验操作过程的量化和细节，便于学生自主开展实验和掌握科学的数据处理方法。

《物理化学实验》（第二版）可作为高等院校化学、应用化学、化学工程、材料科学和工程、生物科学与技术、食品和轻化工程、环境科学和工程、资源科学和制药工程等相关专业本科生的教材，也可供研究生、从事化学实验室工作及相关科研工作的人员参考和使用。

图书在版编目（CIP）数据

物理化学实验 / 刘建兰等主编 . — 2 版 . — 北京：
化学工业出版社，2025. 1. —（石油和化工行业"十四
五"规划教材）. — ISBN 978-7-122-46909-0

Ⅰ. O64-33

中国国家版本馆 CIP 数据核字第 202452UP91 号

责任编辑：宋林青　李　琰　　文字编辑：刘志茹
责任校对：李露洁　　　　　　　装帧设计：史利平

出版发行：化学工业出版社
　　　　　（北京市东城区青年湖南街 13 号　邮政编码 100011）
印　　装：天津千鹤文化传播有限公司
787mm×1092mm　1/16　印张 18　字数 446 千字
2025 年 1 月北京第 2 版第 1 次印刷

购书咨询：010-64518888　　　　售后服务：010-64518899
网　　址：http://www.cip.com.cn

定　　价：42.00 元

第二版前言
FOREWORD

物理化学实验教学在化学化工类及其相关专业的人才培养中发挥着关键性作用，其不仅能够传授学生实验基础知识、科学原理和基本技能，而且能够拓展学生发现和解决化学问题的思路、视野和方法，还能够培养学生实事求是的科学态度、坚韧不拔的意志品质、规范严谨的实验习惯、分工协作的团队精神。适逢教育部开展"十四五"普通高等教育本科国家级规划教材遴选之际，编者把教育部有关规划教材的遴选条件作为教材编写的指导思想，注重教材的思政性，在刘建兰教授等于2015年5月主编出版的《物理化学实验》（该教材曾获中国石油和化学工业优秀出版物奖一等奖）基础上，进行编写、更新和完善。

本教材分绪论、化学实验的安全与急救知识、温度的测量与控制技术、压力和流量的测量技术与仪器、电化学测量技术与仪器、光学测量技术与仪器、物理化学实验和附表等12章内容。前6章介绍了物理化学实验的教学目的和基本要求、数据处理的科学方法；实验室的防火、防爆、防触电等安全知识及事故发生的应急知识；温度、压力、流量、电化学和光学测量的实验原理与技术，常用仪器型号与使用方法等。第7～11章涵盖了化学热力学、电化学、化学动力学、表面与胶体化学和结构化学等方向的39个实验。第12章收录了物理化学实验常用数据表45个，便于读者查阅。突出实验操作过程的细节阐述和仪器药品的精准量化，是教材的主要特色。

本教材可以作为高等理工科院校化学、应用化学、化学工程、材料科学和工程、生物科学和工程、食品和轻化工程、环境科学和工程、资源科学和制药工程等相关专业本科生的物理化学实验教材，也可供研究生、从事化学实验室工作及相关科研工作的人员参考和使用。

参加教材编写工作的有南京工业大学刘建兰、韩明娟、裴文博、吴雅静、林志华、姚敏霞、王芳、彭国、赵雪霏、乔峤、孙萍、张楠、刘冬和倪潇等老师，全书由刘建兰教授统稿和定稿。

鉴于编者水平有限，书中难免有疏漏或欠妥之处，敬请读者和同行批评指正，便于教材日臻完善。

编者
2024年秋于南京

目录

CONTENTS

◎ 第3章 温度的测量与控制技术   29

◎ 第4章 压力和流量测量技术与仪器   46

◎ **第 5 章　电化学测量技术与仪器**　　⚫60

◎ **第 6 章　光学测量技术与仪器**　　⚫83

◎ 第 7 章　化学热力学实验　　99

◎ 第 8 章　电化学实验　　158

◎ 第 9 章　化学动力学实验　　192

第1章

绪　　论

化学是一门建立在实验基础上的科学，化学实验对化学的发展起着决定性的作用。作为化学实验学科的一个重要分支，物理化学实验是研究化学基本理论和解决化学问题的重要手段和方法，它与无机化学实验、分析化学实验、有机化学实验衔接，构成传统的四大基础化学实验体系。

化学与物理学之间的联系极其紧密，化学过程包含或伴有物理过程，而物理过程又能影响或引发化学过程。在化学反应中，常伴有体积改变、压力改变、热效应、电效应和光效应等物理现象；同时，系统浓度、压力、温度的变化，光照、电场、磁场等物理因素的作用，都可能影响或引发化学反应。因此，物理化学实验充分利用化学过程与物理过程的内在联系，在实验方法上主要采用物理学的测试手段，例如物理化学实验中的"燃烧热测定"实验，用的正是物理学中的量热法。

因此，物理化学实验是利用物理的原理、技术、仪器和方法，借助数学处理工具，研究化学反应系统中物理性质和化学性质变化规律的一门基础学科，它通过实验测试的手段，研究物质的物理化学性质以及这些性质与化学反应之间的内在联系，从而得出科学的结论。

1.1　物理化学实验的特点、目的和要求

1.1.1　物理化学实验的特点

与其他化学实验相比，物理化学实验具有自身的特点和规律。

① 物理化学实验具有综合性和系统性特点。物理化学实验测定的是化学反应过程中物质的物理性质，它所设定的每一个实验往往代表的是某一类或某一方面的物理化学研究方法，体现了高度的综合性和代表性。同时，物理化学实验常常是由多种仪器组成一个实验系统，讲究实验过程中各部分的协调与配合，要学生能运用所学的物理知识和化学知识对实验进行评价和分析，注重对学生进行实验能力的系统性培养。

② 物理化学实验具有测量过程的连续性和测量数据的间接性特点。化学反应本身是连续的，要测量反应在每一时刻的数据，若用化学法则需要瞬间中断反应后采样测量，而用物理法的物理化学实验采用仪器在线测量，在反应进行的过程中完成测试，既能节约实验时间，更能确保实验结果的准确性。许多物理化学性质的量化都是从相关物理量的测定间接获得的。例如测定化学反应速率，关键是测出反应进行到每一时刻的反应物浓度，但物理化学

实验直接测量的并不是浓度，而是与浓度有内在关系的电导率或旋光度等间接性物理量。

③ 物理化学实验具有仪器化、操作难度大的特点。在其他基础化学实验中，多数情况下使用的是玻璃仪器，操作比较简便，得到的是直观的产物或是颜色变化。而物理化学实验中需要使用大量的物理仪器，要求学生了解这些物理仪器的工作原理、掌握仪器的测试技能，这就给物理化学实验操作增加了难度。仪器性能的好坏、学生操作仪器的熟练程度、学生对所得实验数据理论处理的能力强弱等，将会给实验结果直接带来影响。

1.1.2　物理化学实验的目的

开设物理化学实验课程，进行教学的主要目的有以下几点。

① 巩固和加深对物理化学理论课程中所学的一些重要的基本理论和基本概念的理解。

② 掌握物理化学实验的基本实验方法和实验技术，了解常用仪器的结构原理，学会正确操作仪器；了解近代大中型仪器的基本性能、发展趋势以及在物理化学实验中的应用，强化学生对仪器的操作能力。

③ 学会仔细观察和正确记录物理化学实验现象和数据、选择和判断实验条件、分析和归纳实验结果等一系列严谨的实验流程。

④ 培养学生理论联系实际、查阅文献资料的能力，使学生初步受到科学研究工作的启蒙训练，逐步养成实事求是的科学态度和一丝不苟的科学作风等良好习惯，实现由学习基础知识、基本技能到开展科学研究的初步转变，全面提高学生从事科研工作的思维能力、想象能力和创新能力。

1.1.3　物理化学实验的要求

要做好物理化学实验，必须做好以下几个环节的工作。

（1）实验预习

进实验室之前应认真预习、充分准备，写出实验预习报告。预习时应对实验教材和相关参考资料进行仔细认真的阅读，明确实验目的和实验基本原理，学习实验方法、了解实验所用仪器的性能和操作规程，熟悉实验操作步骤及注意事项，开出实验所用仪器和药品清单，以便进入实验室后正式实验前核对，列出所要测定的实验数据并设计好原始数据记录表格，提出预习中存在的问题，在这基础上完成实验预习报告。物理化学实验因受仪器台（套）数和实验场地的制约，一般采用大循环的方式安排实验，致使一些物理化学实验内容往往超前于物理化学理论课程讲授的内容，因此实验前进行充分预习，对于做好物理化学实验尤为重要。

（2）实验过程

进入实验室后正式实验前，学生应根据预习中的仪器和药品清单进行核对，仔细阅读实验室提供的仪器使用说明书，严禁学生擅自启动实验仪器。在指导教师核查学生对实验内容的了解程度和其他预习准备情况、讲解实验操作的要点和仪器操作的注意事项后，经老师许可方能开始实验，以确保实验安全、正常进行。原则上，没有实验预习报告的学生，不得进行实验。

实验启动后，对特殊的仪器应采取"开始时领取，用完后归还"的管理制度；对公用仪器和公用试剂要养成"不随意变更原有位置，实在不得已移位时，一旦用毕立即恢复原位"的良好习惯。实验期间应保持实验室的安静，不得大声讲话或喧哗，不得随意离开自己的实验桌面。

在整个实验过程中，要严格按照实验教材中的实验操作规程和仪器使用说明书中的要求，严格设定和控制实验条件，仔细、规范地进行操作。要仔细观察实验现象，发现异常问题应独立思考、查明原因、设法解决，实在难以解决时应求助于指导教师，帮助分析原因予以解决。

要养成良好的记录实验数据的习惯。实验中要随时将实验原始数据记录在预习报告上，不得随意将数据记录在纸条、书或其他地方。数据记录要详细、准确、整洁、清楚，不得任意涂改。实验测试结束时，应将实验原始数据交指导教师检查、签字。

实验结束后，应及时清洗、整理和核对仪器，做好仪器使用情况登记。若发现仪器有损坏，应及时报告指导教师，做好登记。搞好实验室卫生，经指导教师同意后，方能离开实验室。

（3）实验报告

培养学生书写一份规范、高质量的实验报告，是物理化学实验教学的主要任务之一，对学生养成良好的科学素养意义重大。实验报告是对整个实验工作的全面总结和升华，是学生将实验室获得的感性认识上升为理性认识的过程，可以考核学生运用所学理论知识分析处理实验数据、归纳总结和用文字表达实验结果的能力，也是提升学生综合能力和实际水平的重要环节。

物理化学实验报告的内容一般应包括实验名称、实验时间、实验条件（指实验室室温和室内大气压）、实验目的、实验原理、实验仪器和药品、实验操作步骤、实验数据记录、数据处理、实验结论和问题讨论等。

实验条件不同，即实验室室温和室内大气压不同时，实验所得结果可能相差较大。因此，实验中记录数据时不能遗忘实验条件，这一点应引起初学者特别注意。

数据处理要求学生运用所学理论知识对原始数据进行处理，对实验结论有直接影响，是实验报告的核心内容。数据处理时应给出计算公式，对公式中的物理量要特别注意其数值所用的单位。计算结果较多时，最好采用表格形式，有时可以将实验原始数据和数据处理的结果合并在同一表格中。物理化学实验中多数实验在数据处理时涉及作图，作图时必须使用坐标纸，尽可能使用计算机软件绘图，如采用 Origin 等软件处理。

问题讨论是对做过的实验的总结，是实验报告中极其重要的一项。既可以对实验结果与查阅文献所得的数据进行比较，对实验结果误差进行定性分析或定量计算，讨论实验结果的合理性；也可以对实验中观察到的某些实验现象进行分析解释，对实验方法的设计和仪器装置的选择进行讨论。同时，还可以提出自己对本实验的认识、对本实验的改进以及对今后实验工作的建议，进一步可以讨论实验拓展到生产、生活和科研中的应用问题等。

实验报告宜采用统一的专用报告纸，学生必须在规定时间内独立完成实验报告，经指导教师批阅后再返还学生。

1.2　物理化学实验中的误差

在化学实验及生产过程中，人们经常使用仪器对各种物理量进行测量，然后对测得的数据进行处理，找出事物的内在联系以指导实验或生产实践。测量的方式有直接测量法和间接测量法两类：将被测的量直接与同类量进行比较的方法称为直接测量，例如用米尺测量长度、用天平称量质量等；若被测的量要根据别的量的测量结果，通过公式计算或标准曲线作图得到，这种测量方法就是间接测量，例如通过测定乙醇-环己烷溶液的折射率来确定溶液的组成等。但是，无论是直接测量法还是间接测量法，都无法测得某一物理量的真值。随着科技的不断发展，尽管测量方法的改进、仪器设备更加精密等对测量技术提高很快，使测得的数值接近于真值，但是这种改进与提高是有一定限度的，超出此限度便无能为力。即便是技术非常熟练的人，用最可靠的方法、最精密的仪器，对同一样品进行多次测量，也不可能得到完全一致的结果。也就是说，任何测量都不可能绝对准确，误差是必然客观存在的，即所谓"误差难免、真值难求"。因此，实验时必须对所测对象进行分析研究，选择适当的测量方法，了解实验过程中误差产生的原因及误差出现的规律，以便采取相应的措施减小误差；同时，必须对实验数据整理归纳、进行科学的处理，使实验结果尽可能接近真值。

1.2.1 误差的分类

根据误差的性质及其产生原因，误差分为系统误差、过失误差和偶然误差三类。

1.2.1.1 系统误差

系统误差又称可测误差或恒定误差，是由某些比较固定的、始终存在的但又未被发现的或未被认知的因素引起的误差。它对测量结果的影响比较恒定，在同一条件下重复测量时，所有的测量值不是都偏高，就是都偏低，具有单向性，误差的大小和符号基本上保持恒定不变。按系统误差产生的原因，可以分为以下几种。

（1）方法误差

这是由测量方法本身存在缺陷、不够完善引起的误差，如指示剂选择不当、计算公式有某些假定或近似等。

（2）仪器误差

这是由于仪器精确度不够等仪器自身缺陷造成的误差，如天平未经校正、滴定管的刻度不准等。

（3）试剂误差

因试剂不纯或蒸馏水不合格等而引入微量的待测组分或对测量有干扰的杂质，引起的误差。

（4）操作误差

由于操作人员的个人习惯引入的主观误差，如观察滴定管刻度线的视线总是偏高或偏低。

由于系统误差恒定偏向一方，增加实验次数不能使之减小或消除，但改变实验条件可以发现系统误差的存在。根据各种系统误差产生的原因，减小或消除系统误差对应的措施主要有：①选用合适的实验方法、修正计算公式等减小方法误差；②用标准样品或标准仪器校正仪器误差；③用经过纯化的样品校正试剂误差；④用标准样品校正实验操作人员引起的操作误差。

1.2.1.2 过失误差

过失误差顾名思义是由于实验者粗心大意、不按规程操作、过度疲劳等因素所引起的失误，这是实验中不允许出现的误差。过失误差没有规律，但是可以通过加强责任心、规范和细心操作等来避免。凡是含有过失误差的实验数据应一律舍弃。

1.2.1.3 偶然误差

偶然误差又称随机误差或未定误差,是由于实验时一些难以控制的或难以预料的偶然因素造成的误差。例如,测量时环境的温度、气压、湿度的微小变化,电压、电流的微小变化,实验者对仪器最小分度值以下的估测难以每次都完全相同,操作过程次序的微小差别,以及操作技巧的不熟练等因素,都能产生偶然误差。这种误差的特点是,在相同实验条件下测量某一物理量时,从单次测量值看,误差的绝对值时大时小,符号时正时负,呈现随机性,但是多次测量的结果具有相互抵偿性。

从产生偶然误差的原因讲,任何测量过程中都存在偶然误差,它不能像系统误差那样可以通过校正来减小或消除。表面上偶然误差似乎没有规律,但从统计的角度去研究,可以从多次测量的数据中找到它的规律性,即数值相等、符号相反的误差出现的概率相同,小误差出现的概率大于大误差,特大误差出现的概率极小。因此,通过增加平行测量的次数,可以减小偶然误差。多次测量的平均值的偶然误差显然比单个测量值的偶然误差要小,这种性质称为抵偿性。

1.2.2 实验误差的表示方法

在物理量的测量中,偶然误差是客观存在的,所以每次实验测得的物理量值 x_i 和其真值 x_r 之间总存在着一定的差值 Δx_i

$$\Delta x_i = x_i - x_r \tag{1.2-1}$$

这个差值称为绝对误差,简称误差。误差与真值之比称为相对误差,即

$$相对误差 = \frac{\Delta x_i}{x_r} \times 100\% \tag{1.2-2}$$

误差与被测的物理量具有相同的单位,而相对误差量纲为 1,故不同物理量的相对误差大小可以进行比较。

例如,某矿样中 Cu 和 Zn 的真实质量分数分别为 3.00% 和 30.00%,而实验测得的结果分别为 3.03% 和 30.03%。显然,Cu 和 Zn 的绝对误差都是 0.03%,但是 Cu 的相对误差为 1%,而 Zn 的相对误差只有 0.1%,前者是后者的 10 倍。因此,不同的测量,相对误差具有可比性,更有实用意义。此处 Zn 的测量结果准确度比 Cu 的测量结果准确度高。

1.2.3 偏差、准确度与精密度

(1) 平均偏差与相对平均偏差

虽说真值是存在的,但由于误差难免,真值难求,一个物理量的真值,不可能通过实验得出。根据误差理论,在消除了系统误差和过失误差的情况下,剩下的只有偶然误差。由于偶然误差分布的对称性,进行无限次测量所得值的算术平均值即为真值。

$$x_r = \frac{1}{n} \lim_{n \to \infty} \sum_{i=1}^{n} x_i \tag{1.2-3}$$

事实上,在大多数情况下,实验只是进行了有限次的测量。因此,只能把有限次测量所得值的算术平均值 $\bar{x}$ 作为最可能值,即

$$\bar{x} = \frac{1}{n} \sum_{i=1}^{n} x_i \tag{1.2-4}$$

测量次数越多,最可能值越趋近于真值。

因学生进行的物理化学实验受时间限制，实验过程中测量的次数极为有限，故只能以较少的测量次数所得结果的算术平均值代替误差计算公式中的真值，这样计算得到的误差，即测量值与平均值之差，称为偏差，以 d_i 表示，即

$$d_i = x_i - \bar{x} \tag{1.2-5}$$

因每次测量结果的偏差数值可正可负，当测量次数很大后，每次测量结果偏差的代数和就趋向于零，为此引入平均偏差的概念——每次测量结果偏差绝对值的平均值，即

$$\bar{d} = \frac{1}{n} \sum_{i=1}^{n} |d_i| = \frac{1}{n} \sum_{i=1}^{n} |x_i - \bar{x}| \tag{1.2-6}$$

与相对误差对应，相对平均偏差定义为

$$相对平均偏差 = \frac{\bar{d}}{\bar{x}} \times 100\% \tag{1.2-7}$$

（2）准确度

准确度是指测量值与真值接近的程度，代表着测量结果的正确性。按照准确度的定义，即

$$准确度 = \frac{1}{n} \sum_{i=1}^{n} |x_i - x_r| \tag{1.2-8}$$

由于大多数物理化学实验中 x_r 是所要求测定的物理量，一般可近似地用该物理量的标准值 $x_{标}$ 代替 x_r。而标准值是指用其他更为可靠的方法测出的值，或是文献报道的公认值。因此测量的准确度可近似地表示为

$$准确度 = \frac{1}{n} \sum_{i=1}^{n} |x_i - x_{标}| \tag{1.2-9}$$

误差大小代表着测量结果的准确度。若测量值与真值之间的差异小，即误差小，说明实验的准确度高；若测量值与真值之间的差异大，即误差大，说明实验的准确度不高。

（3）精密度

精密度是指每次的测量值 x_i 与平均值 $\bar{x}$ 之间的差值，即偏差 d_i。也就是指在 n 次测量中每次所测量的值之间相互偏差的程度，代表测量过程中所测数值重复性的好坏。若所测数据重复性好，则实验结果的精密度就高；反之，精密度低。

除了上面的平均偏差 $\bar{d}$ 外，还可以用标准偏差 σ（又称均方根偏差）和或然偏差 P 来表示测量的精密度。

$$\sigma = \sqrt{\frac{\sum_{i=1}^{n} d_i^2}{n-1}} \tag{1.2-10}$$

$$P = 0.675\sigma \tag{1.2-11}$$

三种偏差的关系为

$$P : \bar{d} : \sigma = 0.675 : 0.794 : 1.00 \tag{1.2-12}$$

相对标准偏差也称变异系数（CV），即

$$CV = \frac{\sigma}{\bar{x}} \times 100\% \tag{1.2-13}$$

例如，某实验中五次测量压力的数据及相关数据处理列于表 1.2-1。

表 1. 2-1 五次测量压力的数据及数据的相关处理

测量次数 i	测量压力 p_i/Pa	偏差 p_i/Pa	$|\Delta p_i|$/Pa	$|\Delta p_i|^2$
1	99392	−6	6	36
2	99399	+1	1	1
3	99405	+7	7	49
4	99394	−4	4	16
5	99400	+2	2	4
Σ	496990	0	20	106

所测压力的算术平均值

$$\bar{p} = \sum_{i=1}^{5} p_i/5 = 496990/5 = 99398(\text{Pa})$$

平均偏差为

$$\Delta\bar{p} = \pm\sum_{i=1}^{5}|p_i|/5 = \pm(20/5) = \pm4(\text{Pa})$$

相对平均偏差为

$$\frac{\Delta\bar{p}}{\bar{p}} = \pm\frac{4}{99398}\times100\% = \pm0.004\%$$

标准偏差为

$$\sigma = \pm\sqrt{\frac{106}{5-1}} = \pm5(\text{Pa})$$

相对标准偏差为

$$\frac{\sigma}{\bar{p}} = \frac{\pm5}{99398}\times100\% = \pm0.005\%$$

所以，上述测量压力的实验中，用平均偏差表示所测压力的精密度为 (99398±4)Pa，而用标准偏差表示的则为 (99398±5)Pa。

在物理化学实验中，通常是用平均偏差或标准偏差来表示实验测量结果的精密度。平均偏差的优点是计算简单方便，但缺点是会将质量不高的测量结果掩盖起来。标准偏差是平方和的开方，用于表示实验的精密度最好，但计算较为烦琐，所幸的是现在常用的电子计算器中大都专门设置了按键，在精密地计算实验偏差时最为常用，在科学研究中用得最多。

（4）准确度与精密度的关系

如上所述，测量的准确度和精密度是有本质区别的。若一组测量值的准确度高，则实验的系统误差小；若测量值的精密度高，其偶然误差必然小。高准确度必须有高精密度来保证，但高精密度不一定能保证有高准确度。例如，在1atm下测量水的沸点，假定在所进行的50次测量中，测量数值都介于98.7～98.8℃之间，显然，测量的重复性好，说明精密度高，但是所测结果并不准确。因为大家都知道，1atm下水的沸点为100℃，测量值与这个公认的真值100℃之间的差值，是由系统误差造成的。误差的来源可能是温度计校正不当、压力读数不准、测量用的水不纯等因素。

1.2.4 误差传递——间接测量的误差计算

物理化学实验中多数实验的最后结果，都是先直接测量几个简单易得的物理量后通过计算得出，这称为间接测量。在间接测量的误差计算中，可以看出每次直接测量的误差对最后结果误差的影响大小，并且可以了解哪一方面的直接测量是最后结果误差的主要来源。若预先设定了最后结果的误差限度，即各直接测量值所允许的最大误差，则由此可以选择适当精密度的测量仪器。高精密度的仪器会对测量的最后结果产生一定好的影响，但不能保证最后结果的准确度。因此，在考虑相对误差因素的前提下，选择适当精密度的仪器进行测量，可以做到"物尽其用"。下面讨论如何由直接测量的误差计算间接测量的误差。

设函数 $z = z(x, y)$，其中 x、y 是可以直接测量的物理量，z 表示最后结果，则

$$dz = \left(\frac{\partial z}{\partial x}\right)_y dx + \left(\frac{\partial z}{\partial y}\right)_x dy \tag{1.2-14}$$

式中，dx 和 dy 分别为直接测量的物理量 x 和 y 的绝对误差；dz 为最后结果的绝对误差。上式为误差传递的基本公式。各种运算过程中的绝对误差和相对误差列于表 1.2-2。

表 1.2-2　各种运算过程中的绝对误差和相对误差

运算过程	绝对误差	相对误差
$z = x + y$	$\pm(dx + dy)$	$\pm\left(\frac{dx + dy}{x + y}\right)$
$z = x - y$	$\pm(dx + dy)$	$\pm\left(\frac{dx + dy}{x - y}\right)$
$z = x \cdot y$	$\pm(ydx + xdy)$	$\pm\left(\frac{dx}{x} + \frac{dy}{y}\right)$
$z = x/y$	$\pm(ydx + xdy)/y^2$	$\pm\left(\frac{dx}{x} + \frac{dy}{y}\right)$
$z = x^m$	$\pm(mx^{m-1}dx)$	$\pm\left(m\frac{dx}{x}\right)$
$z = \ln x$	$\pm(dx/x)$	$\pm\left(\frac{dx}{x\ln x}\right)$
$z = \sin x$	$\pm(\cos x\,dx)$	$\pm(\cot x\,dx)$
$z = \cos x$	$\pm(\sin x\,dx)$	$\pm(\tan x\,dx)$

现以凝固点下降法测定溶质摩尔质量为例，说明间接测量法中直接测量的物理量产生的误差对最后结果造成的误差。凝固点下降法测定溶质摩尔质量的计算公式为

$$M = K_f \times \frac{1000 m_B}{m_A (T_f^* - T_f)}$$

式中，M 为溶质的摩尔质量，是实验所需测量的最后结果；K_f 是凝固点下降常数；m_A 和 m_B 分别为溶剂和溶质的质量；T_f^* 和 T_f 分别为纯溶剂和溶液的凝固点。m_A、m_B、T_f^* 和 T_f 是在实验过程中可以直接测量的四个物理量。

对凝固点下降法测定溶质摩尔质量的计算公式取对数，得

$$\ln M = \ln K_f + \ln 1000 + \ln m_B - \ln m_A - \ln(T_f^* - T_f)$$

对上式微分

$$\frac{dM}{M} = \frac{dm_B}{m_B} - \frac{dm_A}{m_A} - \frac{d(T_f^* - T_f)}{T_f^* - T_f}$$

由于无法知道各直接测量的物理量的误差是正还是负，最不利的情况是直接测量的误差没有丝毫的正、负对消（即各直接测量的误差不是全为正就是全为负），则必然引起各直接测量误差在数值（不考虑正、负号）上的累加，故所有直接测量的误差都取绝对值后相加，然后在前面添加"±"，即

$$\frac{\mathrm{d}M}{M}=\pm\left[\left|\frac{\mathrm{d}m_B}{m_B}\right|+\left|\frac{\mathrm{d}m_A}{m_A}\right|+\left|\frac{\mathrm{d}(T_f^*-T_f)}{T_f^*-T_f}\right|\right]$$

这样所得的最后结果的相对误差是最大的，称为误差极限。

如凝固点下降法测定溶质摩尔质量的实验中：分析天平称取 $m_B=(0.3016\pm0.0002)\mathrm{g}$ 的溶质，其绝对误差 $\Delta\bar{m}_B=0.0002\mathrm{g}$；粗天平称取溶剂质量 $m_A=(20.00\pm0.05)\mathrm{g}$，其绝对误差 $\Delta\bar{m}_A=0.05\mathrm{g}$。用贝克曼温度计测量纯溶剂和溶液的凝固点，其准确度为 $0.002℃$。平行测量三次纯溶剂的凝固点分别为 $3.801℃$、$3.791℃$ 和 $3.802℃$；平行测量三次溶液的凝固点分别为 $3.495℃$、$3.504℃$ 和 $3.500℃$。

三次纯溶剂凝固点测量的平均值为

$$\bar{T}_f^*=\frac{3.801℃+3.791℃+3.802℃}{3}=3.798℃$$

三次纯溶剂凝固点测量的绝对偏差分别为

$$3.801℃-3.798℃=+0.003℃$$
$$3.791℃-3.798℃=-0.007℃$$
$$3.802℃-3.798℃=+0.004℃$$

纯溶剂凝固点测量的平均绝对偏差为

$$\Delta\bar{T}_f^*=\frac{0.003℃+0.007℃+0.004℃}{3}=0.005℃$$

则纯溶剂凝固点的测量值表示为

$$T_f^*=\bar{T}_f^*\pm\Delta\bar{T}_f^*=(3.798\pm0.005)℃$$

同理，根据平行测量三次溶液的凝固点数据，可以求出溶液凝固点的测量值为

$$T_f=\bar{T}_f\pm\Delta\bar{T}_f=(3.500\pm0.003)℃$$

因此，溶液凝固点下降的测量值为

$$(T_f^*-T_f)\pm\Delta(\bar{T}_f^*-\bar{T}_f)=(3.798\pm0.005)℃-(3.500\pm0.003)℃$$
$$=(0.298\pm0.008)℃$$

即 $(T_f^*-T_f)=0.298℃$，$\Delta(\bar{T}_f^*-\bar{T}_f)=0.008℃$。

所以，测定溶质摩尔质量的相对误差为

$$\frac{\Delta\bar{M}}{M}=\pm\left[\left|\frac{\Delta\bar{m}_B}{m_B}\right|+\left|\frac{\Delta\bar{m}_A}{m_A}\right|+\left|\frac{\Delta(\bar{T}_f^*-\bar{T}_f)}{T_f^*-T_f}\right|\right]$$
$$=\pm\left(\frac{0.0002}{0.3016}+\frac{0.05}{20.00}+\frac{0.008}{0.298}\right)$$
$$=\pm(6.6\times10^{-4}+2.5\times10^{-3}+2.7\times10^{-2})$$
$$=\pm3.0\times10^{-2}$$

计算结果表明，测量溶质摩尔质量的最大相对误差为 $\pm3.0\%$。同时，还可以发现：①凝固点下降法测定溶质摩尔质量时，相对误差的主要来源是测量纯溶剂和溶液的温度。理论上增加溶质的量，$(T_f^*-T_f)$ 增大，相对误差可以相应减小。但要指出的是，导出凝固点下降法测定溶质摩尔质量计算公式的前提是溶液要很稀，因此溶液浓度一旦过大，可能引发系统误差中的方法误差，测量的结果未必能更准确。②精确称量溶质质量和溶剂质量，并不能增加溶质摩尔质量测量的准确度，因此无需采用精度过高的天平称量，如没必要用分析

天平称量溶剂的质量。③温度测量是本实验的关键，因此要提高整个实验最后结果的精度，应选用更加精密的温度计。

可见，在实验开始前，预先计算各直接测量值的误差及其对最后结果带来的误差，可以为选择正确的实验方法、发现实验中需要关键测量的物理量、选用精密度相当的仪器等提供帮助，确保实验结果既有较高的精密度又有较高的准确度。这对于学生开展设计性实验和科学研究中的测量问题，尤为重要。

1.3 有效数字及其运算规则

1.3.1 有效数字概念

实验结果的误差不仅与测量过程的仪器、操作等因素有关，还与正确记录测量的数值有关。根据误差理论，实验中测定的某个物理量 x 的最后结果应表示为 $\bar{x} \pm \Delta\bar{x}$，$\bar{x}$ 有一个不确定的范围 $\Delta\bar{x}$。当对一个测量的物理量进行记录时，所记录数值的位数应与仪器的精密度相符合，即所记录数值的最后一个数字为仪器最小刻度以内的估计值，或者最后一个数字不超过误差 $\Delta\bar{x}$ 所限定的范围，这最后一个数字称为可疑值，它前面的数字均为可靠的确定值。所有测量的物理量都由确定值的数字和可疑值的数字构成，一起称为有效数字。

例如，若以分度为 $1℃$ 的温度计测得水的温度，读数为 $24.6℃$，则"2"和"4"是确定值，而"6"是可疑值，它们一起构成三位有效数字；若改用分度为 $0.1℃$ 的温度计测量此水，读数为 $24.63℃$，那么"2""4"和"6"都是确定值，而"3"是可疑值，变为了四位有效数字。这是根据仪器精密度记录的实验数据，仪器精密度不同，同一个真值的数据记录值不同，即有效数字不同。又例如，前面用平均偏差表示压力的测量值为 $(99398 \pm 4)\text{Pa}$，其中前面的"9""9""3""9"四个数字是完全确定的，而最后一位"8"是估计的，它只给出一个范围（1~9），但它没有超出误差"4"所限定的范围，所以是五位有效数字。记录数据或进行计算时，只要记录有效数字，多余的数字应该舍弃。

1.3.2 有效数字的表示和运算规则

因物理化学实验中常采用间接测量的方法，而间接测量法要获得最后的实验结果需要通过公式运算，运算过程中应考虑如何确定有效数字的位数，即有效数字的运算规则。下面就有效数字的表示方法和运算规则作一扼要介绍。

① 误差（包括绝对误差和相对误差）一般只取一位有效数字，最多不超过两位。

② 有效数字的位数越多，所测量数值的精确度越高，相对误差就越小。如，分度为 $1℃$ 的温度计测得水的温度为 $24.6℃$，是三位有效数字，误差为 $\pm 0.1℃$，相对误差为 0.4%；而分度为 $0.1℃$ 的温度计测得水的温度为 $24.63℃$，是四位有效数字，误差为 $\pm 0.01℃$，相对误差为 0.04%。

③ 任何一个物理量数据，其有效数字的最后一位，在位数上应与误差的最后一位相一致。如用分度为 $0.1℃$ 的温度计测得的水温为 $24.63℃$，正确的表示为 $(24.63 \pm 0.01)℃$。若表示成 $(24.631 \pm 0.01)℃$，则超出了该型号温度计的精密度，夸大了测量的精确度；若记为 $(24.6 \pm 0.01)℃$，就缩小了测量的精确度。

④ 直接测量某一物理量时，应读到仪器刻度的最小估计数值。如，测量乙醇-环己烷溶

液的折射率，仪器的最小估计数值为 0.0001，读数和记录时的最后一位也要到 0.0001 位，即便所测溶液的折射率值确实为 1.382，记录时也应为 1.3820。

⑤ 数字"0"在有效数字中的规定。绝对值小于 1 的物理量用小数表示时，非"0"数字之前的"0"都不算有效数字，有效数字的位数从非"0"数字开始（含非"0"数字）往后算，例如 0.00246 是三位有效数字；非"0"数字之后的"0"应包含在有效数字中，如 0.002046 和 0.002460 都是四位有效数字。对于所测物理量过小（非"0"数字之前的"0"过多）或过大的情况，一般结合实际测量时的有效数字情况，采用 $a \times 10^n$ 的科学记数法表示，a 的绝对值一般为大于（可以等于）1 而小于 10 的整数或小数，a 的有效数字位数就是该物理量的有效数字位数。例如，0.00246 表示为 2.46×10^{-3}，数值 2.46 依然为三位有效数字；而像 12800cm 这样的数值，若实际测量只能取三位有效数字（受仪器精密度限制），则表示为 1.28×10^4 cm，若实际测量时可以测量到第四位，就应记成 1.280×10^4 cm。

⑥ 在舍弃过多不确定数字时，采用"4 舍 6 入，逢 5 尾留双"的原则。例如数值 2.17545，取两位有效数字时为 2.2，取三位有效数字则为 2.18，取四位有效数字为 2.175，而取五位有效数字时则为 2.1754。

⑦ 在加减运算时，各数值小数点后所取的位数，以其中小数点后位数最少者为准。例如，0.014＋11.34＋5.6352 的计算应为 0.01＋11.34＋5.64＝16.99。

⑧ 在乘除运算中，若遇到首位数字为"8"或"9"的"大数字"有效数字，如 8.6、9.4 等，因它们的相对误差约为 ±1%，与 10.3、11.2 等三位有效数字的相对误差较为接近。因此，对待这些首位为"大数字"的有效数字，运算过程中有效数字的位数可以多算一位。例如，8.6 和 9.4 虽有两位有效数字，但运算时可以保留三位有效数字。

⑨ 在乘除运算中，计算最后结果的有效数字应与数值中有效数字位数最少、相对误差最大者相同；同时，应以最大相对误差为标准，确定其他数值的有效数字位数。具体运算时，先计算出各数值的相对误差，找出最大相对误差，再确定其他数值有效数字的保留位数，然后计算出最后结果。例如，要计算 $\dfrac{3.0276 \times 0.26423}{94}$，虽没有指出各数值的绝对误差，但一般情况下，数值中最后一位数字的不确定范围为 ±1，即为它们的绝对误差。因此，在考虑"94"属于首位"大数字"有效数字，需多算一位变为三位（以 94.0 计）的前提下，3.0276、0.26423、94 的绝对误差分别为 ±0.0001、±0.00001、±0.1，三个数值的相对误差分别为

$$\pm 0.0001/3.0276 = \pm 3.3 \times 10^{-5}$$
$$\pm 0.00001/0.26423 = \pm 3.8 \times 10^{-5}$$
$$\pm 0.1/94.0 = \pm 1.1 \times 10^{-3}$$

第三个数值的相对误差最大，为 $\pm 1.1 \times 10^{-3}$，以此相对误差为标准计算另两个数值的绝对误差，确定它们在计算时的有效数字位数。

数值 3.0276 的绝对误差为 $3.0276 \times (\pm 1.1 \times 10^{-3}) = \pm 0.0033$，因此运算时 3.0276 应保留四位有效数字，即修约为 3.028（3.028 的相对误差比较接近，但没有超出最大相对误差）。同样，数值 0.26423 的绝对误差为 $0.26423 \times (\pm 1.1 \times 10^{-3}) = \pm 0.00029$，因此运算时 0.26423 应保留四位有效数字，即修约为 0.2642。因此，原计算式改写为（3.028×0.2642/94.0），计算结果的有效数字为三位，其值为 8.51×10^{-3}。

随着电子计算器的普及，使用计算器计算时所得结果的位数较多，运算时不必对每一步

计算结果进行位数确定，但应学会正确保留计算最后结果的有效数字位数。

⑩ 乘方或开方运算时，结果可以多保留一位有效数字。对数运算时，对数中的首数不是有效数字，对数的尾数位数，应与各数值的有效数字相当。

⑪ 算式中，常数 π、e、$\sqrt{2}$ 等和手册中的常数如阿伏伽德罗常数、普朗克常数等不受上述规则限制，其有效数字位数可以根据实际需要进行取舍。

1.4 物理化学实验中的数据处理

通过实验获得的数据往往很多，为了简明清晰地表示实验结果，直观形象地分析实验结果的规律，需要对实验数据进行处理。处理物理化学实验数据的方法多种多样，最常见的有列表法、作图法、数学方程式法和数据处理软件处理法。

1.4.1 列表法

对实验数据列表，能做到简单清晰、排列整齐、形式紧凑，同一表格中可以归纳许多变量之间的关系，数据易于比较、便于运算和处理，是数据处理中最简单方便的方法。列表处理时应着重注意以下几个问题。

① 一张完整的表格应包含表的序号和表的名称，紧挨表格正上方居中。

② 表中首行或首列栏应以"名称/单位"的形式列出物理量的名称与单位，确保表中为纯数字。

③ 表中数据要形式简单、排列整齐，可能的话按自变量递增或递减的次序排列，便于显示规律，同一列数据的小数点应对齐。应将 10 的幂次以相乘的形式置于首行（或首列），紧跟物理量名称之后。

④ 表格中列出自变量和因变量的顺序为：从左到右（或从上到下），先列自变量、再列因变量。将原始实验数据和处理结果列于同一表格时，应以一组数据为例，在表格下面给出处理方法、列出计算公式、写出计算过程。

1.4.2 作图法

将实验原始数据通过正确的作图方法绘制出曲线或直线，可以使实验测得的各数据之间的关系更加直观和形象，便于发现和找出规律。由所得图的曲线或直线，可以求出极大值、极小值、拐点等，用图解法进一步能够获得截距、斜率、积分值、微分值、外推值和内插值等重要参数和信息。因此，作图法是一种极其重要的实验数据处理方法。但作图法也存在作图误差，作图技术水平的高低直接影响实验结果的准确性。作图时必须使用坐标纸，物理化学实验中一般用直角坐标纸（仅三组分相图用三角坐标纸）。作图时应注意以下几点。

① 紧挨图的正下方要有图的序号和名称。

② 在直角坐标中，一般以自变量为横轴、因变量为纵轴，轴旁以"名称/单位"的形式注明变量的名称与单位，10 的幂次以相乘的形式紧跟名称之后。

③ 选择适当的坐标比例。一般，坐标比例和分度应与实验测量的准确度一致，即图中的最小分度（毫米格）应与仪器的最小分度一致，以便能表示出全部有效数字。坐标纸每小格对应的数值应方便易读，一般采用 1、2、5 或 10 的倍数较好。

④ 横坐标零点不一定选在原点，应充分利用图纸，提高图的准确度，使所作图形匀称

地分布于图面。若图形为直线或近似直线，应尽可能使直线与横坐标的夹角接近 45°。

⑤ 描实验点。应使用铅笔将实验数据清晰、准确地标到图中对应位置上，可以用"■" "□""▲""△""▼""▽""◆""◇""★""☆"中的任意一种符号表示一组数据的实验点。若在同一图中作多条曲线或直线，应采用不同的符号予以区别，并且在图中要注明各符号所代表的曲线种类。

⑥ 描完实验点后，应根据实验点的分布情况，绘制曲线或直线。绘制的曲线或直线应尽可能贯穿或接近所有的实验点，否则应使线的两边分布的点数和点离线的距离大致相同。

⑦ 图解微分。图解微分的关键是作曲线的切线，然后求出切线的斜率。物理化学实验数据处理时，常遇到需要求解曲线的切线斜率问题，例如测定溶液表面张力实验中，计算吸附量的 Gibbs 等温方程

$$\Gamma = -\frac{c}{RT}\left(\frac{\partial \gamma}{\partial c}\right)_{T,p}$$

因此，学会从所得曲线上作切线求斜率的方法很有必要。作曲线上的切线常有镜像法和平行线段法两种方法。

a. 镜像法　要作曲线上点 P 的切线，可以取一块平面镜，垂直放于图面上，使镜子的边缘与曲线相交于点 P。以点 P 为轴旋转平面镜，直至图上曲线与其在镜中曲线的映像连成光滑的曲线，过点 P 沿镜面作直线即为该点的法线，再过点 P 作法线的垂线，就是曲线上点 P 的切线，见图 1.4-1。

b. 平行线段法　在选择的曲线上作两平行线段 AB 和 CD，连接 AB 和 CD 的中点 P、Q，延长交曲线于点 O，过点 O 作 AB 和 CD 的平行线 EOF，则线 EOF 就是曲线上点 O 的切线，见图 1.4-2。

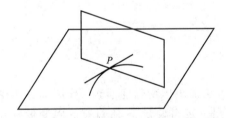

图 1.4-1　镜像法作切线示意图

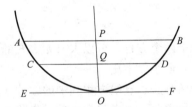

图 1.4-2　平行线段法作切线示意图

⑧ 提倡计算机作图。手工作图难免产生人为的实验误差，可以利用有关软件辅助处理物理化学实验数据，如 Microsoft Excel、Origin、Matlab 等，以提高数据处理效率和结果的准确性。

1.4.3　数学方程式法

当一组实验数据通过列表法或作图法表示后，若能将因变量与自变量之间的关系用一个数学方程式表达出来，则后续的诸如积分、微分、内插等数据处理将会变得极为方便和快速。显然，最简单和方便的是：若作图法可以得一直线，则有 $y = kx + b$。因为直线既易于绘制，又可以从图上直接确定方程式中的常数 k 和 b。

当自变量 x 和因变量 y 之间表现出非线性关系时，可以通过坐标变换，使非线性函数线性化，然后求出变换后的直线方程式中的两个常数，最终找出原函数之间的数学方程式。例如，非线性函数 $y = ae^{bx}$，可令 $Y = \ln y$、$X = x$，则 $Y = bX + \ln a$，完成了线性化变换。

求解直线方程式中的两个常数的方法有图解法、平均法和最小二乘法三种。

(1) 图解法

凡是公式中变量本身直接具有直线关系或经坐标变换处理后成为线性关系的，都能用此方法。将实验所得相关数据做适宜的变换后在直角坐标纸上作图，得一直线，此直线的斜率等于 k，截距等于 b。或在直线上任选两点 (x_1, y_1) 和 (x_2, y_2)，则

$$k = \frac{y_2 - y_1}{x_2 - x_1} \tag{1.4-1}$$

$$b = \frac{y_1 x_2 - y_2 x_1}{x_2 - x_1} \tag{1.4-2}$$

(2) 平均法

此法较为麻烦，但在有 6 个以上比较精密的数据时，处理后所得结果比作图法好。对于线性方程 $y = kx + b$，理论上正如图解法一样，只要有两个点的数据就可以确定常数 k 和 b。但是，测量中存在的误差使得这样处理的偏差较大，故采用平均法。

平均法的基本原理是，在一组测量数据中，正、负偏差出现的概率相等，所以在最佳的代表线上，所有偏差的代数和将为零，即 k 和 b 的值能使 $kx_i + b$ 减去 y_i 之差的总和为零，即

$$\sum_{i=1}^{n} (kx_i + b - y_i) = 0 \tag{1.4-3}$$

具体做法是将 n 个实验数据代入条件方程式(1.4-3)，再将所得方程式分为 $1 \sim m$ 和 $m+1 \sim n$ 两组，且要求两组方程式数目几乎相等，然后将两组方程式分别相加得到如下两个方程

$$k \sum_{i=1}^{m} x_i + mb - \sum_{i=1}^{m} y_i = 0 \tag{1.4-4}$$

$$k \sum_{i=m+1}^{n} x_i + (n-m)b - \sum_{i=m+1}^{n} y_i = 0 \tag{1.4-5}$$

联立以上两个方程，可以求出 k 和 b 的值。

(3) 最小二乘法

用图解法求直线方程式中的常数 k 和 b 的值，方法简单但精确度不够。作图本身存在的误差，导致此法求得的常数反过来代入方程式而得到一定自变量 x_i 所对应的因变量 $y_{i,计算}$ 的值，与该自变量条件下测得的因变量 $y_{i,测量}$ 值之间，尚存在不少的差值。而对于有限次测量中，当所有偏差 $(kx_i + b - y_i)$ 的代数和并不为零时，用平均法处理数据仍有一定的偏差。

因此，在要求较高时，只能采用最小二乘法求得两变量间的线性回归方程。这种方法处理较为麻烦，但结果较为可靠。一般需要 7 个以上数据。它的基本原理是设想最佳结果时应能使其标准偏差为最小，即 $\sum_{i=1}^{n} (kx_i + b - y_i)^2$ 为最小。

$$\left[\frac{\partial \sum_{i=1}^{n} (kx_i + b - y_i)^2}{\partial k} \right]_b = 2 \sum_{i=1}^{n} x_i (kx_i + b - y_i) = 0 \tag{1.4-6}$$

$$\left[\frac{\partial \sum_{i=1}^{n} (kx_i + b - y_i)^2}{\partial b} \right]_k = 2 \sum_{i=1}^{n} (kx_i + b - y_i) = 0 \tag{1.4-7}$$

联立方程求得

$$k = \frac{n \sum_{i=1}^{n} x_i y_i - \sum_{i=1}^{n} x_i \sum_{i=1}^{n} y_i}{n \sum_{i=1}^{n} x_i^2 - (\sum_{i=1}^{n} x_i)^2} \qquad (1.4\text{-}8)$$

$$b = \frac{\sum_{i=1}^{n} x_i^2 \sum_{i=1}^{n} y_i - \sum_{i=1}^{n} x_i \sum_{i=1}^{n} x_i y_i}{n \sum_{i=1}^{n} x_i^2 - (\sum_{i=1}^{n} x_i)^2} \qquad (1.4\text{-}9)$$

1.4.4 Origin 软件在物理化学实验中的应用简介

在物理化学实验数据处理中，多数实验数据处理要作图，有些实验涉及求曲线的斜率、积分、微分、插值等，人工作图误差在所难免。随着计算机应用的普及，利用计算机分析软件处理物理化学实验数据，不仅减少了手工处理数据的麻烦，而且大大提高了分析数据的可靠性。用于数据分析、图形处理的商业化软件非常多，如 Microsoft Excel、Origin、Matlab 等，这里简单介绍 Origin 软件在物理化学实验数据处理、绘图处理中常用功能的应用。

像 Microsoft Word、Excel 等一样，Origin 是一个多文档界面（Multiple Document Interface，MDI）应用程序，它将用户所有工作都保存在后缀为 OPJ 的工程文件（Project）中，一个工程文件可以包括多个子窗口，如工作表窗口（Worksheet）、绘图窗口（Graph）、函数图窗口（Function Graph）、矩阵窗口（Matrix）、版面设计窗口（Layout Page）等。一个工程文件中各窗口相互关联，可以实现数据实时更新，即一旦工作表中数据被改动之后，其变化能在其他子窗口中立即得到更新；保存工程文件时，各子窗口也随之存盘。另外，各子窗口也可以单独保存（File/Save Window），以便别的工程文件调用。保存的工程文件中包括实验的原始记录数据、所设置的各种计算公式及相应的计算结果、由计算结果绘制的图形以及图形相应的参数等。

（1）工作表窗口（Worksheet）

当 Origin 启动或新建一个工程文件时，其默认打开一个 Worksheet 窗口，该窗口出现 A(X)、B(Y) 两列，代表自变量和因变量。输入数据的方法与 Excel 相同，也可以由外部文件导入 Excel（XLS）、Dbase（DBF）等数据；还可以选 Column/Add New Columns，在工作表中加入新的一列。当选定某列后再选取 Column/Set Column Values，可以对该列的数据进行设置，Origin 内置了一些函数，可以在文本框中输入某个函数表达式，Origin 将计算该表达式并将计算结果的值填入该列。

当数据输入工作表后，可以先对输入的数据进行调整。选取 Edit/Set Begin，使选定的行作为绘图的起始行；Edit/Set As End 则是将选定行作为绘图终止行。在这种情况下，可以只给出某一段数据。

（2）Origin 基本的数据分析功能

选 Analysis/Statistics on Columns，将弹出一个新的工作窗口。里面给出了选定各列数据的各项统计参数，包括平均值（Mean）、标准偏差（Standard Deviation，SD）、标准误差（Standard Error，SE）、总和（Sum）以及数据组数 N。当原始工作表中的数据改动之后，点击一下该工作表窗口上方的 Recalculate 按钮，就可以重新计算，以便得到更新的统计数据。同样，选取 Analysis/Statistics on Rows，便可以对行进行统计，只是统计结果直接附在原工作表右边，不另新建窗口。Analysis/Extract Worksheet Date 则是用于从工作表窗口中提取符合一定条件的数据，例如它给定的缺省条件为：Col(B)＞0。另外，还可以在 Analysis 菜单下对数据排序（Sort）、快速傅里叶变换（FFT）、多重回归（Multiple Regression）等，依据需要选用。

（3）Origin 绘图功能

工作表窗口中选定要处理的数据，点击 Plot 菜单，将显示 Origin 可以制作的各种图形，包括直线图、描点图、向量图、柱状图、饼图、区域图、极坐标图以及各种 3D 图表、统计用图表等。在 Tools 菜单下选择 Linear Fit、Polynomial Fit 或 Sigmodial Fit，将分别调出线性拟合、S 形曲线拟合的工具箱。例如，要对数据进行线性拟合，在 Linear Fit 工具箱上设置好各个选项后（或用其缺省值），点击 Fit 键，则弹出一个绘图窗口，给出拟合出来的直线，同时给出拟合参数，如回归系数、直线的斜率和截距等。不论是在以上 Plot 菜单中选择某项，或是选用以上的某种拟合方式，都将弹出 Graph 窗口，此时主菜单、工具条结构都将发生相应的变化。

在 Edit 菜单下选 Copy Page，可以将当前 Graph 窗口中所绘制的整个图形拷贝至 Windows 系统剪贴板，这时就可以在其他应用程序，如 Word 中进行粘贴等操作了。选 Add Plot to Layer，可以在当前层中加入新的一组数据点，这个命令用于将几组数据绘于一个图上。如果所加入的数据还要进行拟合等操作，这时应加入描点图（Scatter）。一幅图中的数据组数，将在新增加的 Data 菜单的底部显示，数据组名称前面打色的是当前激活的数据组。如果要对图中已有的数据进行拟合等操作，应先在 Data 菜单下点击该组数据，将该组数据设为激活状态，同时在 Data 菜单下可以选取 Remove Bad Data Point，可删除不满意或不合理的数据点。操作结束后，相应工作表窗口中的数据也随之自动变化。

Origin 的功能很多，应根据具体应用的需要加以学习，因其他功能在物理化学实验数据处理、绘图处理中用得相对较少，在此不作详细介绍。

1.4.5 数据的物理量单位

物理化学实验中测量获得的数据都是物理量，处理数据时用的计算公式（定量描述物理量之间的关系）和绘图中都将涉及物理量。因此，正确理解和表示物理量，对实验的最后结果至关重要。

物理量是指物质可以定性区别和定量确定的属性，如长度、质量、时间等。描述物理量必须同时用数值和单位来描述，否则没有任何物理意义，即物理量由数值和单位两部分构成。若以 A 代表任意一个物理量，以 $[A]$ 表示其单位，$\{A\}$ 表示以 $[A]$ 为单位时的数值，三者之间的关系可表示为

$$A = \{A\} \cdot [A] \tag{1.4-10}$$

例如，某体积 $V=10\mathrm{dm}^3$，V 是体积的物理量符号，dm^3 是体积的单位，10 是以 dm^3 为单位时体积的数值。理论上，单位的大小可以任意选择，但一般常用国际单位制（即 SI 制）单位，常见国际单位制的基本单位见附表 1。

在物理化学实验数据处理和作图时，常用物理量的数值 $A/[A]$（即以物理量与单位的比值）表示。在应用公式处理实验数据时，若公式中包含多个物理量，则各物理量应使用 SI 制下的数值，直接代入公式进行运算。

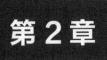

第2章

化学实验的安全与急救知识

化学是一门建立在实验基础上的科学，化学实验对化学的发展起着决定性的作用。高等学校的化学实验室是化学、化工专业人才培养、科学研究和社会服务的重要基地，是培养学生动手能力、操作技能、创新思维和创新能力不可或缺的实践场所。化学实验涉及的化学试剂绝大多数是易燃、易爆及有毒、有腐蚀性的物质，稍有不慎就可能酿成事故。对学生进行化学实验安全知识的教育，可以培养学生具有良好的安全意识、养成规范的安全操作习惯，尽可能避免安全事故的发生。

2.1 化学实验室常规安全问题

学生在进入化学实验室时，要掌握实验室的一些常规的安全知识，遵守实验室的有关安全规定，确保实验顺利进行。

2.1.1 燃烧的基本知识

（1）燃烧的三个必要条件

燃烧是指可燃物与助燃物相互作用所发生的放热反应。任何燃烧过程都必须具有下列三个条件。

① 首先要有可燃物。固体如煤、木材、纸张和棉花等，液体如汽油、酒精、甲醇和苯等，气体如氢气、一氧化碳、煤气和沼气等都是可燃物。

② 其次要有助燃物（氧化剂）。常见的助燃物有空气、氧气、氯气和氯酸钾等氧化剂。

③ 再次要有点火源。例如明火、撞击、摩擦和化学反应等都是点火源。

具备了这三个条件，还存在一定的燃烧极限值。例如氢气在空气中的浓度小于 4%（体积分数）时就不能点燃，而一般可燃物在空气中氧气浓度小于 14% 时，也不会发生燃烧。

（2）闪燃和自燃

闪燃是指易燃或可燃液体表面挥发出来的蒸气与空气混合后，遇火源发生一闪即灭的燃烧现象，发生闪燃现象的最低温度称为闪点。可燃液体的温度高于其闪点时，随时有被点燃的危险。由于闪燃往往是着火的先兆，所以物质的闪点越低，越容易着火，火灾的危险性也越大。表 2.1-1 是实验室常见可燃液体的闪点。

表 2.1-1　实验室常见可燃液体的闪点

液体名称	闪点/℃	液体名称	闪点/℃
戊烷	<−40	庚烷	−4
乙醚	−45	甲苯	4.4
汽油	−42.8	甲醇	11
二硫化碳	−30	乙醇	11.1
己烷	−21.7	氯苯	28
丙酮	−19	二甲苯	30
苯	−11.1	乙酸	40
乙酸乙酯	−4.4	乙酸酐	49

　　自燃是指可燃物在没有外来明火源的作用下，靠受热或自身发热导致热量积聚，达到一定温度时而自行发生的燃烧现象。在规定条件下，可燃物在空气中发生自燃的最低温度，称为自燃点。当温度达到自燃点时，可燃物与空气接触不需要明火的作用就能发生燃烧。物质的自燃点越低，发生火灾的危险性就越大。表 2.1-2 是一些可燃物质的自燃点。

表 2.1-2　一些可燃物质的自燃点

物质名称	自燃点/℃	物质名称	自燃点/℃
二硫化碳	102	二甲苯	465
乙醚	170	丙烷	466
硫化氢	260	乙烷	515
汽油	280	甲苯	535
乙酸酐	315	甲烷	537
丁烷	365	丙酮	537
重油	380~420	天然气	550~650
煤油	380~425	水煤气	550~650
原油	380~530	苯	555
乙醇	422	氯苯	590
甲醇	455	一氧化碳	605

（3）燃烧的产物与危害

　　燃烧产物主要是可燃物发生燃烧时产生的气体、烟雾等物质。绝大多数的可燃物的燃烧产物包括二氧化碳、一氧化碳、水蒸气、硫氧化物、氮氧化物、氰化氢等。一些有机物在不同的条件下燃烧，会生成醇类、酮类、醛类、醚类等化合物以及其他复杂化合物。

　　燃烧产物的主要成分是烟气，烟气对人体最大的危害是烧伤、窒息和吸入有毒气体而中毒。统计表明，火灾事故中死亡人数的八成以上是因为吸入了有毒气体而窒息死亡。

2.1.2　实验室的一般安全规则

　　① 学生进入实验室实验时应穿实验服、佩戴防护镜，严禁穿拖鞋等，尽可能少让手臂、腿部等处的皮肤裸露在外。

　　② 严禁在实验室食用或饮用任何东西。

　　③ 指导教师讲解之前，不得擅自打开电源、启动仪器。

　　④ 实验室要保持整洁。实验过程中，实验桌面要随时保持干净，对使用的仪器、药品等要摆放有序、合理。这样可以避免手忙脚乱引发意外事故。

　　⑤ 使用药品时瓶口不能对着他人，进行酸的稀释等操作时应将稀释用容器置于塑料盆内，宜在通风橱中进行。

⑥ 实验结束后应搞好实验室卫生，征得指导教师同意后方可离开实验室。

2.2 烧伤、灼伤的急救知识

2.2.1 一般烧伤的急救

一般烧伤包括烫伤和火伤，指被火焰、开水、蒸汽、高温油浴、红热的玻璃、铁器等造成的身体伤害。按烧伤伤势的轻重可以分为三级：一级烧伤，红肿；二级烧伤，皮肤起泡；三级烧伤，组织破坏，皮肤呈现棕色或黑色。急救的主要目的是使皮肤表面不受感染。

① 保护受伤部位，迅速脱离热源。立即将伤处用大量清洁的水冲淋或浸浴，以迅速降低局部温度避免深度烧伤。

② 当身体受伤表面积较大时，应将伤者衣服脱去，必要时可以用剪刀剪开衣服，防止伤及皮肉。然后用消毒纱布和洁净的棉布被单盖好身体，立即送医院治疗。烧伤者的身体会损失大量水分，因此必须及时补给大量温热饮料（如在 100mL 水中加食盐 0.3g、碳酸氢钠 0.04g 等），以防伤者休克。

③ 对四肢及躯干二度烧伤且受伤面积又不大者，可以用薄油纱布覆盖在已清洗、拭干的受伤表面，并用几层纱布包裹，送医院处理。

④ 凡烧伤面积大、三度烧伤的患者，尽可能采用暴露疗法，不宜包扎，应由医生在医院进行治疗。

⑤ 烧、烫伤处有水泡时，尽量不要弄破，为防止创面继续污染，可用干净的三角巾、纱布、衣服等物品简单包扎。手（足）受伤处，应对手指（脚趾）分开包扎，防止粘连。应尽快就医。

2.2.2 化学灼伤的急救

化学灼伤是指皮肤直接与强腐蚀性物质、强氧化剂、强还原剂（如浓酸、浓碱、氢氟酸、钠、溴等化学品）接触所引起的局部外伤。发生化学灼伤后，应迅速使伤员脱离现场，脱去污染的衣物，立即用大量流动清水冲洗 20～30min 以上。必要时应先拭去创面上的化学物质，再用水冲洗，以避免与水产生大量热，造成创面进一步损害。碱性物质污染后，冲洗时间应延长。灼伤创面经水冲洗后，必要时进行合理的中和治疗，再用流动水冲洗。对有些化学物质灼伤，如氰化物、酚类、氯化钡、氢氟酸等，在冲洗时应进行适当解毒急救处理。化学灼伤并休克时，冲洗从速、从简，要积极进行抗休克治疗，初步急救处理后送医院进一步治疗。下面介绍不同化学试剂造成的灼伤处理方法。

① 硫酸、发烟硫酸、硝酸、发烟硝酸、氢碘酸、氢溴酸、氯磺酸触及皮肤时，如量不大，应立即用大量流动清水冲洗 30min 左右。如果沾有大量硫酸，可先用干燥的软布吸掉，再用大量流动清水继续冲洗 15min 以上，随后用稀碳酸氢钠溶液或稀氨水浸洗，再用水冲洗，最后送医院救治。

需要注意的是，硫酸、盐酸、硝酸烧伤发生率较高，占酸烧伤事故总数的 80%。氢氟酸能腐烂指甲、骨头，滴在皮肤上，会形成难以治愈的灼伤。皮肤若被氢氟酸灼伤，应先用大量水冲洗 20min 以上，再用冰冷的饱和硫酸镁溶液或 70% 的酒精浸洗 30min 以上；或用大量水冲洗后，用肥皂水或 2%～5% 碳酸氢钠溶液冲洗，用 5% 碳酸氢钠溶液湿敷。局部可用松软膏或紫草油软膏剂和硫酸镁糊剂外敷。

② 氢氧化钠、氢氧化钾等碱灼伤皮肤时，先用大量水冲洗 15min 以上，再用 1％硼酸溶液或 2％乙酸溶液浸洗，最后用清水洗。

③ 三氯化磷、三溴化磷、五氯化磷、五溴化磷、溴触及皮肤时，应立即用清水清洗 15min 以上，再送医院救治。磷烧伤也可用湿毛巾包裹，或用 1％硝酸银或 1％硫酸钠冲洗 15min 后进行包扎。禁用油质敷料，以防磷吸收引起中毒。

④ 盐酸、磷酸、偏磷酸、焦磷酸、乙酸、乙酸酐、浓氨水、次磷酸、氟硅酸、亚磷酸、煤焦酚触及皮肤时，立即用清水冲洗。

⑤ 无水三氯化铝、无水三溴化铝触及皮肤时，可先干拭，然后用大量清水冲洗 15min。

⑥ 甲醛触及皮肤时，可先用水冲洗后，再用酒精擦洗，最后涂以甘油。

⑦ 碘触及皮肤时，可用淀粉物质（如米饭等）涂擦，以减轻疼痛，也能褪色。

⑧ 溴灼伤是很危险的，被溴灼伤后的伤口一般不易愈合，必须严加防范。凡用溴时都必须预先配制好适量的 2％硫代硫酸钠溶液备用。一旦有溴沾到皮肤上，立即用硫代硫酸钠溶液冲洗，再用大量水冲洗干净，包上消毒纱布后就医。也可用水冲洗后，用 1 体积 25％氨水、1 体积松节油和 10 体积 95％酒精的混合液涂敷。

值得注意的是，在受上述灼伤后，若创面起水泡，均不宜把水泡挑破。

⑨ 被碱金属钠灼伤时，应先将可见的钠块用镊子移走，再用乙醇擦洗，然后用清水冲洗，最后涂上烫伤膏。

⑩ 碱金属氰化物、氢氰酸灼伤时，先用稀高锰酸钾溶液冲洗，再用硫化铵溶液冲洗。

⑪ 铬酸灼伤时，先用大量水冲洗，再用硫化铵稀溶液漂洗。

⑫ 黄磷灼伤时，立即用 1％硫酸铜溶液洗净残余的磷，再用 0.01％高锰酸钾溶液湿敷，外涂保护剂，用绷带包扎。

⑬ 苯酚灼伤时，先用大量水冲洗，然后用（4＋1）70％乙醇-氯化镁（$1mol \cdot L^{-1}$）混合溶液洗。

⑭ 硝酸银灼伤时，先用水冲洗，再用 5％碳酸氢钠溶液漂洗，涂油膏及磺胺粉。

⑮ 硫酸二甲酯灼伤时，不能涂油，不能包扎，应暴露伤处让其挥发。

2.2.3 眼睛受伤急救

① 眼睛灼伤或进异物。大多数有毒有害化学物品接触眼睛，一般会对眼睛造成伤害，引起眼睛发痒、流泪、发炎疼痛，有灼伤感，甚至引起视力模糊或失明。一旦眼内溅入任何化学药品，则应立即用大量清水缓缓彻底冲洗。洗眼时要保持眼皮张开，可由他人帮助翻开眼睑，持续冲洗 15min，边洗边眨眼睛。如为碱灼伤，则用 2％的硼酸溶液淋洗；若为酸灼伤，则用 3％的碳酸氢钠溶液淋洗。切忌用稀酸中和眼内的碱性物质，也不可用稀碱中和眼内的酸性物质。急救后应送医院检查治疗。

② 玻璃碎屑、金属碎屑进入眼睛内比较危险。一旦眼内进入玻璃碎屑或金属碎屑，应保持平静，绝不可用手揉擦，也不要试图让别人取出碎屑，尽量不要转动眼球，可任其流泪，有时碎屑会随泪水流出。可用纱布轻轻包住眼睛，然后将伤者紧急送往医院处理。

③ 若木屑、尘粒等异物进入眼内，可由他人翻开眼睑，用消毒棉签轻轻取出异物，或任其流泪待异物排出后，再滴几滴鱼肝油。

2.3　触电的急救知识

2.3.1　触电知识

触电又称为电击伤，是最常见的一种电气事故。人体触及带电体与电源构成闭合回路，就会有电流通过人体，对人体造成伤害。触电的身体局部表现有不同程度的烧伤、出血、焦黑等症状，烧伤区域正常组织界限清楚。也会出现全身机能障碍，如休克、呼吸及心跳停止等。触电致死的原因是电流引起大脑的高度抑制及心肌的抑制。触电后的受伤程度与电压、电流及导体接触表面的情况等相关，电压高、电流大、电阻小且表面潮湿，易致死。直流电比交流电的危险性小，而高频率的高压交流电比低频率的低压交流电的危险程度要小。

2.3.2　触电的急救原则

① 一旦发现有人触电，应立即拉下电闸切断电源，或快速用不导电的竹竿、木棍等将导电体与触电者脱离。在未切断电源或触电者未脱离电源前，千万不可触摸触电者，避免救人心切而忘了自身安全。

② 脱离电源后，立即将触电者转移到就近的通风而干燥的场所、并迅速检查受伤情况，避免手忙脚乱，避免围观。

③ 对呼吸停止而尚有心跳者，应立即进行口对口的人工呼吸；对心跳停止而尚有呼吸者，应立即作胸外心脏按压，直至呼吸和心跳恢复为止。

④ 在就地抢救的同时，应尽快拨打急救电话求援。

2.3.3　用电基本常识

在化学实验过程中，常会用到电炉、电加热板、电烤箱、干燥箱（烘箱）、冰箱等电器。使用各种电器时，要注意用电安全，以免发生触电和其他用电事故。因此，掌握用电的基本常识极为必要。

① 实验室供电总功率应能满足室内同时用电负载的总功率并留有适当余地，电气设备接地要良好，大型精密仪器、大功率设备应设置单独控制开关。电源或熔断器的熔丝烧断后，应更换与原熔丝同样的熔丝，切不可随意增加熔丝的额定电流或以铜丝代替原熔丝。

② 高温电热设备，如高温炉、电炉等一定要放置在隔热的水泥台上，绝不可直接放于木质等可燃材质的工作台上。

③ 电器设备应放在没有易燃、易爆性气体和粉尘及有良好通风条件的专门房间内。电气设备最好有专用线路和插座。

④ 电气设备接通后不可长时间无人看管，要有人值守、巡视、检查。如检查控温器件是否正常，隔热材料是否破损，电源线是否过热、老化等。

⑤ 不要在温度范围的最高限值处长时间使用电器设备。

⑥ 如果加热用电阻丝已坏，更换的新电阻丝一定要和原来的功率一致。

⑦ 电热烘箱一般用来烘干玻璃仪器和加热过程中不分解、无腐蚀性的试剂或样品。挥发性易燃物或刚用乙醇、丙酮淋洗过的样品、仪器等不可放入烘箱加热，以免发生着火或爆炸。电烘箱门关好即可，不能上锁。

⑧ 正确使用冰箱。不要将食物放入保存化学试剂的冰箱内，不要将剧毒、易挥发或易爆化学试剂存放在冰箱中，不要在冰箱内进行蒸发重结晶以免溶剂的蒸气腐蚀冰箱内部器件。冰箱内保存的化学试剂，应有永久性标签并注明试剂名称、物主、日期等。应该定期擦洗冰箱，清理药品。

2.3.4 静电危害与防护

静电危害是指在物体表面上积累的电势达到 2000V 以上时，若人体触及该物体会产生对人体的伤害。静电不仅能对大型仪器的高性能元器件造成损害、严重干扰设备的性能指标、危及仪器的正常使用，而且瞬间产生的冲击性电流会对人体造成严重伤害。更可怕的是，足够量的静电能使局部电场强度超过周围介质的击穿场强而产生火花，引发爆炸事故和火灾事故。因此，实验室必须加强对静电的防护。

① 化学实验室内不能使用塑料、橡胶地板或地毯等绝缘性能良好的地面材料。

② 在易燃易爆的特殊场所，应穿防静电服、防静电鞋、戴防静电手套等。

③ 高压带电体应采取屏蔽措施，以免人体感应产生静电。

④ 进入易产生静电的实验室前，应先徒手触摸一下金属接地棒，消除人体从室外带来的静电。

⑤ 凡不停旋转的电气设备，如真空泵、压缩机等，其外壳必须接地良好。

2.4 化学中毒急救知识

毒害性化学试剂统称为毒害品，在进入人体血液后会导致疾病或死亡。不同毒害品的致毒机理和途径以及毒害程度各异。化学实验中接触到的化学品，很多是对人体有毒害的。有些气体、蒸气、烟雾及粉尘，如 CO、HCN、Cl_2、NH_3、酸雾等，能通过呼吸道进入人体；有些则经未清洗的手，在饮水、进食时经消化道进入人体，如 SO_2、SO_3、氮的氧化物、苯胺、汞等；有些化学品能通过多种途径（包括人体皮肤吸收等）进入人体。毒害品对人体的毒害，有的是一经进入人体就马上显现中毒症状；有的则是慢性的，刚进入人体时没有明显症状，通过长期积累后才出现中毒症状。因此，实验中必须引起足够重视。

学生了解毒害品的性质、进入人体的途径、中毒症状和急救方法，对于实验过程中认真、按规则操作实验、避免中毒事故的发生等具有积极意义，对于一旦发生中毒事故后，采取正确的急救措施、使毒害品对人体的损害减小到最低程度具有实际和补救意义。

2.4.1 中毒途径和毒害品分级

（1）中毒途径

毒害品一般通过呼吸系统、消化系统和直接接触三条途径进入人体，对人体造成毒害。

① 呼吸系统。分散于空气中的挥发性毒害品及粉尘，通过呼吸作用经肺部进入血液，并随血液循环分散到人体各部位引发全身中毒。因此，在使用易挥发或易分散的药品做实验时，实验条件允许的话，实验时应戴口罩或在通风橱内操作。

② 消化系统。实验操作过程中若触及毒害品的手未经清洗或洗而未净，直接拿取食物、饮品等食用，会将毒害品带入消化道内而引起中毒。因此，实验过程中严禁食用或饮用任何东西，实验结束后必须洗净手后才能离开实验室。当然，更要防止误食中毒。

③ 直接接触。一些毒害品能经皮肤渗入人体内或通过皮肤上的伤口进入体内，经血液循环而致中毒。这类毒害品多数属于脂溶性、水溶性化学品，如硝基类化合物、氨基类化合物、有机磷化合物、氰化物等。因此，实验过程中严禁用手直接接触任何化学药品，不慎触及应及时将手仔细清洗干净；尽可能减少人体裸露在外的皮肤面积。

（2）毒害品的毒性指标

毒害品的毒性又称生物有害性，一般是指毒害品与生命机体接触或进入生物活体体内的易感部位后，对机体引起直接或间接损害作用的相对能力。通过测定某毒害品对机体的损害程度，可以衡量该毒害品的毒性。一般通过对特定动物（如白鼠）进行实验后将其结果推广到人体来评定。通常采用半致死量 LD_{50} 和半致死浓度 LC_{50} 衡量毒害品的毒性。

① 半致死量 LD_{50} 是指喂食一组实验动物（如白鼠），使其死亡半数时所需的毒害品的质量。

② 半致死浓度 LC_{50} 是指被实验动物吸入某毒害品后，使其死亡半数时该毒害品在空气中的质量浓度。

（3）毒害品分级

根据我国国家标准 GBZ 230—2010《职业性接触毒物危害程度分级》，综合权衡毒物的 LD_{50}（或 LC_{50}）、急性与慢性中毒的状况与后果、致癌性、工作场所最高允许浓度等 6 项指标，将我国常见的 56 种毒害品的危害程度分为四个级别，即轻度危害（Ⅳ级）、中度危害（Ⅲ级）、高度危害（Ⅱ级）、极度危害（Ⅰ级），见表 2.4-1。

表 2.4-1　毒物危害程度分级

项　目		Ⅰ（极度危害）	Ⅱ（高度危害）	Ⅲ（中度危害）	Ⅳ（轻度危害）
急性毒性	吸入 $LC_{50}/mg \cdot m^{-3}$	<200	200～	2000～	>20000
	经皮 $LD_{50}/mg \cdot kg^{-1}$	<100	100～	500～	>2500
	经口 $LD_{50}/mg \cdot kg^{-1}$	<25	25～	500～	>5000
急性中毒发病情况		生产中易发生中毒，后果严重	生产中可发生中毒，痊愈后良好	偶尔发生中毒	迄今未见急性中毒，但有急性影响
慢性中毒患病情况		患病率高（≥20%）	患病率较高（<5%）或症状发生率高（≥20%）	偶有中毒病例发生或症状发生率较高（≥10%）	无慢性中毒而有慢性影响
慢性中毒后果		脱离接触后继续进展或不能治愈	脱离接触后可基本治愈	脱离接触后可恢复，不致严重后果	脱离接触后自行恢复，无不良后果
致癌性		人体致癌物	可疑人体致癌物	实验动物致癌物	无致癌性
最高容许浓度/mg · m⁻³		<0.1	0.1～	1.0～	>10

2.4.2　中毒后的急救措施

了解毒害品的性质、侵入人体的途径、中毒症状和急救方法，可以减少化学毒害品引起的中毒事故。常见毒物进入人体的途径及中毒症状和救治方法见表 2.4-2。

表 2.4-2　常见毒物进入人体的途径及中毒症状和救治方法

毒害品名称	侵入途径	中毒症状	救治方法
氰化物、氢氰酸	呼吸道、皮肤	轻者刺激黏膜、喉头痉挛、瞳孔放大，重者呼吸不规则、逐渐昏迷、血压下降、口腔出血	立即移出毒区，脱去衣服。可吸入含 5% 二氧化碳的氧气，立即送医院
氢氟酸、氟化物	呼吸道、皮肤	接触氟化氢可出现皮肤发痒、疼痛、湿疹和各种皮炎。严重时可引起化脓溃疡。吸入氟化氢气体后，气管黏膜受刺激可引起支气管炎症	皮肤被灼伤时，先用水冲洗，再用 5% 小苏打溶液洗，最后用甘油-氧化镁（2:1）糊剂涂敷，或用冰冷的硫酸镁液洗，也可涂可的松油膏

续表

毒害品名称	侵入途径	中毒症状	救治方法
硝酸、盐酸、硫酸、氮氧化物	呼吸道、皮肤	三酸对皮肤和黏膜有刺激和腐蚀作用，能引起牙齿酸蚀病。一定数量的酸落到皮肤上即产生烧伤，且有强烈的疼痛。当吸入氮氧化物时，引发咳嗽等症状，强烈发作后可有2～12h的暂时好转，继而继续恶化，虚弱者咳嗽更加严重	皮肤灼伤时立即用大量水冲洗，或用稀苏打水冲洗。如有水泡出血，可涂碘伏。眼、鼻、咽喉受蒸气刺激时，也可用温水或2%苏打水冲洗和含漱。吸入新鲜空气
砷及砷化物	呼吸道、消化道、皮肤、黏膜	大剂量中毒时，30～60min感觉口内有金属味，口、咽和食道内有灼烧感，恶心呕吐，剧烈腹痛。呕吐物初呈米汤样，后带血。全身衰弱、剧烈头痛、口渴与腹泻，大便初期为米汤样，后带血。皮肤苍白、面色发绀，血压降低，脉弱而快，体温下降，最后死于心力衰竭。吸入大量砷化物蒸气时，产生头痛、痉挛、意识丧失、昏迷、呼吸和血管运动中枢麻痹等神经症状	中毒者必须立即离开现场，吸入含5%二氧化碳的氧气或新鲜空气。鼻咽部损害用1%可卡因涂局部，含碘片或用1%～2%苏打水含漱或灌洗。皮肤受损害时涂氧化锌或硼酸软膏，定期换药，防止化脓。或服用专用解毒药
汞及汞盐	呼吸道、消化道、皮肤	急性：严重口腔炎、口有金属味、恶心呕吐、腹痛、腹泻、大便血水样，患者常有虚脱、惊厥。尿中有蛋白和血细胞，严重时尿少或无尿，最后死于尿毒症。慢性：损害消化和神经系统。口有金属味，齿龈及口唇处有硫化汞的黑淋巴结及唾腺肿大等症状。神经症状有嗜睡、头疼、记忆力减退、手指和舌头出现轻微震颤等	急性中毒早期是用饱和碳酸氢钠溶液洗胃，或立即给饮浓茶、牛奶、吃生鸡蛋清和蓖麻油。立即送医院救治
铅及铅化合物	呼吸道、消化道	急性：口腔内有甜金属味、口腔炎、食道和腹腔疼痛、呕吐、流眼泪、便秘等。慢性：贫血、肢体麻痹瘫痪及各种精神症状	急性中毒时用硫酸钠或硫酸镁灌肠。送医院治疗
三氯甲烷（氯仿）	呼吸道	长期接触可发生消化障碍、精神不安和失眠等症状	重症中毒患者使呼吸新鲜空气，向面部喷冷水，按摩四肢，进行人工呼吸。包裹身体保暖并送医院救治
苯及其同系物	呼吸道、皮肤	急性：沉醉状、惊悸、面色苍白、继而赤红、头晕、头痛、呕吐。慢性：以造血器官与神经系统的损害为显著	对急性中毒患者进行人工呼吸，同时输氧。送医院救治
四氯化碳	呼吸道、皮肤	皮肤接触：因脱脂而干燥皲裂	2%碳酸氢钠或1%硼酸溶液冲洗皮肤
		吸入：黏膜刺激，中枢神经系统抑制和胃肠道刺激症状	脱离中毒现场急救，人工呼吸、吸氧
		慢性：神经衰弱症，损害肝、肾	
铬酸、重铬酸钾及铬(Ⅵ)化合物	消化道、皮肤	对黏膜有剧烈刺激，产生炎症和溃疡，可致癌	用5%硫代硫酸钠溶液清洗受污染皮肤
石油烃类	呼吸道、皮肤	汽油对皮肤有脂溶性和刺激性，使皮肤干燥、龟裂，个别人起红斑、水泡	温水清洗
		吸入高浓度汽油蒸气，出现头痛、头晕、心悸、神志不清等	移至新鲜空气处，重症可给予吸氧
		石油烃能引起呼吸、造血、神经系统慢性中毒症状	就医
		某些润滑油和石油残渣长期刺激皮肤可能引起皮癌	

　　当人体受到化学毒害品急性损害时，在搞清毒害品的性质、侵入途径、中毒症状和基本急救方法的情况下，应采取现场的自救、互救和急救相结合的措施，在急救过程中还要注意以下几个问题。

① 施救者应在做好自我防护的前提下，展开对他人的急救。

② 迅速将患者转移到空气新鲜处，松开患者衣领和腰带，保持呼吸道畅通，对呼吸困难和面部出现紫色者给予吸氧，注意保暖。

③ 对呼吸、心跳停止者，应立即进行人工呼吸和胸外心脏按压术，不轻易放弃。对氰化物等剧毒物中毒者，不能进行口对口的人工呼吸。

④ 对有特殊解毒剂的毒害品中毒，应现场立即使用，如氰化物中毒应吸入亚硝酸异戊酯。

⑤ 皮肤接触强腐蚀性和易经皮肤吸收中毒的毒害品时，应迅速脱去受污染的衣服，立即用大量流动的清水或肥皂水彻底清洗，冲洗时间不得少于 15min。

⑥ 眼睛受污染时，立即用流水彻底冲洗，对有刺激和腐蚀性物质冲洗不得少于 15min。冲洗时应将眼睑翻起，将结膜囊内的化学物质全部冲出，边冲洗边转动眼球。

⑦ 口服毒害品患者应先催吐。催吐前饮 500mL 左右的水，催吐需反复数次，直至呕吐物纯为饮入的清水为止。如食入的是强酸、强碱等腐蚀性毒害品，则不能催吐而应饮牛奶或蛋清。

⑧ 现场急救后，迅速将患者就近送往医疗部门做进一步的检查和治疗。

2.5　化学实验室防火、防爆和灭火知识

火灾是最经常、最普遍的实验室灾害之一。化学实验室内有许多易燃易爆的物品，若不按照规范进行操作或实验，有可能导致火灾甚至爆炸。每个学生必须掌握有关防火、防爆知识和技能，一旦事故发生能将损失降低到最低。

2.5.1　防火知识

火灾是人类共同的敌人，一旦发生火灾，都会造成难以挽回的财产损失，有的会危害人的健康甚至夺去生命。化学实验室发生的火灾一般具有火情复杂多变、燃烧猛烈、蔓延迅速、常产生有毒气体、易发生化学性灼伤、易发生爆炸、扑救难度大等特点。因此，在平时的工作和实验过程中应采取积极措施，做好预防火灾的各项工作，防止火灾的发生。

① 对实验室工作人员和学生进行消防知识培训，强调火灾的危害性，提高防火意识。

② 对易燃易爆等危险化学品要单独存放，存放柜顶部要通风。实验室严禁存放大于 20L 的瓶装易燃液体。

③ 使用易挥发、易燃液体试剂（如乙醚、丙酮、石油醚等）时，应保持室内通风良好。绝不可在明火附近转移、分装和使用这类液体试剂。

④ 进行加热、灼烧、蒸馏等操作时，必须严格遵守操作规程。加热易燃溶剂时，必须用水浴或封闭式电炉，严禁用灯焰或电炉直接加热。

⑤ 蒸馏可燃液体时，学生不得离开或做别的事，应密切注意仪器和冷凝器是否正常运行。需向蒸馏器内补加液体时，应先停止加热、冷却后再加液体。

⑥ 点燃煤气灯时，应先关风门后点火，最后调节风量；停用时，应先关风门后关煤气，防止煤气灯内燃。

⑦ 使用酒精灯时，灯内燃料不得超过灯体积的 2/3。不足 1/4 时先灭灯后添加酒精，点

火时必须用火柴。灭灯时用灯帽盖灭，不可用嘴吹灭。

⑧ 对实验中用剩的金属钠、金属钾、白磷等易燃物，高锰酸钾、氯酸钾、过氧化钠等强氧化剂，以及丙酮、苯、乙醇、乙醚等易燃易挥发性的有机物，用专用容器收集后统一处理，不能随意丢弃，绝不可直接倒入下水道，以免引发火灾事故。

⑨ 电炉不可直接放于木质桌面加热，加热设备周围严禁放置可燃、易燃物及易挥发易燃液体。

⑩ 同时使用大功率的电气设备时，要注意线路与总闸所能承受的功率。定期对电路、导线、电源插座、仪器设备等进行检查，发现问题及时维修，以防意外。

2.5.2 防爆知识

化学实验室爆炸事故主要发生在具有易燃易爆物品和压力容器的实验室。酿成事故的主要原因有：a. 违反操作规程，引燃易燃物品，进而导致爆炸；b. 易燃气体在空气中泄漏到一定浓度时遇明火发生爆炸；c. 回火现象引发的燃气管道爆炸；d. 压力气瓶遇高温或强烈碰撞引起爆炸，高压反应锅等压力容器操作不当引发爆炸等；e. 粉尘爆炸。常见的爆炸事故主要是物理爆炸和化学爆炸。

物理爆炸是由于物质的物理变化（如温度、压力、体积等变化）引起的爆炸。这种爆炸是物质因状态或压力等发生突变而形成的。物理爆炸前后物质的化学成分及性质均无变化。例如，容器内液体过热后汽化而引起的爆炸（如锅炉爆炸），压缩气体、液化气体超压引起的爆炸等都属于物理爆炸。

化学爆炸是由于物质发生快速放热的化学反应，产生大量气体并加热气体，使气体急剧升温膨胀而形成的爆炸现象。化学爆炸前后，物质的性质和成分均发生根本的改变。化学爆炸必须同时具备以下三种条件：a. 存在易燃易爆气体或蒸气，且达到爆炸极限；b. 存在助燃物；c. 存在点火源。

针对实验室爆炸产生的原因，化学实验室防爆应从以下几个主要方面采取措施。

① 实验室保持良好的通风，设法使混合气体浓度低于爆炸下限，防止爆炸混合气体的形成。点燃氢气、乙烯、乙炔等气体前，一定要进行纯度检验，存放这些气体时应远离火源。

② 安装泄压装置，反应过程能及时泄压降温，阻止爆炸的发生。蒸馏操作时，系统不能完全密闭。在减压蒸馏时，不可用平底或薄壁烧瓶，所用橡皮塞不宜太小以免被吸入瓶内或冷凝器内，造成压力突变而引发爆炸。

③ 安装监控系统和报警装置，控制火源，严禁吸烟，严禁一切可能产生火花的违规操作行为。

④ 对有潜在爆炸危险的地方应加设预防爆炸或减少爆炸危害的仪器和设备。如真空装置上的玻璃要用偏光镜加以检查，压力调节器或安全阀应定期检验，通风橱内的玻璃要加金属网保护等。

⑤ 用易爆物质实验时，在保证精确度和可靠性的前提下，尽可能用最小量进行实验，且不能直接用火加热。对固体试剂应分开研磨。

⑥ 实验中有易爆物质存在时，带磨口塞的玻璃瓶在开启磨口塞时因摩擦易引发爆炸，应改用软木塞或橡皮塞并保持充分清洁。

⑦ 对气体管路应经常检查，防止堵塞引发爆炸。

2.5.3 灭火知识

（1）灭火的基本方法

灭火的基本方法通常有隔离法、窒息法、冷却法和化学抑制灭火法四种。

① 隔离法是将正在燃烧的可燃物与其他尚未燃烧的可燃物分开，中断可燃物的供给，造成缺少可燃物而停止燃烧。例如，关闭实验可燃气体或液体的阀门、迅速转移燃烧物附近的有机溶剂、拆除与燃烧物毗连的可燃物等，都是隔离的好办法。

② 窒息法是减少助燃物，阻止空气流入燃烧区域或用不燃烧的惰性物质冲淡空气，使燃烧物得不到足够的氧气而熄灭。实际应用时，如用石棉毯、湿麻袋或实验室的灭火毯和干的砂土等不燃烧或难燃烧物质覆盖在物体上，或封闭着火实验仪器的空洞，都可以窒息燃烧源。

③ 冷却法是将冷灭火剂直接喷射到燃烧物表面，以降低燃烧物的温度，使温度降低到该物质的燃点以下，燃烧亦可停止。或者将灭火剂喷洒到火源附近的可燃物上，防止辐射热影响而起火。例如，用水或干冰等灭火剂喷到燃烧的物质上可以起到冷却作用，但实验室灭火要注意燃烧的物质或附近不能具有与水（用水灭火）或二氧化碳（用干冰灭火）起反应的物质。

④ 化学抑制灭火法是将化学灭火剂喷至燃烧物表面或者喷入燃烧区域，终止燃烧过程中的游离基（自由基）反应，抑制或终止使燃烧得以继续或扩展的链式反应，从而灭火。

（2）灭火器的选择

火灾发生初期，火势较小，如能正确使用好灭火器材，就能将火灾消灭在初期阶段，避免火势扩大造成重大损失。依据燃烧特点，火灾分为五种类型，不同类型的火灾应选用不同的灭火器材和灭火方法。

A 类火灾是指固定物质火灾，这类物质往往具有有机物性质，燃烧时能产生灼热的余烬，如木材、棉毛、麻、纸张等燃烧引起的火灾。可选用清水灭火器、酸碱灭火器、化学泡沫灭火器、磷盐干粉灭火器、卤代烷 1211 灭火器、1301 灭火器，不能用钠盐干粉灭火器和二氧化碳灭火器。

B 类火灾是指液体火灾和可融化的固体物质火灾，如汽油、煤油、柴油、原油、甲醇、乙醇、沥青、石蜡等燃烧引起的火灾。可选用干粉灭火器、卤代烷 1211 灭火器、1301 灭火器、二氧化碳灭火器等。

C 类火灾是指可燃气体火灾，如煤气、天然气、甲烷、乙烷、丙烷、氢气等燃烧引起的火灾。可选用干粉灭火器、卤代烷 1211 灭火器、1301 灭火器、二氧化碳灭火器等。不能用水型灭火器和泡沫灭火器。

D 类火灾是指金属火灾，如钾、钠、镁、铝镁合金等，目前还没有有效的灭火器。

E 类火灾是指带电物体燃烧的火灾，可选用干粉灭火器、卤代烷 1211 灭火器、1301 灭火器、二氧化碳灭火器等。

（3）化学品引发的火灾扑救

一般而言，对于气体燃烧引发的火灾，通常最好的方法是切断气源，而不是直接灭火；低闪点易燃液体燃烧导致的火灾，常采用的灭火剂为泡沫、二氧化碳、干粉和砂土，不能用水灭火；对一般易燃固体发生的火灾，首推用水灭火，但对遇潮湿易燃、自燃的活性化学物质只能用干粉或砂土灭火，严禁用水。常见的化学品引发火灾后的扑救方法如下。

① 可燃的液体化学品着火时，立即移走着火区域内的一切可燃物品，关闭通风设施，防止扩大燃烧。若着火面积较小，可用抹布、湿布、铁片或砂土覆盖，隔绝空气使之熄灭。覆盖时动作要轻，避免碰坏或打翻盛装可燃溶剂的玻璃器皿，导致更多的溶剂流出而扩大着火面。

② 酒精及其他可溶于水的液体着火，可用水灭火。

③ 汽油、乙醚、甲苯等有机溶剂着火，可以用石棉布或砂土扑灭。绝对不能用水，否则会扩大燃烧面积。

④ 金属钠等活泼金属着火，用砂土覆盖灭火。

⑤ 易燃的液化气体类火灾发生时，首先切断电源，打开门窗通风。起火初期首先控制气体泄漏，然后使用灭火毯遮盖扑灭。如无法控制气体泄漏，当容器内物质储存量低于爆炸极限时，使用干粉灭火器扑救，火焰消失后使用灭火器对周边环境降温至室温，以免气体重新燃烧或爆炸，否则必须保持稳定燃烧，避免大量可燃气体泄漏出来，与空气混合后发生爆炸。

⑥ 氧化剂和有机过氧化物的灭火比较复杂，在选用灭火剂时必须慎重考虑安全问题，使用者务必熟知该类物品的安全操作知识和理化性质，以备险情发生时采取适当措施。其基本方法如下：a. 迅速查明着火物质或反应的氧化剂和有机过氧化物以及其他燃烧物的品名、数量、主要危险特性、燃烧范围、火势蔓延途径、能否用水或泡沫扑救；b. 能用水或泡沫扑救的，应尽一切可能切断火势蔓延，使着火区孤立，限制燃烧范围，同时应积极抢救受伤和被困人员；c. 不能用水、泡沫、二氧化碳扑救时，用干粉或用干燥的砂土覆盖。覆盖过程应先从着火区域四周尤其是下风等火势主要蔓延方向覆盖起，形成孤立火势的隔离带，然后逐步向着火点进逼。

2.5.4 灭火器的正确使用

常见的灭火器有泡沫灭火器、干粉灭火器、卤代烷 1211 灭火器和二氧化碳灭火器等，正确掌握它们的使用方法，对灭火减灾意义重大。

① 泡沫灭火器喷出的是一种体积小、相对密度小的泡沫群，它可以漂浮在液体表面，隔绝燃烧物与空气，达到窒息灭火的目的。因此，它也适用于扑灭固体火灾。使用时首先检查喷嘴是否被异物堵塞，如有，可以用铁丝捅通，然后用手捂住喷嘴将筒身上下颠倒几次后，将喷嘴对准着火点就会有泡沫喷出。

② 干粉灭火器是以二氧化碳为动力，将粉末喷出达到灭火目的的。筒内的干粉是一种细而轻的泡沫，覆盖到燃烧物体上隔绝空气而灭火，可用于扑救带电设备、贵重的档案资料等燃烧物的火灾。使用时先拆除铅封、拔掉安全销，手提灭火器喷射体，用力紧握压把启开阀门，储存在钢瓶内的干粉即可喷出。

③ 1211 灭火器是利用装在筒内的高压氮气将 1211 灭火剂喷出完成灭火的。1211 灭火剂是一种低沸点的卤代烷气体，具有毒性小、灭火效率高、久储不变质的特点，适用于易燃可燃液体、气体、固体及带电设备的火灾。使用时先拆除铅封、拔掉安全销，将喷嘴对准着火点，用力紧握压把启开阀门，储存在钢瓶内的灭火剂即可喷出。

④ 二氧化碳灭火器是利用其内部所充装的高压液态二氧化碳喷出而灭火的。适用于扑救贵重仪器和设备、图书资料、仪器仪表及 600V 以下带电设备的初期火灾。使用时，只要一手拿好喇叭筒对准着火点，另一手打开开关即可。

第3章

温度的测量与控制技术

化学反应常常伴有吸热或放热现象，对于这些热效应的测量一般是通过测量系统的温度变化来实现。温度是表征系统内部大量分子或原子无规则运动强度大小（即平均动能大小）的物理量，是确定系统状态的一个基本热力学参数，系统的物理化学特性都与温度密切相关。因此，准确测量和控制温度，对于科学研究至关重要。

3.1　温度的测量——温标

当温度不同的两个物体相接触时，热量由高温物体自发地传递给低温物体，直到两个物体的温度相等、达到热平衡为止——这是热力学第零定律，是温度测量的基本依据。温度是表征物体冷热程度的物理量，其量值不能直接测量，只能根据物质的某些特性参数与温度之间的函数关系，通过测量这些特性参数而间接获得。定量描述温度的方法，称为温标，它规定了温度的读数起点（零点）和测量温度的基本单位。

3.1.1　温标确立的条件

确立一种温标，需要从以下三个方面加以考虑。

① 选择合适的测温物质。温度计中用于测量温度的物质，称为测温物质。测温物质的某种物理特性参数，如体积、电阻、温差电势及电磁辐射的波长等应与温度具有线性关系，且重现性要好。

② 基准点的确定。测温物质的某种物理特性参数，仅仅代表温度变化的相对值。只有在确定温标的基准点后，物理特性参数才能有其对应的温度量值，以利方便使用。习惯上是以某些高纯物质的相变温度（如凝固点、沸点等）作为温标的基准点。

③ 温度值的划分。确定基准点后，需对基准点之间进行等间隔划分，以确定划分的每一等份所对应的温度量值，然后再用内插法或外推法求得其他温度。

实际上，通常所选用物质的某种物理特性参数与温度之间并非严格地呈线性关系，因此用不同测温物质制得的温度计测量同一物体时，所测得的温度量值往往不完全相同。

3.1.2　摄氏温标和气体温标

用数值表示温度，实际上是用某一测温变量来度量温度，这个测温变量必须是温度的线性函数。若以 y 表示测温变量，θ 表示对应的温度，则有

$$y = k\theta + m \tag{3.1-1}$$

式中，k 和 m 为常数。要确定常数 k 和 m，需要测出两个基准点温度 θ_1 和 θ_2 所对应的测温变量 y_1 和 y_2，温度 θ_1 和 θ_2 之间的等量分隔称为基本间隔，这样温标就完全确定了。对于任意一个温度 θ，可以通过测定测温变量 y 后求得

$$\theta = \theta_1 + \frac{y - y_1}{y_2 - y_1}(\theta_2 - \theta_1) \tag{3.1-2}$$

摄氏温标的符号为 t，单位为℃，它是以水银-玻璃温度计来测定水的相变点，规定 101.325kPa 下水的凝固点为 0℃（θ_1）和沸点为 100℃（θ_2），在这两点之间划分 100 等份，每一份为 1℃。因水银-玻璃温度计中的测温变量是温度计内的水银液柱长度 L，在摄氏温标中式(3.1-2) 变为

$$t = \frac{L - L_0}{L_{100} - L_0} \times 100℃ \tag{3.1-3}$$

式中，L_0、L_{100} 分别为水在 0℃ 和 100℃ 时温度计内水银液柱的长度。

这样确定温标的不足是，将温度计内液体的膨胀系数视为与温度无关的常数，而实际上液体的膨胀系数随温度的改变而变化，必然导致测温变量——液柱长度与温度难以呈线性关系。为避免这一因素的发生，提高温度测量的精确度，可以选用理想气体温标（简称气体温标）为标准，其他温度计必须用它校正才能得到可靠的温度。

气体温度计有定压气体温度计和定容气体温度计两种。定压气体温度计的压力保持不变，用气体体积的改变作为温度标志，所定的温标用符号 t_p 表示，根据式(3.1-3)得到 t_p 与气体体积的关系为

$$t_p = \frac{V - V_0}{V_{100} - V_0} \times 100℃ \tag{3.1-4}$$

式中，V 为气体在水的温度为 t_p 时的体积；V_0、V_{100} 分别为气体在 0℃ 和 100℃ 时的体积。

定容气体温度计的体积保持不变，用气体压力的改变作为温度标志，所定的温标用符号 t_V 表示，根据式(3.1-3) 得到 t_V 与气体体积的关系为

$$t_V = \frac{p - p_0}{p_{100} - p_0} \times 100℃ \tag{3.1-5}$$

式中，p 为气体在温度为 t_V 的压力；p_0、p_{100} 分别为气体在 0℃ 和 100℃ 时的压力。

实验证明，用不同的定压或定容气体温度计所测的温度值都是一样的。在压力趋于零的极限条件下，t_p 和 t_V 都趋于一个共同的极限温标 t，这个极限温标称为理想气体温标，简称气体温标。

3.1.3 热力学温标

热力学温标又称开尔文温标或绝对温标，以符号 T 表示，单位为 K。工作在两个不同温度之间的可逆热机，与高、低热源交换的热的绝对值之比，等于高、低热源的热力学温度之比，即

$$\frac{Q_1}{|Q_2|} = \frac{T_1}{T_2} \tag{3.1-6}$$

开尔文建议应用这一原理定义热力学温标。因此，热力学温标是建立在卡诺循环基础上的一种与测温物质（工作介质）的性质无关的理想温标。

理想气体在定压下的体积或定容下的压力与热力学温度呈严格的线性关系，因此可以选定气体温度计来实现热力学温标。氦气、氢气和氮气等气体，在温度较高、压力不太大的情况下，其行为能较好地遵循理想气体状态方程，所以这些气体温度计的读数可以校正成为热力学温标。热力学温标采用单一固定点定义，规定水的三相点热力学温度为 273.16 K，由水的三相点到绝对零度（0K）之间的 1/273.16 为热力学温标的 1K。因水在 101.325kPa 下的凝固点比三相点的摄氏温度低 0.01℃，同时热力学温标与摄氏温标的分度值相同，仅仅差一个常数，故有

$$t/℃ = T/K - 273.15 \tag{3.1-7}$$

3.1.4　国际实用温标

因测量热力学温标的装置复杂、耗费巨大，各国科学家长期致力于探索一种实用性温标，要求它既易于使用，又具有高精度的复现性，且非常接近热力学温标。最早建立的国际温标是 1927 年第七届国际计量大会提出并被采用的 ITS-27。从 1990 年 1 月 1 日开始，国际上正式采用"1990 年国际温标"（简称 ITS-90），我国自 1994 年 1 月 1 日起全面实施 ITS-90 国际温标。

ITS-90 文本共四节：第一节为温度单位；第二节为温标通则；第三节为温标定义，第四节为有关补充材料及与前期温标的差值。ITS-90 的核心内容是规定了 17 个定义固定点及其温度值。

① ITS-90 的温度单位。热力学温度是基本的物理量，符号为 T，单位为开尔文（符号为 K），定义为水三相点的热力学温度的 1/273.16。由于在以前的温标定义中，使用了与 273.15K（冰点）的差值来表示温度，因此现在仍保留这一方法。ITS-90 定义国际开尔文温度（符号为 T_{90}）和国际摄氏温度（符号为 t_{90}）。T_{90} 和 t_{90} 之间的关系与 T 和 t 一样，即 $t_{90}/℃ = T_{90}/K - 273.15$，它们的单位及符号与热力学温度 T 和摄氏温度 t 一样。

② ITS-90 的温标通则。ITS-90 由 0.65K 向上，到普朗克辐射定律使用单色辐射实际可测量的最高温度。ITS-90 是这样制定的，即在全量程中，任何温度的 T_{90} 值非常接近于温标采纳时 T 的最佳估计值。与直接测量热力学温度相比，T_{90} 的测量要方便得多，并且更为精密和具有很高的复现性。同时对 ITS-90 的定义中的一些问题作了一些概括说明。

③ ITS-90 的温标定义。第一温区为 0.65K 到 5.00K，T_{90} 由 ^{3}He 和 ^{4}He 的蒸气压与温度的关系式来定义；第二温区为 3.0K 到氖的三相点（24.5661K），T_{90} 是用氦气温度计来定义的；第三温区为平衡氢三相点（13.8033K）到银的凝固点（961.78℃）之间，T_{90} 是由铂电阻温度计来定义，它使用一组规定的定义固定点和规定的参考函数以及内插温度的偏差函数来分度；银凝固点以上的温区，T_{90} 是按普朗克辐射定律来定义的，复现仪器为光学高温计。ITS-90 规定的 17 个定义固定点及其温度值见表 3.1-1。

表 3.1-1　ITS-90 的定义固定点及其温度值

序号	物质[①]	状态[②]	温　度	
			T_{90}/K	$t_{90}/℃$
1	He	V	3～5	−270.15
				约−268.15
2	e-H_2	T	13.8033	−259.3467
3	e-H_2	V 或 G	约 17	约−256.15
4	e-H_2	V 或 G	约 20.3	约−252.85

序号	物质①	状态②	温度	
			T_{90}/K	$t_{90}/℃$
5	Ne	T	24.5561	−248.5939
6	O_2	T	54.3584	−218.7916
7	Ar	T	83.8058	−189.3442
8	Hg	T	234.3156	−38.8344
9	H_2O	T	273.16	0.01
10	Ga	M	302.9146	29.7646
11	In	F	429.7485	156.5985
12	Sn	F	505.078	231.928
13	Zn	F	692.677	419.527
14	Al	F	933.473	660.323
15	Ag	F	1234.93	961.78
16	Au	F	1337.33	1064.18
17	Cu	F	1357.77	1084.62

① 除³He 外，其他物质均为自然同位素成分。e-H_2 为正、仲分子态处于平衡浓度时的氢。

② 对于这些不同状态的定义，以及有关复现这些不同状态的建议，可参阅 "ITS-90 补充资料"。V—蒸气压点；T—三相点，在此温度下，固、液、蒸气呈平衡；G—气体温度计点；M、F—熔点和凝固点，在 101.325kPa 下，固、液的平衡温度。

3.2 温度计

国际温标规定，从低温到高温划分为四个温区，分别选用一个高度稳定的标准温度计来度量各固定点之间的温度值。四个温区及相应的标准温度计见表 3.2-1。

表 3.2-1 四个温区及相应的标准温度计

温度范围	标准温度计	温度范围	标准温度计
13.81～273.15K	铂电阻温度计	903.89～1337.58K	铂铑(10%)-铂热电偶
273.15～903.89K	铂电阻温度计	1337.58K 以上	光学高温计

3.2.1 水银温度计

水银温度计是液体温度计中最主要的一种，测温物质是水银，温度的变化表现为水银体积的变化，毛细管中的水银柱将随之上升或下降。由于玻璃的膨胀系数很小，加上毛细管是均匀的，因此水银的体积变化可以用长度变化来表示，在毛细管上可直接标出温度值。水银温度计的测量适用范围为−35～360℃（水银熔点为−38.7℃，沸点是 356.7℃）。若采用石英玻璃，并充以 $80×10^5$ Pa 的氮气，可以将测量上限温度提高到 800℃。高温水银温度计的顶部有一个安全泡，防止毛细管内的气体压力过大而引起储液泡的破裂。常用的水银温度计刻度间隔有 2℃、1℃、0.5℃、0.2℃、0.1℃等，与温度计的量程有关，可以根据具体的测定精度选用。

（1）水银温度计的种类与使用范围

① 普通水银温度计。一般使用，量程有−5～105℃、−5～150℃、−5～250℃、−5～360℃等，每分度为 1℃或 0.5℃。

② 精密水银温度计。供量热学使用，量程有 9～15℃、12～18℃、15～21℃、18～

24℃、20～30℃等，每分度为 0.01℃。

③ 测温差的贝克曼温度计。一种移液式的内标温度计，测温范围为－20～150℃，专门用于测量温差。

④ 电接点温度计（导电表，电接触温度计）。可以在某一温度点上接通或断开，与电子继电器等装置配套，用于控制温度。

⑤ 分段温度计（成套温度计）。从－20 至 220℃，共有 23 支，每支量程的最大温差为 10℃，每分度为 0.1℃；另有－40～400℃的，每隔 50℃ 1 支，每分度 0.1℃。

（2）温度计的校正

① 读数校正。可以用纯物质的熔点或沸点等相变点为标准进行校正；也可以用标准水银温度计作为标准，与待校正的水银温度计同时测定某一系统的温度，将对应值一一记录，作出校正曲线。

标准水银温度计由多支温度计组成，各支温度计的测量范围不同，总量程为－10～360℃，每支都经过计量部门的鉴定，读数准确。

② 水银柱露出液柱的校正——露茎校正。以浸入被测系统的深度来划分，水银温度计有"全浸"和"非全浸"两种。使用"全浸"式水银温度计时，应当全部浸入被测系统中，如不能全部浸入，露出的部分温度（室温，属于环境温度）与系统温度不同，必须进行校正。"非全浸"式水银温度计的上面刻有一条浸入标线，表示测温时规定浸入的深度，使用时若室温与系统温度相同且浸入深度恰好到标线，所测温度是系统的实际值；若室温与系统温度不一样，或浸入深度不在标线处，就需要进行校正。"全浸"和"非全浸"水银温度计的这两种校正统称为露茎校正。水银温度计露茎校正示意图见图 3.2-1，校正公式为

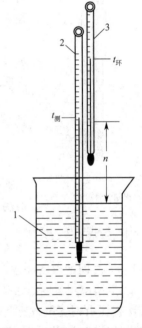

$$\Delta t = kn(t_{测} - t_{环}) \qquad (3.2\text{-}1)$$

式中，$\Delta t = t_{实} - t_{测}$；$t_{实}$ 为系统温度的实际值；$t_{测}$ 为系统温度的测量值（温度计 2 的读数）；$t_{环}$ 为露出待测系统外水银柱的有效温度（从放置在温度计 2 露出一半位置处的温度计 3 读出）；n 为露出待测系统外部的水银柱长度，称为露茎高度，以温度读数差表示；k 为水银相对于玻璃的膨胀系数，使用摄氏温标时，$k = 0.00016$。

图 3.2-1　温度计露茎校正示意图
1—被测系统；2—系统测量温度计；
3—辅助温度计

【例】　现有一全浸式水银温度计，测量某液体时的读数为 90℃，浸入液体深度读数为 80℃，露出该液体外的水银温度计有效温度为 60℃。试求该液体的实际温度。

解：　　　　$n = 90 - 80 = 10$

$$t_{测} - t_{环} = 90 - 60 = 30$$

$$t_{实} = t_{测} + \Delta t = 90 + 0.00016 \times 10 \times 30 = 90.048(℃)$$

故该液体的实际温度为 90.048℃。

（3）使用水银温度计的注意事项

① 应根据测量要求，选择不同量程、不同精度的温度计。超出水银温度计的使用量程，易造成下端玻管破裂，发生水银污染。

② "全浸"式水银温度计在使用时，应当全部浸入被测系统中，在达到热平衡后毛细管中水银柱液面不再移动时，方可读数。

③ 精密温度计读数前应轻敲水银柱液面附近的管壁，以防止水银黏附造成误差。

④ 按实际情况需要对读数进行必要的校正。

水银温度计具有结构简单、价格低廉、精确度较高、可直接读数、使用方便等优点，因而得到广泛使用，但它也存在易损坏、易造成水银污染的毛病，使用时应格外小心。

3.2.2　贝克曼水银温度计

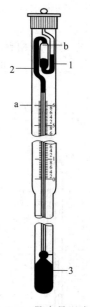

图 3.2-2　贝克曼温度计
1—水银储液管；2—毛细管；
3—水银球；a—温度标尺；
b—毛细管末端

贝克曼温度计是一种移液式内标温度计，结构如图 3.2-2 所示。

（1）贝克曼水银温度计的特点

① 贝克曼温度计的最小刻度为 0.01℃，用放大镜可以读准到 0.002℃，测量精度较高。还有一种最小刻度为 0.002℃，可以估读到 0.0004℃。贝克曼温度计一般只有 5℃ 量程，而 0.002℃ 刻度的量程只有 1℃。

② 贝克曼温度计的毛细管上端加装了一个水银储管，用来调节水银球中的水银量。所以，虽然其量程只有 5℃，却可以在不同范围内使用，测量范围在 −20～+150℃。

③ 因水银量是可变的，因此水银柱的刻度值不是温度的绝对值，只是在量程范围内的温度变化值。

（2）贝克曼水银温度计的使用方法

根据实验需要，贝克曼温度计测量范围不同，必须将温度计的毛细管中的水银面调节到标尺的合适范围内。这里只介绍采用恒温浴法 调节温度范围的方法。

① 确定所使用的温度范围。例如，测量水溶液凝固点下降需要能读出 −5～1℃ 之间的温度读数；测量水溶液沸点升高希望读出 99～105℃ 之间的温度读数；至于燃烧热测量则是室温时水银柱示数在 2～3℃ 之间最佳。

② 根据使用温度，估计当水银柱升至毛细管末端弯头处的温度值。一般的贝克曼温度计，水银柱由刻度最高处上升至毛细管末端，还需要上升 2℃ 左右，依据这一估计值调节水银球中的水银量。例如，测定水溶液的凝固点降低时，最高温度读数拟调至 1℃，那么毛细管末端弯头处的温度应相当于 3℃。

③ 另用一恒温水浴，将其调节至毛细管末端弯头处所应达到的温度，将贝克曼温度计置于该恒温水浴中恒温 5min 以上。

④ 恒温结束后，取出贝克曼温度计，用右手紧握它的中部，使其近乎垂直，用左手轻击右手小臂，这时水银便可在弯头处断开。温度计从恒温水浴中取出后，由于温度差异，水银体积会迅速变化，因此这一调节操作要迅速、轻快。

⑤ 将调节好的温度计置于预测温度的恒温水浴中，观察其读数值，并估计量程是否符合要求。若偏差过大，应按上述步骤重新调节。

（3）使用贝克曼水银温度计的注意事项

① 贝克曼温度计由薄玻璃组成，比一般水银温度计长得多，易被损坏，不能随意摆放。

② 调节时避免骤冷或骤热及重击。

③ 已经调节好的温度计，注意不要使毛细管中的水银再与水银储液管中的水银相连接。

④ 用夹子固定温度计时，必须垫有橡胶垫，不能用铁夹直接夹紧温度计，以免损坏。

3.2.3　SWC-Ⅱ$_C$ 数字贝克曼温度计

（1）数字贝克曼温度计的特点

① 分辨率高，稳定性好，测量温度范围宽。仪器具有 0.001℃ 的高分辨率，长期稳定性好，温度测量范围和温差基温范围为 −50～150℃，根据需要可扩展至 199.99℃。

② 操作简单，显示清晰，读数准确。此外，还设有读数保持、超量程显示功能，克服了水银贝克曼温度计的操作烦琐、容易损坏、校准复杂和读数困难的缺点。

③ 使用安全、可靠。数字贝克曼温度计可以消除水银贝克曼温度计操作中因不慎造成的汞污染，实验教学的安全性、可靠性得到了提高。

④ 仪器配有数字输出接口——RS232C 串行口。

（2）数字贝克曼温度计的操作方法

数字贝克曼温度计的前面板示意图如图 3.2-3 所示，仪器使用操作步骤如下。

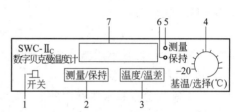

图 3.2-3　数字贝克曼温度计的前面板
1—电源开关；2—测量/保持转换键；3—温度/温差转换键；4—基温选择旋钮；5—测量指示灯；6—保持指示灯；7—温度、温差显示窗口

① 接通电源前，将传感器插头插入后面板上的传感器接口（槽口对准）。

② 将 220V 电源接入后面板上的电源插座，将传感器插入被测物中。

③ 温度测量。按下电源开关，此时显示屏显示仪表初始状态（实时温度），如

数字后显示的"℃"表示仪器处于温度测量状态，测量指示灯亮。

④ 选择基温。根据实验所需的实际温度选择适当的基温挡，使温差的绝对值尽可能小。

⑤ 温差测量。要测量温差时，按一下 温度/温差 键，此时显示屏上显示温差数，如

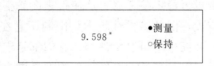

其中显示最末位的"*"表示仪器处于温差测量状态。

若显示屏上显示为"0.000"，且闪烁跳跃，表明选择的基温挡不合适，导致仪器超量程。此时，重新选择适当的基温。

再按一下 温度/温差 键，则返回温度测量状态。

⑥ 需要记录温度和温差的读数时，可按一下 测量/保持 键，使仪器处于保持状态（此时"保持"指示灯亮）。读数完毕，再按一下 测量/保持 键，即可转换到"测量"状态，进行跟踪测量。

（3）温差测量方法说明

被测量系统的实际温度为 T，基温为 T_0，则温差 $\Delta T = T - T_0$，例如

$$T_1 = 18.08℃，\quad T_0 = 20℃，\quad 则 \Delta T_1 = -1.923℃（仪表显示值）$$

$$T_2 = 21.34℃，\quad T_0 = 20℃，\quad 则 \Delta T_2 = 1.342℃（仪表显示值）$$

要得到两个温度的相对变化量 $\Delta T'$，则

$$\Delta T' = \Delta T_2 - \Delta T_1 = (T_2 - T_0) - (T_1 - T_0) = T_2 - T_1$$

由此可以看出，基温 T_0 只是参考值，略有误差对测量结果没有影响。采用基温可以得到分辨率更高的温差，提高显示值的准确度。例如，用温差作比较时

$$\Delta T' = \Delta T_2 - \Delta T_1 = 1.342 - (-1.923) = 3.265（℃）$$

而用温度作比较时

$$\Delta T' = T_2 - T_1 = 21.34 - 18.08 = 3.26（℃）$$

显然，用温差作比较比用温度作比较的准确度高。

（4）仪器维护注意事项

① 不宜放置在有水或潮湿的地方，应置于阴凉通风处。

② 不宜放置在高温环境，避免靠近发热源，如电暖气或炉子等。

③ 为了保证仪表工作正常，没有专门检测设备的单位和个人，请勿打开机盖进行检修，更不允许调整和更换元件，否则将无法保证仪表测量的准确度。

④ 传感器和仪表必须配套使用（传感器探头编号和仪表的出厂编号应一致），以保证温度检测的准确度，否则，温度检测准确度将有所下降。

3.2.4　电阻温度计

电阻温度计是根据导体电阻随温度变化的规律来制成的测温仪器。尽管任何物质的电阻都与温度有关，但同时具有较高灵敏度、稳定性和复现性而成为电阻温度计材料的并不多。目前，按感温元件的材料来分有金属导体和半导体两大类。金属导体有铂、铜、镍、铁和铑铁合金，半导体有锗、碳和氧化物热敏电阻。

（1）电阻丝式电阻温度计

电阻丝式电阻温度计是由纯的金属丝用双绕法绕在耐热的绝缘材料（如云母、玻璃、石英或陶瓷等）骨架上制成。电阻丝式电阻温度计具有性能稳定、测温范围宽且精度高等优点，同时它不像热电偶那样需设置稳定参考点，这使得它在航空工业及一些工业设备中得到广泛应用。其缺点是热容量较大，因此热惯性较大，限制了它在动态测量中的应用。目前，大量使用的是铂丝电阻温度计和铜丝电阻温度计等，它们都是定型产品。

精密的铂丝电阻温度计是目前最精确的温度计，测温范围为 $13.8033 \sim 1234.93K$，精度为 $0.001K$，误差可低至 $0.0001℃$。它是能复现国际实用温标的基准温度计。我国还用一等和二等标准铂电阻温度计来传递温标，以它为标准来检定水银温度计和其他类型的温度计。

铜丝可以用来制成测温范围为 $223 \sim 423K$、精度达 $0.002K$ 的工业电阻温度计，其主要特点是价格低廉、易于提纯，因此复现性好。在上述温度范围内电阻与温度的线性相关性好，其电阻率较铂小，缺点是易于被氧化，只能用于 $423K$ 以下的较低温度，另外就是体积较大，只能用于对敏感元件尺寸要求不高之处。

（2）半导体热敏电阻温度计

半导体热敏电阻温度计是由金属氧化物半导体材料制成，它可以制成各种形状，如珠

形、杆形和圆片形等，作为感温元件通常选用珠形和圆片形。半导体热敏温度计的主要优点有以下几方面。

① 有很大的负电阻温度系数，因此其测量的灵敏度比电阻丝温度计高很多。

② 体积小，故热容量小，动态特性好，可用于点温、表面温度及快速变化温度的测量。

③ 电阻很大，因此可以忽略引接导线的电阻，特别适用于远距离的温度测量。

④ 制备工艺比较简单，价格便宜。

热敏电阻的缺点是：测量温度范围较窄；它是非线性电阻，制造时对电阻与温度关系的一致性较难控制；差异大、稳定性较差；作为测量仪表的感温元件很难互换，给使用和维修带来较大困难。

3.2.5 热电偶温度计

热电偶是化学实验中测量温度的常用仪器之一。它不仅结构简单，制造和维修方便，品种和规格多样齐全（在广阔的测温范围 4～2073K 内都有相应的产品），而且热容量小，测温点小，响应快，灵敏度和准确度高。同时，它还能将温度量转化为电学量，适宜于温度的自动调节和自动控制。

（1）热电偶温度计测温原理

将两种材料不同的金属导体 A 和 B 连接在一起构成一个闭合回路，如图 3.2-4 所示。当两个连接点 1 和 2 温度不同时，例如 $t_2 > t_1$，回路中将产生电动势，这种效应称为热电效应，电动势称为热电势。热电偶就是利用这一原理来测量温度的。

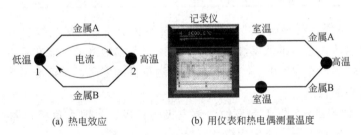

(a) 热电效应　　　　　(b) 用仪表和热电偶测量温度

图 3.2-4　热电偶测量温度原理

导体 A 和 B 称为热电极，连接点 2 是高温端，为感温部分，称为测量端；连接点 1 是低温端，与显示仪表部分相连，称为参比端。

热电偶的热电势由单一导体的温差电势和两种导体间的接触电势组成。温差电势是在同一种导体的两端因温度不同产生的一种热电势，高温端导体中的电子能量大于低温端导体中的电子能量，高温端电子向低温端运动的电子数量比低温端向高温端运动的电子数量多，致使高温端带正电荷、而低温端带负电荷，形成静电场。两种不同导体 A 和 B 接触时，由于两者的电子密度不同（这里假定 A 的电子密度大于 B 的），则导体 A 扩散到导体 B 的电子数要比导体 B 扩散到导体 A 的电子数多，致使导体 A 带正电荷、导体 B 带负电荷，从而形成接触电势。显然，接触电势与导体 A 和导体 B 的各自性质（主要是电子密度）、接触点的温度有关。

由于热电偶的接触电势远远大于温差电势，因此热电偶的总电势取决于接触电势，又因假定了 A 的电子密度大于 B 的电子密度，故导体 A 为正极，导体 B 为负极。这样，热电偶的总电势与两种导体的电子密度和两个接触点的温度有关。对于给定材料的导体，其电子密度只随温度而变，因此热电偶的总电势只与两个接触点的温度相关。通常，低温端的连接点 1 与显示仪表部分相连，该端的温度往往为室温，是个固定值。所以，热电偶的总电势只与高温端的温度 T 呈单值函数关系，于是测得热电偶的总电势就可以获得温度数据。每种热电偶都有各自的分度表（参考端温度为 0℃），分度值一般取每变化 1℃所对应的热电势之电压值。

（2）常用热电偶

国内外制备热电偶材料的品种极多，表 3.2-2 列出了在我国常用热电偶的基本参数。热电偶的分度号是热电偶分度表的代号，在热电偶和显示仪表配套时必须注意其分度号是否一致，不一致就不能配套使用。

表 3.2-2 常见热电偶的基本参数

热电偶名称	新分度号	旧分度号	测量温度范围/℃	热电势系数/mV·K^{-1}
铜-康铜	T	CK	$-200 \sim +300$	0.0428
铁-康铜		FK	$0 \sim +800$	0.0540
镍铬-康铜		NK	$0 \sim +800$	
镍铬-考铜		EA-2	$0 \sim +800$	0.0695
镍铬-镍硅	K	EU-2	$0 \sim +1300$	0.0410
镍铬-镍铝			$0 \sim +1100$	0.0410
铂铑 10-铂	S	LB-3	$0 \sim +1600$	0.0064
铂铑 30-铂铑 6	B	LL-2	$0 \sim +1800$	0.00034
钨铼 5-钨铼 20		WR	$0 \sim +200$	

① 铜-康铜热电偶。制成这种热电偶的两种材料易于加工成漆包线，可以拉成细丝，便于做成极小的热电偶。它测量低温性能极好，适用于负温的测量，能在真空、氧化、还原或惰性气体氛围中使用，在 $-200 \sim +300$℃区域内测量灵敏度高，是标准型热电偶中准确度最高的一种，且价格便宜。

铜-康铜热电偶测量 0℃以上温度时，铜电极为正极、康铜为负极；测量低温时，由于测量端温度低于参比端，极性会发生变化。

② 镍铬-考铜热电偶。该热电偶温度测量范围为 $0 \sim +800$℃，抗氧化性好，适用于氧化或惰性气体氛围中的温度测量，不适用于还原性氛围。它的微分热电势大，说明灵敏度高，可以做成热电偶堆或测量变化范围较小的温度。但考铜热电偶不易加工，难于控制。

③ 镍铬-镍硅（镍铬-镍铝）热电偶。这两种热电偶的共同特点是，热电势与温度几呈线性关系，使显示仪表刻度均匀，灵敏度较高，稳定性和均匀性很好，广泛应用于 $0 \sim +1300$℃的氧化性或惰性气体氛围中，但不适用于还原性和含硫氛围中。镍铬-镍硅热电偶是目前使用最多的一个品种。

④ 铂铑 10-铂热电偶。它是由铂铑丝（铂 90%、铑 10%）和纯铂丝制成的，可长时间在 $0 \sim +1300$℃的氧化性或惰性气体氛围中工作，不适用于其他氛围工作（用非金属套管保护除外）。它的物理、化学性能好，因此热电势稳定性好，精度是所有热电偶中最高的。不足之处是，灵敏度低和价格昂贵，同时长期使用会使负极的铂丝纯度因沾污而下降，致使热电势改变。

⑤ 铂铑 30-铂铑 6 热电偶。这种热电偶几乎全部具备铂铑 10-铂热电偶的优点，不存在负极铂丝的缺点，是目前测量温度最高（$0 \sim +1800$℃）的热电偶。

3.3　温度控制

物质的多数物理性质和化学性质，如体积、旋光度、折射率、蒸气压、密度、黏度、表面张力、电导率、化学反应平衡常数、反应速率常数等都与温度密切相关。许多物理化学实验不仅要精确测量系统的温度，而且更加需要严格控制系统的温度，以保证在一定的恒温条件下进行实验测量。实验室中的温度控制可分为常温控制（室温～250℃）、高温控制（＞250℃）和低温控制（室温～－218℃）三大类。

3.3.1　常温控制

在常温区间，常用的控温装置是恒温槽。恒温槽是一种以液体为介质的恒温装置，用液体作介质的优点是热容量大，导热性好，可以大大提高控温的稳定性和灵敏度，常见的液体介质及其控温范围见表 3.3-1。可根据所需控温的要求，选择合适的液体介质。

表 3.3-1　液体介质及其控温范围

介质名称	控温范围/℃	介质名称	控温范围/℃
乙醇或乙醇水溶液	－60～30	甘油或甘油水溶液	80～160
水	0～90	液体石蜡、润滑油或硅油	70～300

恒温槽的种类很多，但它们的控温原理大致相同，这里介绍由水银接触温度计控温的恒温槽和 SYP-IIB 一体化恒温水浴槽。

（1）水银接触温度计控温的恒温槽

这种恒温槽由浴槽、加热器、搅拌器、温度计、水银接触温度计、继电器和贝克曼温度计等组成，装置示意图见图 3.3-1。

① 浴槽。容器一般用玻璃制成便于观察，槽内液体通常用蒸馏水，特殊的控温可以根据表 3.3-1 选择不同的介质。

② 加热器。常用的是电热器，根据恒温槽的容积、恒温温度与环境温度

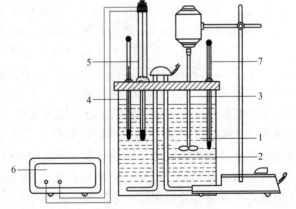

图 3.3-1　恒温槽装置示意图

1—浴槽；2—加热器；3—搅拌器；4—温度计；
5—水银接触温度计；6—继电器；7—贝克曼温度计

（往往是室温）的温差大小决定电热器的功率。为提高恒温效率和精度，可采用两套加热器，开始加热时用大功率的加热器，达到恒定温度时改用功率小的加热器来维持恒温。

③ 搅拌器。一般用带变速器的电动搅拌器。搅拌器应安装在加热器附近，以便热量迅速传递，使槽内各部位温度均匀。

④ 温度计。观察恒温浴的温度常用分度值为 0.1℃ 的水银温度计，在使用前应加以校正。

⑤ 水银接触温度计。水银接触温度计又称水银导电表，它相当于一个开关，是恒温槽的感觉中枢，用于控制恒温槽的温度，对提高恒温槽精度至关重要，其结构如图 3.3-2 所示。它的下半部有一根铂丝（下铂丝）与水银球中的水银相连；上半部毛细管中同样有一根

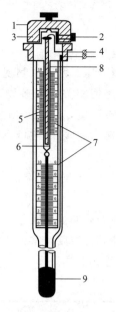

图 3.3-2　水银接触温度计
1—调节帽；2—固定螺丝；
3—磁钢；4—上下铂丝引线；
5—指示螺母；6—上铂丝与
水银接点；7—上下标尺；
8—可调铂丝；9—水银球

铂丝（上铂丝），借助顶部的磁钢旋转可控制其高低位置。定温指示螺母配合上部温度刻度板，用于粗略调节所要求控制的温度值。当浴槽温度低于指定温度时，上铂丝与汞柱（下铂丝）不接触，继电器中线圈无电流通过，弹簧片弹开，加热器回路导通，加热。当浴槽内温度上升并达到指定温度时，上铂丝与水银柱接触，并使两铂丝导通，继电器中线圈有电流通过并吸住弹簧片，加热器断开，停止加热。

⑥ 继电器。继电器必须与加热器和水银接触温度计相连，才能起到控温作用。实验室常用的继电器有电子管继电器和晶体管继电器。

⑦ 贝克曼温度计。由于这种温度控制装置属于"通""断"类型，当加热器接通后传热物质温度上升并传递给接触温度计，使它的水银柱上升。因为传质、传热都需要一个过程，因此会出现温度传递的滞后。即当接触温度计的水银柱触及铂丝时，加热器附近的实际水温已超过了指定温度，这样恒温槽温度就会高于指定温度，同样降温时也会出现滞后现象。所以，恒温槽控制的温度有一个波动范围，且恒温槽内各处的温度也会因搅拌效果的优劣而不同。控制温度的波动范围越小，各处的温度越均匀，恒温槽灵敏度越高。因贝克曼温度计灵敏度较高，故测量恒温浴的灵敏度时需用它。

下面简单介绍调节恒温水浴至设定温度的方法。假定室温为 20℃，欲设定实验温度为 25℃。先旋开水银接触温度计上端螺旋调节帽的固定螺丝，再旋动磁性螺旋调节帽，使温度指示螺母位于低于欲设定实验温度 2~3℃ 处（如 22℃），开启大功率加热器开关加热，当水温接近设定温度时，改用小功率加热。仔细观察温度计读数，当达到 22℃ 左右时，若恒温指示灯时明时灭，则不断再次旋动磁性螺旋调节帽，使触点与水银柱始终处于刚刚接通与断开状态（恒温指示灯不断时明时灭）。此时需缓慢加热，直至温度计读数慢慢爬到 25℃ 为止，然后旋紧上端螺旋调节帽的固定螺丝。为防止恒温槽内金属腐蚀，恒温槽容器中应加入蒸馏水。

（2）SYP-ⅡB 一体化恒温水浴槽

SYP-ⅡB 一体化恒温水浴槽是集加热器工作电源、升温、控温、搅拌于一体的精密控温装置，有一个清晰直观的测定温度与设定温度数据双显示屏面，具有控温均匀波动小、测量准确可靠和操作简单方便等特点，温度测量范围从室温到 99.9℃。SYP-ⅡB 一体化恒温水浴槽主要由玻璃缸体和控温机箱组成，其结构如图 3.3-3 所示。SYP-ⅡB 一体化恒温水浴槽的使用和操作步骤如下。

① 向玻璃缸 1 内注入其容积 2/3~3/4 的蒸馏水，水位高度大约 230 mm（可根据实际需要而调节，不得低于 150mm，以免通电加热时造成"干烧"而损坏加热器），将温度传感器 5 插入玻璃缸塑料盖预置孔内（左边），另一端与控温机箱 2 后的温度传感器接口 19 相连接。

② 用配备的电源线将 220V 电源与控温机箱后面板电源插座 18 相连接。先将加热器电源开关 6 置于"关"的位置，搅拌速率调节旋钮左旋到底，然后按下控温电源开关 8，此时

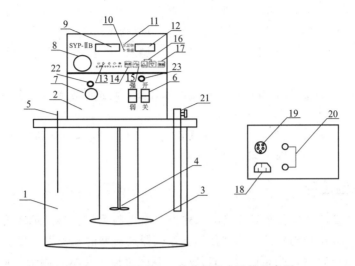

图 3.3-3　SYP-ⅡB 一体化恒温水浴槽示意图

1—玻璃缸；2—控温机箱；3—加热器；4—搅拌器；5—温度传感器；6—加热器电源开关；7—搅拌速率调节旋钮；
8—控温电源开关；9—温度显示；10—恒温指示灯；11—工作指示灯；12—设定温度显示；13—回差指示灯；
14—回差键；15—移位键；16—增、减键；17—复位键；18—电源插座；19—温度传感器接口；
20—保险丝座；21—可升降支架；22—水搅拌指示灯；23—加热指示灯

显示器和指示灯均有显示，初始状态如下图所示。其中，"恒温"指示灯亮，回差处于 0.5。

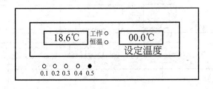

③ 回差值的选择。按 回差 键，回差将依次显示为 0.5、0.4、0.3、0.2、0.1，选择所需的回差值即可。

④ 控制温度的设置。如将恒温槽设定到 28.0℃：先按移位键 15 🔄，LED 显示器 12 的十位数字闪烁，再按 ▲ 键，此位将逐次显示"0""1""2"等数字，直到显示"2"时停止按动 ▲ 键；再按移位键 15 🔄，LED 显示器 12 的个位数字闪烁，再按 ▼ 键，此位将逐次显示"9""8"等数字，直到显示"8"时停止按动 ▼ 键；重新按移位键 15 🔄，LED 显示器 12 的最后一位"0"闪烁；最后一次按移位键 15 🔄，工作指示灯 11 亮。此时 LED 显示器 12 显示的值即为设定的温度值 28.0℃。通常，最低设定温度以大于环境温度 5℃，控温较为理想。

⑤ 此时，仪器进入自动升温控温状态。打开玻璃恒温水浴的加热器电源开关 6，调节搅拌速率调节旋钮 7。升温过程中为使升温速度尽可能快，可将加热器功率置于"强"位置；当温度与设定温度的差值接近 2～3℃ 时，将加热器功率置于"弱"的位置，以达到较为理想的控温目的。

⑥ 系统温度达到设定温度时，工作指示灯自动转换到恒温状态，恒温指示灯 10 亮。此后，控温系统根据回差值设置的大小进行自动控温，两指示灯转换速率也随之而变化。当介

质温度≤设定温度－回差时，加热器处于加热状态，工作指示灯 11 亮；当介质温度≥设定温度时，加热器停止加热，工作指示灯 11 熄灭，恒温指示灯 10 亮。

⑦ 可以根据实际需要调节可升降支架高度，只需松开螺丝，调整到所需高度后再拧紧螺丝即可。

⑧ 实验完毕，关闭加热器电源、控制器电源开关，将搅拌旋钮左旋到底。为安全起见，拔下电源插头。

一般不用"复位键"，只有在因设置错误而需重新设置或因故死机时才使用。出现上述情况时，只需按一下复位键即可回复到初始状态。

3.3.2 高温控制

一般将对高于 250℃的系统实施控温，称为高温控制系统。这里简单介绍 SWKY-Ⅰ程序升降温控制仪（高温控制）的结构和使用。该仪器是新型的系统集成数字控温仪，可自动调整加热系统的电压，达到控温目的，有效防止温度过冲。它具有测量、控制数据双显示，键入式温度设定，定时提醒（便于定时观测、记录），RS-232C 计算机接口（便于计算机处理数据）等功能，操作极为简单方便。它的温度控制范围（Pt100）为 0～650℃，其控制面板如图 3.3-4 所示。使用操作步骤如下。

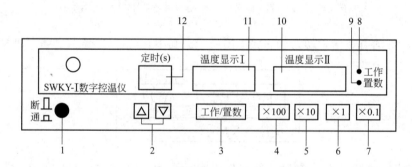

图 3.3-4　SWKY-Ⅰ程序升降温控制仪面板

1—电源开关；2—定时设置按钮；3—工作/置数转换按钮；4～7—温度设定调节按钮；8—工作状态指示灯；9—置数状态指示灯；10—被测物温度显示屏；11—控制/置数温度显示屏；12—定时显示屏

① 将传感器插头（Pt100）、加热器对接线分别与后面板的"传感器插座""加热器电源"对应连接，将 220V 电源线接入后面板上的电源插座。

② 将传感器Ⅰ插入到欲控制温度的系统中（如加热器的炉腔），传感器Ⅱ插入待测物中（一般插入深度≥50mm）。

③ 打开电源开关 1，仪器显示如下图的初始状态。其中，控制/置数温度显示屏 11 的温度显示为 320.0℃（设定温度），被测物温度显示屏 10 的温度显示为 20.0℃（实时温度，此时为室温），置数状态指示灯 9 亮。

00　320.0℃　20.0℃ ○

④ 设置控制温度。按下工作/置数转换按钮 3，置数状态指示灯 9 亮。依次按"×100""×10""×1""×0.1"设置"温度显示Ⅰ"的百位、十位、个位及小数点位的数字，每按动一次，显示数码按 0～9 依次递增，直至调整到所需"设定温度"的数值。设置完毕，再

按一下工作/置数转换按钮，转换到工作状态。温度显示Ⅰ从设置温度转换为控制温度当前值（传感器Ⅰ所对应的温度），工作指示灯亮。温度显示Ⅱ只显示被测物的温度（传感器Ⅱ所对应的温度），无控温功能。注意，置数状态时，仪器不对加热器进行控制。

⑤ 若需隔一段时间观测、记录被测物的温度（温度显示Ⅱ的数值），可按工作/置数转换按钮3，置数状态指示灯9亮，按定时设置按钮2，设置所需间隔的定时时间（有效设置范围为10～99s）。时间递减至零时，蜂鸣器鸣响，鸣响时间为2s。若无需定时提醒功能，将时间设置至00～09s。时间设置完毕，再按一下工作/置数转换按钮3，仪表自动转换到工作状态，工作指示灯亮。

⑥ 使用结束后，关闭电源，拔掉仪器后面板电源线。

3.3.3 低温控制

实验在低于室温的恒温下进行时，需要用低温控制装置。实验室常用冰水混合物、冰盐混合物来降低环境温度。常见的几种盐与冰的低共熔点见表3.3-2。

表 3.3-2 盐与冰的低共熔点

盐	$w_盐/\%$	最低温度/℃	盐	$w_盐/\%$	最低温度/℃
KCl	19.5	−10.7	NaCl	22.4	−21.2
KBr	31.2	−11.5	KI	52.2	−23.0
NaNO$_3$	44.8	−15.4	NaBr	40.3	−28.0
NH$_4$Cl	19.5	−16.0	NaI	39.0	−31.5
(NH$_4$)$_2$SO$_4$	39.8	−18.3	CaCl$_2$	30.2	−49.8

一般情况下，实验室将制冷剂、冰水混合物装入蓄冷桶，制得一定温度的低温浴，再与超级恒温槽配合，由超级恒温槽的循环泵将低温液体送入实验装置的夹层中，对实验系统起到低温控制的效果。

目前，低温控制的成套仪器也逐渐开始应用于实验。这里简单介绍 SWC-LGD 一体化凝固点测定装置的结构和使用方法。

通常测凝固点的方法是将已知浓度的溶液逐渐冷却成过冷溶液，然后使溶液结晶。当晶体生成时，放出的凝固热使体系（溶液）温度回升，当放热与散热达到平衡时，温度不再变化，此固-液两相达成平衡的温度即为溶液的凝固点。SWC-LGD 一体化凝固点测定装置就是根据这个原理来进行凝固点测定的，它将冰点仪、温度温差仪、搅拌器等集成一体，配有 RS-232C 串行口、USB2.0 接口以及凝固点实验软件，可方便地与电脑连接，测量、观察与绘制图形，其温度测量范围为−50～150℃，装置见图3.3-5所示。

下面就 SWC-LGD 一体化凝固点测定装置的使用与操作方法作一大概介绍。

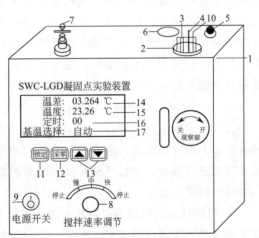

图 3.3-5 SWC-LGD 一体化凝固点测定装置
1—冰浴槽；2—凝固点测定口；3—传感器插孔；
4—搅拌棒；5—冰浴槽手动搅拌器；6—凝固点初测口；
7—搅拌器导杆；8—搅拌速率调节开关；9—电源开关；
10—辅助搅拌杆；11—基温锁定键；12—采零键；
13—定时键；14—温差显示；15—温度显示；
16—定时显示；17—基温选择

① 将传感器插头插入后面板上的传感器接口（槽口对准），将后面板上的电源插座接入交流 220V 电源。

② 打开电源开关 9，显示屏首先显示的是厂名、网址、联系电话，数秒后显示实时温度、温差值等，如下图所示。

```
温差:03.264℃
温度:23.26℃
定时:00
基温选择:自动
```

③ 调节冰浴温度。先将仪器的放水口与溢水口接上橡胶管，用夹子夹住放水管使冰浴的水不至流出，溢水管端口应放在下水管池或烧杯内。将温度传感器探头插入冰浴槽中，在冰浴槽中放入碎冰、自来水及食盐。注意：自来水要少加、缓加，只要能将冰块浮起至样品液面以上即可；食盐应少量加入，搅拌溶解后再逐渐加入。冰浴温度达到 -3.5℃ 左右即为调温完成，当溢出口有水流出时，应停止加水。

④ 安装样品管。将空气套管放入冰浴中紧固好，用初测口的盖子盖住其管口，使其内表面保持干燥。准确移取 25mL 蒸馏水放入洗净烘干的样品管中。将温度传感器从冰浴中取出，用蒸馏水冲洗干净，将其插入样品管盖中，然后将样品管盖塞入样品管中。注意：温度传感器应插入与样品管管壁平行的中央位置，插入深度至样品管底部。

⑤ 安装搅拌装置。将搅拌棒、辅助搅拌杆和传感器放入样品管中，传感器应置于搅拌棒、辅助搅拌杆的底部圆环内。将横连杆套在搅拌器导杆的顶部凹槽外面，适当拧紧螺钉使横连杆能水平转动而不滑落。将样品管放入空气套管中，转动样品管盖，将横连杆轻松插入搅拌棒顶部的固定孔中，然后顺时针转动样品管盖，使搅拌棒上下运行阻力最小。将搅拌速率调节开关拨至"慢"挡，观察搅拌器运行是否自如，搅拌棒是否在样品管中正常运行，有无歪斜及剧烈摩擦等不良情况。如无不良情况，停止搅拌，拧紧横连杆的紧固螺钉。注意：横连杆紧固螺钉应安放在导杆的凹槽内，以免搅拌时，横连杆松动脱落。

⑥ 初测样品的凝固点。将样品管从空气套管中取出（如有结冰请用手心将其焐化），插入初测口，盖好空气套管口，用手动方式不停地慢速搅拌样品。待样品温度降到 0~8℃ 之间时，按下基温锁定键，使基温选择由"自动"变为"锁定"。观察温差显示值，其值应是先下降过过冷温度，然后急剧升高，最后温差显示值稳定不变时，记下温差值。此为蒸馏水样品的初测凝固点。

⑦ 精测样品的凝固点。取出样品管，让样品自然升温并融化（不要用手焐），当样品管温度高于初测凝固点温度 1℃ 时，将样品管放入空气套管中并连接好搅拌系统，将搅拌速度置于"慢"挡，此时应每隔 15s 记录温差值 ΔT（如与电脑连接，此时点击开始绘图）。当温度低于粗测凝固点 0.1℃ 时，应调节搅拌速率为快速（此后无须再调节搅拌速率，直到实验结束），加快搅拌促使固体析出，温度开始上升时，注意观察温差显示值，直至稳定，持续 60s，此即为蒸馏水的凝固点。

如过冷较大，可在精确测量时使样品管中存有少量冰花，或加入促使结晶的粉粒（如石英粉末）。在样品均匀降温过程中，应间断地观察并搅拌冰浴，以使其温度较均匀并保持在 -3~-3.5℃。若冰浴温度高于 -2.5℃，则实验难以完成。

⑧ 按步骤⑦重复实验两次。三次平均值即为蒸馏水的凝固点。

⑨ 溶液凝固点的测定。取出样品管，用手心捂热，使管内冰晶完全融化，向其中投入准确称量的质量为 1g 左右的蔗糖片（也可采用尿素等其他溶质），待其完全溶解后，按步骤⑥进行实验操作，测得该溶液的初测凝固点，再按步骤⑦重复实验三次，测得该溶液的平均凝固点。

⑩ 整理相关实验数据，填写实验表格。关闭搅拌系统（将搅拌速率调节开关拨至"停"挡即可）。关闭电源开关，拔下电源插头。

⑪ 清洗冰浴，清洗相关实验部件。向冰浴中小心通入自来水，清洗冰浴中的盐和水，不要注水过猛、过多而使水溢到机箱内部。用干净的不含盐的抹布擦拭仪器的外表。

如果放水管放不出水来，可能是盐粒过多堵塞管道，可以用洗耳球向其中猛打空气将管道疏通。

实验过程中一般用"慢"挡搅拌，只有在过冷晶体大量析出时才用"快"挡搅拌以促使体系快速达到热平衡。冰浴槽温度应低于溶液凝固点 3℃ 左右，一般控制在低于 3.5℃ 左右。冰浴中制冷剂的冰面应高于样品液面，但不要高于溢水口。

第4章

压力和流量测量技术与仪器

压力是用来描述体系状态的一个重要物理参数。不仅许多物理化学性质，例如熔点、沸点、蒸气压等都与压力密切相关，而且在化学热力学和化学动力学研究中，压力因素同样至关重要。因此，了解压力测量的相关仪器结构，掌握压力测量的方法和技术十分必要。

不同的物理化学实验，对压力的要求不同，所涉及的压力主要包括常压系统、高压系统（钢瓶）以及负压系统（真空）。不同的压力范围，不仅测量方法不同，而且所用仪器及其精确度也不同，必须区别对待。

4.1 压力的概念与表示方法

4.1.1 压力的概念与单位

物理化学中的压力是指垂直、均匀作用于单位面积上的力，物理学中习惯称为压强。国际单位制（SI）中，计量压力量值的单位为"牛顿·米$^{-2}$"，即"帕斯卡"（简称帕），其表示符号为 Pa。物理学中规定：1N 的力作用于 $1m^2$ 面积上所产生的压力（即压力）为 1Pa。

在工程应用和科学研究中，压力还有一些其他常用的单位，例如，标准大气压（或称物理大气压，简称大气压）、工程大气压（即 $kg \cdot cm^{-2}$）、毫米汞柱、毫米水柱和巴等。各种压力单位可以按照定义互相换算，常见的压力单位换算可参见附表 5。

4.1.2 压力的习惯表示方法

地球上总存在着大气压力（p_0），为方便表示不同场合压力的数值，可以采用不同的压力表示方式。常用的有绝对压力、相对压力（表压力）、正压力、负压力（真空度）和差压力等。

① 绝对压力。以 $p_绝$ 表示，指实际存在的总压力，又称总压力。

② 相对压力。以 p 表示，是指绝对压力和大气压力相比较得出的压力，即绝对压力与用测压仪表测量时的大气压力差值，又称表压力，$p = p_绝 - p_0$。

③ 正压力。绝对压力高于大气压力时，表压力大于零，此时为正压力，简称压力。

④ 负压力。绝对压力低于大气压力时，表压力小于零，此时为负压力，简称负压，又称为"真空"，负压力的绝对值大小就是真空度。

⑤ 差压力。当任意两个压力 p_1 和 p_2 相比较，其差值称为差压力，简称压差。

实际上测压仪表大部分测定的是压差，因为都是将被测压力与大气压力相比较而测出的两个压力之差值，以此来确定被测压力的大小。

4.2　气压计

气压计是根据托里拆利（Evangelista Torricelli，1608—1647）的实验原理而制成的用以测量大气压力的仪器。气压计的种类很多，但主要有水银式气压计及无液式气压计两大类。实验室最常用的水银式气压计是福廷（Fortin）式气压计，无液式气压计是金属盒气压计。

4.2.1　福廷式气压计

（1）福廷式气压计结构

福廷式气压计是一种真空压力计，其构造如图 4.2-1 所示。它的外部是一黄铜管，管的顶端有悬环，用以悬挂在实验室的适当位置。气压计内部是一根一端封闭的装有水银的长玻璃管，玻璃管封闭的一端向上，管中汞面的上部为真空，管下端插在水银槽内。水银槽底部是一柔性羚羊皮袋，下端由螺旋支撑，转动此螺旋可调节槽内水银面的高低。水银槽的顶盖上有一倒置的象牙针，其针尖是黄铜标尺刻度的零点。此黄铜标尺上附有游标尺，转动游标调节螺旋，可使游标尺上下游动。它以汞柱所产生的静压力来平衡大气压力，汞柱的高度就可以度量大气压力的大小。

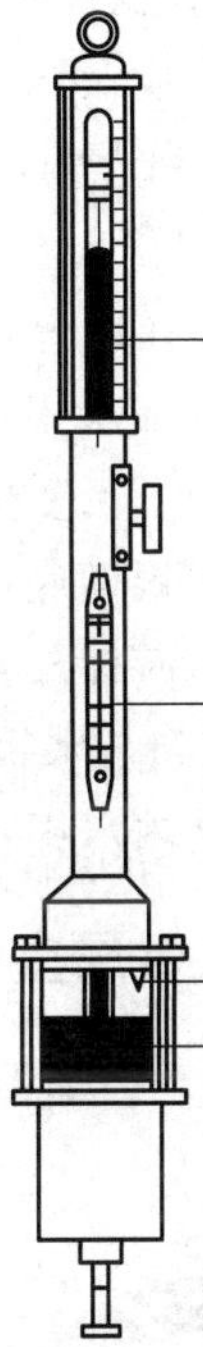

（2）福廷式气压计的使用方法

① 从气压计的附属温度计上读取温度。

② 慢慢旋转水银槽底部螺旋，调节水银槽内水银面的高度，使槽内水银面升高。利用水银槽后面磁板的反光，注视水银面与象牙尖的空隙，直至水银面与象牙尖刚刚接触，然后用手轻轻扣一下铜管表面，使玻璃管上部水银面凸面正常。稍等几秒钟，待象牙针尖与水银面的接触无变动为止。

图 4.2-1　福廷式气压计结构

（水银柱、附属温度表、象牙针、水银槽）

③ 调节游标尺。转动气压计旁的调节螺旋，使游标尺升起，并使其下沿略高于水银面。然后慢慢调节游标下移，直到游标尺底边及其后边金属片的底边同时与水银面凸面顶端相切。这时观察者眼睛的位置应和游标尺前后两个底边的边缘在同一水平线上。

④ 气压计读数。当游标尺的零线与黄铜标尺中某一刻度线恰好重合时，则黄铜标尺上该刻度的数值便是大气压值，不需使用游标尺。当游标尺的零线不与黄铜标尺上任何一刻度重合时，那么游标尺零线所对标尺上的刻度，则是大气压值的整数部分（kPa）。再从游标尺上找出一根恰好与标尺上的刻度相重合的刻度线，则游标尺上刻度线的数值便是大气压值的小数部分。

⑤ 整理工作。记下读数后，将气压计底部螺旋向下移动，使水银面离开象牙针尖。记下气压计的温度及所附卡片上气压计的仪器误差值，然后进行校正。

（3）气压计读数的校正

水银气压计的刻度是以温度为 0℃、纬度为 45°的海平面高度的大气压为标准的。若不符合上述规定时，从气压计上直接读出的数值，除进行仪器误差校正外，在精密的工作中还必须进行温度、纬度及海拔高度的校正。

① 仪器误差的校正。由于仪器本身制造的不精确而造成读数上的误差称"仪器误差"。仪器出厂时都附有仪器误差的校正卡片，读数应首先加上此项校正。

② 温度影响的校正。由于温度的改变，水银密度也随之改变，因而会影响水银柱的高度。同时由于铜管本身的热胀冷缩，也会影响刻度的准确性。当温度升高时，前者引起偏高，后者引起偏低。由于水银的膨胀系数较铜管的大，因此当温度高于 0℃ 时，经仪器校正后的气压值应减去温度校正值；当温度低于 0℃ 时，要加上温度校正值。气压计的温度校正值参见附表 9，据此再利用数学插值法获得实验温度下压力读数所对应的校正值。

③ 海拔高度及纬度的校正。重力加速度（g）随海拔高度及纬度不同而不同，致使水银所受的重力受到影响，从而会导致气压计读数产生误差。其校正办法是，经温度校正后的气压值再乘以（$1 - 2.6 \times 10^{-3} \cos 2L - 3.14 \times 10^{-7} H$）。式中，$L$ 为气压计所在地纬度（°）；H 为气压计所在地海拔高度（m）。此项校正值很小，在一般实验中可不必考虑。

④ 其他，如水银蒸气压的校正、毛细管效应的校正等，因校正值极小，一般不考虑。

（4）使用时注意事项

① 调节水银槽底部螺旋时动作要缓慢，不可旋转过急。

② 在调节游标尺与汞柱凸面相切时，应使眼睛的位置与游标尺前后下沿在同一水平线上，然后再调到与水银柱凸面相切。

③ 发现槽内水银不清洁时，要及时更换水银。

4.2.2 金属盒气压计

金属盒气压计如图 4.2-2 所示。它的主要部分是一种波纹状表面的真空金属盒。为了不使金属盒被大气压压扁，用弹性钢片向外拉着它。大气压增加，盒盖凹进去一些；大气压减小，弹性钢片就把盒盖拉起来一些。盒盖的变化通过传动机构传给指针，使指针偏转。从指针下面刻度盘上的读数，可知道当时大气压的值。

图 4.2-2 金属盒气压计

金属盒气压计体积小、重量轻，不需要固定，只要求仪表工作时水平放置。它使用方便，便于携带，但其精确度不如福廷式气压计。如果在无液气压计的刻度盘上标的不是大气压的值，而是高度，就成了航空及登山用的高度计。

另外，还有数字式气压计。它可取代水银气压计，测定室内大气压，采用三位或四位数字显示，使用环境温度 $-10 \sim 40℃$，量程 (101.3 ± 20)kPa，分辨率在 $0.1 \sim 0.01$kPa。

4.3 测压仪表

4.3.1 液柱式测压仪表

液柱式测压仪表是物理化学实验中用得最多的测压计。它具有构造简单、使用方便，能测量微小压力差，测量准确度比较高，且制作容易、价格低廉等特点。但是它测量范围不大，示值与工作液体密度有关。它的结构不牢固，耐压程度较差。

液柱式压力计常用的有 U 形压力计、单管式压力计和斜管式压力计，它们的结构虽然不同，但测量原理是相同的。物理化学中用得最多的是 U 形压力计，它由两端开口的垂直 U 形玻璃管及垂直放置的刻度标尺所构成，管内下部盛有适量工作液体（常用的是水银）作为指示液，如图 4.3-1 所示。U 形管的两支管分别连接于两个测压口。因为气体的密度远小于工作液的密度，因此，由液面差 (h_1+h_2) 及工作液的密度 ρ、重力加速度 g 可以得

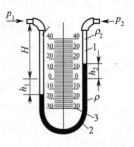

图 4.3-1　U 形压力计

$$p_1=p_2+(h_1+h_2)\rho g \tag{4.3-1}$$

U 形压力计可用来测量：两种气体的压力差；气体的表压力（p_1 为被测量气体的压力，p_2 为大气压）；气体的绝对压力（若令 p_2 为真空，p_1 所示即为绝对压力）；气体的真空度（p_1 通大气，p_2 为负压，可测其真空度）。

4.3.2　DP 精密数字压力计系列

DP 精密数字压力计系列具有操作简单，显示直观清晰，可在较宽的环境温度范围内保证准确度和长期稳定性等特点，克服了水银 U 形压力计的汞毒等缺点，是物理化学实验的理想仪器。DP 精密数字压力计系列有用于测定系统绝对压力或实时显示大气压的 DP-AG 精密数字压力计、用于测定负压及真空的 DP-AF 精密数字压力计、用于测定微小压力差的 DP-AW 精密数字压力计和用于同时测定压力与温度的 DP-A 精密数字压力温度计，它们的测量范围见表 4.3-1。

表 4.3-1　DP 精密数字压力计系列的测量范围

压力计型号	测量范围	压力计型号		测量范围
DP-AG	(101.3±30)kPa	DP-A	压力	0～±100kPa
DP-AF	0～-101.3kPa			0～±10kPa
DP-AW	0～±10kPa		温度	-50～350℃

DP 精密数字压力计系列的压力传感器与二次仪表合为一体，用 ϕ4.5～5mm 内径的真空橡胶管将仪器后盖板压力接口与被测系统连接。其中，DP-AG 因直接测量大气压或系统绝对压力而无需连接，而 DP-A 将温度传感器插入后盖板传感器接口，传感器置于被测体系中。DP 精密数字压力计前面板如图 4.3-2 所示，其使用和操作方法如下所述。

① 将面板电源开关置于 ON 的位置，按动"复位"键，显示器 LED 和指示灯亮，仪表处于工作状态，仪器显示压力值（DP-A 型左边为温度值）。接通电源后单位键的初始状态 kPa 指示灯亮，LED 显示以 kPa 为计算单位的压力值；按一下单位键，mmH_2O 或 mmHg 指示灯亮，LED 显示以 mmH_2O 或 mmHg 为计量单位的压力值，可根据需要选择所需压力单位。

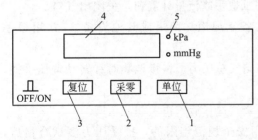

图 4.3-2　DP-A 精密数字压力计前面板示意图
1—单位键；2—采零键；3—复位键；
4—数据显示屏；5—指示灯

② 在测试前必须按一下采零键，使仪表自动扣除传感器零压力值（零点漂移），显示为"00.00"，保证正式测试时显示值为被测介质的真实压力值。尽管仪表作了精细的零点补偿，

因传感器本身固有的漂移（如时漂）是无法处理的，因此每测一次后，再次测试前必须按一下采零键，以保证所测压力值的准确度。

③ 测试。对被测系统缓慢加压或疏通，当加正压力或负压力至所需压力时，显示器所显示值即为该温度下所测压力值。

④ 关机。被测系统压力泄压后，将电源开关置于"OFF"位置，即关机。

DP-AG 精密数字压力计无采零键，故也无需上述操作步骤，开机即显示大气压或系统绝对压力，使用完毕直接将电源开关置于"OFF"位置即可。

4.4 高压系统——高压钢瓶

实验室中经常会使用各种气体，通常将气体压缩或液化后储存于钢瓶中，因此气体钢瓶是一种高压容器。气体钢瓶的容积一般为 40～60L，最高工作压力范围为 0.6～150MPa，我国标准储气钢瓶型号分类见附表 7，常用储气钢瓶的颜色标志见附表 8。

4.4.1 钢瓶的安装与使用

（1）钢瓶安装与使用

① 钢瓶直立放稳并用链条、皮带等进行有效固定，以防止钢瓶翻倒或滚动。

② 清除瓶阀周围可能的油渍及危险品（如瓶阀处有油或润滑油，则停止使用，并与供应商联系），站在钢瓶的一侧，快速开闭瓶阀，以便清洁阀口。

③ 确认所使用的减压器调压范围及所适用于气体的种类。检查并清除减压器进气口的油渍及危险品（如发现进气口处有油渍或润滑油，则停止使用。特别是氧气钢瓶，绝对不可沾油）。

④ 将进气口洁净的减压器安装在相应的钢瓶上，并用扳手锁紧。

⑤ 逆时针旋转调压把手，使调压弹簧处于自由状态，并关闭流量计调节旋钮。

⑥ 站在减压器侧面，慢慢打开瓶阀，用专用设备检查减压器与瓶阀连接处是否漏气。打开瓶阀时不要正对或背对减压器，乙炔瓶阀应开到最小，并且要检验纯度，防止爆炸。

⑦ 按要求接上软管，并用扳手锁紧。由于软管内部可能存在灰尘、杂物或滑石粉，故使用前应在保持良好的通风条件下进行吹尘处理：a. 旋转调压把手，允许 0.03MPa 的压力通过软管；b. 气体流通时间 10s 左右；c. 旋转调压把手或流量计旋钮，关闭出气口。

⑧ 将软管的另一端接上需要使用气体的设备（焊炬、割炬或其他设备），并用扳手锁紧。

⑨ 打开钢瓶总阀门，此时高压表显示出瓶内储气总压力。慢慢地顺时针转动调压手柄，至低压表显示出实验所需压力或流量为止。

⑩ 停止使用时，先关闭总阀门，待减压阀中余气逸尽后，再关闭减压阀。

⑪ 钢瓶应定期接受安全检验。超过钢瓶使用安全规范年限的，接受压力测试合格后，才能继续使用。

（2）钢瓶使用注意事项

① 钢瓶应存放在阴凉、干燥、远离热源的地方。可燃性气瓶应与氧气瓶分开存放。

② 搬运钢瓶时要小心轻放，要戴好钢瓶帽和橡皮腰圈，避免撞击、摔倒和激烈震动，防止爆炸。

③ 使用气体钢瓶时，除 CO_2、NH_3 外，应装减压阀和压力表。各种气体的减压阀和压力表原则上不能混用（N_2 和 O_2 的可互用），以防爆炸。

④ 可燃性气体（如 H_2、C_2H_2）的钢瓶阀门是"反扣"（左旋）螺纹，逆时针方向旋转是拧紧；不燃性或助燃性气瓶（如 N_2、O_2）的钢瓶阀门是"正扣"（右旋）螺纹，顺时针方向旋转是拧紧。开启阀门时应站在气表侧面，以防意外伤人。

⑤ 不要让油或易燃有机物沾染到气瓶上（特别是气瓶出口和压力表上）。

⑥ 不可把气瓶内气体用尽，一般要保留 0.05MPa 以上的残留压力，对可燃性气体应保留 0.2～0.3MPa 的压力，而氢气则要保留更高压力，以防重新充气时发生危险。

⑦ 使用中的气瓶每 3 年应检查 1 次，装腐蚀性气体的钢瓶每 2 年检查 1 次，不合格的气瓶不可继续使用。

⑧ 氢气瓶应放在远离实验室的专用小屋内，用紫铜管引入实验室。像氢气这样的可燃性气体应安装防止回火装置。

⑨ 原则上有毒气体（如氯气等）钢瓶应单独存放，严禁有毒气体逸出，注意室内通风。最好在存放有毒气体钢瓶的室内设置毒气检测装置。

4.4.2 减压阀

储存在高压钢瓶内的气体，在使用时要通过减压器，使其压力降至实验所需范围且保持稳压。减压器按构造和作用原理分为杠杆式和弹簧式两类，弹簧式又分为反作用和正作用两种。现以反作用弹簧式的氧气减压器为例进行介绍。

(1) 氧气减压阀的工作原理

气体钢瓶充气后，压力可达 150×10^5 Pa，使用时必须用气体减压阀。安装在氧气钢瓶上的减压阀俗称氧气表，其工作原理如图 4.4-1 所示。

氧气减压阀的高压腔与钢瓶连接，低压腔为气体出口，并通往使用系统。高压表的示值为钢瓶内储存气体的压力，低压表的出口压力可由调节螺杆控制。使用时先打开钢瓶总开关，然后顺时针方向旋转手柄 1，压缩主弹簧 2，作用力通过弹簧垫块 3、传动薄膜 4 和顶杆 5 使活门 9 打开，这时进口的高压气体，其压力由高压表 7 指示，由高压室经活门调节减压后进入低压室，其压力由低压表 10 指示。当达到所需压力时，停止转动手柄，开启供气阀，将气体输到受气系统。停止用气时，逆时针旋松手柄 1，使主弹簧 2 恢复原状，活门 9 受压缩弹簧 8 的作用而密闭。减压阀都装有安全阀，它是保护减压阀并使之安全使用的装置，当调节压力超过一定允许值或减压阀出其他故障时，安全阀 6 会自动开启排气。

(2) 氧气减压阀的使用方法

减压阀与氧气钢瓶的安装示意图如图 4.4-2 所示。使用前，先将氧气减压阀进口与钢瓶连接，出口通过紫铜管和使用系统相连。连接时应首先确定尺寸规格是否与钢瓶和工作系统的接头相符、连接螺纹是否无损，然后用手拧满螺纹后，再用扳手上紧，防止漏气。将减压阀门关闭（逆时针方向旋转），然后打开钢瓶上的总阀门（逆时针方向旋转），用肥皂水检查减压阀与钢瓶接口处是否漏气，若有漏气应再旋紧螺纹或更换皮垫直至不漏气。若无漏气，即可将减压阀门打开（顺时针方向慢慢旋紧），此时开始往使用系统输送气体，直至低压表达到所需压力为止。使用完毕，先将钢瓶总阀门关闭（顺时针方向旋紧），再关闭减压阀门，松开紫铜管与使用系统的接头，放去紫铜管内与低压气室内的余气，低压表指示降为零；然后再打开减压阀门，放掉高压气室内的余气，总压表指示降为零，最后关闭减压阀门。在使用减压阀时，应注意以下几点。

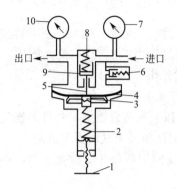 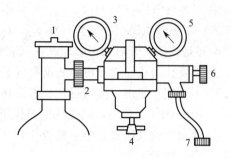

图 4.4-1　氧气减压阀工作原理示意图

1—旋转手柄；2—主弹簧；3—弹簧垫块；4—传动薄膜；
5—顶杆；6—安全阀；7—高压表；8—压缩弹簧；
9—活门；10—低压表

图 4.4-2　减压阀与氧气钢瓶的安装示意图

1—钢瓶总开关；2—钢瓶与减压表连接螺母；
3—高压表；4—低压表调节阀门；5—低压表；
6—供气阀门；7—接出气口螺旋

① 按使用要求的不同，氧气减压阀有许多规格。最高进口压力大多为 $150 kg \cdot cm^{-2}$（$150 \times 10^5 Pa$），最低进口压力不小于出口压力的 2.5 倍。出口压力规格较多，一般为 $0 \sim 1 kg \cdot cm^{-2}$（$1 \times 10^5 Pa$），最高出口压力为 $40 kg \cdot cm^{-2}$（$40 \times 10^5 Pa$）。

② 安装减压阀时应确定其连接规格是否与钢瓶和使用系统的接头相一致。减压阀与钢瓶采用半球面连接，靠旋紧螺母使二者完全吻合。因此，在使用时应保持两个半球面的光洁，以确保良好的气密效果。安装前可用高压气体吹除灰尘。必要时也可用聚四氟乙烯等材料作垫圈。

③ 氧气减压阀应严禁接触油脂，以免发生火警事故。

④ 停止工作时，应将减压阀中余气放净，然后逆时针拧松调节螺杆，此时减压阀关闭，以保证下次实验开启钢瓶总阀门时，不会发生高压气体直接冲进充气系统或引发意外事故，保护减压阀的调节压力功能。

（3）其他气体减压阀

有些气体，例如氮气、空气、氩气等气体，可以采用氧气减压阀。但还有一些气体，如氨等腐蚀性气体，则需要专用减压阀。市面上常见的有氮气、空气、氢气、氨、乙炔、丙烷、水蒸气等专用减压阀。这些减压阀的使用方法及注意事项与氧气减压阀基本相同。但是，还应该指出，专用减压阀一般不用于其他气体。为了防止误用，有些专用减压阀与钢瓶之间采用特殊连接口。例如氢气和丙烷均采用左旋螺纹，也称反扣螺纹，安装时应特别注意。

4.5　低压系统——真空技术

真空技术在化学化工、生物工程、医学、电子学、热能等研究方面都有着极其广泛的应用，因此，如何获得真空和怎样测量真空度，是大学化学实验中最基本、也是最重要的训练技能之一。

当系统处于绝对压力小于一个大气压的状态时，称为真空状态。真空状态下气体表压力的绝对值，习惯上称作真空度。真空度越高，意味着该空间气体分子数量越少，其密度越小。在现行的国际单位制（SI）中，真空度的单位与压力的单位一样，都是帕斯卡，简称帕，符号为 Pa。一般将压力在 $1.013 \times 10^5 \sim 1.333 \times 10^3$ Pa 区间的称为粗真空，压力在 $1.333 \times 10^3 \sim 0.1333$ Pa 区间的称为低真空，压力在 $0.1333 \sim 1.333 \times 10^{-6}$ Pa 区间的称为高真空，压力在 $1.333 \times 10^{-6} \sim 1.333 \times 10^{-10}$ Pa 区间的称为超高真空，压力在 1.333×10^{-10} Pa 以下的称为极高真空。

4.5.1 真空的获得

为了获得真空，必须设法将容器中的气体分子抽出。凡是能从容器中抽出气体，使气体压力降低的装置，均可称为真空泵。常见的真空泵主要有机械泵、扩散泵、分子泵、钛泵和低温泵等。

（1）旋片式机械真空泵

实验室常用的真空泵为旋片式机械真空泵，如图 4.5-1 所示，一般只能产生 $1.333 \sim 0.1333$ Pa 的真空，其极限真空为 $0.1333 \sim 1.333 \times 10^{-2}$ Pa。旋片式机械真空泵主要由泵体和偏心转子组成。经过精密加工的偏心转子下面安装有带弹簧的滑片，由电动机带动，偏心转子紧贴泵腔壁旋转，滑片靠弹簧的压力也紧贴泵腔壁。滑片在泵腔中连续运转，使泵腔被滑片分成的两个不同的容积周期性地扩大和缩小。气体从进气嘴进入，被压缩后经过排气阀排出泵体外。如此循环往复，将系统内的压力减小。

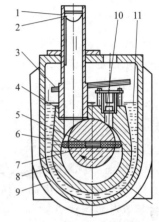

图 4.5-1 旋片式机械真空泵结构示意图

1—进气嘴；2—滤网；3—挡油板；
4—进气嘴 O 形密封圈；5—旋片弹簧；
6—旋片；7—转子；8—泵身；
9—油箱；10—1 号真空泵油；
11—排气阀片

旋片式机械真空泵的整个机件浸在真空油中，这种油的蒸气压很低，既可起润滑作用，又可起密封和冷却机件的作用。在使用旋片式机械真空泵时应注意以下几点。

① 旋片式机械真空泵不能直接抽含可凝性气体的蒸气、挥发性液体等。因为这些气体进入泵后会破坏泵油的品质，降低油在泵内的密封和润滑作用，甚至会导致泵的机件生锈。因而含有可凝气体的蒸气在进泵前必须先通过纯化装置。例如，用无水氯化钙、五氧化二磷、分子筛等吸收水分，用石蜡吸收有机蒸气，用活性炭或硅胶吸收其他蒸气等。

② 旋片式机械真空泵不能用来抽含腐蚀性成分的气体。如含氯化氢、氯气、二氧化氮等的气体。因这类气体能迅速侵蚀泵中精密加工的机件表面，使泵漏气，不能达到所要求的真空度。遇到这种情况时，应当使气体在进泵前先通过装有氢氧化钠固体的吸收瓶，以除去有害气体。

③ 旋片式机械真空泵由电动机带动，使用时应注意电动机的电压。若是三相电动机带动的泵，第一次使用时特别要注意三相电动机旋转方向是否正确。正常运转时不应有摩擦、金属碰击等异声。运转时电动机温度不能超过 50～60℃。

④ 旋片式机械真空泵的进气口前应安装一个三通活塞。停止抽气时应使机械泵与抽空系统隔开而与大气相通，然后再关闭电源。这样既可保持系统的真空度，又可避免泵油倒吸。

（2）扩散泵

当机械泵的真空度不能满足实验要求时，通常使用扩散泵来获得高真空。扩散泵是一种次级泵，它需要在一定的真空度下才能正常工作，因此它必须与机械泵配合使用。其工作原理是：扩散泵中的油在真空中加热到沸腾温度（约为 200℃）产生大量的油蒸气，油蒸气经导流管由各级喷嘴定向高速喷出。由于扩散泵进气口附近被抽气体的分压力高于蒸气流中该气体的分压力，被抽气体分子沿着蒸气方向高速运动，气体分子碰到泵壁又反射回来，再受到蒸气流碰撞而重新沿蒸气流方向流向泵壁。经过几次碰撞后，气体分子被压缩到低真空端，再由下几级喷嘴喷出的蒸气进气多级压缩，最后由前级泵抽走，而油蒸气在冷却的泵壁上被冷凝后又返回到下层重新被加热，如此循环工作达到抽气目的。扩散泵的极限真空度可达 10^{-7} Pa。

（3）分子泵

分子泵一般可获得小于 10^{-8} Pa 的无油真空，它是一种纯机械的高速旋转的真空泵，它利用高速旋转的转子把动量传输给气体分子，使之获得定向速度，从而被压缩、驱向排气口由前级泵抽走。这种泵可以分为牵引分子泵、涡轮分子泵和复合分子泵。牵引分子泵是指气体分子与高速运动的转子相碰撞而获得动量，被驱送到泵的出口；涡轮分子泵靠高速旋转的动叶片和静止的定叶片相互配合来实现抽气，通常在分子流状态下工作；复合分子泵是由涡轮式和牵引式两种分子泵串联组合起来的一种复合型的分子真空泵。

（4）钛泵

① 概述。钛泵的极限真空度在 10^{-8} Pa。在设备制造选材时，利用钛及钛合金所具有的耐腐蚀、密度小、强度高、高低温综合力学性能好的特点，在过流部件、叶轮以及填料综合密封等节点使用钛或钛合金制造。该泵具有优良的耐腐蚀性能，能耐大多数有机酸、无机酸、有机化合物以及碱、盐溶液的腐蚀，特别适于输送含氯的盐类溶液，适于输送含有固体颗粒、易结晶介质的液体，特别适用于长周期运行，但不能输送发烟硝酸、氢氟酸、浓度＞30％的盐酸。钛泵克服了填料和机械密封的不足，具有结构简单、密封可靠的优点，也从根本上解决了填料密封的轴套、填料易磨损问题。目前广泛应用于制碱、制盐、冶金矿山和石油化工等领域。

② 抽气工作原理。在钛泵阳极筒中运动的电子，有轴向速度分量 v_z 和径向速度分量 v_r。因为 v_r 与轴向磁场垂直，电子会受到洛仑兹力作用，所以阳极筒内的电子除受到轴对称的电场力作用外，还受到洛仑兹力作用，电子的运动为轴向的直线运动和横截面上的轮滚线运动。在横截面上，电子轮滚线运动半径的大小是电子速度和磁场强度的函数，电子速度愈大（阳极电压愈高），轮滚线运动半径愈大；磁场愈强，轮滚线运动半径愈小。当阳极电压较高时，为了避免电子"滚落"到阳极上，必须加一个较强的轴向磁场。在轴线方向，当电子向阳极筒的中心截面运动时，受电场力的加速作用，电子的速度愈来愈大；越过中心截面后，电场力起阻碍作用而使电子做减速运动；靠近阴极板时 v_z 衰减为零，电子重新受电场力的加速作用而反向加速运动；过中心截面后又开始减速。如此不停往复运动。电子在阳极筒中经过很长的路程才落到阳极上。大量电子受磁场约束，以轮滚线的形式贴近阳极筒旋转，形成一层电子云。上述现象称为潘宁放电。

气体分子和旋转的电子碰撞而被电离，气体离子在电场的作用下，飞向并轰击阴极钛板。离子轰击钛板产生两种作用，一是溅射钛，形成钛膜；二是打出二次电子。

溅射出来的钛原子，淀积在阳极内壁和阴极板上，形成新鲜的钛膜维持钛泵的抽气能力。离子的溅射能力随入射离子的能量、质量和入射角的不同而不同。能量大、质量大的离子的溅射能力也大；斜射比垂直轰击的效果要好。为了保证阳极筒上的钛膜的吸气能力，必须保证足够的溅射率，即要求有足够的电压，以保证离子得到足够的轰击能量。离子轰击钛板，可打出二次电子，二次电子受电磁场作用进入旋转电子云里，补充失去的电子。每个气体分子被电离的同时，都至少放出一个电子，这些电子也进入到旋转电子云里，它们和二次电子一起补偿因跑到阳极上而损失的电子，从而能不断地维持潘宁放电。

钛泵抽气机理通常认为是化学吸附和物理吸附的综合，一般以化学吸附为主。对 N_2、O_2、CO 和 CO_2 等活性气体的抽除主要靠沉积于阳极筒内壁上的钛膜的化学吸附；对氢气的抽除有化学吸附，也有扩散、吸收、溶解作用；对惰性气体的排除，主要靠离子"掩埋"。

（5）低温泵

① 概述。低温泵是能达到极限真空的泵，可获 $10^{-10} \sim 10^{-9}$ Pa 的超高真空或极高真空。低温泵是利用低温表面冷凝气体的真空泵，又称冷凝泵。低温泵可以获得抽气速率最大、极限压力最低的清洁真空，广泛应用于半导体和集成电路的研究和生产，以及分子束研究、真空镀膜设备、真空表面分析仪器、离子注入机和空间模拟装置等方面。

② 抽气工作原理。在低温泵内设有由液氦或制冷机冷却到极低温度的冷板，它使气体凝结，并保持凝结物的蒸气压力低于泵的极限压力，从而达到抽气作用。低温抽气的主要作用是低温冷凝、低温吸附和低温捕集。a. 低温冷凝是指气体分子冷凝在冷板表面上或冷凝在已冷凝的气体层上，其平衡压力基本上等于冷凝物的蒸气压。抽空气时，冷板温度必须低于 25K；抽氢时，冷板温度更低。低温冷凝抽气冷凝层厚度可达 10mm 左右。b. 低温吸附是指气体分子以一个单分子层厚（10^{-8} cm 数量级）被吸附到涂在冷板上的吸附剂表面上。吸附的平衡压力比相同温度下的蒸气压力低得多。如在 20K 时氢的蒸气压力等于大气压力，用 20K 的活性炭吸氢时吸附平衡压力则低于 10^{-8} Pa。这样就可能在较高温度下通过低温吸附来进行抽气。c. 低温捕集是指在抽气温度下不能冷凝的气体分子，被不断增长的可冷凝气体层埋葬和吸附。

一般说来，泵的极限压力就是冷板温度下的被冷凝气体的蒸气压力。温度为 120K 时，水的蒸气压已低于 10^{-8} Pa。温度为 20K 时，除氦、氖和氢外，其他气体的蒸气压也低于 10^{-8} Pa。但由于被抽容器和低温冷板的温度不同，泵的极限压力高于冷凝物的蒸气压。对于室温下的容器，低温板为 20K 时，泵的极限压力约为冷凝物蒸气压力的 4 倍。

4.5.2　真空的测量与检漏

（1）真空测量

真空的测量实际上就是测量低压下气体的压力，常用的测压仪器有 U 形水银压力计、麦氏真空规、热偶真空规、电离真空规和数字式低真空压力测试仪等。

粗真空的测量一般用 U 形水银压力计，对于较高真空度的系统使用真空规。真空规有绝对真空规和相对真空规两种。麦氏真空规称为绝对真空规，即真空度可以用测量到的物理量直接计算而得；而其他如热偶真空规、电离真空规等均称为相对真空规，测得的物理量只能经绝对真空规校正后才能指示相应的真空度。

目前，实验室中测量粗真空的水银压力计已逐渐被数字式低真空测压仪取代。该类仪器测定实验系统与大气压之间压差，消除了汞的污染，有利于环境保护和人类健康。使用时，先将仪器按要求连接在实验系统上，再打开电源预热 10min；然后选择测量单位，调节旋钮，使数字显示为零；最后开动真空泵，仪器上显示的数字即为实验系统与大气压之间的压差值。详细内容可参见本章 4.3.2 中的 DP-AF 和 DP-AW 精密数字压力计的使用。

（2）真空检漏

真空检漏技术就是用适当的方法判断真空系统、容器或器件是否漏气、确定漏孔位置及漏率大小的一门技术，相应的仪器称为检漏仪。真空检测常用的有气压检漏、氨敏纸检漏、荧光检漏、放电管检漏、高频火花检漏、真空计检漏和氦质谱检漏等多种方法。

① 气压检漏。被检零部件内腔充以气体（一般为空气），充气压力的高低视零部件的强度而定，一般为 $(2\sim4)\times10^5$ Pa。充压后的零部件如发出明显的嘶嘶声，音响源处就是漏孔位置。如不能用声音直接察觉漏孔，则用皂液涂于零部件可疑表面处，有气泡出现处便是漏孔位置。此外，还可将充气的零部件浸在清净的水槽中，气泡形成处便是漏孔位置。

② 氨敏纸检漏。将被检零部件内腔抽空后，充入压力为 $(1.5\sim2)\times10^5$ Pa 的氨气，在可疑表面处贴上溴酚蓝的试纸或试布，用透明胶纸封住，试纸或试布上有蓝斑点出现，即是漏孔的位置。

③ 荧光检漏。将被检的零部件浸入荧光粉的有色溶液（二氯乙烯或四氯化碳）中，经一定时间后取出烘干，漏孔处留有荧光粉，在器壁另一面用紫外线照射，发光处即为漏孔位置。

④ 放电管检漏。将放电管接到系统上，并将系统抽成中真空，在高频电压作用下系统中残存气体（空气）产生紫红色或玫瑰色辉光放电。若在系统可疑表面处涂上丙酮、汽油、酒精或其他易挥发的碳氢化合物，有蓝色放电颜色出现之处便是漏孔位置。

⑤ 高频火花检漏。这种方法仅适用于玻璃真空系统。先将系统抽成真空，然后使高频火花检漏仪的火花端沿着玻璃表面移动，火花集中成束形成亮点处即是漏孔位置。

⑥ 真空计检漏。是根据相对真空计（热导真空计和电离真空计等）的读数检漏的方法。真空计的工作压力范围就是检漏适用的压力范围。检漏时在可疑处喷吹示漏气体氢、氧、二氧化碳、乙烷或用棉花涂以乙醚、丙酮、甲醇等。示漏气体进入系统后会引起真空计读数的突然变化。

⑦ 氦质谱检漏。是最常用的一种检漏法。用氦气作为示漏气体，以磁偏转质谱计作为检漏工具，工作原理与真空质谱计相同，差别仅在于氦质谱检漏仪使用的磁场和加速电压基本上是固定的，因为它只检测氦离子。另外，为了提高离子流的输出，适当牺牲分辨率以降低对测量放大器的要求，所以这种检漏仪具有结构简单、灵敏度高、性能稳定、操作方便等优点。

4.6 流量的测量及仪器

流体分为可压缩流体和不可压缩流体两类。流量的测定在科学研究和工业生产上都有广泛应用。在此仅就实验室的几种流量计作简单的介绍。测定流体流量的装置称为流量计（或流速计）。实验室常用的主要有毛细管流量计、转子流量计、皂膜流量计、湿式流量计。

4.6.1 毛细管流量计

毛细管流量计又名锐孔流量计，其结构如图 4.6-1 所示，它是根据节流作用原理制成的。当气体流经毛细管（锐孔）时，因节流效应使流速增加，压力降低（即位能减小），这样气体在毛细管前后就产生压差（前大后小），使得流量计中两液面高度差（Δh）显示出来。当毛细管长度 L 与其半径 r 之比等于或大于 100 时，气体流量 V 与毛细管两端压差存

在线性关系，即

$$V = \frac{\pi r^4 \rho}{8L\eta}\Delta h = f\,\frac{\rho}{\eta}\Delta h \qquad (4.6-1)$$

式中，$f = \pi r^4/8L$，为毛细管特征系数；r 为毛细管半径；ρ 为流量计所盛液体的密度；η 为气体黏度。

式(4.6-1) 表明，当流速 V 和毛细管长度 L 一定时，毛细管半径 r 越小，Δh 就越大。因此，可以根据所测量流速的范围，选用不同孔径的毛细管。U 形管中的液体，一般用蒸馏水、硫酸、液体石蜡、水银和高沸点的有机液体等。但选用液体时，应以不与被测气体相溶、不发生化学反应为原则。流速小的被测气体应采用密度小的液体，反之亦然，在使用和标定过程中要保持流量计的清洁与干燥。

对于给定的毛细管流量计和其内所存放的液体，某一气体流经时的流量 V 和压差 Δh 呈直线关系。不同的气体有各自的黏度，故它们有不同的 V-Δh 直线关系；同一种气体，在不同的毛细管流量计中流经，V 和 Δh 的直线关系也不相同。由实验标定，绘制出 V-Δh 的关系曲线，绘制时必须说明使用的气体种类和对应的毛细管流量计规格。

4.6.2　转子流量计

转子流量计又称浮子流量计，它具有结构简单、直观、压力损失小、维修方便等特点。玻璃转子流量计广泛应用于化工、石油、轻工、医药、环保、食品及计量测试、科学研究等部门，测量单相非脉动流体（液体或气体）的流量，其结构如图 4.6-2 所示。

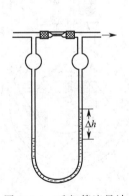

图 4.6-1　毛细管流量计

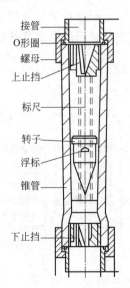

接管
O形圈
螺母
上止挡
标尺
转子
浮标
锥管
下止挡

图 4.6-2　转子流量计

转子流量计是由一根从下向上逐渐扩大的玻璃锥形管和一个置于锥形管中且可以沿管的中心线上下自由移动的浮子组成。转子流量计测量流体的流量时，被测流体从锥形管下端流入，流体的流动冲击着浮子，对它产生一个作用力（这个力的大小随流量大小而变化）。当流量足够大时，所产生的作用力将浮子托起，并使之升高，同时，被测流体流经浮子与锥形管壁间的环形断面。这时作用在浮子上的力有三个，即流体对浮子的动压力、浮子在流体中的浮力和浮子自身的重力。流量计垂直安装时，浮子重心与锥管管轴相重合，作用在浮子上的三个力都沿平行于管轴的方向作用。当这三个力达到平衡时，浮子就平稳地浮在锥管内某一高度的位置上。对于给定的转子流量计，浮子大小和形状已经确定，因此它在流体中的浮力和自身重力都是常量，唯有流体对浮子的动压力是随流速的大小而变化的。因此，当流速变大或变小时，浮子将向上或向下移动，相应位置的流动截面积也发生变化，直到流速变成浮子平衡时对应的速度，浮子就在新的位置上稳定下来。对于一台给定的转子流量计，浮子在锥管中的位置高度与流体流经锥管的流量的大小具有一一对应关系。因此，流体的流量可用浮子升起的高度表示。

使用转子流量计需注意以下几点：a. 流量计应垂直安装；b. 要缓慢开启控制阀；c. 待浮子稳定后再读取流量；d. 避免被测流体的温度、压力突然急剧变化；e. 为确保计量的准确、可靠，使用前均需进行校正。

4.6.3 皂膜流量计

这是实验室常用的构造十分简单的一种流量计，它可用滴定管改制而成，如图 4.6-3 所示。橡皮头内装有肥皂水，当待测气体经侧管流入后，用手将橡皮头一捏，气体就把肥皂水吹成一圈圈的薄膜，并沿管上升，用秒表记录某一皂膜移动一定体积所需的时间，即可求出流量。这种流量计的测量是间断式的，宜用于尾气流量的测定，标定测量范围较小的流量计（约 $100\text{mL} \cdot \text{min}^{-1}$ 以下），而且只限于对气体流量的测定。

电子皂膜流量计测量流体流量的原理与上述方法相同，只是在图 4.6-3 中玻璃管上传感器 1 和传感器 2 的位置设置了敏感元件，通过敏感元件与其内部的微处理机相结合，测量和计算皂膜或液面经过玻璃管内传感器 1 和传感器 2 位置时的起止时间，最终计算出流量，并由显示屏直观地显示出来。其精度大大优于通常用眼和手掐秒表间接判断的数据结果。

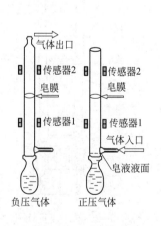

图 4.6-3　皂膜流量计

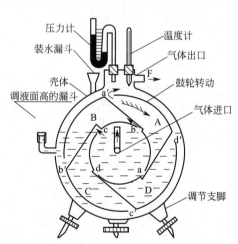

图 4.6-4　湿式流量计

4.6.4 湿式流量计

（1）湿式气体流量计结构与概述

湿式气体流量计也是实验室常用的一种流量计。它的构造主要由圆筒形外壳、鼓轮及传动计数装置所组成，如图 4.6-4 所示。在封闭的圆筒形外壳内装有一由叶片围成的圆筒形鼓轮，它能绕中心轴自由旋转。鼓轮内被四个叶片分成 A、B、C、D 四个体积相等的气室，每个气室的内侧壁与外侧壁都有直缝开口（内侧壁开口为计量室进气口，外侧壁开口为计量室出气口）。流量计壳体内盛有约一半容积的水（或低黏度油）作为密封液体，鼓轮的一半浸于密封液中，水位高低由水位器指示。气体从背部中间的进气管依次进入各室，并不断地由顶部排出，迫使鼓轮不停地转动。气体流经流量计的体积由盘上的计数装置和指针显示，用秒表记录流经某一体积所需的时间，便可求得气体流量。

（2）湿式气体流量计工作原理

图 4.6-4 中所示位置，表示随着气体进入流量计（如图中液面中心的进口处），C 气室的进气口露出液面，进气口与流量计进口相通而开始充气，气体进入鼓轮内的一个气室 C；B 气室已充满气体，其进出口都被液面密封，形成封闭的空间，即计量室；A 气室的出气口已露出液面，开始向流量计出口排气。随着气体的不断充入气室 C，在进气压力的推动下，鼓轮沿顺时针方向绕中心轴旋转。气室 C 中的充气量逐渐增大，气室 B 的出气口也将离开液面而开始向流量计出口排气，气室 A 中的气体将全部排出。当气室 A 全部浸入液体中时，气室 D 将开始充气，气室 C 将形成封闭的计量室。然后依次是气室 D、气室 A 形成封闭的计量室。鼓轮旋转一周，就有相当于 4 倍计量室空间的气体体积通过流量计。所以，只要将鼓轮的旋转次数通过齿轮机构传递到计数指示机构，就可显示通过流量计的气体体积流量（总量）。

（3）湿式气体流量计的使用与操作

① 将湿式气体流量摆放在工作台上，调整地角螺钉使水准器水泡位于中心，并在使用中要长期保持。

② 打开水位控制器密封螺帽，拉出内部的毛线绳。

③ 在温度计或压力计的插孔内，向仪表内注入蒸馏水，待蒸馏水从水位控制器孔内流出时即停止注入蒸馏水，当多余的蒸馏水从水位控制器孔内顺着毛线绳流干净（很久流出一滴时即为流干净）时，再将毛线绳收入水位控制器密封螺帽内，并且拧紧密封螺帽。

④ 装好温度计和压力计（每一小格 10Pa）。按进出气方向连接好气路，并且密封。

⑤ 开启气阀，即可进行气体测量。

（4）湿式气体流量计的使用注意事项

使用湿式流量计时要注意以下几点：a. 先调整湿式流量计的水平，使水平仪内气泡居中；b. 流量计内注入蒸馏水，其水位高低应使水位器中液面与针尖接触；c. 使用时，应记录流量计的温度；d. 湿式气体流量计的鼓轮旋转速度不宜过快，所以它只适合于小流量的气体流量测量；e. 被计量的气体不能溶于流量计内部密封液体或与密封液体发生反应。

第 5 章

电化学测量技术与仪器

作为物理化学内容中的重要组成部分，电化学是研究电化学系统（电解质溶液、原电池和电解池）中的电能和化学能相互转化，以及转化过程中所涉及的热力学和动力学规律的科学，研究和应用这些规律所进行的测量称为电化学测量技术。

电化学测量技术在物理化学实验中占有很重要的地位，其研究方法丰富多样。传统的电化学研究方法主要是测量溶液的电导和电池的电动势等，可用于弱电解质的解离度和平衡常数、化学反应速率常数、电解质溶液的离子平均活度系数、难溶电解质的溶度积常数、溶液的 pH 值、极化曲线等的测定；非传统的新颖电化学研究方法是采用光、电、磁、声、辐射等实验技术，研究电极表面性质。作为基础物理化学实验课程中的电化学，这里主要介绍传统的电化学测量与研究方法，为学习和运用近代电化学研究方法打下坚实基础。

5.1 电导的测量及仪器

5.1.1 电导与电导率

电解质溶液导电的实质是溶液中离子的自由运动，其导电能力用电导 G 来衡量。电导可以反映溶液中离子的本性和运动情况。特别值得重视的是，电解质稀溶液的电导与离子浓度呈简单的线性关系，这是电导测试被广泛应用于分析化学与化学动力学研究过程中的理论基础。

电导是电阻的倒数，因此实际应用中溶液电导值是通过测量电阻值后换算而得到，即电导的测量方法与电阻的测量方法相同。溶液电导的测定过程中，当电流通过电极时，由于离子会在电极上放电发生化学反应，引起电极附近溶液浓度的变化，产生电极极化而引起误差，所以测量电导时要使用频率足够高的交流电，以防止电解产物的产生、避免电极极化。另外，电极上镀铂黑的目的是为了减少超电势，采用零点法测量是为了在超电势为零时读取电导值，这些措施都是为了提高测量结果的准确性。

在具体测量中令人更感兴趣的量是电导率 κ 而不是电导 G 本身，电导率的定义为

$$\kappa = G \times \frac{l}{A} \tag{5.1-1}$$

式中，l 为测定电解质溶液时两电极间的距离，m；A 为电极面积，m^2；G 为电导，S；κ 为电导率，$S \cdot m^{-1}$。

电解质溶液的摩尔电导率 Λ_m（单位为 $S\cdot m^2\cdot mol^{-1}$）是指两个相距为 1m、面积为 $1m^2$ 的电极之间溶液中含有 1mol 电解质时的电导，因此，对于浓度为 c（$mol\cdot L^{-1}$）的电解质溶液，其摩尔电导率与电导率、浓度的关系为

$$\Lambda_m = \frac{\kappa}{c} \times 10^{-3} \tag{5.1-2}$$

5.1.2　电导的测量与仪器

因电导是电阻的倒数，故测定电解质溶液的电导时，可以用交流电桥法测定电解质溶液的电阻，其原理如图 5.1-1 所示。

将待测溶液装入具有两个固定的镀有铂黑的铂电极的电导池中，以 1000Hz 的振荡器作为交流电源，调节电容 C_n，以示波器作为零电流指示器。当电流为零时，电导池内溶液的电阻为

$$R_x = \frac{R_a}{R_n} \times R_b \tag{5.1-3}$$

求出了 R_x，其倒数就是溶液的电导 G_x。

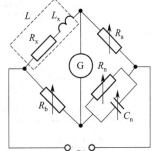

图 5.1-1　交流电桥装置

5.1.3　指针式 DDS-11A 型电导率仪

DDS-11A 型电导率仪是实验室测量水溶液电导率的仪器，广泛应用于石油化工、生物医药、污水处理、环境监测和矿山冶炼等行业。DDS-11A 型电导率仪是基于"电阻分压"原理的不平衡测量方法，它测量范围广，可以测定一般液体和高纯水的电导率，操作简便，可以直接从表上读取数据，并有 $0\sim10mV$ 信号输出，可接自动平衡记录仪进行连续记录。下面对 DDS-11A 型电导率仪测量原理及操作方法等作较详细介绍。

（1）测量原理

电导率仪的工作原理如图 5.1-2 所示。把振荡器产生的一个交流电源 U，接入到电导池 R_x 与量程电阻（分压电阻）R_m 的串联回路里，电导池里的溶液电导越大，R_x 越小，R_m 获得的电压 U_m 也就越大。将 U_m 送至交流放大器中放大，再经过信号整流，以获得推动表头的直流信号输出，由表头直接读出电导率。由图 5.1-2 可知

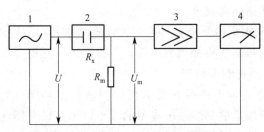

图 5.1-2　电导率仪测量原理示意
1—振荡器；2—电导池；3—放大器；4—指示器

$$U_m = \frac{U}{R_x + R_m} \times R_m = \frac{U}{\dfrac{K_{cell}}{\kappa} + R_m} \times R_m \tag{5.1-4}$$

式中，K_{cell} 是电导池常数。当 U、R_m 和 K_{cell} 都为常数时，电导率 κ 的改变必将引起 U_m 作相应的变化，所以测量 U_m 的大小，也就可以得到溶液电导率的数值。

（2）测量范围与电极选用

DDS-11A 型电导率仪测量电导率的范围为 $0\sim10^5\mu S\cdot cm^{-1}$，共有 12 个量程。量程不

同，测量用的电极不同，所用电极分为 DJS-1 型光亮电极、DJS-1 型铂黑电极和 DJS-10 型铂黑电极三种类型。光亮电极用于测量较小的电导率（$0\sim10\mu S \cdot cm^{-1}$），而铂黑电极用于测量较大的电导率（$10\sim10^{5}\mu S \cdot cm^{-1}$）。实验中通常用铂黑电极，因为它的表面比较大，这样降低了电流密度，减少或消除了极化。但在测量低电导率溶液时，铂黑对电解质有强烈的吸附作用，出现不稳定的现象，这时宜用光亮铂电极。应根据所测溶液的电导率，选择合适的电极，与测量各量程范围配套用的电极列于表 5.1-1。

表 5.1-1 指针式 DDS-11A 型电导率仪量程范围与配套用电极

量程	电导率/$\mu S \cdot cm^{-1}$	测量频率	配套用电极	量程	电导率/$\mu S \cdot cm^{-1}$	测量频率	配套用电极
1	$0\sim1\times10^{-1}$	低周	DJS-1 型光亮电极	7	$0\sim1\times10^{2}$	低周	DJS-1 型铂黑电极
2	$0\sim3\times10^{-1}$	低周	DJS-1 型光亮电极	8	$0\sim3\times10^{2}$	低周	DJS-1 型铂黑电极
3	$0\sim1\times10^{0}$	低周	DJS-1 型光亮电极	9	$0\sim1\times10^{3}$	高周	DJS-1 型铂黑电极
4	$0\sim3\times10^{0}$	低周	DJS-1 型光亮电极	10	$0\sim3\times10^{3}$	高周	DJS-1 型铂黑电极
5	$0\sim1\times10^{1}$	低周	DJS-1 型光亮电极	11	$0\sim1\times10^{4}$	高周	DJS-1 型铂黑电极
6	$0\sim3\times10^{1}$	低周	DJS-1 型铂黑电极	12	$0\sim1\times10^{5}$	高周	DJS-10 型铂黑电极

（3）使用方法

指针式 DDS-11A 型电导率仪的面板如图 5.1-3 所示，测量溶液电导率的操作步骤如下。

① 打开电源开关前，应观察表针是否指零，若不指零时，可调节表头的螺丝，使表针指零。

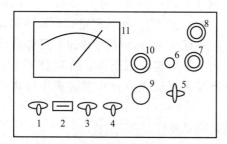

图 5.1-3 指针式 DDS-11A 型
电导率仪面板图

1—电源开关；2—指示灯；3—高周、低周开关；4—校正、测量开关；5—量程选择开关；6—电容补偿调节器；7—电极插口；8—10mV 输出插口；9—校正调节器；10—电极常数调节器；11—表头

② 将校正、测量开关 4 拨在"校正"位置。

③ 打开电源开关 1，此时指示灯 2 亮。预热 $10\sim15$min，待指针稳定后。调节校正调节器 9，使表针指向满刻度。

④ 根据待测液电导率的大致范围和表 5.1-1 中的测量频率选用低周或高周，并将高周、低周开关 3 拨向所选频率位置。

⑤ 将量程选择开关 5 拨到测量所需范围。如预先不知道被测溶液电导率的大小，则由最大挡逐挡下降至合适范围，以防表针打弯。

⑥ 参见表 5.1-1，选择合适的电极并将电极插入电极插口 7。

⑦ 调节好所用电极的配套电极常数，如配套电极常数为 0.95（电极上端已标明），则将电极常数调节器 10 调节到相应的位置处。

⑧ 倾去电导池中电导水，将电导池和电极用少量待测液洗涤 $2\sim3$ 次，再将电极浸入待测液中并恒温到指定温度。

⑨ 将校正、测量开关 4 拨向"测量"，这时表头上的指示读数乘以量程开关的倍率，即为待测液的实际电导率。如果选用 DJS-10 型铂黑电极，应将测得的数据乘以 10，即为待测液的电导率。

⑩ 当量程选择开关 5 指向黑点时，读表头中上方的刻度（$0\sim1.0\mu S \cdot cm^{-1}$）的数值；当量程选择开关 5 指向红点时，读表头中下方的刻度（$0\sim3.0\mu S \cdot cm^{-1}$）的数值。

⑪ 当用 $0\sim0.1\mu S\cdot cm^{-1}$ 或 $0\sim0.3\mu S\cdot cm^{-1}$ 这两挡测量高纯水时，在电极未浸入高纯水前，先调节电容补偿调节器 6，使表头指示为最小值（此最小值是电极铂片间的漏阻，由于此漏阻的存在，使调节电容补偿调节器时表头指针不能达到零点），然后开始测量。

⑫ 如想要了解在测量过程中电导率的变化情况，将 10mV 输出插口 8 接到自动平衡记录仪上即可。

（4）注意事项

① 电极的引线不能潮湿，否则测量结果不准确。

② 高纯水应迅速测量，否则空气中的 CO_2 溶入水中解离生成 CO_3^{2-} 离子，会使电导率迅速增加。

③ 每测量完一份样品再测量另一样品前，电极都要用蒸馏水冲洗。用吸水纸吸干时，严禁擦及铂黑，以免铂黑脱落，引起电极常数的改变。为此，可以改用待测液淋洗三次后再进行测量。

④ 测定一系列浓度待测液的电导率时，应注意按浓度由小到大的顺序测定，以便及时把握"低周"向"高周"的测量频率变换或更换不同类型的电极。

⑤ 电极要轻拿轻放，切勿触碰铂黑。

5.1.4 数显式 DDS-11A 型电导率仪

（1）测量范围与电极选用

数显式 DDS-11A 型电导率仪（数显式）测量电导率的范围为 $0\sim2\times10^5\mu S\cdot cm^{-1}$，共有 6 个量程。量程不同，测量用的电极不同，所用电极分为 DJS-1C 型光亮电极、DJS-1C 型铂黑电极和 DJS-10 型铂黑电极三种类型。光亮电极用于测量较小的电导率（$0\sim20\mu S\cdot cm^{-1}$），而铂黑电极用于测量较大的电导率（$20\sim2\times10^5\mu S\cdot cm^{-1}$）。不同的量程测量范围与配套用的电极列于表 5.1-2。

表 5.1-2　数显式 DDS-11A 型电导率仪量程范围与配套用电极

量程	电导率/$\mu S\cdot cm^{-1}$	测量频率	配套用电极	量程	电导率/$\mu S\cdot cm^{-1}$	测量频率	配套用电极
1	$0\sim2\times10^0$	低周	DJS-1C 型光亮电极	4	$0\sim2\times10^3$	高周	DJS-1C 型铂黑电极
2	$0\sim2\times10^1$	低周	DJS-1C 型光亮电极	5	$0\sim2\times10^4$	高周	DJS-1C 型铂黑电极
3	$0\sim2\times10^2$	低周	DJS-1C 型铂黑电极	6	$0\sim2\times10^5$	高周	DJS-10 型铂黑电极

（2）使用方法

上海雷磁数显式 DDS-11A 型电导率仪如图 5.1-4 所示，仪器使用步骤如下。

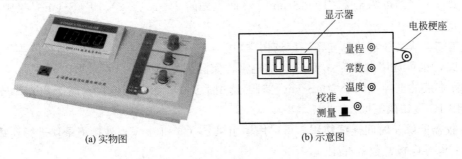

(a) 实物图　　　　　　　　　　　(b) 示意图

图 5.1-4　DDS-11A 型电导率仪（数显式）

① 将电源线插头插入接地可靠的插座，打开电源开关，预热 10min。将电导电极的插头插入仪器后面板的电极插座，电极的测量端浸入被测溶液中。

② 用温度计测量被测溶液的温度后，调节"温度"旋钮至被测溶液的实际温度值的刻度线位置。此时仪器显示的值是经温度补偿后换算到 25℃时的电导率值；若"温度"旋钮置于 25℃位置时，则无补偿作用，显示的值是测量时温度下的电导率值。

③ 按下"校正/测量"按钮，使其处于"校正"状态；调节"常数"旋钮，使仪器显示数值（小数点位置不论）与所使用电极的常数标称值相一致。

仪器配有常数为 $0.01cm^{-1}$、$0.1cm^{-1}$、$1.0cm^{-1}$ 和 $10cm^{-1}$ 四种类型的电导电极，可根据所需测量溶液电导率的范围，参照表 5.1-3 选择相应常数的电导电极。

表 5.1-3 电导率测量范围与推荐电导电极常数、配套用电极

电导率测量范围/$\mu S \cdot cm^{-1}$	推荐电导电极常数/cm^{-1}	配套用电极
$0 \sim 2 \times 10^0$	0.01、0.1	DJS-1C 型光亮电极
$2 \times 10^0 \sim 2 \times 10^2$	0.1、1.0	DJS-1C 型光亮和铂黑电极
$2 \times 10^2 \sim 2 \times 10^3$	1.0	DJS-1C 型铂黑电极
$2 \times 10^3 \sim 2 \times 10^4$	1.0、10	DJS-1C 和 DJS-10 型铂黑电极
$2 \times 10^4 \sim 2 \times 10^5$	10	DJS-10 型铂黑电极

"常数"调节的方法是：a. 当使用电极常数为 $0.01cm^{-1}$ 的电极时，若电极常数的标称值为 $0.012cm^{-1}$，则调"常数"旋钮使显示值为 1200（小数点忽略）；b. 当使用电极常数为 $0.1cm^{-1}$ 的电极时，若电极常数的标称值为 $0.11cm^{-1}$，则调"常数"旋钮使显示值为 1100；c. 当使用电极常数为 $1.0cm^{-1}$ 的电极时，若电极常数的标称值为 $0.98cm^{-1}$，则调"常数"旋钮使显示值为 980；d. 当使用电极常数为 $10cm^{-1}$ 的电极时，若电极常数的标称值为 $10.5cm^{-1}$，则调"常数"旋钮使显示值为 1050。

④ 再次按下"校正/测量"按钮，使其处于"测量"状态，此时开关向上弹起；将"量程"开关置于合适的量程挡，待仪器显示值稳定后，该显示值即为被测溶液换算为 25℃时的电导率值。

测量中，若显示屏首位数字为 1，后三位数字熄灭，表示测量超出了测量量程范围，此时应将"量程"开关置于高一挡量程后再测量；若显示数值很小，则应该将"量程"开关置于低一挡量程后进行测量，以提高测量精度。

⑤ 若被测溶液的电导率高于 $2 \times 10^4 \mu S \cdot cm^{-1}$，应选用 DJS-10 型铂黑电极，溶液的实际电导率等于显示数值乘以 10，此时量程范围可以扩大到 $2 \times 10^5 \mu S \cdot cm^{-1}$，即原先的 $2 \times 10^2 \sim 2 \times 10^3 \mu S \cdot cm^{-1}$ 挡可测至 $2 \times 10^4 \mu S \cdot cm^{-1}$，而原先的 $2 \times 10^3 \sim 2 \times 10^4 \mu S \cdot cm^{-1}$ 挡则能测至 $2 \times 10^5 \mu S \cdot cm^{-1}$。

测量纯水或高纯水的电导率，应选用常数为 $0.01cm^{-1}$ 的电极，实际测量值等于显示值乘以 0.01，也可选用常数为 $0.1cm^{-1}$ 的电极，实际测量值等于显示值乘以 0.1。

被测溶液的电导率低于 $30\mu S \cdot cm^{-1}$ 时，选用 DJS-1C 型光亮电极；高于 $30\mu S \cdot cm^{-1}$ 时，选用 DJS-1C 型铂黑电极。

⑥ 仪器能够长时间连续使用，可以用输出讯号（$0 \sim 10mV$）外接记录仪进行连续监测。

（3）电导电极常数的标定

① 配制标准溶液。电导率溶液的标准物质为 KCl，配制成的溶液浓度和对应的标准电

导率数值 κ 参见附表 33。

　　② 将电导池接入电导率仪，电导池中加入配制好的已知浓度的标准 KCl 溶液。

　　③ 控制溶液温度为 25℃，将洁净、干燥的电极浸入标准溶液中。

　　④ 测出电导池中电极间的电阻 R，按下式计算电导电极常数 J。

$$J = \kappa R \tag{5.1-5}$$

5.1.5　DDS-307 型电导率仪

　　DDS-307 型电导率仪测量电导率的范围为 $0 \sim 1 \times 10^{5} \, \mu S \cdot cm^{-1}$，适用于精密测量各种液体介质的仪器，主要用来精密测量液体介质的电导率值。它采用大屏幕 LED 段码式液晶，可同时显示电导率和温度值，显示清晰，具有电导电极常数补偿功能和溶液的手动温度补偿功能，其前面板如图 5.1-5 所示，操作键盘见图 5.1-6。

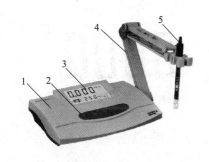

图 5.1-5　DDS-307 型电导率仪前面板

1—机箱；2—操作键盘；3—显示屏；

4—多功能电极架；5—电极

图 5.1-6　操作键盘示意图

5.1.5.1　操作键盘的功能

　　①"测量"键，在设置"温度""电极常数""常数调节"时，按此键退出功能模块，返回测量状态。

　　②"电极常数"键，为电极常数选择键，按此键上部"△"为调节电极常数上升，按此键下部"▽"为调节电极常数下降。电极常数的数值选择为 0.01、0.1、1.0、10。

　　③"常数调节"键，为常数调节选择键，按此键上部"△"为常数调节数值上升，按此键下部"▽"常数调节数值下降。

　　④"温度"键，为温度选择键，按此键上部"△"为调节温度数值上升，按此键下部"▽"为调节温度数值下降。

　　⑤"确定"键，按此键为确定上一步操作。下面详细介绍 DDS-307 型电导率仪的使用方法。

5.1.5.2　安装与开机

　　(1) 多功能电极支架的安装

　　拉出仪器右侧电极架插座，将多功能电极架插入插座中，并拧好电极架下部的固定螺丝。

　　(2) DJS-1C 电导电极的安装

将 DJS-1C 电导电极安装在电极架上。在仪器的背面找到测量电极插座，然后将 DJS-1C 电导电极接线插口插入测量电极插座上。

（3）开机

仪器插入电源后，按下仪器开关，仪器进入测量状态，显示如图 5.1-7 所示。仪器预热 30min 后，可进行测量。在测量状态下，按"温度"键设置当前的温度值；按"电极常数"和"常数调节"键进行电极常数的设置。

5.1.5.3　功能设置

（1）设置温度

在测量状态下，用温度计测出被测溶液的温度，按"温度"的"△"或"▽"键调节仪器显示值，使温度显示为被测溶液的温度，按"确定"键，即完成当前温度的设置；再按"测量"键，返回测量状态，温度显示值如图 5.1-8 所示。

图 5.1-7　开机时显示示意图　　　　　　图 5.1-8　温度显示值

（2）电极常数和常数数值的设置

① 仪器使用前必须进行电极常数的设置。目前电导电极的电极常数为 $0.01cm^{-1}$、$0.1cm^{-1}$、$1.0cm^{-1}$、$10cm^{-1}$ 四种类型，不同的电极常数所对应的最佳电导率测量范围见表 5.1-4。每种电极具体的电极常数值均粘贴在每支电导电极上，根据电极上所标的电极常数值进行设置。

表 5.1-4　电极常数与最佳电导率测量范围

电导率测量范围/$\mu S \cdot cm^{-1}$	电导电极常数/cm^{-1}	电导率测量范围/$\mu S \cdot cm^{-1}$	电导电极常数/cm^{-1}
0～2	0.01	$2 \sim 1 \times 10^4$	1.0
$2 \sim 2 \times 10^2$	0.1	$1 \times 10^4 \sim 1 \times 10^5$	10

② 按"电极常数"键或"常数调节"键，仪器进入电极常数设置状态，显示屏显示见图 5.1-9。

图 5.1-9　电极常数设置　　　　　　图 5.1-10　常数为"1.0"的设置

③ 电极常数为"1.0"的数值设置。按"电极常数"的"▽"或"△"，电极常数的显示数值在 10、1.0、0.1、0.01 之间转换。如果电导电极标贴的电极常数为"1.010"，则选择电极常数为"1.0"并按"确定"键；再按"常数数值"的"▽"或"△"，使常数数值显示

"1.010"，按"确定"键。此时完成电极常数及数值的设置（电极常数为上下两组数值的乘积，即 $1.010×1.0＝1.010$），仪器显示如图 5.1-10 所示。按"测量"键，返回测量状态。

④ 电极常数为"0.1"的数值设置。按"电极常数"的"▽"或"△"，电极常数的显示数值在 10、1.0、0.1、0.01 之间转换。如果电导电极标贴的电极常数为"0.1010"，则选择电极常数为"0.1"并按"确定"键；再按"常数数值"的"▽"或"△"，使常数数值为"1.010"，按"确定"键。此时完成电极常数及数值的设置（电极常数为上下两组数值的乘积，即 $1.010×0.1＝0.1010$），仪器显示如图 5.1-11 所示。按"测量"键，返回测量状态。

⑤ 电极常数为"0.01"的数值设置。按"电极常数"的"▽"或"△"，电极常数的显示数值在 10、1.0、0.1、0.01 之间转换。如果电导电极标贴的电极常数为"0.0101"，则选择电极常数为"0.01"并按"确定"键；再按"常数数值"的"▽"或"△"，使常数数值为"1.010"，按"确定"键。此时完成电极常数及数值的设置（电极常数为上下两组数值的乘积，即 $1.010×0.01＝0.0101$），仪器显示如图 5.1-12 所示。按"测量"键，返回测量状态。

图 5.1-11　常数为"0.1"的设置

图 5.1-12　常数为"0.01"的设置

⑥ 电极常数为"10"的数值设置。按"电极常数"的"▽"或"△"，电极常数的显示数值在 10、1.0、0.1、0.01 之间转换。如果电导电极标贴的电极常数为"10.10"，则选择电极常数为"10"并按"确定"键；再按"常数数值"的"▽"或"△"，使常数数值为"1.010"，按"确定"键。此时完成电极常数及数值的设置（电极常数为上下两组数值的乘积，即 $1.010×10＝10.10$），仪器显示如图 5.1-13 所示。按"测量"键，返回测量状态。

图 5.1-13　常数为"10"的设置

（3）温度系数的设置

在仪器需要精度测量时，温度会影响电导率的测量准确性，此时需要设置温度系数。通常情况下无需设置温度系数，仪器默认的温度系数为 $2.00\%/℃$。

5.1.5.4　电导常数标定

电导电极出厂时，每支电极都标有电极常数值。实验中可以采用标准溶液法和标准电极法两种方法标定，在本节 5.1.4 中已对标准溶液法标定电导常数作了介绍，这里不再赘述。

5.1.5.5　电导率的测量

在测量电导率前应首先选择合适的电导电极，选择原则是，电导常数为 1.0 的电导电极有"光亮"和"铂黑"两种形式，镀铂电极习惯称作铂黑电极；两者相比较而言，光亮电极适用的测量范围为 $2～3000\mu S·cm^{-1}$；超过 $3000\mu S·cm^{-1}$ 时，测量误差较大，适用铂黑电极。电导率测量范围及对应推荐电极常数见表 5.1-5。

表 5.1-5　电导率测量范围与推荐电极常数

电导率测量范围/$\mu S \cdot cm^{-1}$	电导电极常数/cm^{-1}
$0.05 \sim 2$	0.01、0.1
$2 \sim 2 \times 10^2$	0.1、1.0
$2 \times 10^2 \sim 1 \times 10^5$	1.0

经过上述的设置，仪器可用来测量被测溶液，按"测量"键，使仪器进入电导率测量状态，此时仪器显示如图 5.1-14 所示。

用温度计测出被测溶液的温度后，按"温度设置"操作步骤进行温度设置；然后仪器接上所选合适的电导电极，用蒸馏水清洗电极头部，再用被测溶液清洗一次，将电导电极浸入被测溶液中，搅拌溶液使溶液均匀，在显示屏上读取溶液电导率值。如溶液温度为 25.5℃，电导率值为 1.010mS•cm^{-1}，则仪器显示见图 5.1-15。

图 5.1-14　处于电导率测量状态

图 5.1-15　所测溶液的电导率

5.1.5.6　关闭 DDS-307 型电导率仪

测量完毕，按仪器的"开/关"键关闭仪器。测试完样品后，所用电极应浸放在蒸馏水中。如果仪器长期不用，请注意以下几点。

① 仪器的插座必须保持清洁、干燥，切忌与酸、碱、盐溶液接触。

② 仪器的输入端（测量电极的接口）必须保持干燥清洁。在环境湿度较高的场所使用过的，应把电极插头用干净纱布擦干。

③ 电导电极短期不使用时，建议将铂电极片浸泡于去离子水中。如果使用间隔大于 6h 或长期储存，建议洗干净后放入空的保护瓶中存放。

④ 电导电极的清洗。可以用含有洗涤剂的温水清洗电极上有机成分污物，也可以用酒精清洗；有钙、镁沉淀物时，最好用 10% 柠檬酸清洗；镀铂黑的电极，只能用化学方法清洗，用软刷子机械清洗时会破坏镀在电极表面的镀层（铂黑）；光亮的铂电极，可以用软刷子机械清洗，但以在电极表面不产生刻痕为前提。

5.2　原电池电动势的测量及仪器

可逆原电池必须具备的条件之一是通过电极的电流无限小。当外电路中的电流趋向于零时，构成原电池的两电极之间的电位差称为原电池电动势。因此，在可逆原电池电动势测量装置中，设计了一个方向相反而数值与待测原电池电动势几近相等的外加电动势，来对消待测电动势以确保通过原电池的电流为零，这种测定原电池电动势的方法称为对消法。

传统上，用直流电位差计、饱和式标准电池和检流计构建特定的电路实验装置，测定原电池电动势。电位差计可分为高阻型和低阻型两类，使用时可根据待测系统选用不同类型的电位差计，但不管电位差计的类型如何，其测量原理都是一样的。此外，随着电子技术的发展，新型的电子电位差计得到了快速发展和广泛应用。下面具体以 UJ-25 型电位差计和 SDC 型数字电位差计为例，分别说明其原理及使用方法。

5.2.1　UJ-25 型电位差计

UJ-25 型直流电位差计属于高阻型电位差计，它适用于测量内阻较大的电源电动势，以及较大电阻上的电位降等。由于工作电流小，线路电阻大，故在测量过程中工作电流变化很小，因此需要高灵敏度的检流计（常用来检查电路中有无电流通过）。它的主要特点是测量时几乎不损耗被测对象的能量，测量结果稳定、可靠，而且有很高的准确度。

（1）测量原理

UJ-25 型直流电位差计是根据对消法测量原理而设计的一种平衡式电学测量装置，能直接给出待测电池的电动势值，图 5.2-1 是对消法测量电动势原理示意图。图中 E_w 为工作电源，R 为工作电流调节电阻，K 为换向电键开关，E_s 为标准电池，E_x 为待测电池，G 为检流计，AB 段为滑动变阻器两端，C_1 为 K 扳向标准电池 E_s 方向、检流计读数为零时滑动变阻器滑动头的位置，C_2 为 K 扳向待测电池 E_x 方向、检流计读数为零时滑动变阻器滑动头的位置。

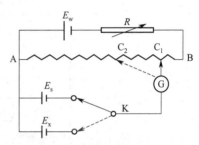

图 5.2-1　对消法测量电动势原理示意图

从工作电源 E_w 正极开始，经滑动变阻器 AC_2C_1B，再经工作电流调节电阻 R，回到工作电源负极，构成工作回路。其作用是，借助于调节 R 使工作回路有一个合适的电流，便于在补偿电阻 AC_1 和 AC_2 上产生一定的电位降。一旦调节到适当的 R 后，整个实验过程 R 就不再改变，因此工作回路中的工作电流 I_w 始终是一个定值，为

$$I_w = \frac{E_w}{R + R_{AB}} \tag{5.2-1}$$

当换向开关 K 扳向标准电池 E_s 方向时，电流从标准电池 E_s 的正极流出，经 A 到 C_1，再经检流计 G 回到标准电池负极，构成一个标准回路。通过调节滑动变阻器滑动头到 C_1 位置，使 G 中电流为零，此时 AC_1 段电阻在工作回路中产生的电位降与标准电池的电动势 E_s 相对消，也就是说两者大小相等而方向相反。流经 AC_1 段的电流仍然等于原先的工作电流 I_w，而 AC_1 段的电流也等于该段的电位降（E_s）与其电阻（R_{AC_1}）之比，即

$$I_w = E_s / R_{AC_1} \tag{5.2-2}$$

当换向开关 K 扳向待测电池 E_x 方向时，电流从待测电池 E_x 的正极流出，经 A 到 C_2，再经检流计 G 回到待测电池负极，构成一个待测量回路。通过调节滑动变阻器滑动头到 C_2 位置，使 G 中电流为零，此时 AC_2 段电阻在工作回路中产生的电位降与待测电池的电动势 E_x 相对消，也就是说两者大小相等而方向相反。流经 AC_2 段的电流仍然等于原先的工作电流 I_w，而 AC_2 段的电流也等于该段的电位降（E_x）与其电阻（R_{AC_2}）之比，即

$$I_w = \frac{E_x}{R_{AC_2}} \tag{5.2-3}$$

由式（5.2-2）和式（5.2-3）得

$$E_x = \frac{E_s}{R_{AC_1}} \times R_{AC_2} \tag{5.2-4}$$

因此，当标准电池电动势 E_s 和电阻 R_{AC_1} 的数值确定后，待测电池的电动势 E_x 与 R_{AC_2} 呈线性关系，只要测出 R_{AC_2}，就能得出待测电池电动势 E_x。用直流电位差计测量电池电动势时，检流计指零，标准回路和待测量回路都没有电流通过，说明标准电池和待测电池的内部没有电位降，测得的结果确实是被测电池的电动势。

（2）UJ-25 型电位差计的使用方法

UJ-25 型电位差计面板如图 5.2-2 所示。电位差计使用时，都配有灵敏检流计和标准电池以及工作电源。UJ-25 型电位差计测电动势的范围其上限为 600V，下限为 0.000001V，但当测量高于 1.911110V 以上电压时，就必须配用分压箱来提高上限。下面说明测量 1.911110V 以下电压的方法。

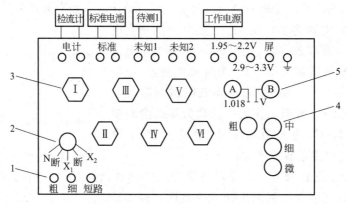

图 5.2-2　UJ-25 型电位差计面板图

1—电计按钮（共 3 个）；2—转换开关；3—电势测量旋钮（共 6 个）；

4—工作电流调节旋钮（共 4 个）；5—标准电池温度补偿旋钮

① 连接线路。先将转换开关放在断的位置，并将面板左下方三个电计按钮（粗、细、短路）全部松开，然后依次将工作电源、标准电池、检流计以及被测电池按正、负极性接在相应的端钮上，检流计没有极性的要求。

② 调节工作电压（标准化）。根据室温，计算出该温度下的标准电池电动势值，调节温度补偿旋钮（A、B），使数值为校正后的标准电池电动势。

将转换开关放在"N"（标准）位置上，按"粗"电计按钮，旋动面板右下方"粗""中""细""微"四个工作电流调节旋钮，使检流计示零。然后再按"细"电计按钮，重复上述操作。注意按电计按钮时，不能长时间按住不放，需要"按"和"松"交替进行。

③ 测量未知电动势。将转换开关放在"X_1"或"X_2"（未知）的位置上，按下电计"粗"按钮，由左向右依次调节六个测量旋钮，使检流计示零。然后再按下电计"细"按钮，重复以上操作使检流计示零。读出六个旋钮下方小孔示数的总和即为待测电池的电动势。

（3）注意事项

① 测量过程中，若发现检流计受到冲击，应迅速按下短路按钮，以保护检流计。

② 由于工作电源的电压随着使用时间的增加会发生变化，故在测量过程中要经常标准化。另外，新制备的电池电动势也不够稳定，应隔数分钟测一次，最后取平均值。

③ 测定时电计按钮按下的时间应尽量短，以防止电流通过而改变电极表面的平衡状态。

④ 若在测定过程中，检流计一直往一边偏转，找不到平衡点，这可能是电极的正、负号接错、线路接触不良、导线有断路、工作电源电压不够等原因引起，应该进行检查。

5.2.2　SDC 型数字电位差计

SDC 型数字电位差综合测试仪是采用误差对消法（又称误差补偿法）测量原理设计的一种电动势测量仪器，它将 UJ 系列电位差计、光电检流计、标准电压和测量电路集成于一体，性能可靠，操作方便。电位差值由六位数字显示，直观清晰、准确可靠，测量范围为 0～5V。其工作原理如图 5.2-3 所示。

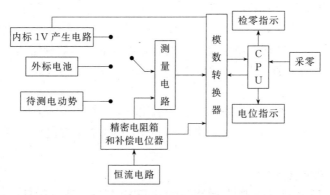

图 5.2-3　SDC 型数字电位差计工作原理

（1）测量原理

该电位差计由 CPU 控制，将标准电压产生电路、补偿电路和测量电路紧密结合。内标标准 1V 电压产生电路由精密电阻及元器件构成，此电路具有低温抗漂移性能，内标 1V 电压稳定、可靠。

当测量开关置于内标时，拨动精密电阻箱电阻，通过恒流电路产生电位，经模数转换电路送入 CPU，由 CPU 显示电位，使得电位显示为 1V。这时，精密电阻箱产生的电压信号与内标 1V 电压送至测量电路，由测量电路测量出误差信号，经模数转换电路送入 CPU，由检零显示误差值，由采零按钮控制，并记忆误差值，以便测量待测电动势时进行误差补偿，消除电路误差。

当测量开关置于外标时，由外标标准电池提供标准电压，拨动精密电阻箱和补偿电位器产生电位显示和检零显示。

测量电路经内标或外标电池标定后，将测量开关置于待测电动势，CPU 对采集到的信号进行误差补偿，拨动精密电阻箱和补偿电位器，使得检零指示为零。此时，说明电阻箱产生的电位与被测电动势相等，电位显示值为待测电池电动势。测量时分内标法和外标法两种模式。

（2）以内标为基准进行测量

① 开机。用专用电源线将仪表后面板的电源插座与 220V 电源连接，打开电源开关（ON），预热 15min。

② 校验。

a. 将"测量选择"旋钮置于"内标"。

b. 将测试线分别插入测量插孔内，将"10^0"位旋钮置于"1"，"补偿"旋钮逆时针旋到底，其他旋钮均置于"0"，此时，"电位指示"显示"1.00000"V，将两测试线短接。

c. 待"检零指示"显示数值稳定后，按一下 采零 键，此时，"检零指示"显示为

"0000"。

③ 测量。

a. 将"测量选择"旋钮由"内标"旋至"测量"。

b. 用测试线将被测原电池按"＋""－"极性与"测量插孔"上对应的"＋""－"极连接（极性不能接错）。

c. 在"电位指示"显示"0.00000"V 的条件下，由高到低依次调节 $10^0 \sim 10^{-4}$ 五个挡的旋钮，使"检零指示"显示数值为负且绝对值最小，即每调一个挡的旋钮时，在顺时针旋转加大数字的过程中，当"检零指示"显示数值由负值变为正值时，应逆时针退旋一下旋钮，使"检零指示"显示数值重新为负值，然后再进入下一挡的旋钮调节。

d. 最后，调节"补偿旋钮"，使"检零指示"显示为"0000"，此时，"电位指示"数值即为被测电池的电动势值。

注意：测量过程中，若"检零指示"显示溢出符号"OU.L"说明"电位指示"显示的数值与被测电池的电动势值相差过大。若电阻箱 10^{-4} 挡值稍有误差，可调节"补偿"电位器达到对应值。

（3）以外标为基准进行测量

① 开机。用专用电源线将仪表后面板的电源插座与 220V 电源连接，打开电源开关（ON），预热 15min。

② 校验。

a. 将"测量选择"旋钮置于"外标"。

b. 将已知电动势的标准电池按"＋""－"极性与"外标插孔"上对应的"＋""－"极连接。

c. 调节 $10^0 \sim 10^{-4}$ 五个挡的旋钮和"补偿"旋钮，使"电位指示"显示的数值与标准电池的电动势数值相同；

d. 待"检零指示"数值稳定后，按一下 采零 键，此时，"检零指示"显示为"0000"。

③ 测量。

a. 拔出"外标插孔"的测试线，再用测试线将被测原电池按"＋""－"极性与"测量插孔"上对应的"＋""－"极连接。

b. 将"测量选择"旋钮由"外标"旋至"测量"。

c. 在"电位指示"显示"0.00000"V 的条件下，由高到低依次调节 $10^0 \sim 10^{-4}$ 五个挡的旋钮，使"检零指示"显示数值为负且绝对值最小。即每调一个挡的旋钮时，在顺时针旋转加大数字的过程中，当"检零指示"显示数值由负值变为正值时，应逆时针退旋一下旋钮，使"检零指示"显示数值重新为负值，然后再进入下一挡的旋钮调节。

d. 最后，调节"补偿旋钮"，使"检零指示"显示为"0000"，此时，"电位指示"数值即为被测电池的电动势值。

测试结束，应首先关闭电源开关（OFF），然后拔下电源线。

5.2.3 液体接界电位与盐桥

当两种不同电解质溶液或含同种电解质而浓度不同的溶液接触时，在界面上产生的电位差称为液体接界电位或扩散电位。液体接界电位的大小及符号，与电解质溶液的平均离子活度及电解质的本性有关，其数值虽然一般不超过 0.03V，但足以使测出的电池电动势产生较大的误差，所以在电化学测量中应设法消除。

两电解质溶液之间若用盐桥连接，便能将液体的接界电位降低到可以被忽略的程度。盐桥是将正、负离子迁移数非常接近的高浓度强电解质（如 KCl）溶入琼脂形成溶液，在 U 形管内冻结而制成的。用盐桥连接两种较稀电解质溶液时，盐桥与稀溶液两个界面上的扩散作用都主要来自盐桥，在盐桥的两个端面上所产生的扩散电位近似相等，符号却相反，因此可将液体接界电位降低到忽略不计的程度。

选用盐桥中的电解质时，应以不与电池中电解质溶液发生反应为前提，再考虑正、负离子迁移数要非常接近这一因素。例如，电池中若有 $AgNO_3$ 电解质溶液，盐桥中的电解质就不能用 KCl，而应用 NH_4NO_3 或 KNO_3。

5.2.4 韦斯顿标准电池

标准电池是电化学实验中的基本校验仪器之一，常用的是韦斯顿标准电池。韦斯顿标准电池是一个高度可逆的电池，它的主要用途是配合电位差计测定其他电池的电动势数值或校正热电偶，其构造如图 5.2-4 所示。

电池由一 H 形管构成，阳极（负极）是含 12.5％镉的镉汞齐，将其浸于硫酸镉溶液中，该溶液为 $CdSO_4 \cdot \frac{8}{3} H_2O$ 晶体的饱和溶

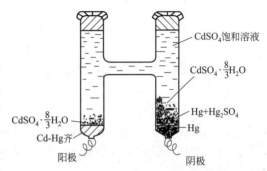

图 5.2-4 韦斯顿标准电池

液；阴极（正极）为汞与硫酸亚汞的糊状体，糊状体也浸于硫酸镉晶体的饱和溶液中，管的顶端加以密封。为了使引出的导线与糊状体接触紧密，通常在糊状体的下面放置少许汞。韦斯顿标准电池的图式如下

$$12.5％Cd(汞齐) | CdSO_4 \cdot \frac{8}{3}H_2O(s) | CdSO_4 \text{ 饱和溶液} | Hg_2SO_4(s) | Hg(l)$$

其电极反应和电池反应分别为

阳极反应 $Cd(汞齐) + SO_4^{2-} + \frac{8}{3}H_2O(l) == CdSO_4 \cdot \frac{8}{3}H_2O(s) + 2e^-$

阴极反应 $Hg_2SO_4(s) + 2e^- == 2Hg(l) + SO_4^{2-}$

电池反应 $Cd(汞齐) + Hg_2SO_4(s) + \frac{8}{3}H_2O(l) == CdSO_4 \cdot \frac{8}{3}H_2O(s) + 2Hg(l)$

韦斯顿标准电池的电动势受温度的影响很小，稳定性和重现性均好，使用寿命长。在不同温度下的电动势 $E(V)$ 可由下式求出

$$E(V) = 1.018646 - [40.6(t/℃-20) + 0.95(t/℃-20)^2 - 0.01(t/℃-20)^3] \times 10^{-6} \qquad (5.2-5)$$

使用韦斯顿标准电池时应注意以下几点：a. 使用温度 4～40℃；b. 正负极不能接错；c. 不能振荡，不能倒置，携带和取用时要平稳；d. 不能用万用表直接测量标准电池；e. 它只起校验作用，不能作为电源使用，测量时间必须短暂，间歇按键，以免电流过大，损坏电池；f. 电池若未加套直接暴露于日光下，会使硫酸亚汞变质，电动势下降；g. 按规定时间对标准电池进行计量校正。

5.2.5 常用电极

（1）甘汞电极

甘汞电极属于第二类电极，是实验室中常用的参比电极，其装置如图 5.2-5 所示。该电极具有装置简单、可逆性高、制作方便、电势稳定等优点。其构造形状很多，但不管哪一种形状，都是在仪器的底部装入少量汞，然后装入汞、甘汞（Hg_2Cl_2）和氯化钾溶液制成的糊状物，再注入 KCl 溶液。导线为铂丝，装入玻璃管中，插到仪器底部。甘汞电极可表示为

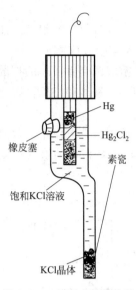

图 5.2-5　甘汞电极的构造

图中标注：Hg、Hg_2Cl_2、素瓷、橡皮塞、饱和KCl溶液、KCl晶体

$$Cl^-\mid Hg_2Cl_2(s)\mid Hg(l)$$

作电池正极时的电极反应为

$$Hg_2Cl_2(s)+2e^-\longrightarrow 2Hg(l)+2Cl^-$$

电极电势表达式为

$$E_{甘汞}=E_{甘汞}^{\ominus}-\frac{RT}{F}\ln a_{Cl^-} \tag{5.2-6}$$

式中，$E_{甘汞}^{\ominus}$ 为甘汞电极的标准电极电势。由此可见，在一定温度下，甘汞电极的电极电势只与溶液中氯离子活度的大小有关。不同浓度的 KCl 溶液，甘汞电极的电极电势与温度的关系式见附表 36。

使用甘汞电极时应注意以下几点：a. 由于甘汞电极在高温时不稳定，故甘汞电极一般适用于 70℃ 以下的测量；b. 甘汞电极不宜用在强酸、强碱性溶液中，因为此时的液体接界电势较大，而且甘汞可能被氧化；c. 如果被测溶液中不允许含有氯离子，应避免直接插入甘汞电极，这时应使用双液接甘汞电极；d. 保持甘汞电极的清洁，不得使灰尘或局外离子进入该电极内部；e. 当电极内溶液太少时应及时补充。

（2）铂黑电极

为了减少极化效应，在铂片上镀一层颗粒较小的黑色蓬松的金属铂，所组成的电极称为铂黑电极。多孔的铂黑增加了铂电极的表面积，使电流密度减小、电容干扰降低，降低了极化效应和测量误差。

电镀前一般需进行铂表面处理。对新制作的铂电极，可放在热的氢氧化钠乙醇溶液中，浸洗 15min 左右，以除去表面油污，然后在浓硝酸中煮几分钟，取出用蒸馏水冲洗。长时间用过的老化的铂黑电极可浸在 40～50℃ 的混酸中（硝酸：盐酸：水＝1∶3∶4），不断摇动电极，洗去铂黑，再经过浓硝酸煮 3～5min 以除去氯，最后用水冲洗。

以处理过的铂电极为阴极，另一铂电极为阳极，在 0.5mol·L^{-1} 的硫酸中电解 10～20min，以消除氧化膜。观察电极表面出氢是否均匀，若有大气泡产生则表明有油污，应重新处理。在处理过的铂片上镀铂黑，一般采用电解法，电解液按 3g 氯铂酸（H_2PtCl_6）＋0.08g 醋酸铅（$PbAc_2·3H_2O$）＋100mL 蒸馏水的比例配制而成。

电镀时将处理好的铂电极作为阴极，另一铂电极作为阳极。电流密度控制在 15mA·cm^{-2} 左右，电镀约 20min。如所镀的铂黑一洗即落，则需重新处理。铂黑不宜镀得太厚，但太薄又易老化和中毒。

铂黑电极存放期间要泡在蒸馏水中，不宜干放，如果发现铂黑电极污染或失效，可浸入 10％硝酸或盐酸溶液中 2min，然后用蒸馏水冲洗干净再测量。铂黑电极也可以重新电镀，

但镀铂黑需要一定的要求和经验，镀黑层镀得好与坏对电极性能有很大影响。

5.3　溶液 pH 的测量及仪器

酸度计又称 pH 计，是测定溶液 pH 值的最常用仪器，它由起检测作用的一对电极和起测量作用的电计两部分构成。一对电极中的一根电极称为指示电极，通常使用玻璃电极，其电位随被测溶液的 pH 值而变化；另一根电极称为参比电极，通常使用甘汞电极，其电位与被测溶液的 pH 值无关。酸度计的优点是使用方便、测量迅速。

5.3.1　酸度计的工作原理

当玻璃电极、饱和甘汞电极和被测溶液组成电池时，其电池图式表示为

$$玻璃电极 \mid 待测溶液 \mid 饱和甘汞电极$$

25℃时，电池的电动势为

$$E = E_{甘汞} - E_{玻璃} = 0.2801\text{V} - (E_{玻璃}^{\ominus} - 0.05916\text{pH}) \tag{5.3-1}$$

移项整理得

$$\text{pH} = \frac{E - 0.2801\text{V} + E_{玻璃}^{\ominus}}{0.05916\text{V}} \tag{5.3-2}$$

式中，$E_{玻璃}^{\ominus}$ 是玻璃电极的标准电极电势。

对于给定的玻璃电极，式(5.3-2) 中的 $E_{玻璃}^{\ominus}$ 值是常数。但是，对于不同的玻璃电极，它们的 $E_{玻璃}^{\ominus}$ 值未必都相同。理论上，测出已知 pH 值的缓冲溶液的 E，利用式(5.3-2) 就可以求出 $E_{玻璃}^{\ominus}$。实际测量时，每次先用已知 pH 值溶液，在 pH 计上进行调整，使 E 和 pH 满足式(5.3-2)，然后再测定未知溶液的 pH，而无需算出具体的 $E_{玻璃}^{\ominus}$ 数值。

酸度计的种类很多，实验室常用的有 pHS-25 型酸度计、pHS-2 型酸度计和 pHS-3 型酸度计等。另外，还有新颖的便携式酸度计和笔式酸度计等。它们的使用方法类似，这里介绍 pHS-25 型酸度计的使用方法。

5.3.2　pHS-25 型酸度计

pHS-25 型酸度计是适用于精密测量各种液体介质的仪器设备，主要用来精密测量液体介质的 pH 值和电位（mV）值；配上 ORP 电极可测量溶液 OR（氧化-还原电位）值；配上离子选择性电极，可测出该电极的电极电位值。pHS-25 型酸度计采用带蓝色背光、双排数字显示液晶，可以同时显示 pH 和温度值或电位（mV）和温度值，它的测量范围为 pH 0.00～14.00、电位 0～±1400mV，最小显示单位为 0.01pH、1mV、0.1℃。

5.3.2.1　操作面板及显示屏功能

pHS-25 型酸度计的前面板见图 5.3-1 所示，操作面板如图 5.3-2 所示，操作面板上各键盘的功能为：a. "mV/pH"键，按此键进行 pH、电位测量模式的转换；b. "温度"键，按此键后可由"▲""▼"键调节温度值；c. "标定"键，按此键仪器进入定位、斜率标定程序；d. "▲"键，在温度调节、手动标定时按此键为数值上升；e. "▼"键，在温度调节、手动标定时按此键为数值下降；f. "确定"键，按此键为确认上一步操作并返回 pH 测试状态或下一种工作状态（此键的另外一种功能是如果仪器因操作不当出现不正常现象时，

可按住此键，然后将电源开关打开，使仪器恢复初始状态）；g. "开/关"键，此键为仪器电源的开关。

图 5.3-1　pHS-25 型酸度计前面板　　　　　　图 5.3-2　pHS-25 型酸度计操作面板示意图

1—机箱；2—显示屏；3—操作面板键盘；4—电极梗；

5—电极夹；6—复合电极；7—电极梗固定座

使用酸度计测量溶液 pH 值时，需要进行功能设置、电极准备和 pH 的测定三个主要步骤。此过程期间，会显示来自 pHS-25 型酸度计的状态消息，而且可以通过操作键盘相对应

图 5.3-3　显示屏显示状态信息

的按键，更改用户的参数设置。液晶显示屏显示的状态信息参见图 5.3-3 所示。　"−18.88"是指 pH 或电位测量数值；"88.8"为温度显示数值；"pH"、"mV"指 pH、电位测量数值相应显示单位；"℃"为温度显示单位，"℃"闪烁时即为温度调节状态；"定位"、"斜率"、"测量"分别显示在相应工作状态；"笑脸"指斜率≥85％时的测量状态；"哭脸"指斜率＜85％时的测量状态，此时玻璃电极性能下降，应及时更换。

"pH 斜率"是指每变化一个 pH 单位产生的电位变化量，通常用 mV/pH 或％表示；"pH 的 E_0"又称零电位，通常是指 pH 为 7 时的电位值；"pH 的一点标定"是指用一种 pH 缓冲溶液进行的校准。下面就 pHS-25 型酸度计的使用操作方法作一详细介绍。

5.3.2.2　开机

将仪器接线插头插入 DC9V 稳压电源后，按"开/关"键，开机。仪器进入 pH 测量状态，显示如图 5.3-4 所示。

图 5.3-4　开机时显示示意图　　　　　　　　图 5.3-5　温度设置显示

5.3.2.3　功能设置

（1）设置温度

用温度计测出被测溶液的温度（例如 20.0℃），然后按下温度键，仪器进入温度设置状

态下，按"▲"或"▼"键调节显示值，使温度显示为被测溶液的温度，按"确定"键，即完成当前温度的设置，返回 pH 测量状态。仪器显示如图 5.3-5 所示。

（2）pH 电极的准备与维护

① 第一次使用的 pH 电极或长期停用的 pH 电极，在使用前必须在 $3mol \cdot L^{-1}$ 氯化钾溶液中浸泡 24h。将 E-201-C 型 pH 复合电极的安装下端的电极保护瓶小心拔下，并且拉下电极上端的橡皮套使其露出上端小孔；用蒸馏水清洗电极。

② 测量结束，及时将电极保护瓶套上，电极套内应放少量外参比补充液，以保持电极球泡的湿润，切忌浸泡在蒸馏水中。复合电极的外参比补充液为 $3mol \cdot L^{-1}$ 氯化钾溶液，补充液可以从电极上端小孔加入，复合电极不使用时，拉上橡皮套，防止补充液干涸。

③ 电极的引出端必须保持清洁干燥，绝对防止输出两端短路，否则将导致测量失准或失效。电极应避免长期浸在蒸馏水、蛋白质溶液和酸性氟化物溶液中，避免与有机硅油接触。

④ 电极经长期使用后，如发现斜率略有降低，则可把电极下端浸泡在 4％HF（氢氟酸）中 3～5s，用蒸馏水洗净、然后在 $0.1mol \cdot L^{-1}$ 盐酸溶液中浸泡，使之复新。

5.3.2.4　电极的标定

用 pH 为 4.00、6.86、9.18 的标准缓冲溶液对电极进行标定。

仪器使用前，必须首先用已知 pH 值的标准缓冲溶液对电极进行定位校准，标准缓冲溶液的 pH 值愈接近被测溶液的 pH 值愈好。一般情况下仪器在连续使用时，每天要标定一次。本仪器采用两点标定，标定缓冲溶液一般第一次用 pH＝6.86 的溶液，第二次用接近被测溶液 pH 值的缓冲液，如被测溶液为酸性时，应选 pH＝4.00 的缓冲溶液；被测溶液为碱性时则选 pH＝9.18 的缓冲溶液。在标定与测量过程中，每更换一次溶液，必须对电极进行清洗（下面的操作说明中不再复述），以保证精度。

① 按要求连接电源、电极，打开电源开关，仪器进入 pH 测量状态。

② 按"温度"键，使仪器进入溶液温度调节状态（此时温度单位"℃"指示闪亮），按"▲"键或"▼"键调节温度显示数值上升或下降，使温度显示值和溶液温度一致，然后按"确定"键，仪器确认溶液温度值后回到 pH 测量状态。

③ 把电极插入 pH＝6.86 的标准缓冲溶液中，按"定位"键，此时显示实测的 pH 值，如图 5.3-6 所示。待读数稳定后按"确定"键（此时显示实测的 pH 值对应的该温度下标准缓冲溶液的标称值）。然后再按"确定"键，仪器转入"斜率"标定状态。溶液的 pH 值与温度的关系见表 5.3-1。

④ 在"斜率"标定状态下，把电极插入 pH＝4.00（或 pH＝9.18）的标准缓冲溶液中，此时显示实测的 pH 值，待读数稳定后按"确定"键（此时显示实测的 pH 值对应的该温度下标准缓冲溶液的标称值），然后再按"确定"键，仪器自动进入 pH 测量状态，如图 5.3-7 所示。

图 5.3-6　pH＝6.86 溶液标定

如果误使用同一标准缓冲溶液进行定位、斜率标定，在斜率标定过程中按"确定"键时，液晶显示器下方"斜率"显示会连续闪烁三次，通知用户斜率标定错误，仪器保持上一次标定结果。如果在标定过程中操作失误或按键按错而使仪器测量不正常，可关闭电源然后按住"确认"键后再开启电源，使仪器恢复初始状态，然后重新标定。

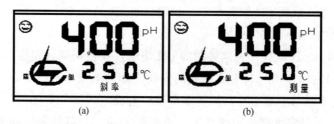

图 5.3-7　pH＝4.00 溶液的斜率标定状态（a）和测量状态（b）

注意：经标定后，如果误按"标定"键或"温度"键，则可将电源关掉后重新开机，仪器将恢复到原来的测量状态。

表 5.3-1　缓冲溶液的 pH 值与温度关系对照表

温度/℃	pH			温度/℃	pH		
	0.05mol·kg^{-1} 邻苯二甲酸氢钾	0.025mol·kg^{-1} 混合物磷酸盐	0.01mol·kg^{-1} 四硼酸钠		0.05mol·kg^{-1} 邻苯二甲酸氢钾	0.025mol·kg^{-1} 混合物磷酸盐	0.01mol·kg^{-1} 四硼酸钠
5	4.00	6.95	9.39	35	4.02	6.84	9.11
10	4.00	6.92	9.33	40	4.03	6.84	9.07
15	4.00	6.90	9.28	45	4.04	6.83	9.04
20	4.00	6.88	9.23	50	4.06	6.83	9.02
25	4.00	6.86	9.18	55	4.07	6.83	8.99
30	4.01	6.85	9.14	60	4.09	6.84	8.97

5.3.2.5　pH 值的测量

经标定过的仪器，即可用来测量被测溶液，测量时为保证精度，应使电极头球泡全部浸入溶液，电极离容器距离 $1\sim2$cm，溶液应保持匀速流动且无气泡。当读数稳定后就可以读取数据。如果被测信号超出仪器的测量（显示）范围，或测量端开路时，显示屏显示"1---mV"，作超载报警。被测溶液与标定溶液温度是否相同，所引起的测量步骤也有所不同，具体操作步骤分述如下。

（1）被测溶液与定位溶液温度相同

① 用蒸馏水清洗电极头部，再用被测溶液清洗一次。

② 把电极浸入被测溶液中，用玻璃棒搅拌溶液，使溶液均匀，在显示屏上读出溶液的 pH 值。

（2）被测溶液和定位溶液温度不同

① 用蒸馏水清洗电极头部，再用被测溶液清洗一次。

② 用温度计测出被测溶液的温度值。

③ 按"温度"键，使仪器进入溶液温度状态（此时温度单位指示闪亮），按"▲"键或"▼"键调节温度显示数值上升或下降，使温度显示值和被测溶液温度值一致，然后按"确定"键，仪器确定溶液温度后回到 pH 测量状态。

④ 把电极插入被测溶液内，用玻璃棒搅拌溶液，使溶液均匀后读出该溶液的 pH 值。

5.3.2.6　电极电位（mV 值）的测量

测量电极电位值时，也应使电极头球泡全部浸入溶液，电极离容器距离 $1\sim2$cm，溶液应保持匀速流动且无气泡。将仪器的显示调整为"mV"，当读数稳定之后就可以读取数据。在测量电位值时，仪器的温度补偿功能不起作用，仪器只显示该溶液当时温度下的电位值。

① 打开电源开关，仪器进入 pH 测量状态。按 mV/pH 键，使仪器进入电位测量状态。

② E-201-C 型 pH 复合电极的电极电位（mV 值）的测量在电极标定中显示。

③ 接上各种适当的离子选择复合电极（含参比电极），例如 ORP 复合电极。

④ 用蒸馏水清洗电极头部，再用被测溶液清洗一次。

⑤ 把复合电极的插头插入测量电极插座处。

⑥ 把 ORP 复合电极插在被测溶液内，将溶液搅拌均匀后，既可在显示屏上读出该离子选择电极的电极电位（mV 值），还可自动显示正负极性。

⑦ 接上测量电极（离子选择电极或金属电极）和参比电极，可用电极转换器接入仪器进行电极电位（mV 值）的测量。

⑧ 用蒸馏水清洗电极，用滤纸吸干。

⑨ 把电极插在被测溶液内，即可读出该离子选择电极的电极电位（mV 值）并自动显示正负极性。

⑩ 如果被测信号超出仪器的测量范围，或测量端开路时，显示屏显示"1 ---mV"，作超载报警。

注：由于该仪器为 0.1 级表，用于测量电位时的误差较大，建议最好不要使用该表测量电位值。

注意：如果选用非复合型的测量电极（包括 pH 电极、金属电极等），则必须使用电极转换器（仪器选购件），将电极转换器的插头插入仪器测量电极插座处，电极插头插入转换器测量电极插座处，参比电极接入参比电极接口处。

5.3.2.7　关闭 pHS-25 型 pH 计

用户使用完毕，按仪器的"开/关"键关闭仪器。测试完样品后，所用电极应浸放在蒸馏水中。如果仪器长期不用，请注意以下几点。

① 断开电源。

② 仪器的插座必须保持清洁、干燥，切忌与酸、碱、盐溶液接触。

③ 仪器不使用时，短路插头也要接上，以免仪器输入开路而损坏仪器。

④ 测量结束，建议将电极存放在参比补充液中。长期不使用时，将电极放回盒体内室温保存。

5.3.2.8　缓冲溶液的配制方法

① pH4.00 溶液。用 GR 邻苯二甲酸氢钾 10.12g，溶解于 1000mL 的高纯去离子水中。

② pH6.86 溶液。用 GR 磷酸二氢钾 3.387g 和 GR 磷酸氢二钠 3.533g，溶解于 1000mL 的高纯去离子水中。

③ pH9.18 溶液。用 GR 四硼酸钠 3.80g，溶解于 1000mL 的高纯去离子水中。

注意：配制后两种溶液所用的水，应预先煮沸 15～30min，除去溶解的二氧化碳。在冷却过程中应避免与空气接触，以防止二氧化碳的污染。

5.4 恒电位仪和恒电流仪工作原理及使用方法

5.4.1 恒电位仪测量和工作原理

恒电位仪是电化学测试中的重要仪器，用它可控制电极电位为指定值，以达到恒位极化的目的。若给以指令信号，则可使电极电位自动跟踪指令信号而变化。例如，将恒电位仪配以方波、三角波或正弦波发生器，就可使电极电位按照给定的波形发生变化，从而研究电化学体系的各种暂态行为。如果配以慢的线性扫描信号或阶梯波信号，则可自动进行稳态或准稳态极化曲线的测量。恒电位仪不但可用于各种电化学测试中，而且还可用于恒电位电解、电镀，以及阴极（或阳极）保护等生产实践中，还可用来控制恒电流或进行各种电流波形的极化测量。

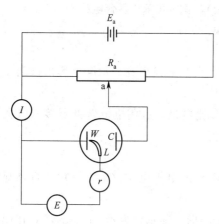

图 5.4-1　恒电位测量原理图

经典的恒电位测量电路如图 5.4-1 所示。它是用大功率蓄电池（E_a）并联低阻值滑线电阻（R_a）作为极化电源，测量时要用手动或机电调节装置来调节滑线电阻，使给定电位维持不变。此时工作电极 W 和辅助电极 C 间的电位恒定，测量工作电极 W 和参比电极 r 组成的原电池电动势的数值 E，即可知工作电极 W 的电位值，工作电极 W 和辅助电极 C 间的电流数值可从电流表 I 中读出。

恒电位仪的工作电路结构多种多样，但从原理上可分为差动输入式和反相串联式。差动输入式恒电位仪的工作原理如图 5.4-2(a) 所示，电路中包含一个差动输入的高增益电压放大器，其同相输入端接基准电压，反相输入端接参比电极，而研究电极接公共地端。基准电压 U_2 是稳定的标准电压，可根据需要进行调节，所以也叫给定电压。参比电极与研究电极的电位之差 $U_1 = E_参 - E_研$，与基准电压 U_2 进行比较，恒电位仪可自动维持 $U_1 = U_2$。如果由于某种原因使二者发生偏差，则误差信号 $U_e = U_2 - U_1$ 便输入到电压放大器进行放大，进而控制功率放大器，及时调节通过电解池的电流，维持 $U_1 = U_2$。

例如，欲控制研究电极相对于参比电极的电位为 $-0.5V$，即 $U_1 = E_参 - E_研 = +0.5V$，则需调基准电压 $U_2 = +0.5V$，这样恒电位仪便可自动维持研究电极相对于参比电极的电位为 $-0.5V$。因参比电极的电位稳定不变，故研究电极的电位被维持恒定。如果取参比电极的电位为 $0V$，则研究电极的电位被控制在 $-0.5V$。如果由于某种原因（如电极发生钝化）使电极电位发生改变，即 U_1 与 U_2 之间发生了偏差，则此误差信号 $U_e = U_2 - U_1$ 便输入到电压放大器中进行放大，继而驱动功率放大器迅速调节通过研究电极的电流，使之增大或减小，从而使研究电极的电位又恢复到原来的数值。由于恒电位仪的这种自动调节作用很快，即响应速度高，因此不但能维持电位恒定，而且当基准电压 U_2 为不太快的线性扫描电压时，恒电位仪也能使 $U_1 = E_参 - E_研$ 按照指令信号 U_2 发生变化，因此可使研究电极的电位发生线性变化。

反相串联式恒电位仪如图 5.4-2(b) 所示。与差动输入式不同的是 U_1 与 U_2 是反相串

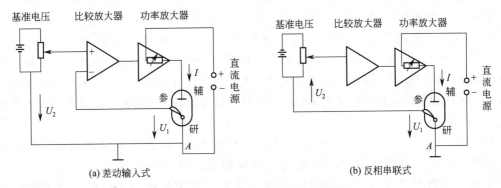

图 5.4-2 恒电位仪工作电路原理图

联，输入到电压放大器的误差信号仍然是 $U_e = U_2 - U_1$。其他工作过程并无区别。

5.4.2 恒电流仪测量和工作原理

经典的恒电流电路如图 5.4-3 所示。它是利用一组高电压直流电源（E_b）串联一高阻值可变电阻（R_b）构成，由于电解池内阻的变化相对于这一高阻值电阻来说是微不足道的，即通过电解池的电流主要由这一高电阻控制。因此，当此串联电阻调定后，电流即可维持不变。工作电极 W 和辅助电极 C 间的电流大小可从电流表 I 中读出，此时工作电极 W 的电位值，可通过测量工作电极 W 和参比电极 r 组成的原电池电动势的数值 E 得出。

恒电流控制方法和仪器多种多样，而且恒电位仪通过适当的接法就可作为恒电流仪使用。图 5.4-4 为两种恒电流仪工作电路原理图。

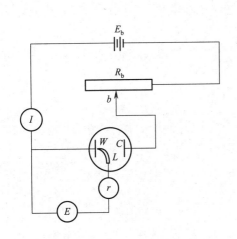

图 5.4-3 恒电流测量原理图

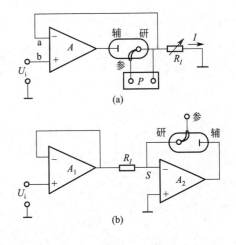

图 5.4-4 恒电流仪工作电路原理图

图 5.4-4(a) 中，a、b 两点电位相等，即 $U_a = U_b$。因 $U_b = U_i$，而 U_a 等于电流 I 流经取样电阻 R_I 上的电压降，即 $U_a = IR_I$，所以 $I = U_i / R_I$。因集成运算放大器的输入偏置电流很小，故电流 I 就是流经电解池的电流。当 U 和 R_I 调定后，则流经电解池的电流就被恒定了，或者说，电流 I 可随指令信号 U_i 的变化而变化。这样，流经电解池的电流 I，只取决于指令信号电压 U_i 和取样电阻 R_I，而不受电解池内阻变化的影响。在这种情况下，虽然 R_I 上的电压降由 U_i 决定，但电流 I 却不是来自 U_i 而是由运算放大器

输出端提供。当需要输出大电流时，必须增加功率放大级。这种电路的缺点是，当输出电流很小（如小于 $5\mu A$）时误差较大。因为，即使基准电压 U_i 为零时，也会输出这样大小的电流。解决方法是用对称互补功率放大器，并提高运算放大器的输入阻抗，这样不但可使电流接近于零，而且可得到正负两种方向的电流。这种电路的另一缺点是负载（电解池）必须接地。因此，研究电极以及电位测量仪器也要接地。只能用无接地端的差动输入式电位测量仪器来测量或记录电位。另外，这种电路要求运算放大器有良好的共模抑制比和宽广的共模电压范围。

对于图 5.4-4(b) 所示的恒电流电路，运算放大器 A_1 组成电压跟踪器，因结点 S 处于虚地，只要运算放大器 A_2 的输入电流足够小，则通过电解池的电流 $I=U_i/R_I$，因而电流可以按照指令信号 U_i 的变化规律而变化。研究电极处于虚地，便于电极电位的测量。在低电流的情况下，使用这种电路具有电路简单而性能良好的优点。

从图 5.4-4 不难看出，这类恒电流仪，实质上是用恒电位仪来控制取样电阻 R_I 上的电压降，从而起到恒电流的作用。因此，除了专用的恒电流仪外，通常把恒电位控制和恒电流控制设计为统一的系统。

第 6 章

光学测量技术与仪器

光与物质相互作用可以产生许多光学现象，如光的折射、反射、散射、透射、吸收、旋光以及物质受激辐射等，分析和研究这些光学现象，可以获得有关原子、分子及晶体结构等方面的大量信息。因此，在物质的成分分析、结构测定及光化学反应等方面，都需要进行光学性质的测量。下面介绍物理化学实验中常用的几种光学测量技术及其所用仪器。

6.1 折射率的测量与阿贝折光仪

折射率是物质的重要物理常数之一，纯物质都有特定的折射率。如果加入其他物质与之混合形成溶液，则其折射率将发生变化，而且变化的量与溶液的浓度相关。因此，测定待测样品的折射率，可以定量分析样品的组成，鉴定样品的纯度。同时，物质的摩尔折射率、摩尔质量、密度、极性分子的偶极矩等也都与折射率相关，故测量折射率也是研究物质结构的重要手段和方法。阿贝折光仪是教学实验和科研工作中测定物质折射率的常用光学仪器，随着电子技术和计算机技术的快速发展，阿贝折光仪的仪器品种在不断更新。

6.1.1 折射率的测量原理

光在不同介质中的传播速率是不同的。当一束单色光从介质 A 进入介质 B（两种介质的密度不同）时，光线在通过界面时改变了方向，这一现象称为光的折射，如图 6.1-1 所示。折射角度与介质密度、分子结构、温度以及光的波长等有关，在温度、压力不变的条件下，光的折射现象遵从折射定律，即

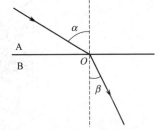

图 6.1-1 光的折射

$$\frac{\sin\alpha}{\sin\beta}=\frac{n}{n_A} \qquad (6.1\text{-}1)$$

式中，α 为入射角；β 为折射角；n_A、n 为光在交界面两侧介质 A 和介质 B 中的折射率。

若介质 A 为真空，则 $n_A=1.0000$，故 n 称为在介质 B 中的绝对折射率。但介质 A 通常为空气（在空气条件下测量），空气的绝对折射率为 1.00029，这样测得的折射率称为常用折射率，也称作对空气的相对折射率。因光在介质 B 中的绝对折射率和常用折射率相差甚微，所以常用在空气中测得的常用折射率作为绝对折射率，但在精密测量时，必须进行校正。

折射率与温度和单色光的波长有关，其表示须标明所用单色光的波长和测量时的温度。因此，在折射率符号 n 的右下角以字母表示测量时所用单色光的波长。例如 D、F、G、C 分别表示钠光的 D（黄）线和氢的 F（蓝）线、G（紫）线、C（红）线等。在 n 的右上角标注测量时的介质温度（摄氏温标）。例如，n_D^{20} 表示在 20℃时该介质对钠光 D 线的折射率。

由式（6.1-1）可知，当光线从一种折射率小的介质 A 射入折射率大的介质 B 时（$n_A < n$），入射角一定大于折射角（$\alpha > \beta$）。当入射角增大时，折射角也增大，当入射角 $\alpha = 90°$ 时对应的折射角称为临界角，以 β_0 表示，此时式（6.1-1）变为

$$n_A = n\sin\beta_0 \tag{6.1-2}$$

因此，在固定一种介质（如介质 A）时，临界折射角 β_0 的大小与被测物质的折射率 n 是简单的函数关系，测出临界折射角 β_0 的大小就能得到被测物质的折射率，阿贝折光仪就是根据这个原理而设计的。当在两种介质的界面上以不同角度射入光线时（入射角 α 从 $0 \sim 90°$），光线经过折射率大的介质后，其折射角 $\beta \leqslant \beta_0$。其结果是大于临界角的部分无光线通过，成为暗区；小于临界角的部分有光线通过，成为亮区，临界角成为明暗分界线的位置。

6.1.2 WYA-2WAJ 阿贝折光仪

6.1.2.1 WYA-2WAJ 阿贝折光仪的用途与特点

折射率和平均色散是物质的重要光学常数之一，能借以了解物质的光学性能、纯度及色散大小等。WYA-2WAJ 阿贝折光仪可以对透明、半透明液体或固体的折射率和平均色散（以测透明液体为主）进行快速精确测定（即能测定 706.5nm、656.3nm、589.3nm、546.1nm、486.1nm、435.8nm、434.1nm 和 404.7nm 等八种常用波长的折射率）。如仪器上接恒温器，则可测定温度为 $0 \sim 70℃$ 内的折射率。该仪器折射率测量范围为 $1.3000 \sim 1.7000$，采用目视瞄准，光学度盘读数，具有操作简单、使用方便的特点，能测出蔗糖溶液的质量分数（即锤度 Brix）范围为 $0 \sim 95\%$（相当于折射率为 $1.333 \sim 1.531$）。因此，WYA-2WAJ 阿贝折光仪在化学工业、石油工业、油脂工业、制药工业、制漆工业和制糖工业等得到广泛使用，是高等学校和有关科研单位不可缺少的常用仪器之一。仪器结构如图 6.1-2 所示。

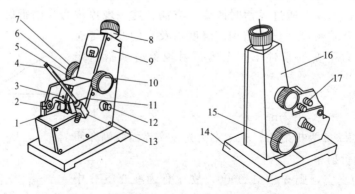

图 6.1-2　WYA-2WAJ 阿贝折光仪结构示意图

1—反射镜；2—棱镜座连接转轴；3—遮光板；4—温度计；5—进光棱座；6—色散调节手轮；

7—色散值刻度圈；8—目镜；9—盖板；10—锁紧手轮；11—折射标棱镜座；12—照明刻度聚光镜；

13—温度计座；14—底座；15—折射率刻度手轮；16—壳体；17—恒温器接头

6.1.2.2　WYA-2WAJ 阿贝折光仪的使用方法

WYA-2WAJ 阿贝折光仪既可以测定透明、半透明液体的折射率，也可以测定固体的折射率。因阿贝折光仪以测透明液体的折射率为主，故下面介绍的是液体样品折射率的测定方法，固体折射率的测定方法可参考仪器使用说明书。

（1）仪器安装

将阿贝折光仪安放在明亮处（可以置于白炽灯前），但应避免阳光的直接照射，以免液体试样受热迅速蒸发。将超级恒温水浴槽与折光仪的"恒温器接头"相连接，使恒温水通入棱镜的夹套内。恒温时的水温以折光仪上的"温度计"指示值为准，检查折光仪上温度计的读数是否符合要求，一般选用（20.0±0.1）℃或（25.0±0.1）℃。若直接在室温下测量而未进行恒温连接，应读取实验室室温。

（2）仪器校准

折光仪刻度盘上标尺的零点有时会发生移动，应定期进行校准。在对测量数据有怀疑时，也应对仪器进行校准。用一种已知折射率的标准液体（一般是用蒸馏水）或标准玻璃块（其上标有折射率）进行校准，实验室常用蒸馏水。蒸馏水在不同温度下的标准折射率见表 6.1-1。

表 6.1-1　不同温度下蒸馏水对钠光 D 线的标准折射率

温　度/℃	折射率/n_D	温　度/℃	折射率/n_D
18	1.3332	25	1.3325
19	1.3331	26	1.3324
20	1.3330	27	1.3323
21	1.3329	28	1.3322
22	1.3328	29	1.3321
23	1.3327	30	1.3319
24	1.3326		

如测量数据与标准值有误差，可用钟表螺丝刀通过"色散调节手轮"上的小孔，小心旋转里面的螺钉，使目镜视场（如图 6.1-3所示，上方为黑白分界线与交叉线视野，下方为刻度视野）中的交叉线上下移动，然后再进行测量，直到所测数据与表 6.1-1 中的标准折射率一致为止。

图 6.1-3　目镜视场

蒸馏水校准的具体操作是：

① 将棱镜"锁紧手轮"松开，打开进光棱座，在折射标棱镜座上滴加无水酒精或丙酮等易挥发溶剂，用镜头纸顺单一方向轻擦镜面（不可来回擦）使之干净，或用洗耳球吹干。

② 用滴管滴加 2～3 滴蒸馏水于折射标棱镜座，合上进光棱座并使锁紧手轮锁紧。

③ 调节棱镜折射率刻度手轮，使折射率读数恰好为 1.3330（温度为 20.0℃时）。

④ 从目镜中观察视场中的黑白分界线与交叉线的交点是否重合，若不重合，则调节色散调节手轮上小孔中的刻度调节螺丝，使交叉线的交点与黑白分界线准确地重合。若视场出现色散现象，可旋转调节"色散调节手轮"至色散消失。

也可以直接在折光仪上测量而不调节刻度调节螺丝，将一定温度下所测蒸馏水折射率的平均值（如温度为 20.0℃）与该温度下的标准值 1.3330（温度为 20.0℃时）进行比较，其差值即为校正值。在精密的测量工作中，需在所测范围内用几种不同折射率的标准液体进行校正，并画出校正曲线，以供测试时对照校核。

（3）样品折射率的测定

① 加样。将棱镜锁紧手轮松开，打开进光棱座，用滴管滴加数滴试样于折射标棱镜座，迅速合上进光棱座并使锁紧手轮锁紧。若液体易挥发，动作要迅速，或不打开进光棱座，直接用滴管从加液孔中注入试样（注意，切勿将滴管折断在孔内）。

② 调节视场。保持反射镜始终处于关闭状态，打开遮光板；眼睛观察视场，调节照明刻度聚光镜，使刻度视野明亮清晰，并调节折射率刻度手轮，使刻度盘标尺上的示值为最小；向左或右旋转调节目镜焦距，使视场中的交叉线（准丝）最清晰。

③ 粗调。转动折射率刻度手轮，使刻度盘标尺上的示值逐渐增大，直至观察到视场中出现彩色光带或黑白分界线为止。

④ 消除色散。转动色散调节手轮，使视场内呈现一清晰的、具有最小色散的黑白分界线。

⑤ 精调与读数。再仔细转动折射率刻度手轮，使交叉线（准丝）交点与黑白分界线正好准确地重合。从目镜中的刻度盘上读取折射率数值。常用的阿贝折光仪可读至小数点后的第四位，为了使读数准确，一般应将试样重复测量三次，每次相差不能超过 0.0002，然后取平均值。

6.1.2.3　WYA-2WAJ 阿贝折光仪的使用注意事项

① 使用时要注意保护棱镜，清洗时只能用擦镜纸而不能用滤纸等擦拭。加试样时不能将滴管口触及镜面。对于酸碱等腐蚀性液体不得使用阿贝折光仪。

② 测定时，试样不可加得太多，一般只需加 2～3 滴，使试样均匀布满接触面即可。

③ 要注意保持仪器清洁，保护刻度盘。每次实验完毕，不得留有剩余浸液，要在镜面上加几滴丙酮，并用擦镜纸擦干。最后用两层擦镜纸夹在两棱镜镜面之间，以免镜面损坏。

④ 读数时，有时在目镜中观察不到清晰的明暗分界线，而是畸形的，这是由于棱镜间未充满液体；若出现弧形光环，则可能是由于光线未经过棱镜而直接照射到聚光透镜上。

⑤ 若待测试样折射率不在 1.3～1.7 范围内，阿贝折光仪不能测定，也看不到明暗分界。

6.1.3　数字 WYA-2S 阿贝折光仪

（1）数字 WYA-2S 阿贝折光仪简介

数字 WYA-2S 阿贝折光仪的工作原理也是基于测定临界角，由角度-数字转换系统将角度量转换成数字量，再输入微机系统进行数据处理，而后数字显示出被测样品的折射率或锤度。数字 WYA-2S 阿贝折光仪的用途和折射率测量范围与 WYA-2WAJ 阿贝折光仪相同，但其内部具有恒温结构，并装有温度传感器，按下温度显示按钮可显示温度，使用颇为方便，仪器结构见图 6.1-4。

（2）数字 WYA-2S 阿贝折光仪的使用方法

数字 WYA-2S 阿贝折光仪在使用前同样需要进行校准，方法与 WYA-2WAJ 阿贝折光仪的校准方法相同。数字 WYA-2S 阿贝折光仪测量样品折射率的步骤如下。

① 按下"POWER"电源开关，聚光照明部件中照明灯亮，同时显示窗显示"00000"，有时先显示"—"，数秒后显示"00000"。

② 打开折射棱镜部件，移开擦镜纸。这张擦镜纸在仪器不使用时放在两棱镜之间，防止在关上棱镜时，可能留在棱镜上的细小硬粒弄坏棱镜工作表面。擦镜纸只需用单层。

③ 检查上、下棱镜面，并用丙酮或酒精小心清洁其表面。测定每一个样品以后也要仔细清洁两块棱镜表面，因为留在棱镜上少量的原来样品将影响下一个样品的测量准确度。

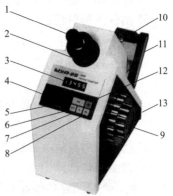

图 6.1-4　数字 WYA-2S
阿贝折光仪结构

1—目镜；2—色散手轮；3—显示窗；4—"POWER"电源开关；5—"READ"读数显示键；6—"BX-TC"经温度修正锤度显示键；7—"n_D"折射率显示键；8—"BX"未经温度修正锤度显示键；9—调节手轮；10—聚光照明部件；11—折射棱镜部件；12—"TEMP"温度显示键；13—RS232 接口

④ 将被测样品放在下面的折射棱镜的工作表面上。如样品为液体，可用干净滴管吸 2～3 滴液体样品放在棱镜工作表面上，然后将上面的进光棱镜盖上。如样品为固体，则固体样品必须有一个经过抛光加工的平整表面，测量前需将抛光表面擦净，并在下面的折射棱镜工作表面上滴 2～3 滴折射率比固体样品折射率高的透明液体（如溴代萘），然后将固体样品抛光面放在折射棱镜工作表面上，使其接触良好。测固体样品时不需将上面的进光棱镜盖上。

⑤ 旋转聚光照明部件的转臂和聚光镜筒，使上面的进光棱镜的进光表面（测液体样品）或固体样品前面的进光表面（测固体样品）得到均匀照明。

⑥ 通过目镜观察视场，同时旋转调节手轮，使明暗分界线落在交叉线视场中。如从目镜中看到视场是暗的，可将调节手轮逆时针旋转。看到视场是明亮的，则将调节手轮顺时针旋转。明亮区域是在视场的顶部。在明亮视场情况下可旋转目镜，调节视度看清晰交叉线。

⑦ 旋转目镜方缺口里的色散校正手轮，同时调节聚光镜位置，使视场中明暗两部分具有良好的反差和明暗分界线具有最小的色散。

⑧ 旋转调节手轮，使明暗分界线准确对准交叉线的交点。

⑨ 按"READ"键，显示窗中"00000"消失，显示"—"，数秒后"—"消失，显示被测样品的折射率。如要知道该样品的锤度值，可按"BX"键或按"BX-TC"键。"n_D""BX-TC"及"BX"三个键是用于选定测量方式。经选定后，再按"READ"键，显示窗就按预先选定的测量方式显示。有时按"READ"键，显示"—"，数秒后"—"消失，显示窗全暗，无其他显示，反映该仪器可能存在故障，此时仪器不能正常工作，需进行检查修理。当选定测量方式为"BX-TC"或"BX"时，如果调节手轮旋转超出锤度测量范围（0～95％），按"READ"后，显示窗将显示"•"。

⑩ 检测样品温度，可按"TEMP"键，显示窗将显示样品温度。除了按"READ"键后，显示窗显示"—"时按"TEMP"键无效，在其他情况下都可以对样品进行温度检测。显示为温度时，再按"n_D""BX-TC"或"BX"键，将显示原来的折射率或锤度。为了区分显示的是温度还是锤度，在温度前加"t"符号，在"BX-TC"锤度前加"b"符号，在"BX"锤度前加"c"符号。

⑪ 样品测量结束后，必须用酒精或水（样品为糖溶液）进行小心清洁。

⑫ 本仪器折射棱镜中有通恒温水结构，如需测定样品在某一特定温度下的折射率，仪器可外接恒温器，将温度调节到所需温度再进行测量。

⑬ 计算机可用 RS232 连接线与仪器连接。首先，送出一个任意的字符，然后等待接收信息（参数：波特率 2400，数据位 8 位，停止位 1 位，字节总长 18）。

（3）阿贝折光仪的维护与保养

① 仪器应放在干燥、空气流通和温度适宜的地方，以免仪器的光学零件受潮发霉。

② 仪器使用前后及更换试样时，必须先清洗擦净折射棱镜的工作表面。

③ 被测液体试样中不可含有固体杂质，测定固体样品时应防止折射镜工作表面拉毛或产生压痕，严禁测定腐蚀性较强的样品。

④ 仪器应避免强烈振动或撞击，防止光学零件震碎、松动而影响精度。

⑤ 仪器不用时应用塑料罩将仪器盖上或放入箱内。

⑥ 使用者不得随意拆装仪器。如发生故障，或达不到精度要求时，应及时送修。

6.2 分光光度计

分光光度分析是基于不同物质对某一波长单色光有选择吸收特性而建立的分析方法。分光光度计是可以在近紫外和可见光谱区域内对样品物质作定性和定量分析的仪器，广泛应用在石油、化工、医药、环保、食品、生化、医疗卫生、材料科学等各个领域，是科研、生产、教学不可缺少的理化分析测试仪器之一。

6.2.1 吸收光谱原理

构成物质的分子，其内部运动可分为核外电子运动、分子内原子振动和分子自身的转动，它们对应为电子能级、振动能级和转动能级。当光照射分子时，分子吸收能量引起能级跃迁，即从基态能级跃迁到激发态能级。而三种能级跃迁所需能量是不同的，需用不同波长的电磁波去激发。电子能级跃迁所需的能量较大，一般在 $1\sim20\text{eV}$，吸收光谱主要处于紫外及可见光区，这种光谱称为紫外及可见光谱。如果用能量为 $1\sim0.025\text{eV}$ 的红外线照射分子，只能引起振动能级和转动能级的跃迁，得到的光谱为红外光谱。若以能量为 $0.025\sim0.003\text{eV}$ 的远红外线照射分子，只能引起转动能级的跃迁，这种光谱称为远红外光谱。

各种物质的结构不同，对上述各能级跃迁所需能量不一样，因此对光的吸收也不一样，各种物质都有各自的吸收光带，据此可以对不同物质进行鉴定分析，这是光度法进行定性分析的基础。当用波长为 λ 的单色光通过任一均匀透明的溶液时，由于物质对光的吸收会使透射光的强度 I 小于入射光的强度 I_0，光强度的减弱程度与构成溶液的各组分物质的结构、浓度以及所用入射光的波长 λ 等因素有关，根据朗伯-比耳定律，得

$$A = -\lg T = -\lg(I/I_0) = \varepsilon l c \tag{6.2-1}$$

式中，A 为吸光度；T 为透光率；ε 为摩尔吸光系数；l 为溶液厚度；c 为溶液浓度。对于给定系统，使用一定的比色皿，即待测溶液的厚度 l 一定时，吸光度与待测溶液的浓度成正

比，这是光度法定量分析的依据。

6.2.2 分光光度计的构造及原理

（1）分光光度计的类型

分光光度计有单光束分光光度计、双光束分光光度计和双波长分光光度计等类型。单光束分光光度计每次测量时只能让参比溶液和样品溶液中的一种进入光路，它的特点是结构简单，价格便宜，主要适用于定量分析。其缺点是测量结果受电源的波动影响较大，容易给定量结果带来较大误差，且操作麻烦，不适于作定性分析。单光束分光光度计的示意图见图6.2-1。双光束分光光度计采用两光束同时分别通过参比溶液和样品溶液，因而可以消除光源强度变化带来的误差。目前较高档的仪器都采用这种结构系统。

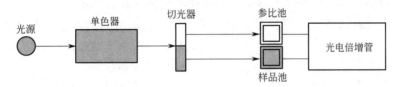

图 6.2-1 单光束分光光度计示意图

在可见-紫外类单光束和双光束分光光度计中，就测量波长而言，都是单波长的，它们测量参比溶液和样品溶液的吸光度之差。而双波长分光光度计由同一光源发出的光被分成两束，分别经过两个单色器，从而可以同时得到两个不同波长（λ_1 和 λ_2）的单色光。它们交替地照射同一液体，得到的信号是两波长处吸光度之差 ΔA，$\Delta A = A_{\lambda_1} - A_{\lambda_2}$，当两个波长保持 $1 \sim 2nm$ 同时扫描时，得到的信号将是一阶导数，即吸光度的变化率曲线。用双波长法测量时，可以消除因吸收池的参数不同、位置不同等带来的误差。它不仅能测量高浓度试样、多组分试样，而且能测定一般分光光度计不宜测定的浑浊的试样。测定相互干扰的混合试样时，操作简单，且精度高。

（2）分光光度计的光学系统部件

分光光度计种类很多，但它们的光学系统部件基本是一样的，下面对重要部件的功能和材质作一简单介绍。

① 光源。对光源的主要要求是，对整个测定波长区域要有均一且平滑的连续的强度分布，不随时间而变化，光散射后到达监测器的能量又不能太弱。一般可见区域为钨灯，紫外区域为氚或氢灯，红外区域为硅碳棒或能斯特灯。

② 单色器。单色器是从复合光中分出单色光的装置，一般可用滤光片、棱镜、光栅、全息栅等元件。现在比较常用的是棱镜和光栅，棱镜是分光的主要元件之一，一般是三角柱体；反射光栅是由磨平的金属表面上刻画许多平行的、等距离的槽构成。单色器材料，可见分光光度计为玻璃，紫外分光光度计为石英，而红外分光光度计为 LiF、CaF_2 及 KBr 等材料。

③ 斩波器。其功能是将单束光分成两路光。

④ 样品池。在紫外及可见分光光度法中，一般使用液体试样。对样品池的要求，主要是能透过有关辐射光线。通常，可见区域可以用玻璃样品池，紫外区域用石英样品池，而在红外区域由于上述材料都在该区域有吸收，因此不能用作透光材料。一般选用 NaCl、KBr 等材料，因此红外区域测的液体样品中不能有水。

⑤ 减光器。减光器分为楔形和光圈形两种，目前绝大多数采用楔形减光器。减光器是样品在光路中发生吸收时平衡能量用的，要求减少光束强度时要均匀且呈线性变化。

⑥ 狭缝。狭缝放在分光系统的入口和出口，开启间隔（狭缝宽度）直接影响分辨率。狭缝大，光的能量增加，但分辨率下降。

⑦ 监测器。在紫外与可见分光光度计中，灵敏度要求低的一般用光电管，要求较高的用光电倍增管；在红外分光光度计中，则用高真空管、测热辐射计、高莱池、光电导检测器以及热释电检测器。

6.2.3　722分光光度计

722分光光度计外形如图6.2-2所示。使用仪器前，应首先了解仪器的结构、工作原理和各个操作旋钮的功能。检查放大器暗盒的硅胶干燥筒（在仪器的左侧），如受潮变色，应更换干燥的蓝色硅胶或者倒出原硅胶，烘干后再用。接通电源前，应检查电源接线和接地线，以及各个调节旋钮的起始位置。

（1）操作步骤

① 将灵敏度旋钮调置"1"挡（放大倍率最小）。

② 开启电源，指示灯亮，选择开关置于"T"，波长调至测试用波长。仪器预热20min。为了防止光电管疲劳，不要连续光照，预热仪器时和不测定时应将试样室盖打开，使光路切断。

③ 打开试样室盖（光门自动关闭），调节透光率"0%"旋钮，使数字显示为"000.0"，以消除暗电流。盖上试样室盖，将比色皿架置于蒸馏水校正位置，使光电管受光，调节透过率"100%"旋钮，使数字显示为"100.0"。

④ 如果显示不到"100.0"，则可适当增加

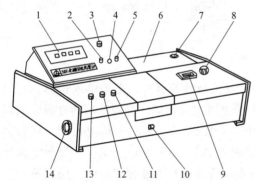

图 6.2-2　722分光光度计外形图

1—数字显示器；2—吸光度调零旋钮；3—选择开关；4—吸光度调斜率电位器；5—浓度旋钮；6—光光室；7—电源开关；8—波长调节手轮；9—波长刻度窗；10—试样架拉杆；11—100%T旋钮；12—0%T旋钮；13—灵敏度调节旋钮；14—干燥器

微电流放大器的倍率，但应尽可能置于低倍率挡使用，这样仪器将有更高的稳定性。但改变倍率后必须按步骤③重新调节"0%"和"100%"旋钮。

⑤ 预热后，按步骤③连续几次调整"0%"和"100%"，仪器即可进行测定工作。将被测溶液置于光路中，盖上试样室盖，数字表上直接读出被测溶液的透过率（T）值。

⑥ 吸光度 A 的测量。按步骤③调整仪器的"0"和"100%"。将选择开关置于"A"，盖上试样室盖子，将空白液置于光路中，调节吸光度调节旋钮，使数字显示为".000"。将盛有待测溶液的比色皿放入比色皿座架中的其他格内，盖上试样室盖，轻轻拉动试样架拉杆，使待测溶液进入光路，此时数字显示值即为该待测溶液的吸光度值。读数后，打开试样室盖，切断光路。

⑦ 浓度 c 的测量。选择开关由"A"旋至"C"，将已标定好浓度的标准样品放入光路，调节浓度旋钮，使得数字显示为标准样品的标定值。将被测样品放入光路，即可读出被测样品的浓度值。

⑧ 测量完毕，速将暗盒盖打开，关闭电源开关，将灵敏度旋钮调至最低挡，取出比色

皿，并将比色皿座架用软纸擦净。将装有硅胶的干燥剂袋放入暗盒内，关上盖子，将比色皿中的溶液倒入烧杯中，用蒸馏水洗净后放回比色皿盒内。

（2）注意事项

① 正确选择样品池材质。不能用手触摸光面的表面。

② 仪器配套的比色皿不能与其他仪器的比色皿单个调换。如需增补，经校正后方可使用。

③ 开关样品室盖时，应小心操作，防止损坏光门开关。

④ 不测量时，应使样品室盖处于开启状态，否则会使光电管疲劳，数字显示不稳定。

⑤ 如果大幅度改变测试波长，因光能量变化急剧，光电管受光后响应缓慢，需一段光响应平衡时间，故需等数分钟后才能正常工作。当稳定后，重新调整 "0％" 和 "100％" 即可工作。

6.2.4　722S 分光光度计

722S 型分光光度计选用低杂散光、高分辨率的单光束光路结构，采用 LED 数字显示器，可直接显示透射比、吸光度和浓度等参数，提高了仪器的读数准确性；配有标准 RS-232 通信接口（串口），可通过用户应用软件（需另购）和普通的装有 Microsoft Windows 系统的个人电脑联机，可直接连接打印机，打印实验数据；应用最新微机处理技术，使操作更为方便，并具有自动调校 $0％T$ 和 $100％T$ 等控制功能及多种方法的数据处理功能。仪器具有良好的稳定性，重现性，其外形见图 6.2-3。

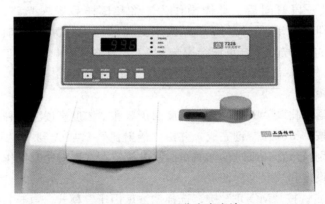

图 6.2-3　722S 型分光光度计

6.2.4.1　722S 型分光光度计的基本操作

（1）预热

为使仪器内部达到热平衡，开机后预热时间不少于 30min。开机后预热时间少于 30min 时，请注意随时操作调校 $0％T$、$100％T$，确保测试结果有效。

（2）校正波长准确度

① 按 "MODE" 键，使指示灯点亮指示透射比显示标尺。

② 旋转 "波长调节手轮"，使波长显示窗显示 800nm，将用作背景的空白样品置入样品室光路中，进行调校 $0％T$ 和 $100％T$ 操作，然后将带镨钕玻璃的样品架（可选附件）置入样品室，盖上盖。向 807nm 方向用空气作参比，测定镨钕玻璃在各波长处的透射比，找出

透射比显示值最小时对应的波长显示值。

③ 若波长显示值为 807.5nm ±2nm，即在 805.5～809.5nm 之间时，则表示波长准确度正确，无需校正，如果在此区间之外，则按下步精确校正。

④ 用一字螺丝刀，顺、逆时针稍微旋转仪器背部的可变电阻器，改变波长显示值为 807.5nm 即可。

（3）改变波长

通过旋转"波长调节手轮"可以改变仪器的波长显示值（顺时针方向旋转波长调节手轮波长显示值增大，逆时针方向旋转则显示值减少），以便设定实验测定时所需波长。

（4）放置参比样品和待测样品

① 选择测试用的比色皿。

② 把盛好参比样品和待测样品的比色皿放到四槽位样品架内。

③ 用样品架拉杆来改变四槽位样品架的位置，以便把参比样品或待测样品置入光路。当拉杆到位时有定位感，到位时请前后轻轻推拉一下以确保定位正确。

（5）调 $0\%T$

目的是校正读数标尺的零位，配合调 $100\%T$，进入正确测试状态。调整时机为改变测试波长时和测试一段时间后。具体操作为，检视透射比指示灯是否亮，若不亮则按"MODE"键，点亮透射比指示灯。将黑体置入四槽位样品架中，用样品架拉杆改变四槽位样品架的位置，使黑体遮断光路后，按"%ADJ"键，即能自动调 $0\%T$，一次未到位可加按一次。

（6）调 $100\%T$

目的是校正读数标尺的 100% 位，配合调 $0\%T$，进入正确测试状态。调整时机为改变测试波长时和测试一段时间后。具体操作为，将参比样品置入光路，关闭掀盖后，按"100%ADJ"键，即能自动调 $100\%T$，一次未到位可加按一次。特别应该注意的是，调 $100\%T$ 时，仪器的自动增益系统可能会影响 $0\%T$，调整后请检查 $0\%T$，若有变化请重复调整 $0\%T$。

（7）改变操作模式

仪器设置有"透射比"、"吸光度"、"浓度因子"和"浓度直读"四种操作模式，各操作模式间的转换通过按"MODE"键完成，并由"透射比"、"吸光度"、"浓度因子"和"浓度直读"指示灯分别指示，开机时仪器的初始状态设定在"透射比"操作模式。

（8）浓度因子设定和浓度直读设定

① 浓度因子设定。按"MODE"键，选择"浓度因子"模式，再长按"MODE"键，使数值显示窗右端数字连续闪亮，即进入设定模式。这时连续按下"FUNC"键，从右到左，各位数字会依次循环闪亮。某一位数字闪亮时，按数字升降键（"0%ADJ"键和"100%ADJ"兼用）可设定数字。按下"0%ADJ"键，闪亮数字连续上升，直到要求设定的数字出现时即停止。按下"100%ADJ"键，闪亮数字连续下降，直到要求设定的数字出现时即停止。通过"FUNC"键、"0%ADJ"键、"100%ADJ"键操作，待四位数字全部设定时，再次按下"MODE"键，数值显示窗显示出设定的四位"浓度因子"数值，即完成设定。

② 浓度直读设定。按"MODE"键，选择"浓度直读"模式，再长按"MODE"键，数值显示窗右端数字连续闪亮，进入设定模式。按下"FUNC"键，发挥其数字移位功能，按下"0%ADJ"键和"100%ADJ"键，分别发挥其上升数字和下降数字功能，直到各位数字都设定后，再按"MODE"键，数值显示窗显示出设定的直读浓度数值，即完成设定。

6.2.4.2 722S 型分光光度计的应用功能测试操作

（1）测定透明材料的透射比

按 722S 型分光光度计基本操作步骤操作：预热→校正波长准确度→改变波长→参比样品置入光路→调 $0\%T$→调 $100\%T$→选择"透射比"操作模式→待测样品置入光路进行测定。最后读出并记录测试数据，完成测试。

（2）测定透明材料的透射比-波长曲线

在要求测量的波长范围内，以合适的波长间隔分成 n 个不同波长的测试点，然后逐点按 722S 型分光光度计基本操作步骤进行操作，读出并记录测试数据，将各波长对应的透射比标记在方格纸上，即呈现该透明材料的 T-λ（透射比-波长）曲线。

（3）测定透明溶液的吸光度 A

按 722S 型分光光度计基本操作步骤进行操作，读出并记录测试数据，完成测试。

（4）运用吸光度-浓度标准曲线测定溶液浓度

首先，按照分析规程配制不同浓度的标准样品溶液和标准参比溶液。然后，按 722S 型分光光度计基本操作步骤进行操作，测出不同浓度标准溶液和待测样品对应的吸光度，读出并记录各组数据。最后，根据不同浓度的标准溶液对应的吸光度数据绘制 A-c 标准曲线，或运用仪器的 RS232C 接口配合仪器的专用软件拟合出 A-c 标准曲线，根据待测样品吸光度，在 A-c 标准曲线上找出对应的浓度。

（5）浓度直读功能

当分析对象比较固定，且其标准曲线基本经过原点的情况下，不必采用较复杂的标准曲线法检测待测样品的浓度，而可以直接采用浓度直读法作定量检测。该测试方法只需配制一种浓度在待测溶液浓度 2/3 左右的标准样品。具体操作为，按 722S 型分光光度计基本操作步骤测出标准样品吸光度，然后设定"浓度直读"，按"0％ADJ"键或"100％ADJ"键，使读数为标准样品的浓度值或浓度值的 10^{n} 倍，最后待测样品溶液置入光路读出显示值，即为待测溶液的浓度值或浓度值的 10^{n} 倍。

（6）浓度因子功能

按 722S 型分光光度计基本操作步骤测出标准样品吸光度，然后置"浓度直读"，按"0％ADJ"键和"100％ADJ"键，使读数为标准样品的浓度值或浓度值的 10^{n} 倍，最后设置"浓度因子"，读出并记录显示值，即为标准样品的浓度因子。在下次测试同一种样品时，开机后不必重新测量标准样品的浓度因子，而只需直接重新输入该浓度因子数值，即可直接对待测样品进行浓度直读，来测定其浓度。

用浓度因子功能测量待测溶液浓度的具体操作为：预热→校正波长准确度→改变波长→参比样品置入光路→调 $0\%T$→调 $100\%T$→选择"浓度因子"操作模式→按"0％ADJ"键和"100％ADJ"键，使读数为标准样品的浓度因子→置"浓度直读"操作模式→待测样品溶液置入光路，读出显示值，即为待测样品溶液的浓度值。

6.3 旋光度的测量与旋光仪

旋光仪是测定物质旋光度的仪器。通过对样品旋光度的测定，可以分析确定物质的浓度、含量及纯度等。因此，旋光仪广泛用于医药、食品、有机化工等各个领域。例如，农业上用于农用抗生素、家用激素、微生物农药及农产品淀粉含量等成分分析；医药领域有关抗生素、维生素、葡萄糖等药物分析和中草药药理研究；食品行业的食糖、味精、酱油等生产过程的控制及成品检查及食品含糖量的测定；石油化工中的矿物油分析、石油发酵工艺的监视；卫生事业的医院临床糖尿病分析等。

6.3.1 旋光度测定基本原理

6.3.1.1 旋光现象和旋光度

一般光源发出的光，其光波在垂直于传播方向的一切方向上振动，这种光称为自然光（也称非偏振光）。若借助某种手段，从自然光中分离出只在一个方向上振动的光线，这种光线称为平面偏振光。当一束平面偏振光线通过某些物质时，这些物质可以将偏振光的振动面旋转一定的角度，这种现象称为物质的旋光现象，具有这样特征的物质称为旋光物质。使偏振光的振动面向左旋的物质称为左旋物质，向右旋的称为右旋物质。旋光物质使偏振光振动面旋转的角度称为旋光度。尼柯尔（Nicol）棱镜就是根据旋光物质具有旋光性这一原理设计的。

6.3.1.2 旋光仪的构造原理和结构

旋光仪的主要元件是两块尼柯尔棱镜。尼柯尔棱镜是由两块方解石直角棱镜沿斜面用加拿大树脂粘接而成。当一束自然光照射到尼柯尔棱镜时，分解为两束相互垂直的平面偏振光，一束是折射率为1.658的寻常光，另一束是折射率为1.486的非寻常光。这两束光线到达尼柯尔棱镜的粘接斜面时，折射率为1.658的寻常光（加拿大树脂的折射率为1.550）被全反射到棱镜的底面上，若底面是黑色涂层，则这束光将被吸收；而折射率为1.486的非寻常光则可以通过棱镜，这样就获得了一束单一的平面偏振光。

用于产生平面偏振光的棱镜称为起偏镜。让偏振光照射到透射面与起偏镜透射面平行的另一个尼柯尔棱镜上：若第二个棱镜的透射面与起偏镜的透射面垂直，则由起偏镜出来的偏振光完全不能通过第二个棱镜；如果第二个棱镜的透射面与起偏镜的透射面之间的夹角 θ 在 $0°\sim90°$ 之间，则由起偏镜出来的偏振光可以部分地通过第二个棱镜，此时第二个棱镜称为检偏镜。通过调节检偏镜透射面与起偏镜的透射面之间的夹角，能使透过的光线强度在最强和零之间变化。如果在起偏镜与检偏镜之间放有旋光性物质，则由于物质的旋光作用，使来自起偏镜的偏振光的振动面改变了某一角度，只有检偏镜也旋转同样的角度，才能补偿因旋光物质而使偏振光改变的角度，维持透过的光的强度与原来相同。旋光仪就是根据这种原理设计的，其光学系统如图 6.3-1 所示。

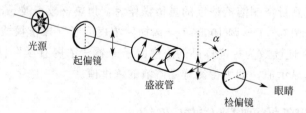

图 6.3-1 旋光仪光学系统示意图

欲通过检偏镜用眼睛判断偏振光通过旋光物质前后的强度是否相同，是十分困难的。因此，设计了一种三分视野装置，以提高人们观察明暗程度和测量旋光度的精确度。其原理是，在起偏镜后放置一块狭长的石英片，由起偏镜透过来的偏振光通过石英片时，由于石英片的旋光性，使偏振光旋转了一个角度，通过调节检偏镜的位置，目镜观察到的三分视野明暗程度如图 6.3-2 所示。

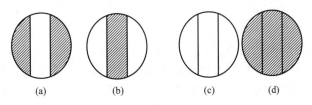

图 6.3-2　三分视野示意图

旋转检偏镜的位置，使其透射面与光线经起偏镜后的振动方向垂直时，目镜视野呈现中部明亮而两侧黑暗，如图 6.3-2(a) 所示。调节检偏镜的位置，使其透射面与光线经起偏镜后再经石英片后的振动方向垂直时，偏振光不能透过检偏镜，此时目镜视野变为中部黑暗而两侧明亮，如图 6.3-2(b) 所示。光线经起偏镜后的振动方向与光线经起偏镜后再经石英片后的振动方向的夹角称为半荫角，当将检偏镜的透射面调至于半荫角的角平分线重合时，三分视野明暗相同，但特别明亮，如图 6.3-2(c) 所示。而将检偏镜的透射面调至于半荫角的角平分线垂直时，三分视野明暗相同，且较为暗淡，如图 6.3-2(d) 所示。由于人的眼睛对明暗相同的视野易于判断，且对弱亮度变化比较灵敏，调节亮度相同的位置更为精确，所以明暗相同的弱亮度三分视野，即图 6.3-2(d) 所示的三分视野是测定旋光度的标准视野。测量时，先在旋光管中盛放无旋光性的蒸馏水，旋转检偏镜至明暗相同的弱亮度三分视野，此时旋光仪的读数为仪器的零点；再在旋光管中盛放旋光性溶液后，调节检偏镜至明暗相同的弱亮度三分视野时，所得读数与零点之差即为被测溶液的旋光度。

6.3.1.3　影响旋光度的因素

（1）溶剂的影响

旋光物质的旋光度主要取决于物质的本性，另外还与光线透过物质的厚度，测量时所用光的波长和温度有关。如果被测物质是溶液，影响因素还包括物质的浓度，溶剂也有一定的影响。因此，在不同的条件下，旋光物质的旋光度测定结果通常不一样。为此一般用比旋光度作为量度物质旋光能力的标准，规定以钠光 D 线作为光源，温度为 20℃时，一根 10cm 长的样品管中，装满每毫升溶液中含有 1g 旋光物质溶液后所产生的旋光度，称为该溶液的比旋光度，即

$$[\alpha]_{\mathrm{D}}^{t}=\frac{10\alpha}{Lc} \tag{6.3-1}$$

式中，$[\alpha]_{\mathrm{D}}^{t}$ 为比旋光度；D 表示光源为钠光 D 线；t 为实验温度；α 为旋光度；L 为液层厚度，cm；c 为被测物质的浓度，g/mL。在测定比旋光度值时，应说明使用什么溶剂，如不说明一般指以水为溶剂。为区别左旋和右旋，常在左旋光度前加"一"号，如蔗糖的比旋光度为 $[\alpha]_{\mathrm{D}}^{t}=52.5°$，表示蔗糖是右旋物质，而果糖的比旋光度为 $[\alpha]_{\mathrm{D}}^{t}=-91.9°$，表示果糖为左旋物质。

（2）温度的影响

温度升高会使旋光管膨胀而长度加长，从而导致待测液体的密度降低。另外，温度变化还会使待测物质分子间发生缔合或解离，使比旋光度发生改变。通常温度对比旋光度的影响，可用下式表示为

$$[\alpha]_D^t = [\alpha]_D^{20} + Z(t - 20) \tag{6.3-2}$$

式中，t 为测定时的温度；Z 为温度系数。不同物质的 Z 不同，一般均在 $-0.01 \sim -0.04\,℃^{-1}$ 之间。为此在实验测定时必须恒温，旋光管上装有恒温夹套，与超级恒温槽连接。

（3）浓度和旋光管长度的影响

在一定的实验条件下，常将旋光物质的旋光度与浓度视为成正比，即将比旋光度作为常数。而旋光度和溶液浓度之间并不是严格地呈线性关系，因此严格讲比旋光度并非常数。在精密测定中，比旋光度和浓度间的关系可用拜奥特（Biot）提出的三个方程之一表示，即

$$[\alpha]_D^t = A + Bx \tag{6.3-3}$$

$$[\alpha]_D^t = A + Bx + Cx^2 \tag{6.3-4}$$

$$[\alpha]_D^t = A + \frac{Bx}{C + x} \tag{6.3-5}$$

式中，x 为溶液的百分浓度；A、B 和 C 为常数，可以通过不同浓度的几次测量来确定。

旋光度与旋光管的长度成正比。旋光管通常有 10cm、20cm、22cm 三种规格。经常使用的是 10cm 长度的。但对旋光能力较弱或者较稀的溶液，为提高准确度，降低读数的相对误差，需用 20cm 或 22cm 长度的旋光管。

6.3.2 WXG-4 圆盘旋光仪

WXG-4 圆盘旋光仪的实物与结构图如图 6.3-3 所示，其基本使用方法和使用中的注意事项如下所述。

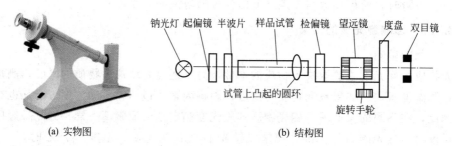

（a）实物图　　　　　　　　　　　（b）结构图

图 6.3-3　WXG-4 圆盘旋光仪的实物与结构图

（1）预热与调焦

接通电源，打开钠光灯，预热 5～10min 后，光源稳定，仪器完全发出钠黄光，此时从目镜中观察视野，如视野不清楚可调节目镜焦距，使视场明亮清晰。

（2）零点校正

① 检验度盘零度位置是否正确，如不正确，可旋松度盘盖四只连接螺钉、转动度盘壳进行校正（只能校正 0.5° 以下），或把误差值在测量过程中加减扣除。

② 选用长度合适的旋光管并洗净，在旋光管中充满蒸馏水（不能留有气泡），旋紧旋光管两端螺旋，但不能旋得太紧（一般以随手旋紧不漏水为止），以免护玻片产生应力而引起视场亮度发生变化，影响测定准确度，并将整个旋光管外侧残液揩拭干净。

③ 将旋光管放入旋光仪的样品管槽中（旋光管上近凸起圆的一端朝上，以便把少量气泡留在凸起部位，不致影响观察和测定），盖上样品管槽盖。调节检偏镜的角度到图 6.3-2(d) 所示的明暗相同的弱亮度三分视野，从放大镜中读出度盘所旋转的角度，并将此角度作为旋

光仪的零点。刻度盘以顺时针旋转为右旋，读数记为正数，即为样品旋光度。刻度盘以逆时针旋转为左旋，读数记为负数，样品旋光度数值等于 180 减去刻度盘读数值。

（3）旋光度测定

零点确定后，将旋光管中蒸馏水换成待测溶液（需用待测液淋洗 2～3 次后装待测液），按上述同样的方法测定，此时刻度盘上的读数与"零点校正"时的零点读数之差即为待测液的旋光度。

（4）使用注意事项

① 旋光仪在使用时，需通电预热 5～10min，但钠光灯使用时间不宜过长。钠光灯管使用时间不宜超过 4h，长时间使用应用电风扇吹风或关熄 10～15min，待冷却后再使用，以免亮度下降和寿命降低。灯管如遇只有红光而不能发黄光时，往往是因输入电压过低（不到 220V）所致，这时应设法升高电压到 220V 左右。

② 旋光仪是比较精密的光学仪器，使用时，仪器金属部分切忌沾染酸碱，防止腐蚀。

③ 旋光管用后要及时将溶液倒出，用蒸馏水洗涤干净，揩干放好。光学镜片部分不能与硬物接触，也不能用手直接揩擦，以免损坏镜片，应用柔软绒布揩擦。不能随便拆卸仪器，以免影响精度。

6.3.3 WZZ-2B 型自动数字显示旋光仪

目前国内生产的自动数字显示旋光仪，其三分视野检测、检偏镜角度的调整，采用光电检测器，通过电子放大及机械反馈系统自动进行，最后数字显示。WZZ-2B 型自动数字显示旋光仪结构如图 6.3-4 所示，采用五位 LED 自动数字显示方式，最小读数 0.005°，具有体积小、灵敏度高、读数方便等特点，可以减少人为观察三分视野明暗度相同时产生的误差，对弱旋光性物质同样适用。

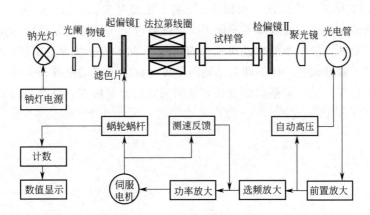

图 6.3-4　WZZ-2B 型自动数字显示旋光仪结构

WZZ-2B 型自动数字显示旋光仪用 20W 钠光灯为光源，并通过可控硅自动触发恒流电源点燃，光线通过聚光镜、小孔光栅和物镜后形成一束平行光，然后经过起偏镜后产生平行偏振光。这束偏振光经过有法拉第效应的磁旋线圈时，其振动面产生 50Hz 的一定角度的往复振动。该偏振光线通过检偏镜透射到光电倍增管上，产生交变的光电信号。当检偏镜的透光面与偏振光的振动面正交时，即为仪器的光学零点，此时出现平衡指示。而当偏振光通过一定旋光度的测试样品时，偏振光的振动面转过一个角度 α，此时光电信号就能驱动工作频率为 50Hz 的伺服电机，并通过蜗轮蜗杆带动检偏镜转动 α 角而使仪器回到光学零点，此时读数盘上的示值即为所测物质的旋光度。

WZZ-2B 型自动数字显示旋光仪的使用方法如下。

① 将仪器电源插头插入 220V 交流电源，（要求使用交流电子稳压器 $1kV \cdot A$），并将仪器可靠接地。

② 在交流工作状态下，向上打开电源开关（右侧面）。这时钠光灯在交流工作状态下起辉，经 5min 钠光灯激活后，钠光灯才发光稳定。

③ 向上打开光源开关（右侧面），仪器预热 20min（若光源开关扳上后，钠光灯熄灭，则再将光源开关上下重复扳动 1~2 次，使钠光灯在直流下点亮，为正常）。

④ 按"测量"键，这时液晶屏应有数字显示。注意：开机后"测量"键只需按 1 次，如果误按该键，则仪器停止测量，液晶无显示。这时可再次按"测量"键，液晶重新显示，此时需重新校零。

⑤ 将装有蒸馏水或其他空白溶剂的旋光管放入样品室，盖上箱盖，待示数稳定后，按"清零"键。

试管中若有气泡，应先让气泡浮在凸颈处；通光面两端的雾状水滴，应用软布揩干，旋光管螺帽不宜旋得过紧，以免产生应力，影响读数。旋光管安放时应注意标记的位置和方向。

⑥ 取出旋光管，倾去蒸馏水，旋光管需用被测试样淋洗 2~3 次。将待测样品注入旋光管，按相同的位置和方向放入样品室内，盖好箱盖，仪器数显窗将显示出该样品的旋光度。

⑦ 逐次按下"复测"按钮，重复读数几次。按"123"键，可以切换显示各次测量的旋光度值。按"平均"键，显示平均值，指示灯"AV"亮。取平均值作为样品的测定结果（若测量连续反应系统的旋光度，则不进行该步操作）。

⑧ 仪器使用完毕后，应依次关闭测量、光源、电源开关。

钠灯在直流供电系统出现故障不能使用时，仪器也可在钠灯交流供电（光源开关不向上开启）的情况下测试，但仪器的性能可能略有降低。如样品超过测量范围，仪器在 +45° 处来回振荡。此时，取出试管，仪器即自动转回零位。此时可将试液稀释一倍再测。当放入小角度样品（小于 0.5°）时，示数可能变化，这时只要按复测按钮，就会出现新数字。

第7章

化学热力学实验

本章从"实验1 摩尔气体常数的测定"到"实验15 $CaC_2O_4 \cdot H_2O$ 热分解反应的热重分析测定",编写了常见化学热力学实验15个。

实验 1 摩尔气体常数的测定

【实验目的】

1. 学习一种测定摩尔气体常数的方法。
2. 掌握理想气体状态方程和分压定律的应用。
3. 掌握测量气体体积的基本操作。

【实验原理】

理想气体状态方程可表示为

$$R = \frac{pV}{nT} \tag{1-1}$$

上式表明,理想气体的压力 p 和体积 V 的乘积与气体的物质的量 n 和热力学温度 T 的乘积之比为一常数,即摩尔气体常数 R。因此,只要测定一定温度下给定气体的体积 V、压力 p 和该气体的物质的量 n 或质量 m,就可以求得摩尔气体常数。实验可以用金属单质(如镁、铝或锌等)与稀盐酸发生置换反应,根据产生的氢气便能测定摩尔气体常数 R 值。例如,单质铝与稀盐酸的反应为

$$2Al + 6HCl \longrightarrow 2AlCl_3 + 3H_2 \uparrow$$

本实验是在一定的温度和实验室大气压力下,用精确称量的铝与过量的稀盐酸反应,采用排水集气法可以直接测定反应生成氢气的体积 V_{H_2},生成氢气的物质的量 n_{H_2} 可以根据反应方程式和所用铝的质量按下式求得

$$n_{H_2} = \frac{3}{2} \times \frac{m_{Al}}{M_{Al}} \tag{1-2}$$

式中,m_{Al} 为铝的质量,g;M_{Al} 为铝的摩尔质量,$g \cdot mol^{-1}$。

水在任何温度下都有饱和蒸气压，采用排水集气法收集的氢气中必然混有饱和的水蒸气。测量过程中，大气压（以 p_0 表示）即为系统的总压，它等于实验温度下生成氢气所产生的压力与该温度下水的饱和蒸气压 $p_{水}^{*}$ 之和。根据分压定律，系统中氢气的分压为

$$p_{H_2} = p_0 - p_{水}^{*} \tag{1-3}$$

实验时的大气压和实验过程中系统的温度都可以测量，而水在实验温度下的饱和蒸气压可以查阅附表 12 得到。因此，若将实验条件下的氢气近似作为理想气体，那么在 p_{H_2}、V_{H_2}、n_{H_2} 和 T 都已知的条件下，利用公式(1-1)就可以得到摩尔气体常数 R 的值。

【仪器与试剂】

1. 仪器

测量装置 1 套（如图 1-1）、福廷式气压计或数字式电子气压计 1 台、电子天平（0.0001g）1 台（共用）、量筒（10mL）1 个、洗瓶 1 只、滴管 1 支、称量纸。

2. 试剂

铝箔、盐酸（6mol·L⁻¹）、蒸馏水。

【实验步骤】

① 按图 1-1 装好仪器，然后移动水准瓶使量气管中的水面接近顶部零刻度附近，固定之。

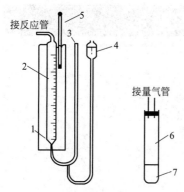

接反应管

1—水夹套；2—量气管；3—平衡管；
4—水准瓶；5—温度计；
6—反应管；7—盐酸溶液

接量气管

图 1-1 实验测量装置

② 用称量纸在电子天平上准确称量 25mg 左右的铝箔，其质量记为 m_{Al}，备用。

③ 用量筒小心量取 5mL 的 6mol·L⁻¹ 盐酸加到反应管中，注意不能沾到管壁上。

④ 在称量好的铝箔上用滴管沾少许水，紧贴在反应管内壁（不能与盐酸接触），固定反应管，塞紧橡皮塞。

⑤ 塞紧装置中所有橡皮塞，将水准瓶向下移动一段距离，使水准瓶中液面与量气管中液面维持一定高度差，固定水准瓶。如果两个液面保持不变，说明装置不漏气。

⑥ 调整水准瓶液面与量气管液面等高，准确读取量气管中液面的初始读数 V_1。

⑦ 小心倾斜反应管，让铝箔落入盐酸中，反应开始进行，量气管液面开始下降。

⑧ 量气管内压力增加，为不致因压差过大造成漏气，在液面下降的同时，向下同步移动水准瓶使两液面维持等高。

⑨ 反应结束后，固定水准瓶。待反应管冷却到室温后，再调整水准瓶内液面使之与量气管内液面在同一个水平上，准确读取量气管液面的终点读数 V_2。前后两次量气管液面读数差即为所生成氢气的体积 V_{H_2}。

⑩ 读取水夹套中水的温度 T 和室内气压 p_0。

⑪ 重复以上步骤，再做两次。

⑫ 测试结束后，将反应管中的反应液倒入废液回收瓶，整理实验桌面，搞好实验室卫生。

【实验记录和数据处理】

1. 记录实验室室温、实验室大气压。将实验所测不同温度下水的饱和蒸气压、室内大

气压和氢气的分压列于表 1-1。

实验室室温＿＿＿＿℃；实验室大气压 $p_0 = $ ＿＿＿＿Pa

表 1-1　实验测量数据

序号	1	2	3
$m_{Al} \times 10^3 / g$			
$n_{H_2} \times 10^3 / mol$			
$V_1 \times 10^6 / m^3$			
$V_2 \times 10^6 / m^3$			
$V_{H_2} \times 10^6 / m^3$			
T/K			
$p_{水}^* \times 10^{-3} / Pa$			
$p_0 \times 10^{-3} / Pa$			
$p_{H_2} \times 10^{-3} / Pa$			

2. 将实验数据代入理想气体状态方程，计算出摩尔气体常数 R 值，并与标准值比较，计算相对误差。

【注意事项】

1. 检查摩尔气体常数的测定装置的气密性时要将橡皮塞塞紧。

2. 测定前要注意移动水准瓶使量气管中的水面略低于零刻度位置。

3. 在反应管中滴加盐酸时，注意不要使酸沾湿反应管上部管壁，放置铝箔要细心操作，使铝箔紧贴在反应管内壁并不沾有盐酸。

4. 倾斜反应管使铝箔落入盐酸中进行反应时，注意不要使反应管塞松动而漏气。

【思考题】

1. 量气管内压力是否等于氢气压力？

2. 为什么要冷却到室温后方可读取读数？

3. 为什么要检漏？如何检漏？检漏的原理是什么？

4. 读取量气管液面位置时，水准瓶与量气管液面的位置为什么要保持同一水平？

5. 实验中为什么不必对盐酸的浓度与用量准确要求？

6. 此装置还可以测定哪些物理量？写出简单原理。

实验 2　易挥发性液体摩尔质量的测定

【实验目的】

1. 用维克托·梅耶（Victor Meyer）法测定易挥发液体乙酸乙酯的摩尔质量。

2. 通过实验掌握摩尔质量的测量原理和测量方法。

【实验原理】

在温度不太低、压力不太高的条件下，蒸气或气体可以近似地视为理想气体，其 pVT 关系服从理想气体状态方程

$$pV = nRT = \frac{m}{M}RT \tag{2-1}$$

式中，p 为气体压力，Pa；V 为气体体积，m^3；m 为气体的质量，g；M 为气体的摩尔质量，$g \cdot mol^{-1}$；R 为摩尔气体常数，$J \cdot K^{-1} \cdot mol^{-1}$；$T$ 为气体的热力学温度，K。

维克托·梅耶法测量易挥发液体摩尔质量的原理是，将一定质量的易挥发的液态物质，在温度高于该液体沸点的条件下汽化为蒸气，测量蒸气在一定压力下的体积，由式(2-1)计算出液体的摩尔质量。

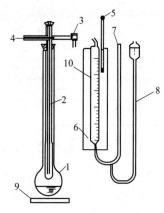

图 2-1　实验测量装置
1—外管；2—内管；3—三通活塞；
4—玻璃棒；5—温度计；6—水夹套；
7—平衡管；8—水准瓶；
9—加热电炉；10—量气管

实验装置如图 2-1 所示。系统通过外管加热到高于乙酸乙酯的沸点温度，将准确称量的质量为 m 的乙酸乙酯在内管中汽化。汽化后气体乙酸乙酯的体积 V 等于它排出内管中空气的体积，可以由量气管测出汽化前后水的体积变化得到。量气管中空气的温度 T 由温度计测出。实验过程中，因量气管中空气下方的水液面与水准瓶中的水液面等高，故量气管中气体的总压与实验室大气压 p_0 相等，考虑到水蒸气的存在，量气管中的气体实际上是空气与 T 温度下水的饱和蒸汽的混合物。因此，量气管中空气的分压为

$$p = p_0 - p_{水}^* \tag{2-2}$$

式中，$p_{水}^*$ 为水在温度 T 时的饱和蒸气压，可以查附表 12 得到。

【仪器与试剂】

1. 仪器

福廷式气压计或数字式电子气压计 1 台、电子天平（0.0001g）1 台（共用）、测定装置 1 套（如图 2-1）、300W 电炉 1 个、酒精灯 1 个。

2. 试剂

乙酸乙酯（A.R.）、食盐。

【实验步骤】

① 在电子天平上准确称量装样品的小玻泡质量 m_0，将小玻泡肚部置于酒精灯火焰上稍微加热后，迅速将开口一端插入装有乙酸乙酯液体的瓶中，吸入乙酸乙酯样品约 0.15g，然后将小玻泡开口端用火焰熔封。

② 将已封口并冷却至室温、装有样品的小玻泡放在电子天平上再次称量，其质量记为 m'。待测样品乙酸乙酯的质量 $m = m' - m_0$。

③ 按照图 2-1 连接测量装置。内管上部十字形的玻璃棒是用乳胶管套紧的，把称重后的玻泡置于该玻璃棒上，塞紧管口使之密闭。

④ 打开三通活塞使内管与量气管相通，但与大气隔绝，下移水准瓶并停留在一定的位置，保持一定高度不变，检查体系是否漏气。如果量气管内液面保持不变，则说明体系不漏

气；反之，说明体系漏气。如果体系漏气，则应检查出漏气原因，并排除漏气故障。

⑤ 把三通活塞旋转至与大气相通，加热外管底部。

⑥ 待食盐水沸腾 5min 后，旋转活塞使内管与量气管相通，与大气隔绝。静待一段时间，观察量气管液面是否下降，以查看温度是否已经稳定。如果液面恒定，表明温度稳定。

⑦ 旋转三通活塞，使量气管与大气相通，移动水准瓶让量气管水面升到顶部附近，然后旋转活塞使量气管与内管相通。此时水准瓶内水面应与量气管中水面等高，读取量气管液面的初始读数 V_1。

⑧ 利用乳胶管的弹性，小心拉动内管上部支撑玻泡的玻璃棒，使玻泡快速下落摔破（注意：不可使玻璃棒全部拉出。否则，体系漏气，该实验失败），此时玻泡破碎，其内装的乙酸乙酯液体受热迅速汽化，将内管中的空气排入量气管中。

若玻泡没有摔破，应立即停止实验，取出内管，重新从步骤③开始操作，直至玻泡摔破后才能进入下步实验操作。

⑨ 同步移动水准瓶，保持水准瓶内液面与量气管中液面等高。直至量气管中液面保持不动，稍停片刻，准确记录水夹套温度 T 与量气管液面的最终读数 V_2。乙酸乙酯液体汽化后排出的气体体积 $V=V_2-V_1$。

⑩ 由福廷式大气压力计或数字式电子气压计读出实验时的室内大气压 p_0。

⑪ 旋转活塞与大气相通，关闭电炉停止加热。取出内管，倒出碎玻泡，趁热吹出内管中的蒸气。

⑫ 重复以上步骤，再做一次平行实验。

⑬ 测试结束后，拆卸装置、清理内管，整理实验桌面，搞好实验室卫生。

【实验记录和数据处理】

1. 记录实验室室温、实验室大气压。将实验所测数据列于表 2-1。

实验室室温 ＿＿＿＿＿℃；实验室大气压 $p_0=$ ＿＿＿＿＿Pa。

表 2-1　实验测量数据

序号	m/g	$V\times10^6/\text{m}^3$	T/K	$p_{水}^*\times10^{-3}/\text{Pa}$	$p\times10^{-3}/\text{Pa}$
1					
2					

2. 按实验原理中的公式(2-1)计算乙酸乙酯的摩尔质量。

3. 将实验计算的 M 与乙酸乙酯的理论摩尔质量比较，计算相对误差。

【注意事项】

1. 内管务必清洁干燥，不应含凝结的蒸气。

2. 装置不能漏气。

3. 读取体积时，水准瓶与量气管的水平面务必等高。

【思考题】

1. 为什么可以用室温下测得的量气管中空气的压力、体积和温度来计算被测物质的摩尔质量？

2. 系统如何检漏？如何判断系统已达热平衡？

3. 本实验装置对被测物质的摩尔质量和沸点有什么要求？为什么？

4. 称量样品要注意什么？样品太多或太少对实验有何影响？

5. 如果乙酸乙酯在测定过程中已扩散到了蒸发管外，其结果将导致测量值偏高还是偏低？为什么？

实验 3 纯液体饱和蒸气压的测定

【实验目的】

1. 加深理解纯液体的饱和蒸气压、沸点和气-液两相平衡的概念，掌握静态法测定不同温度下纯液体饱和蒸气压的原理和基本操作方法。

2. 了解恒温槽、真空泵及福廷式气压计的构造，熟练掌握它们的操作方法。

3. 学会用图解法处理实验数据，求出待测液体乙醇在实验温度范围内的平均摩尔蒸发焓及其正常沸点温度。

【实验原理】

一定温度下，将足够量的纯液体置于一密闭的真空容器中，液体中动能较大的分子会脱离液相进入气相成为气体，同样气相中动能较小的分子也会由气相回到液相重新成为液体，当这两种运动的速率相等时，气-液两相就达到了平衡，此时液面之上气相的压力，便是纯液体在该温度下的饱和蒸气压，简称蒸气压。

纯液体的蒸气压大小与液体的本性及温度有关。同一温度下，不同种类的液体蒸气压各异，如 20℃时水的饱和蒸气压为 2.338kPa，乙醇的饱和蒸气压为 5.671kPa。不同温度下，同一种液体的蒸气压大小不同，其值随温度升高而增大，如 40℃时水的饱和蒸气压为 7.376kPa。当纯液体的饱和蒸气压大到与液面上方的外界压力相等时，液体便沸腾，此时饱和蒸气压所对应的温度，称为该外界压力下的沸点。纯液体的沸点除了与液体本性有关外，还与外界压力相关，外压改变时液体沸点也会随之改变，通常将外压为 101.325kPa 时液体的沸点称为正常沸点。

纯液体的饱和蒸气压与温度之间的定量关系，可以用 Clausius-Clapeyron（克劳修斯-克拉贝龙）方程来描述，即

$$\frac{\mathrm{d}\ln p}{\mathrm{d}T} = \frac{\Delta_{vap}H_m}{RT^2} \tag{3-1}$$

式中，T 为热力学温度；p 为纯液体在温度 T 时的饱和蒸气压；R 为摩尔气体常数；$\Delta_{vap}H_m$ 为温度为 T、压力为 p 时蒸发单位物质的量的液体为气体时所吸收的热量，称为摩尔蒸发焓。在温度变化区间不大时，$\Delta_{vap}H_m$ 可视为与温度无关的常数，称为平均摩尔蒸发焓。对式(3-1) 积分，得

$$\ln p = -\frac{\Delta_{vap}H_m}{R} \times \frac{1}{T} + C \tag{3-2}$$

式中，C 为积分常数。由式(3-2) 可知，测定待测纯液体不同温度下的饱和蒸气压，以 $\ln p$ 对 $\frac{1}{T}$ 作图得一直线，由直线斜率可求出实验温度范围内该纯液体的平均摩尔蒸发焓 $\Delta_{vap}H_m$。同时，由直线上的点确定积分常数 C，进而推算出压力为 101.325kPa 时液体的正常沸点温度。

测定液体蒸气压常用的方法有静态法、动态法和饱和气流法等。本实验采用静态法测定纯乙醇在不同温度下的饱和蒸气压，即在一定的温度下，将待测液体纯乙醇置于一密闭系统中，调节密闭系统的外压以平衡待测液体上方的蒸气压，测出外压即可得到该温度下液体的

饱和蒸气压。该法能很好地适用于饱和蒸气压较大的液体的测定，但对于较高温度下的饱和蒸气压测定，其准确性下降。

图 3-1 为静态法测定纯乙醇在不同温度下的饱和蒸气压装置图。乙醇置于试样球内，约为球体积的 2/3，U 形等压计双臂的大部分也充满乙醇。U 形等压计左臂上方与球形冷凝管相连，冷凝管的上端口接入一玻璃冷阱，以进一步冷凝虽经冷却但尚未液化的少量乙醇蒸气，然后与压力测定装置及真空抽气系统相连。在实验设定温度下，当试样球内的液体乙醇与其蒸气达成平衡时，调节 U 形等压计双臂的液面达到等高，此时 U 形等压计左、右两臂液面上所受压力相等，左臂液面上的压力 p 等于当时实验室的大气压 p_0 减去由数字压力计读出的压力差 Δp（取正数），即 $p = p_0 - \Delta p$，而右臂液面上的压力就是待测液体乙醇的饱和蒸气压。

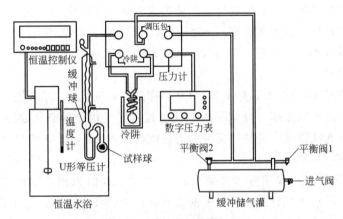

图 3-1　蒸气压测定装置图

【仪器与试剂】

1. 仪器

真空泵及缓冲储气罐系统 1 套、福廷式气压计或数字式电子气压计 1 台、恒温装置 1 套、玻璃 U 形等压计装置 1 套、精密数字压力计 1 台。

2. 试剂

乙醇（A.R.）。

【实验步骤】

1. 实验室大气压的读取

从福廷式气压计上读取实验室的大气压和室温，经过校正获得实验室精确的大气压数值。福廷式气压计的使用方法参见第 4 章 4.2.1。

2. 装试样

从球形冷凝管上端的加样口注入适量的纯乙醇，关闭加样口，接通冷凝水，玻璃冷阱内放足冰水。关闭平衡阀 1，打开平衡阀 2 和进气阀，使真空泵与缓冲储气罐系统相连，启动真空泵抽气至 U 形等压计内的乙醇成串上窜，依次关闭进气阀和真空泵，较快地打开平衡阀 1 通入空气，使纯乙醇充满试样球体积的 2/3 左右和 U 形等压计双臂的大部分。

3. 系统气密性检查

① 检查纯乙醇是否充满试样球体积的 2/3 左右和 U 形等压计双臂的大部分，不达要求

时应从加样口补足，或小心拿起 U 形等压计倾倒，以调节试样球和 U 形管双臂中的乙醇量，并检查加样口是否已关闭。

② 接通精密数字压力计的电源，预热。打开平衡阀1，使系统与大气相通，待精密数字压力计读数稳定后按下"采零"键，使读数为"00.00"。

③ 关闭平衡阀1，打开平衡阀2和进气阀，启动真空泵，当精密数字压力计读数达到 $-55kPa$ 左右时，关闭进气阀，停止抽气，观察压力计示数，若示数 $3\sim5min$ 内不变，表明系统不漏气，可进行下一步饱和蒸气压测定实验。否则，需检查漏气原因，及时排除。

4. 饱和蒸气压测定

① 打开恒温水浴"加热器"开关，置于"强加热""慢搅拌"，同时接通数字控温仪的电源，显示屏的右下部的"置数"红灯亮，依据实验室的环境温度，按动"×10"和"×1"按钮，设定适宜的初始实验水浴温度（如 25.00℃），按动"工作/置数"按钮，切换到"工作"状态，使水浴升温。水浴温度升至 25.00℃ 左右后加热方式切换为"弱"，恒温 5min，记下水浴实测温度。

② 水浴温度恒定后，关闭平衡阀1，打开平衡阀2和进气阀，启动真空泵抽气，系统内的压力逐渐降低，溶于试样球中液体里的空气及其上方气相中的空气通过 U 形等压计的双臂，自右向左呈气泡状排出。若初始实验水浴温度设置为 25.00℃，可以抽气到精密数字压力计读数为 $-95kPa$ 左右。

③ 待 U 形等压计双臂里的液体沸腾 2min 左右后，及时依次关闭进气阀和真空泵，此时液体仍在沸腾，U 形等压计左臂里的液面高于右臂里的液面。小心打开平衡阀1右端的旋钮，使空气慢慢进入系统，直至 U 形等压计双臂中的液面等高时关闭旋钮，从精密数字压力计上读取压力差。

重复上述抽气和调节过程，若两次精密数字压力计上的压力差读数基本相同，表明试样球液面上方气相中的空气已排净，已全部被乙醇蒸气所占据。

④ 重新设置水浴温度，每次设定时增加 5℃，如果初始实验水浴温度为 25.00℃，可以设定 30.00℃、35.00℃、40.00℃ 和 45.00℃。温度升高后液体的饱和蒸气压增大，因初次测定时已排净系统内的空气，所以测定随后设定的越来越高温度下的饱和蒸气压时，可利用初次测定时的真空度而无需重新抽气。只需在水浴达到新的恒定温度时，调节 U 形等压计双臂中的液面等高和从精密数字压力计上读出压力差，就可以了。升温过程中 U 形等压计双臂中的液体因饱和蒸气压增大易发生暴沸，可及时通过打开平衡阀1漏入少量空气，防止 U 形等压计内液体大量挥发而影响实验。

5. 实验结束整理

测定完最后一组实验数据，应及时关闭冷凝水，缓慢打开平衡阀1和进气阀使系统与大气相通，切断恒温水浴"加热器"和精密数字压力计的电源，用虹吸法放掉恒温水浴槽内的热水，整理实验桌面，搞好实验室卫生。

【实验记录和数据处理】

1. 记录实验室室温、实验室大气压。将实验所测不同温度下精密数字压力计上的压力差值 Δp、并依据 $p = p_0 - \Delta p$ 计算得到的不同温度下乙醇的饱和蒸气压 p，列于表3-1。

实验室室温_____℃；实验室大气压 p_0_____Pa。

表 3-1　不同温度下测定的乙醇饱和蒸气压

温度 T/K	压力差 $\Delta p \times 10^{-3}/Pa$	饱和蒸气压 $p \times 10^{-3}/Pa$	$\ln(p/Pa)$	$\dfrac{10^3}{T/K}$

2. 以 $\ln(p/Pa)$ 对 $\dfrac{10^3}{T/K}$ 作图，求出直线斜率，计算出乙醇在该实验温度区间内的平均摩尔蒸发焓 $\Delta_{vap}H_m$，并与文献值进行比较，算出相对误差。

3. 在 $\ln(p/Pa)$ 对 $\dfrac{10^3}{T/K}$ 所作图中，用外推法求出乙醇的正常沸点温度；也可以由直线上的点确定积分常数 C，加之已经确定的 $\Delta_{vap}H_m$，应用式(3-2)计算出压力为 101.325kPa 时液体的正常沸点温度。

【注意事项】

1. 实验成功的关键是装置不能漏气，因此玻璃活塞要用真空脂密封旋牢，连接用的橡胶管不能老化。

2. 封装待测液体纯乙醇时，务必保证纯乙醇充满试样球体积的 2/3 左右和 U 形等压计双臂的大部分，以免实验过程因乙醇蒸发过快而中止。

3. U 形等压计双臂一定要置于恒温水浴的水面以下，否则其温度与水浴温度不同，影响实验结果。

4. 试样球上方的空气必须排净，保证都是乙醇蒸气，否则对实验结果带来较大误差。

5. 抽气速度要适宜，防止 U 形等压计内的液体暴沸，以免液体抽尽而无法实验。

6. 实验开始前应先行接通冷凝水，以保证汽化的乙醇及时冷凝液化回流。同时，玻璃冷阱内应放足冰水，防止少量未液化的乙醇蒸气进入真空泵和排到实验室空气中。

【思考题】

1. 为什么要将试样球上方气相的空气排净？若没排净，对实验结果有何影响？

2. 升温过程中等压计内液体出现暴沸的原因是什么？为保证实验正常进行，应如何处置？

3. 为什么测定较高温度下的饱和蒸气压时不需重新抽气？怎样防止实验过程中的空气倒灌？

4. 本实验方法能否用于测定溶液的蒸气压？为什么？

5. 为何实验结束时要缓慢打开平衡阀 1 和进气阀使系统与大气相通？快速打开可以吗？

实验 4　燃烧热的测定

【实验目的】

1. 了解氧弹式量热计的原理与构造，掌握氧弹式量热计的使用。

2. 明确摩尔燃烧热的定义，了解恒容摩尔燃烧热与恒压摩尔燃烧热之间的区别及内在联系，学会用氧弹式量热计测量固体有机物燃烧热的原理和方法。

3. 掌握高压钢瓶的有关知识和正确、安全使用钢瓶的方法。

4. 明确所测温差值进行雷诺图校正的原因，掌握雷诺图解法校正温度差的方法。

【实验原理】

可燃物质的摩尔燃烧热是指在一定温度下，单位物质的量的可燃物质完全燃烧成相同温度下的指定产物时的热效应。"完全燃烧"是指组成可燃物质中的碳元素转化为气态二氧化碳、氢元素转化为液态水、硫元素转化为气态二氧化硫等。摩尔燃烧热可分为恒容摩尔燃烧热与恒压摩尔燃烧热，例如 25℃时苯甲酸的恒压标准摩尔燃烧热为 $-3226.9\mathrm{kJ\cdot mol^{-1}}$，其燃烧反应方程式为

$$C_6H_5COOH(s)+\frac{15}{2}O_2(g)\longrightarrow 7CO_2(g)+3H_2O(l)$$

由热力学第一定律可知，在非体积功 $W'=0$ 时，恒容条件下反应的恒容摩尔燃烧热 $Q_{V,m}=\Delta_r U_m$，恒压条件下反应的恒压摩尔燃烧热 $Q_{p,m}=\Delta_r H_m$。因为

$$\Delta_r H_m=\Delta_r U_m+\Delta_r(pV)_m=\Delta_r U_m+\sum\nu_{B,g}RT \tag{4-1}$$

所以，恒容摩尔燃烧热与恒压摩尔燃烧热的换算关系为

$$Q_{p,m}=Q_{V,m}+\sum\nu_{B,g}RT \tag{4-2}$$

式中，$\sum\nu_{B,g}$ 为燃烧反应方程式中生成物中气体的计量数（取正值）与反应物中气体的计量数（取负值）之和，如苯甲酸燃烧反应中的 $\sum\nu_{B,g}=7+\left(-\frac{15}{2}\right)=-\frac{1}{2}$；$R$ 为摩尔气体常数；T 为反应温度，通常是指实验中燃烧前水的温度，即外筒中水的温度（室温）。

本实验采用氧弹式量热计测量，测定的是可燃物质的恒容摩尔燃烧热。在盛有一定量水的筒形不锈钢容器中，放置装有已知质量的可燃物样品（内置引燃用的镍丝）并充以高压纯氧的密闭氧弹，使样品在氧弹中完全燃烧，同时引燃用的部分镍丝也将完全燃烧，两者放出的热量传给水及与水有接触的仪器部分，引起温度上升，通过精密温度温差仪测定燃烧前、后水的温度变化。在量热计与环境没有热交换的情况下，燃烧反应放出的热量用于升高水及与水有接触的仪器部分温度，因此

$$-\frac{m}{M}Q_{V,m}+(-m_{镍丝}\,q_{镍丝})=(cm_{H_2O}+C)(T_2-T_1) \tag{4-3}$$

式中，m、M 分别为可燃物质的质量和摩尔质量；$m_{镍丝}$ 为引燃样品用的已燃烧完的金属镍丝质量；$q_{镍丝}$ 为单位质量镍丝的燃烧热，其值为 $-3243\mathrm{J\cdot g^{-1}}$；$c$、$m_{H_2O}$ 分别为水的比热容和筒形不锈钢容器中所盛水的质量；C 为量热计的热容（指系统中除水以外，与水有接触的仪器部分温度每升高 1℃所需吸收的热量）；T_1、T_2 分别为燃烧前、后水的温度。

实验时，用已知摩尔燃烧热的可燃物质（如本实验用苯甲酸）在量热计中燃烧，经过测试燃烧前、后水的温度，计算出式(4-3)中的 $(cm_{H_2O}+C)$ 项。改用待测可燃样品进行燃烧测试，每次测试时只要确保筒形不锈钢容器内水的质量都一样（即 m_{H_2O} 相等），便能利用公式(4-3)和已知物质的摩尔燃烧热，计算出待测可燃物的摩尔燃烧热。

热化学实验中常用的量热计有环境恒温式量热计和绝热式量热计。本实验用的是环境恒温式量热计，其构造见图 4-1。环境恒温式量热计的最外层是储满水的外筒，实验从开始到结束的整个过程中，量热计的内筒（量热系统）与恒温用的外筒（环境）之间存在温差，不

可避免地存在相互的热辐射，对量热系统的温度变化值产生影响。因此，实验时无法直接测出系统燃烧前的初始温度和燃烧后的最高温度。需要测出燃烧前、后不同时间的温度数据，作出温度-时间曲线（雷诺曲线），用雷诺图解法对量热系统燃烧前后的温度差值进行校正。

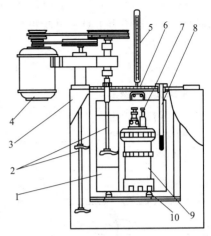

将样品燃烧前后在不同时间所测的温度对时间作图，得如图 4-2 所示的温度-时间曲线 $CABD$。曲线中 A 点为开始燃烧时量热系统的温度，B 点为燃烧结束后测得的量热系统的最高温度。在温度轴上找出对应于环境（外筒）温度（通常是室温）的点 θ_M，过点 θ_M 作时间轴的平行线，交 $CABD$ 于 M 点，过 M 点作温度轴的平行线与 CA、DB 的延长线交于点 F 和 E，E、F 两点所表示的温差值，即为燃烧反应前、后经校正的量热系统温度变化值 ΔT。FF' 表示在量热系统的温度从燃烧开始上升到环境温度这段时间（Δt_1）内，由于环境辐射和搅拌等引进的能量而致使系统温度的

图 4-1　氧弹式量热计
1—内筒；2—搅拌器；3—外筒；
4—电机；5—外筒温度计；6—内筒盖；
7—电极；8—测温装置；
9—氧弹；10—绝热支柱

升高值，这部分温度值必须扣除；而 EE' 表示在量热系统的温度从环境温度升高到最高点温度（点 B）这段时间（Δt_2）内，由于系统向环境辐射热量而造成系统温度的降低值，这部分温度必须加上。可见，E、F 两点之间的温差值能较为客观地表示量热系统由于样品燃烧而产生的温度变化值 ΔT。

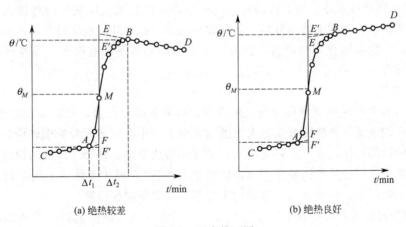

(a) 绝热较差　　　　　　　　　　　　(b) 绝热良好

图 4-2　温度校正图

若量热计的绝热情况良好，而搅拌器的功率偏大，搅拌时不断引进少许热量，使得燃烧后量热系统的温度最高点不出现，如图 4-2(b) 所示，这种情况下的 ΔT 仍可按上法进行校正。

【仪器与试剂】

1. 仪器

氧弹式量热计 1 套、带压力表的氧气钢瓶 1 个、带减压阀的充氧器 1 套、电子天平

（0.0001g）1台、压片机1台、1000mL和2000mL容量瓶各1只、数字式精密温度温差测量仪1台、万用表1只、电吹风机1只、称量纸若干、小镊子1把、牙签1根。

2. 试剂

苯甲酸（A.R.）、萘（A.R.）、蔗糖（A.R.）、镍丝（长约15cm）、蒸馏水。

【实验步骤】

1. 量热计准备

将氧弹式量热计内部及其全部附件进行整理、洗净、擦干。

2. 压片

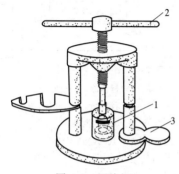

① 从压片机（见图4-3）上取下压模，用蒸馏水洗净，用电吹风机吹干，备压片用。

② 用小镊子取长15cm左右的镍丝，镍丝的中段在牙签上绕上5～6圈，取出牙签，镍丝中段形成圈状，置于电子天平（预先放上称量纸，去皮）上准确称出其质量 m_1。

③ 粗称约0.8g事先已干燥的苯甲酸，将压模置于模底托板上的垫块上，在压模中加入一半苯甲酸，将带圈状的镍丝中段小心地放到压模中的苯甲酸中间，镍丝的两端尽可能紧贴压模壁伸出压模，把余下的苯甲酸加入压模。

④ 移动模底托板，将压模置于压片机正下方，向下转动压片机旋柄，缓缓加压试样使其成为片状。压力须适中，

图 4-3 压片机

1—压模；2—旋柄；3—模底托板

压力过大时压片过紧而不易燃烧，压力过小时压片过松而易碎，难成规则片状，这是实验成功的关键步骤之一。

⑤ 在确认压片成型后，向上转动旋柄到可抽出模底托板及压模下的垫块为止，在压模下放一洁净称量纸，再向下转动旋柄，从压模中压出样品压片，在实验桌面的称量纸上轻击压片两三次，以除去压片上的碎屑，在电子天平上准确称量夹有镍丝（镍丝两端露在压片外）的压片质量 m_2。其中，苯甲酸质量 $m = m_2 - m_1$。

3. 氧弹装样

① 图4-4是氧弹实物和氧弹弹头盖示意图。打开氧弹弹头盖，将弹头盖置于弹头座上。把清洁、干燥的金属燃烧皿放置在弹头盖的坩埚架上，小心地将压片置于燃烧皿里。将两个金属电极上的圆形环往电极上方移动，电极上露出接线卡槽，将压片两端的镍丝分别卡入两个电极的卡槽内（以压片稍稍悬空于燃烧皿正上方为宜），再往下移动金属电极上的圆形环直至卡紧两个镍丝端。两个电极、镍丝均不能与燃烧皿相碰或短路。

② 将弹头盖放入氧弹杯身中，将其拧紧。万用表两接线端插入弹头盖表面的两个电极插孔中，检查两电极是否为通路，是通路则准备充氧气。两电极间电阻值一般不大于20Ω。

4. 氧弹中充氧气

① 将氧弹放到充氧器底座上，使弹头盖面上的进气阀门与充氧器的出气口对准。

② 先逆时针方向旋转松开减压阀（关闭），再逆时针方向旋转打开氧气钢瓶总阀门，此时总压表指针示数为氧气钢瓶中氧气的压力，本实验要求钢瓶中氧气压力大于10MPa。然后，缓慢顺时针方向旋转减压阀（打开），此时分压表指针示数为所需充入氧气的压力值，按下充气器的手柄，当减压阀上的分压表指针示数为0.5MPa左右时，松开手柄停止充氧，此时氧弹内的压力为0.5MPa。

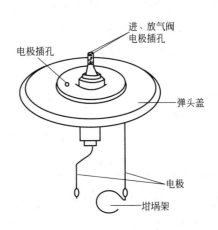

(a) 氧弹实物　　　　　　　(b) 弹头盖示意图

图 4-4　氧弹实物和氧弹弹头盖示意图

③ 用配套的细钢棒对准弹头盖面上的进、放气阀口，用力按下弹簧阀，放出氧弹内的气体，借以赶出氧弹内的空气。

④ 按照步骤①～③的方法，重复一次以保证驱尽氧弹内的空气。

⑤ 按照步骤①～②的方法，最后对氧弹充氧到弹内的压力达到 1.5～2.0MPa 为止。充好氧气后，再次用万用表检查两电极是否为通路，是通路则将氧弹小心放入量热计的内筒中央。

5. 苯甲酸燃烧时温度的测量

① 用 1000mL 和 2000mL 的容量瓶准确量取已经调节到低于量热计外筒水温（一般等于室温）1℃的自来水，小心加入到放有氧弹的内筒里，水面刚好盖过氧弹弹头盖的最低表面（底层电极插孔表面应保持干燥）。将两个电极插头插入氧弹表面的两个电极插孔上，盖上量热计盖子。将温差测量仪探头通过量热计盖子上留有的口子插入盛水筒内（探头不能碰及氧弹）。

② 开启电源，打开搅拌器。待搅拌 3min 后，每隔 30s 记录一次水温，直到连续五次水温有规律微小变化（或者说连续几分钟水温保持基本不变）时，按下"点火"按钮，并继续每隔 30s 记录一次水温数据。点火约 30s 后，温度开始迅速上升，表明点火成功；若 1～2min 后，温度没有明显变化，说明点火失败。

③ 当温度升到最大值后，再测试 10min 左右，便可结束本次测试。

④ 测试结束后，应关闭搅拌器、取出测温仪探头后方可打开量热计盖子，拔下电极，取出氧弹，按照充氧时放气的方法给氧弹放气减压到室压。旋开氧弹盖检查样品是否燃烧完全，若氧弹中没有什么燃烧残渣，表明燃烧完全，否则应重做实验。

⑤ 用小镊子取出未燃烧完的镍丝，在电子天平上称量其质量为 m_3，清洁并干燥氧弹和内筒。

6. 萘和蔗糖燃烧时温度的测量

① 按照前面的步骤，可以测定萘或蔗糖的燃烧热，只是粗称萘和蔗糖的质量为 0.6g 和 1.3g。

② 实验全部结束后，关闭总电源，清洁并干燥氧弹和内筒，关闭钢瓶总阀，放掉氧气

减压阀和钢瓶总阀间的余气。整理实验桌面，搞好实验室卫生。

【实验记录和数据处理】

1. 记录实验室室温、实验室大气压，由两次称量计算苯甲酸质量、燃烧掉的镍丝质量、萘或蔗糖质量，将燃烧前后不同时间 t 时测得的系统（内筒水）的温度列于表4-1。

实验室室温_____℃；实验室大气压_____Pa；

m（苯甲酸）$=m_2-m_1=$_____；m（萘）$=m_2'-m_1'=$_____；

m（蔗糖）$=m_2''-m_1''=$_____；m（镍丝）$=m_3-m_1=$_____。

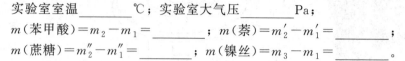

表 4-1　燃烧前后不同时间系统的温度数据

苯甲酸燃烧		萘或蔗糖燃烧	
时间 t/s	系统温度 T/℃	时间 t/s	系统温度 T/℃
…	…	…	…

2. 以温度为纵坐标、时间为横坐标作温度-时间曲线，用雷诺图解法求出苯甲酸、萘（或蔗糖）燃烧前后系统的温度差 ΔT。

3. 由式(4-2)和苯甲酸的恒压摩尔燃烧热 $Q_{p,m}$ 计算出苯甲酸的恒容摩尔燃烧热 $Q_{V,m}$。由式(4-3)和有关数据计算出式(4-3)中的 $(cm_{H_2O}+C)$。

4. 计算萘（或蔗糖）的恒容摩尔燃烧热 $Q_{V,m}$ 及恒压摩尔燃烧热 $Q_{p,m}$，并结合附表14的理论数据计算误差。

【注意事项】

1. 燃烧物样品必须干燥，受潮的样品不仅对所称质量有很大影响，而且不易燃烧。

2. 压片的松紧程度一定要控制恰当，既不能太紧又不能太松。

3. 内筒加水过程中若有气泡逸出，说明氧弹漏气，应立即排除故障，重新充氧气再实验。

4. 燃烧第二个样品时，内筒的水必须更换、再次调节水温，内筒及氧弹必须干燥以保证每次燃烧时加的水量相等。

5. 开启氧气瓶总阀前应检查减压阀是否处于关闭状态。实验结束后应关闭总阀，务必排净总阀与减压阀连接部分的余气。

【思考题】

1. 为什么加入内筒中水的温度要比外筒中的低？选择低1℃的根本原因是什么？在第二次燃烧实验时，内筒的水温是否还需要调节？

2. 使用氧气钢瓶和减压阀时应注意哪些事宜？

3. 实验中所划分的系统和环境分别是指什么？实验中有无热损耗？这些热损耗对实验结果有何影响？

4. 所提供苯甲酸的燃烧热是25℃时的恒压标准摩尔燃烧热，本实验中燃烧反应的温度和压力都偏离了25℃和标准压力，应如何估算由此引入的温差？

【实验拓展与讨论】

1. 量热计分为氧弹式(恒容)和火焰式(恒压)两类。本实验用的是氧弹式量热计，它适用于测定固态和不易挥发液态物质的燃烧热，所测得的燃烧热为恒容摩尔燃烧热 $Q_{V,m}$。

火焰式量热计适用于测定气态或挥发性液态物质的燃烧热，所测得的燃烧热为恒压摩尔燃烧热 $Q_{p,m}$。

2. 造成点火后系统温度不迅速上升的主要原因有以下几种情况：①电极可能与氧弹壁发生短路；②电极、镍丝可能与燃烧皿相碰发生短路；③镍丝可能与电极因松动或断开而接触不好；④充氧气时可能未充足，不能充分燃烧；⑤点火前，在压片等环节可能因操作不当已将镍丝断开。

3. 水温调节原理。燃烧前系统温度（内筒水温）略低于环境温度（外筒水温），环境向系统有微小的热量传输；燃烧后系统温度（内筒水温）略高于环境温度（外筒水温），此时系统向环境有微小的热量传输。燃烧前调节内筒水温（系统）低于外筒水温（环境）的温差值，一般以燃烧后使系统温度升高值的约一半为标准，因实验开始时外筒水温通常与室温是一致的，按这样的标准调节燃烧前内筒的水温，可以保证燃烧前室温与内筒水温的差值和燃烧后内筒水温与室温的差值基本相等，因此，燃烧前环境传输给系统的热量与燃烧后系统传输给环境的热量大致相等，相当于整个实验过程中系统与环境之间没有热交换。

4. 在燃烧过程中，若氧弹内留有微量的空气，其中的 N_2 氧化生成硝酸和其他氮的氧化物时会放出热量，使系统温度升高而引起测量误差。一般实验时因这部分的热量少而可以忽略不计，但精确实验中，这部分热量应予以校正。方法为：燃烧实验结束后打开氧弹（实验前氧弹里预先加 10mL 蒸馏水），用少量蒸馏水分三次洗涤氧弹内壁，收集洗涤液在锥形瓶中，煮沸片刻后以 $0.1 \mathrm{mol \cdot L^{-1}}$ NaOH 溶液滴定，按所用 NaOH 溶液体积核算这部分热量（1L $0.1 \mathrm{mol \cdot L^{-1}}$ NaOH 滴定液相当于放热 5.983J），在计算燃烧热时应扣除它。

实验 5　中和焓及醋酸电离焓的测定

【实验目的】

1. 了解中和反应的实质，弄清强酸和强碱反应焓与弱酸和弱碱反应焓的差异。
2. 掌握 SWC-ZH 中和焓（热）测定装置的测定原理与使用方法。
3. 测定醋酸和氢氧化钠的中和焓（热），并求算醋酸的电离焓。

【实验原理】

在一定温度、压力和浓度下，1mol 的 H^+ 与 1mol 的 OH^- 发生完全中和反应时放出的热即为中和焓（热）。对于强酸和强碱反应而言，由于二者在水溶液中几乎全部电离，其发生的中和反应实际上为

$$H^+ + OH^- \longrightarrow H_2O$$

因此，这类反应的中和焓（热）与酸的阴离子无关，不同强酸和强碱反应的中和焓（热）都应相同。

对于弱酸和弱碱反应而言，由于它们在水溶液中只是部分电离，因此在反应的总热效应中还包含着弱酸和弱碱本身的电离焓。若以强碱（NaOH）中和弱酸（HAc），在中和反应

之前，首先要进行弱酸的电离，其反应过程可以表示为

$$\text{HAc} \longrightarrow \text{H}^+ + \text{Ac}^- \qquad\qquad \Delta H_{m,电离}$$

$$\text{H}^+ + \text{OH}^- \longrightarrow \text{H}_2\text{O} \qquad\qquad \Delta H_{m,中和}$$

$$\text{HAc} + \text{OH}^- \longrightarrow \text{H}_2\text{O} + \text{Ac}^- \qquad\qquad \Delta H_{m,总}$$

由此可见，$\Delta H_{m,总}$ 实际上是强碱（NaOH）和弱酸（HAc）中和反应的总热效应，它包括弱酸（HAc）的电离焓与酸碱中和焓（热）两部分。根据 Hess 定律可知，弱酸（HAc）的电离焓为

$$\Delta H_{m,电离} = \Delta H_{m,总} - \Delta H_{m,中和} \qquad\qquad (5\text{-}1)$$

如果中和反应是在绝热良好的杜瓦瓶中进行，让酸和碱的初始温度相同，并使碱稍微过量以保证酸能被中和完全，中和放出的热量可认为全部被溶液和量热计所吸收，故可列出如下热平衡方程式

$$n_{酸} \, \Delta H_{m,中和} + (mc + C)\Delta T = 0 \qquad\qquad (5\text{-}2)$$

式中，$n_{酸}$ 为酸的物质的量，mol；$\Delta H_{m,中和}$ 为摩尔中和焓（热），J·mol^{-1}；m 为溶液的总质量，g；c 为溶液比热容，$\text{J·K}^{-1}·\text{g}^{-1}$；$C$ 为量热计热容，J·K^{-1}；ΔT 为溶液温度升高值，K，可根据实验数据按雷诺图解法求出。

量热计热容 C 可采用化学标定法和电热标定法两种方法测定。化学标定法是将已知热效应的标准样品，放在量热计中反应并放出一定热量；电热标定法是向溶液中输入一定的电能，然后根据已知的热量和升温值，按式(5-2) 即可求算出量热计热容 C。

本实验采用 SWC-ZH 中和焓（热）一体化测定装置测定醋酸和氢氧化钠的中和焓（热），并可求算出醋酸的电离焓。SWC-ZH 一体化中和热实验装置将温度温差仪、恒流源、量热计、磁力搅拌器等集成一体，具有体积小、重量轻、便于携带、显示清晰直观、实验数据稳定等特点，是理想的测定中和热实验装置，见图 5-1。

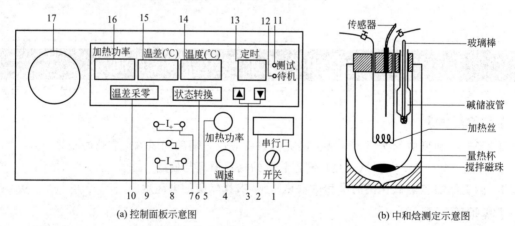

(a) 控制面板示意图　　　　　　　　(b) 中和焓测定示意图

图 5-1　SWC-ZH 中和焓（热）一体化测定装置示意图

1—电源开关；2—串行口；3—定时按钮；4—调速旋钮；5—加热功率调节旋钮；6—状态转换键；7—正极接线柱；8—负极接线柱；9—接地接线柱；10—温差采零键；11—测试指示灯；12—待机指示灯；13—定时显示窗口；14—温度显示窗口；15—温差显示窗口；16—加热功率显示窗口；17—固定架

【仪器与试剂】

1. 仪器

SWC-ZH 中和焓（热）一体化测定装置 1 套、量热杯 1 个、500mL 量筒 1 个、50mL 移液管 3 支。

2. 试剂

$1mol \cdot L^{-1}$ NaOH 溶液、$1mol \cdot L^{-1}$ HCl 溶液、$1mol \cdot L^{-1}$ CH_3COOH 溶液。

【实验步骤】

1. 仪器准备

首先打开机箱盖，把仪器平稳地放在实验台上，将传感器 PT100 插头接入后面板传感器座，用配置的加热功率输出线接入"I_+""I_-""红-红""蓝-蓝"，接入 220V 电源。然后打开电源开关，仪器处于待机状态，待机指示灯亮，如图 5-2 所示，预热 10min。将量热杯放到反应器的固定架上。

加热功率(W)	温差(℃)	温度(℃)	定时(S)
0000	0.172	20.17	00

图 5-2　待机状态

2. 量热计热容常数 C 的测定

① 用布擦净量热杯，用量筒量取 450mL 蒸馏水注入其中，放入搅拌磁珠，调节适当的转速。

② 将 O 形圈（调节传感器插入深度）套入传感器，并将传感器插入量热杯中（不要与加热丝相碰），将功率输入线两端接在电热丝两接头上。按状态转换键切换到测试状态（测试指示灯亮），调节加热功率调节旋钮，使其输出为所需功率（一般为 2.5W），再次按状态转换键切换到待机状态，并取下加热丝两端任一夹子。

③ 待"温差"示数稳定不变后，按下"采零"按钮，"温差"示数为"0.000"。按状态转换键切换到测试状态，设定定时 60s，蜂鸣器响，记录一次温差值，即 1min 记录 1 次。

④ 当记下第 10 个读数时，接上事先取下的加热丝一端的夹子，此时为加热的开始时刻。连续记录温差和计时，根据温度变化大小可调整读数的间隔，但必须连续计时。

⑤ 待温度升高 $0.8 \sim 1.0℃$ 时，取下加热丝一端的夹子，并记录通电时间 t。继续搅拌，每间隔一分钟记录一次温差，测 10 个点为止。

⑥ 用雷诺作图法求出由于通电而引起的温度变化 ΔT_1。

3. 中和焓的测定

① 将量热杯中的水倒掉，用干布擦净，重新用量筒取 350mL 蒸馏水注入，并加入 50mL $1mol \cdot L^{-1}$ 的 HCl 溶液。检测碱储液管不漏液后，向洁净、干燥的碱储液管中注入 50mL $1mol \cdot L^{-1}$ 的 NaOH 溶液。

② 适当调节磁珠的转速，每分钟记录一次温差，连续记录 10min。

③ 然后迅速拔出碱储液管中的玻璃棒，加入碱溶液（不要用力过猛，以免相互碰撞而损坏仪器）。继续每隔 1min 记录一次温差（注意整个过程时间是连续记录的，如温度上升很快可改为 30s 记录一次温差）。

④ 加入碱溶液后，温度上升，待体系中温差几乎不变并维持一段时间即可停止测量。

⑤ 用雷诺作图法确定 ΔT_2。

4. 醋酸电离焓的测定

① 用 $1mol \cdot L^{-1}$ CH_3COOH 溶液代替 HCl 溶液，采用与测定 HCl 和 NaOH 中和焓同样的方法，求出 ΔT_3。

② 测试结束后，关闭 SWC-ZH 中和焓一体化测定装置电源，将量热杯、移液管等洗净。整理实验桌面，搞好实验室卫生。

【数据记录和处理】

1. 记录实验室室温、实验室大气压。

实验室室温_____℃；实验室大气压_____Pa。

2. 参见本教材实验 4，用雷诺作图法求得 ΔT_1、加热功率 P 和通电时间 t，计算出量热计热容常数 C。

3. 由雷诺作图法求得的 ΔT_2 和 ΔT_3 及量热计热容常数 C，求算 $\Delta H_{m,中和}$ 和 $\Delta H_{m,总}$。

4. 计算醋酸的摩尔电离焓 $\Delta H_{m,电离}$。

【注意事项】

1. 在三次测量过程中，应尽量保持测定条件的一致。如水和酸碱溶液体积的量取，搅拌速度的控制，初始状态的水温等。

2. 实验所用的 $1mol \cdot L^{-1}$ NaOH、HCl 和 HAc 溶液应准确配制，必要时可进行标定。

3. 实验所求的 $\Delta H_{m,中和}$ 和 $\Delta H_{m,总}$ 均为 1mol 反应的中和热，因此当 HCl 和 HAc 溶液浓度非常准确时，NaOH 溶液的用量可稍稍过量，以保证酸被完全中和。反之，当 NaOH 溶液浓度准确时，酸可稍稍过量。

4. 在电加热测定温差 ΔT_1 的过程中，要经常察看功率是否保持恒定。此外，若温度上升较快，可改为每 30s 记录一次。

5. 在中和反应测定时，当加入碱液后，温度上升很快，要读取温度上升所达的最高点，若温度是一直上升而不下降，应记录上升变缓慢的开始温度及时间，只有这样才能保证作图法求得 ΔT 的准确性。

【思考题】

1. 强酸强碱反应与弱酸弱碱反应的中和焓（热）有何不同？

2. 弱酸弱碱的电离过程是吸热还是放热？

3. 量热计热容常数 C 有何含义？

4. 中和焓（热）与哪些因素有关？

5. 为什么要用雷诺作图法确定绝热条件下的真实温差？

实验 6　溶解热的测定

【实验目的】

1. 了解溶解热和稀释热的基本概念及其内在联系。

2. 了解电热补偿法测定溶解过程热效应的基本原理，掌握电热补偿法相关仪器的使用。

3. 掌握用电热补偿法测定不同量的硝酸钾在水中溶解时所需吸收的热量，推算出硝酸钾在水中的摩尔积分溶解热。

4. 学会用作图法求出硝酸钾在水中的摩尔微分稀释热、摩尔积分稀释热和摩尔微分溶解热。

【实验原理】

将溶质溶于溶剂中形成溶液，以及将溶剂加入溶液中使之稀释的过程中，都会伴有热量交换，前者称为溶解热，后者称为稀释热（又称为冲淡热）。在非体积功为零、一定温度和一定压力条件下进行的溶解和稀释，因过程的热等于焓变，所以溶解热常称为溶解焓、稀释热常称为稀释焓。溶解热的测定对于研究溶液中进行的化学反应热效应极为重要。

溶解热分为积分溶解热和微分溶解热两种。在一定的温度和压力下，在物质的量为 n_0 的溶剂 A 中，单位物质的量（即 1mol）的溶质 B 在整个溶解过程（从开始溶解到全部溶解完）中所吸收或放出的全部热量，称为物质 B 在溶剂 A 中的摩尔积分溶解热，用符号 $Q_{s,m}$ 或 $\Delta_{sol}H_m$ 表示。因溶解过程中溶液浓度逐渐改变，因此又称为摩尔变浓溶解热。当温度和压力一定时，在给定浓度的溶液里加入微量（物质的量为 dn_B）的溶质可引起系统产生微小热效应 $d\Delta_{sol}H_m$，将 $\left[\dfrac{\partial \Delta_{sol}H_m}{\partial n_B}\right]_{T,p,n_0}$ 称为摩尔微分溶解热。因这一溶解过程中加入的溶质量很少、而溶剂的量未变，溶液的浓度可以视为不变，因此也称为摩尔定浓溶解热。摩尔微分溶解热可以理解为在大量给定浓度的溶液中加入 1mol 溶质时所产生的热效应。因为溶液的量很大，所以虽然加入了 1mol 溶质，但浓度仍可视为不变。

同样，稀释热分为积分稀释热和微分稀释热两种。在一定的温度和压力下，向单位物质的量的溶质 B 和物质的量为 $n_{0,1}$ 的溶剂 A 组成的溶液中添加溶剂 A，将原溶液稀释到溶剂 A 的物质的量为 $n_{0,2}$，稀释过程中的热效应，称为摩尔积分稀释热，用符号 $\Delta_{dil}H_m$ 表示。显然，摩尔积分稀释热等于溶液稀释终了时的摩尔积分溶解热与稀释开始时的摩尔积分溶解热之差。在温度、压力一定的条件下，在给定浓度的溶液里加入微量（物质的量为 dn_0）的溶剂可引起系统产生微小热效应 $d\Delta_{sol}H_m$，将 $\left[\dfrac{\partial \Delta_{sol}H_m}{\partial n_0}\right]_{T,p,n_B}$ 称为摩尔微分稀释热。这一定义也可以理解为在一定的温度和压力下，单位物质的量的溶剂加到无限量的某一浓度的溶液中所产生的热效应。

不同溶剂量 n_0 时的摩尔积分溶解热 $\Delta_{sol}H_m$ 可以通过实验直接测定，而其他三种摩尔热效应则由 $\Delta_{sol}H_m$ 对 n_0 的曲线 OAB（见图 6-1）求得。

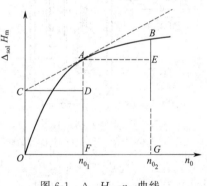

图 6-1 $\Delta_{sol}H_m$-n_0 曲线

摩尔积分溶解热除与系统的温度和压力有关外，还与溶质、溶剂的性质及它们各自的量有关。当温度和压力一定时，对于给定的溶质和溶剂，溶液的摩尔积分溶解热与溶液的浓度有关，是溶剂（A）的物质的量 n_0 和溶质（B）的物质的量 n_B 的函数，即

$$\Delta_{sol}H_m = \Delta_{sol}H_m(n_0, n_B)$$

在温度和压力一定时，上式的全微分为

$$d(\Delta_{sol}H_m) = \left(\frac{\partial \Delta_{sol}H_m}{\partial n_0}\right)_{T,p,n_B} dn_0 + \left(\frac{\partial \Delta_{sol}H_m}{\partial n_B}\right)_{T,p,n_0} dn_B \tag{6-1}$$

式中，$\left[\dfrac{\partial \Delta_{sol}H_m}{\partial n_0}\right]_{T,p,n_B}$ 为摩尔微分稀释热；$\left[\dfrac{\partial \Delta_{sol}H_m}{\partial n_B}\right]_{T,p,n_0}$ 为摩尔微分溶解热。若它们

均与溶质、溶剂的物质的量无关，积分上式，得

$$\Delta_{sol}H_m = \left(\frac{\partial \Delta_{sol}H_m}{\partial n_0}\right)_{T,p,n_B} n_0 + \left(\frac{\partial \Delta_{sol}H_m}{\partial n_B}\right)_{T,p,n_0} n_B \tag{6-2}$$

因摩尔积分溶解热 $\Delta_{sol}H_m$ 的定义中规定了溶质的物质的量 $n_B=1mol$，所以上式改写为

$$\Delta_{sol}H_m = \left(\frac{\partial \Delta_{sol}H_m}{\partial n_0}\right)_{T,p,n_B} n_0 + \left(\frac{\partial \Delta_{sol}H_m}{\partial n_B}\right)_{T,p,n_0} \tag{6-3}$$

式(6-3) 提供了由实验测定摩尔积分溶解热后，可以同时求解摩尔微分稀释热和摩尔微分溶解热的方法。由实验测定摩尔积分溶解热 $\Delta_{sol}H_m$ 与溶剂的物质的量 n_0 的关系曲线，通过曲线上某一点作切线，其斜率便是该组成下溶液的摩尔微分稀释热 $[\partial \Delta_{sol}H_m/\partial n_0]_{T,p,n_B}$。如图 6-1 中过点 A 的切线 CA 的斜率便是溶剂物质的量为 $n_{0,1}$ 时的摩尔微分稀释热，其值等于 DA/CD；而切线 CA 的截距 OC 便是溶剂物质的量为 $n_{0,1}$ 时的摩尔微分溶解热 $[\partial \Delta_{sol}H_m/\partial n_B]_{T,p,n_0}$。图 6-1 中 AF 表示溶剂的物质的量为 $n_{0,1}$ 时的摩尔积分溶解热，EB 表示溶液由溶剂的物质的量为 $n_{0,1}$ 稀释到 $n_{0,2}$ 时的摩尔积分稀释热 $\Delta_{dil}H_m$，它与不同物质的量的溶剂溶解溶质时的摩尔积分溶解热关系为

$$\Delta_{dil}H_m = \Delta_{sol}H_{m,n_{0,2}} - \Delta_{sol}H_{m,n_{0,1}} = BG - AF \tag{6-4}$$

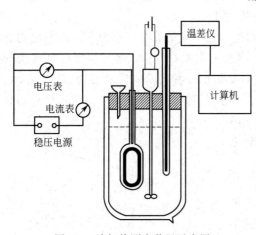

图 6-2 溶解热测定装置示意图

本实验采用绝热式测温量热计测定硝酸钾溶解在水中的摩尔溶解热，因硝酸钾在水中的溶解是一个吸热过程，系统温度不断下降，故采用电热补偿法测定。实验装置示意图见图 6-2，主要包括杜瓦瓶、搅拌器、电加热器和测温部件等。

实验时先测定系统中水［质量为 $m_0(g)$］的起始温度（一般高出室温 0.5℃），加入质量为 $m(g)$ 的硝酸钾，溶解开始后系统因吸热而温度降低，再用电加热法使系统温度回升到起始温度，测量这一过程中在一定功率 P 下的通电时间 t，便可以计算出所消耗的电能，得出硝酸钾溶解在水中所吸收的热 Q

$$Q = Pt \tag{6-5}$$

式中，P 为通电功率，W；t 为通电时间，s。

根据所用溶剂水的质量 m_0 和累计加入溶质硝酸钾的质量 m，计算出溶解 1mol 硝酸钾所需溶剂水的物质的量 n_0 和摩尔积分溶解热 $\Delta_{sol}H_m$

$$n_0 = \frac{n(H_2O)}{n(KNO_3)} = \frac{m_0/M(H_2O)}{m/M(KNO_3)} = \frac{m_0/18.02}{m/101.10} = 5.61 \times \frac{m_0}{m} \tag{6-6}$$

$$\Delta_{sol}H_m = \frac{Q}{n(KNO_3)} = \frac{Q}{m/M(KNO_3)} = \frac{101.10 \times Q}{m} \tag{6-7}$$

【仪器与试剂】

1. 仪器

实验装置 1 套（包括杜瓦瓶、搅拌器、电加热器、测温部件、小漏斗）、直流稳压电源 1 台、电子台秤（0.1g）1 台、电子天平（0.0001g）1 台、直流伏特计 1 只、直流电流表 1

只、秒表 1 块、研钵 1 只、称量瓶（20mm×40mm）8 个、干燥器 1 只。

2. 试剂

硝酸钾（A.R.，研细，在 110℃烘干，保存于干燥器中）、蒸馏水。

【实验步骤】

1. 称量

① 对 8 个称量瓶编号，在电子天平上依次准确称量质量约为 2.5g、1.5g、2.5g、3.0g、3.5g、4.0g、4.0g 和 4.5g 的硝酸钾（事先已烘干、研细），称完后置于干燥器中。

② 用电子台秤在洁净、干燥的杜瓦瓶中称量 216.2g 蒸馏水。

2. 实验装置安装与调试

① 按实验装置示意图（图 6-2）连接各电源线，打开测温仪，记录当前室温。

② 将杜瓦瓶置于测量装置中，插入测温探头，打开搅拌器。应避免搅拌子与测温探头相碰。

3. 测量

① 将加热器与直流稳压电源相连，打开稳压电源。按下"状态转换"键，使仪器处于测试状态（即工作状态）。调节"加热功率调节"旋钮，使功率 P 为 2.5W 左右。调节"调速"旋钮使搅拌磁珠按实验所需要的转速转动。记录具体的电压、电流值，并保持电压电流稳定。

② 实验时，因加热器开始加热初时有一滞后性，故应先让加热器正常加热，使温度高于环境温度 0.5℃左右，按"温差采零"键，仪器自动清零，立即启动秒表开始计时。

③ 启动秒表开始计时的同时，从加样漏斗处将第一份硝酸钾样品加入杜瓦瓶中，并将残留在漏斗上的少量硝酸钾全部弹入杜瓦瓶中，取下漏斗后用塞子堵住加样口。应控制好加样速度，既不能太快又不能太慢，一般采用先快后慢的方法，尽可能在加样过程中保持测温仪的温差示数为 −0.5℃。

④ 加入硝酸钾样品后，溶液温度很快下降，测温仪上显示的温差为负值。随着加热器的加热，溶液温度慢慢上升。认真监视测温仪，当温度数据回归到零的瞬间记录加热时间（但不能停秒表）。

⑤ 按照上两个实验步骤的方法，紧接着加入第二份硝酸钾样品进行连续测试，直到 8 份硝酸钾样品全部测试完毕。

4. 称空称量瓶质量

① 在电子天平上称量 8 个带有编号的空称量瓶质量，根据加样前后两次测量瓶的质量之差计算实际加入杜瓦瓶中的硝酸钾质量 m。

② 测试结束时，应打开杜瓦瓶瓶盖，检查硝酸钾是否完全溶解，若未完全溶解，应重做实验。

③ 实验全部结束后，关闭仪器电源，倒去杜瓦瓶中的溶液、洗净、干燥，并用蒸馏水清洗加热器和测温探头。整理实验桌面、搞好实验室卫生。

【实验记录和数据处理】

1. 记录实验室室温、实验室大气压，将每次所加硝酸钾的质量、累计溶解硝酸钾的总质量和连续通电总时间 t 等列于表 6-1。

实验室室温_____℃；实验室大气压_____Pa；

水的质量 $m_0 = $ _____ g；$P = $ _____ W。

表 6-1　实验原始数据和处理后的数据

项目	1	2	3	4	5	6	7	8
每次加样质量/g								
累计溶解质量 m/g								
通电总时间 t/s								
n_0/mol								
Q/J								
$\Delta_{sol}H_m$/J								

2. 根据通电时的功率和通电总时间，由式(6-5)计算累计溶解硝酸钾所需吸收的热量 Q，结果列于表 6-1。

3. 由溶剂水的质量 m_0 和累计溶解硝酸钾的质量 m，根据式(6-6)计算出溶解 1mol 硝酸钾所需溶剂水的物质的量 n_0，结果列于表 6-1。

4. 根据式(6-7)，由累计溶解硝酸钾的质量 m 所需吸收的热量 Q，计算出硝酸钾在水中溶解时的摩尔积分溶解热 $\Delta_{sol}H_m$，结果列于表 6-1。

5. 以 n_0 为横坐标、$\Delta_{sol}H_m$ 为纵坐标作 $\Delta_{sol}H_m$-n_0 图。

6. 从 $\Delta_{sol}H_m$-n_0 图中求出 $n_0 = 80$mol、100mol、200mol、300mol 和 400mol 处的摩尔积分溶解热和摩尔微分稀释热，并求出 n_0 在 80～100mol、100～200mol、200～300mol 和 300～400mol 时的摩尔积分稀释热。

【注意事项】

1. 仪器应事先预热，保持系统的稳定性。实验过程中要求电压和电流值保持恒定，故如有不稳应及时调节、校正。

2. 实验中 8 个样品的测试是连续进行的，一旦开始加热就必须完成所有的测量步骤，中途不得暂停。测量过程中因加样时间和样品的量均是累计的，所以秒表必须一直处于计时状态，直至实验结束方可停表。

3. 固体硝酸钾易吸水，故称量和加样时动作应迅速，称量好的样品应保存在干燥器中。为确保硝酸钾能在水中快速、完全溶解，实验前应研磨并在 110℃ 条件下烘干。

4. 实验测试结束时，杜瓦瓶中丝毫不得留有未溶解的硝酸钾固体，否则需重做实验。

【思考题】

1. 本实验将温差零点设置在室温以上约 0.5℃ 的原因是什么？

2. 若溶质在水中溶解时放热，是否可以用本实验装置测量其溶解热？为什么？若不能，应怎样设计实验测定其溶解热？

3. 为什么加样时速度既不能太快又不能太慢？为什么加样过程中应尽可能保持测温仪的温差示数为 -0.5℃？

4. 温度对溶解热产生影响的原因是什么？如何用实验温度下测得的溶解热计算其他温度下的溶解热？还需要哪些数据？

【实验拓展与讨论】

1. 本实验装置除了测定溶解热外，还可用于测定中和热、水化热、生成热、液体的比热容和液态有机物的混合热等热效应，但应考虑设计适宜的反应池。如中和热测定时，可将本实验装置的漏斗部分改换成一个储酸用的分液漏斗，以便将酸液加到杜瓦瓶中，碱液可事先直接从杜瓦瓶瓶口加入。

2. 本实验采用的是电热补偿法测定溶解热，整个实验中要保持电热功率恒定。尽管使用了直流稳压电源，但实际上实验过程中电压仍然难免有波动，很难保证功率有一个恒定的准确值。因此，实验装置若采用计算机控制整个实验过程的电热功率，可以大大提高溶解热测量的准确度。

实验 7 溶液偏摩尔体积的测定

【实验目的】

1. 了解偏摩尔量的概念，掌握偏摩尔体积的物理意义及其应用。

2. 学会用称量法准确配制不同质量分数的乙醇-水溶液，掌握用比重瓶法测量溶液比容的基本方法。

3. 测定给定质量分数的乙醇-水溶液系统中各组分的偏摩尔体积。

【实验原理】

在温度、压力恒定的多组分系统中，某组分 B 的任一广度性质 Z 的偏摩尔量定义为

$$Z_B = \left(\frac{\partial Z}{\partial n_B} \right)_{T,p,n_C \neq n_B} \tag{7-1}$$

对于由 A、B 两种液体构成的二组分系统，组分 A、B 的偏摩尔体积为

$$V_A = \left(\frac{\partial V}{\partial n_A} \right)_{T,p,n_B} \tag{7-2}$$

$$V_B = \left(\frac{\partial V}{\partial n_B} \right)_{T,p,n_A} \tag{7-3}$$

式中，n_A、n_B 分别为二组分溶液中组分 A 和组分 B 的物质的量；V_A 和 V_B 为组分 A 和组分 B 的偏摩尔体积；V 为系统的总体积。

依据偏摩尔体积的集合公式，A、B 两种液体构成的二组分混合系统的总体积 V 为

$$V = n_A V_A + n_B V_B \tag{7-4}$$

现对上式两边同时除以溶液总质量 m（$m = m_A + m_B$），则

$$\frac{V}{m} = \frac{m_A}{M_A} \times \frac{V_A}{m} + \frac{m_B}{M_B} \times \frac{V_B}{m} \tag{7-5}$$

令

$$\frac{V}{m} = \alpha \tag{7-6}$$

$$\frac{V_A}{M_A} = \beta_A, \frac{V_B}{M_B} = \beta_B \tag{7-7}$$

$$\frac{m_A}{m}=w_A, \frac{m_B}{m}=w_B \tag{7-8}$$

式中，α 为溶液的比容（单位质量的溶液所占的体积），即溶液密度的倒数；β_A 和 β_B 分别为组分 A、B 的偏摩尔质量体积（混合物中某物质单位摩尔质量所占的体积）；w_A 和 w_B 分别为组分 A、B 的质量分数。将它们代入式(7-5)，得

$$\alpha=w_A\beta_A+w_B\beta_B=(1-w_B)\beta_A+w_B\beta_B \tag{7-9}$$

上式两边对 w_B 微分，有

$$\frac{\partial\alpha}{\partial w_B}=-\beta_A+\beta_B \tag{7-10}$$

将式(7-10) 代入式(7-9)，整理后得

$$\beta_A=\alpha-w_B\frac{\partial\alpha}{\partial w_B} \tag{7-11}$$

或

$$\beta_B=\alpha+w_A\frac{\partial\alpha}{\partial w_B} \tag{7-12}$$

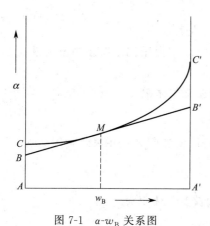

图 7-1　α-w_B 关系图

因此，实验只要测出不同质量分数（w_B）溶液的比容 α，绘制出 α-w_B 关系图，得如图 7-1 所示的曲线 CC'。若要求解溶液中任一组分的偏摩尔体积，例如图 7-1 中 CC' 曲线上点 M 所对应浓度时的偏摩尔体积，可以在点 M 处作曲线的切线，此切线在两边纵轴上的截距 AB 和 $A'B'$ 分别为 β_A 和 β_B。由式(7-7) 可以求出偏摩尔体积 V_A 和 V_B。

【仪器与试剂】

1. 仪器

水浴恒温槽 1 套、电子天平 1 台、带盖子的磨口锥形瓶（50mL）4 个、10mL 比重瓶 1 个、25mL 量筒 2 个、注射液体用针筒 1 支、电吹风机 2 台（共用），滤纸。

2. 试剂

蒸馏水、无水乙醇（A.R.）。

【实验步骤】

1. 恒温槽温度调节

根据实验室环境温度，调节水浴恒温槽温度，如设定实验目标温度为 25℃。

2. 配制不同质量分数的乙醇水溶液

① 取一洗净、干燥的磨口锥形瓶，用电子天平准确称量出空瓶质量 m_0，用量筒粗量 20mL 左右的蒸馏水加入磨口锥形瓶，准确称其质量 m_1；用另一量筒粗量 5mL 左右的无水乙醇，加入已盛有 20mL 左右蒸馏水的磨口锥形瓶中，迅速准确称其质量 m_2。配得含乙醇质量分数约为 20%（精确的质量分数应根据三次称量进行计算）的乙醇水溶液 25g 左右。配好后的溶液应立即盖紧塞子，以免溶液挥发，影响溶液的浓度。

② 用与上一步骤相同的方法，在另三个磨口锥形瓶中配制含乙醇质量分数约为 40%、

60％、80％的乙醇水溶液各 25g 左右。

3. 比重瓶容积的标定

在电子天平上准确称取洗净、干燥的空比重瓶质量 m'_0，然后向比重瓶内注满蒸馏水（比重瓶的毛细管部分的水用针筒注满），置于恒温槽中恒温 10min，用滤纸吸去毛细管孔塞上溢出的水后，取出比重瓶，擦干比重瓶外壁，准确称其质量为 m。平行测量两次。查阅附表 20 水在实验目标温度（如 25℃）下的密度 ρ，按下式计算比重瓶的容积

$$V = \frac{m - m'_0}{\rho} \tag{7-13}$$

4. 溶液比容的测定

① 倒净比重瓶中的蒸馏水，用电吹风机吹干。

② 向比重瓶内注满含乙醇质量分数约为 20％的乙醇水溶液，置于恒温槽中恒温 10min，用滤纸吸去毛细管孔塞上溢出的乙醇溶液后，取出比重瓶擦干瓶外壁，准确称其质量 m。平行测量两次。用式(7-6)计算溶液的比容。

③ 用与上一步骤同样的方法，测量含乙醇质量分数约为 40％、60％、80％的乙醇水溶液以及纯的无水乙醇的比容。

④ 实验完毕，切断电源，清洗玻璃仪器，整理实验桌面，搞好实验室卫生。

【实验记录和数据处理】

1. 记录实验室室温、实验室大气压。

实验室室温_____℃；实验室大气压_____Pa。

2. 乙醇水溶液质量分数的计算

由配制乙醇水溶液时的称量数据 m_0、m_1 和 m_2，按下式计算出所配制的乙醇水溶液含乙醇的准确质量分数 w_B。

$$w_B = \frac{m_2 - m_1}{m_2 - m_0} \tag{7-14}$$

实验原始数据记录和数据处理结果列于表 7-1。

表 7-1 乙醇水溶液中乙醇的质量分数 w_B

w_B/%（近似）	m_0/g	m_1/g	m_2/g	w_B/%（准确）
20				
40				
60				
80				

3. 根据水在实验目标温度（如 25℃）下的密度 ρ（参见附表 20）和比重瓶盛蒸馏水时的称量数据，由式(7-13) 计算出比重瓶的容积 V。

4. 由称量所得空比重瓶的质量 m'_0 和比重瓶盛满液体后的质量 m，由下式计算出实验条件下各溶液的比容。

$$\alpha = \frac{V}{m - m'_0}$$

相关实验原始数据和数据处理结果列于表 7-2。

表 7-2　不同质量分数乙醇水溶液的比容测量数据

25℃水的密度 $\rho=$ _____ g·cm^{-3}，空比重瓶质量 $m_0'=$ _____ g，比重瓶容积 $V=$ _____ cm^3

$w_B/\%$(近似)	$w_B/\%$(准确)	m/g			$(m-m_0')/g$	$\alpha/\mathrm{cm^3 \cdot g^{-1}}$
		第一次	第二次	平均值		
0						
20						
40						
60						
80						
100						

5. 以比容 α 为纵轴、乙醇的质量分数 w_B（准确）为横轴作曲线。在乙醇质量分数为 30％ 处作曲线的切线与两侧纵轴相交，据此求出 β_A 和 β_B。

6. 计算乙醇质量分数为 30％ 时乙醇水溶液中水和乙醇的偏摩尔体积，并计算 100g 该溶液的总体积。

【注意事项】

1. 恒温后称量比重瓶时，避免用手握着瓶身，应该用手握住比重瓶的颈部。

2. 为减少溶液挥发带来的误差，实验过程操作时动作要迅速、敏捷。每份溶液要进行两次平行实验，结果取其平均值。

3. 预设的乙醇质量分数 20％、40％、60％、80％ 等只是溶液的大概组成，不能作为实验数据处理依据，准确的质量分数应以实际称量值计算得出。

【思考题】

1. 实验过程中如何减少称量误差？采取哪些措施可提高实验精度？

2. 偏摩尔体积一定大于零吗？为什么？

实验 8　凝固点降低法测定溶质摩尔质量

【实验目的】

1. 熟悉稀溶液的依数性，掌握凝固点降低法测定溶质摩尔质量的基本原理。

2. 掌握精密数字温度测量仪的使用方法。

3. 掌握纯溶剂和溶液凝固点的测量技术，计算溶质的摩尔质量。

【实验原理】

在含有非挥发性溶质的二组分稀溶液中，溶质的加入致使溶剂蒸气压下降、溶液的凝固点降低、沸点升高以及产生渗透压等。这些性质的变化量只与一定量溶液中所含溶质质点的数目有关，而与质点的性质（如离子、分子、大小等）无关，称之为稀溶液的依数性。

溶液的凝固点是指在一定外压下、一定浓度的溶液中开始析出固态纯溶剂瞬间时的温度，其值低于相同外压下纯溶剂的凝固点。应用热力学相平衡原理，可以得到稀溶液的凝固

点降低值与溶液组成的关系为

$$\Delta T_f = T_f^* - T_f = K_f b_B \tag{8-1}$$

式中，ΔT_f 为溶液凝固点降低值，K；T_f^*、T_f 分别为一定外压下纯溶剂和一定浓度溶液的凝固点，K；K_f 为凝固点降低常数，其值只与溶剂性质有关。常用溶剂的凝固点降低常数参见附表 21，若溶剂是水，其值为 $1.853 \text{K} \cdot \text{kg} \cdot \text{mol}^{-1}$；$b_B$ 为溶液的质量摩尔浓度，$\text{mol} \cdot \text{kg}^{-1}$。

溶液的质量摩尔浓度是指单位质量的溶剂中所含溶质的物质的量，即

$$b_B = \frac{n_B}{m_A} = \frac{m_B / M_B}{m_A} \tag{8-2}$$

式中，M_B 为溶质的摩尔质量，$\text{kg} \cdot \text{mol}^{-1}$；$m_A$、$m_B$ 分别为溶剂和溶质的质量，kg。

联立式(8-1)和式(8-2)，得到溶质摩尔质量的计算公式

$$M_B = \frac{m_B K_f}{m_A \Delta T_f} \tag{8-3}$$

实验时用移液管准确量取一定质量的溶剂水，用电子天平准确称量一定质量的溶质，用精密数字温度测量仪测出纯溶剂和溶液的凝固点 T_f^* 和 T_f，结合式(8-3)，即可以计算出溶质的摩尔质量。

溶液凝固点降低值的大小，直接反映了溶液中所含溶质质点数目的多少。而溶质在溶液中的解离、缔合、溶剂化和络合等情况，都会改变溶液中溶质质点数目，从而影响溶质在溶剂中表观摩尔质量的测定。因此，溶液的凝固点降低法除了用于测定非挥发性溶质稀溶液中溶质的摩尔质量外，还可用于研究溶液中电解质的电离度、溶质的缔合度、溶剂的渗透系数和活度系数等。

纯溶剂的凝固点是指在一定外压下它的液相和固相达到平衡时的温度。将纯溶剂逐步冷却，研究系统温度随时间变化的规律曲线（称为步冷曲线）。理论上纯溶剂在凝固前因系统对环境（冰水浴）均匀散热，温度随时间以一定斜率的直线下降，开始凝固时析出固体所放出的凝固热基本上补偿了系统对环境的散热，系统温度保持不变（步冷曲线上出现平台），直到液相全部凝固后，系统温度才继续下降，如图 8-1（Ⅰ）所示。但是，在实际降温冷却过程中，若要从纯液体中析出固体，是一个由无到有、极其艰难的新相生成过程，往往易发生过冷现象，即系统温度降到一定外压下该纯液体所对应的凝固点时（例如，纯水在101.325kPa 下所对应的0℃），系统无固体析出，只有当系统继续降温到凝固点以下的某一温度时，固体才会析出。当从过冷液体中析出固体时，放出的凝固热使体系的温度回升到一定外压下纯液体的凝固平衡温度并保持不变，待液体全部凝固后温度再逐渐下降，其步冷曲线呈图 8-1 中（Ⅱ）形状，过冷太甚会出现图 8-1 中（Ⅲ）的形状。

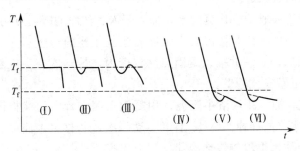

图 8-1　步冷曲线

对溶液逐步降温冷却，其步冷曲线与纯溶剂截然不同。当溶液冷却到开始析出固体时，因不断析出的是纯溶剂固体，剩余溶液中溶质的量不变，而溶剂的量不断减少、溶液的浓度逐渐增大（即溶液的质量摩尔浓度 b_B 增加），依据式（8-1），剩余溶液与溶剂固体的平衡温度必然逐渐下降，在步冷曲线上不可能出现温度不变的水平线段，理论上的步冷曲线形状如图 8-1 中（Ⅳ）所示。一般当溶液发生稍微过冷现象时，则出现图 8-1 中（Ⅴ）的形状，此时可将温度回升的最高值反向延长至与液相段相交点处的温度作为溶液的凝固点。若过冷太甚，凝固的溶剂过多，溶液浓度变化过大，则出现了图 8-1 中（Ⅵ）的形状，测得的凝固点偏低。因此，精确测量溶液凝固点的难度较大，在测量过程中应设法控制适当的过冷程度，一般可通过调节冰水浴的温度、控制搅拌速度等方法来达到。

【仪器与试剂】

1. 仪器

凝固点测定装置 1 套、精密数字温度测量仪 1 台、电子天平（0.0001g）1 台、50mL 移液管 1 支、温度计（−30～+50℃）1 支、玻璃棒 1 根。

2. 试剂

蒸馏水、尿素（A.R.）、食盐、冰。

【实验步骤】

1. 测试仪器安装

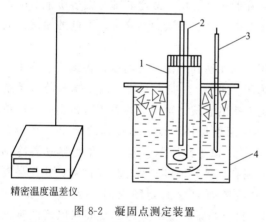

精密温度温差仪

图 8-2　凝固点测定装置

1—凝固点测定管；2—搅拌棒；3—温度计；4—保温桶

按图 8-2 要求安装凝固点测定装置。凝固点测定管、搅拌棒以及与精密数字温度测量仪相连的传感器探头应预先洗净并干燥。

2. 冰水浴准备

在凝固点测定装置中的保温筒里加入碎冰、水和适量的食盐，调节冰水浴的温度到 −3～−2℃。在后面的凝固点测定实验过程中应不断搅拌冰水浴，并不间断地补充少量的碎冰，使冰水浴的温度在整个测量过程中始终保持在 −3～−2℃。

3. 溶质样品的称量

用电子天平精确称取质量为 0.32g 左右（实验中应精确到 0.0001g）的尿素样品 2 份，并记下 2 份尿素样品的实际质量。

4. 溶剂纯水的凝固点测定

① 用 50mL 移液管移取 50mL 蒸馏水，加入干燥、洁净的凝固点测定管内。

② 将干燥、洁净的搅拌棒和精密数字温度测量仪相连的传感器探头通过凝固点测定管口的塞子（上面留有插口），一并插入凝固点测定管内，传感器探头应悬于凝固点测定管内液体的中部，不能靠近管底或管壁。

③ 将凝固点测定管插入冰水浴中降温，用凝固点测定管内的搅拌棒不停地上下均匀移动以搅拌管内的液体水（搅拌棒约每 2s 上下移动一次、勿移出水液面、应避免与管壁及传感器探头摩擦），使液体水得以较快地冷却。

④ 当液体水的温度降至低于水的正常凝固点温度 0.2～0.3℃时，应急速上下搅拌（防

止过冷太甚），并让搅拌棒下端接触凝固点测定管的底部，促使冰析出。当冰析出后，系统由于相变热放出而温度回升，此时应立即改为原先的缓慢搅拌。实验过程中，应仔细观察精密数字温度测量仪的数值变化，每 15s 记录一次系统的温度值，实验结束后通过绘制步冷曲线，获得纯水的凝固点（对于纯溶剂水，可以直接读出精密数字温度测量仪上温度回升到稳定时的数值，此温度即为纯水在实验室压力下的凝固点）。

⑤ 从冰水浴中取出凝固点测定管，用手捂住凝固点测定管盛水部位的外管壁，待管中的冰完全融化后，将凝固点测定管再次放入冰水浴中，按上面步骤③、④的方法重新测试。重复测定三次，要求每次所测纯溶剂凝固点的绝对平均误差小于±0.003℃。

5. 溶液凝固点的测定

① 从冰水浴中取出凝固点测定管，待管中冰全部融化后，小心地将称量好的第一份尿素样品加入凝固点测定管，使之全部溶解成为尿素水溶液，此操作过程中管内传感器探头、搅拌棒不得离开凝固点测定管，以免带出管中的水而使溶剂质量减少。按照实验步骤纯水凝固点测定的方法测定溶液的凝固点。此测定过程中因从溶液中首先析出的是纯溶剂固体——冰，随着冰的不断析出剩余溶液的浓度不断增大，溶液的凝固点会不断下降而在步冷曲线上不出现水平段，所以要捕捉溶液在过冷后温度回升所达到的最高值，这一最高温度值可近似作为管内开始所配浓度溶液的凝固点（精确的凝固点应采用步冷曲线法）。

② 按照上一步骤的方法，将第二份尿素样品加入上述溶液中，重新测定另一浓度（溶质质量为两份尿素之和）溶液的凝固点。

③ 实验结束，关闭仪器与电源，清洗凝固点测定管、传感器探头和搅拌棒，将冰水混合物倒入水池，整理实验桌面、搞好实验室卫生。

【实验记录和数据处理】

1. 记录实验室室温、实验室大气压。按表 8-1 记录实验原始数据。根据实验室的温度，从附表 20 查出水在该温度下的密度，计算 50mL 蒸馏水的质量 m_A。

实验室室温_____℃；实验室大气压_____Pa。

表 8-1 凝固点测定数据

项目		纯水	溶液 1	溶液 2
质量/g		$m_A=$	$m_{B_1}=$	$m_{B_2}=$
凝固点/℃	第 1 次			
	第 2 次			
	第 3 次			
	平均值			

2. 由实验测定的纯水和溶液的凝固点数据，根据式(8-3)，求出尿素的摩尔质量实验值，并根据尿素的摩尔质量理论值，计算实验误差。

【注意事项】

1. 严格控制冰水浴的温度，既不能太高又不能太低，一般低于溶液凝固点 2~3℃为宜。

2. 适宜的搅拌速率是做好本实验的关键，控制好凝固点到来前、低于凝固点 0.2~0.3℃时、析出固体后各节点的搅拌速率，并且测纯溶剂与测溶液凝固点时的搅拌条件要基本一致，确保实验数据具有可比性。

3. 传感器探头、搅拌棒自进入凝固点测定管开始实验起到实验结束，不得离开凝固点测定管，以保证溶剂质量不变。

【思考题】

1. 为什么实验中要严格控制冰水浴的温度？温度太高或太低对实验结果有什么影响？

2. 为什么测定纯溶剂凝固点时，过冷程度大一些对测定结果影响不大，而测定溶液凝固点时却必须尽可能减少过冷现象？

3. 在降温冷却过程中，凝固点测定管内的液体有哪些热交换存在？它们对凝固点的测定有何影响？

4. 在稀溶液依数性中，选择凝固点降低法而不选择沸点升高法测定溶质摩尔质量的根本原因是什么？

5. 当溶质在溶液中分别发生解离和缔合时，对溶质摩尔质量的测定各产生什么影响？

实验9 氨基甲酸铵分解反应平衡常数的测定

【实验目的】

1. 掌握用静态法测定一定温度下氨基甲酸铵分解压力的方法，计算该分解反应在一定温度下的标准平衡常数 $K^{\ominus}$。

2. 学会用不同温度下氨基甲酸铵的分解压力数据处理得到的对应标准平衡常数，计算一定温度范围内分解反应的标准摩尔焓变 $\Delta_r H_m^{\ominus}$，以及一定温度下反应的标准摩尔反应吉布斯函数的变化 $\Delta_r G_m^{\ominus}$ 和标准熵变 $\Delta_r S_m^{\ominus}$。

【实验原理】

氨基甲酸铵为白色固体，是合成尿素的中间产物，极不稳定、易分解。一定温度下，氨基甲酸铵的分解反应为

$$NH_2COONH_4(s) \longrightarrow 2NH_3(g) + CO_2(g)$$

该反应是可逆的固-气共存的多相反应，在封闭系统中很容易达到平衡。若将气体视为理想气体，分解反应的标准平衡常数 $K^{\ominus}$ 计算公式为

$$K^{\ominus} = \left(\frac{p_{NH_3}}{p^{\ominus}}\right)^2 \left(\frac{p_{CO_2}}{p^{\ominus}}\right) \tag{9-1}$$

式中，p_{NH_3}、p_{CO_2} 分别为一定温度下分解反应达到平衡时氨气和二氧化碳气体的平衡分压力，kPa；$p^{\ominus}$ 代表标准压力，其值为 100kPa。

一定温度下，氨基甲酸铵在真空容器中分解达到平衡时系统的总压 p 称为该温度下的分解压。根据分解反应方程式，平衡时系统总压与各气体的平衡分压之间的关系为

$$p_{NH_3} = \frac{2}{3}p, \quad p_{CO_2} = \frac{1}{3}p \tag{9-2}$$

将式（9-2）代入式（9-1），整理得

$$K^{\ominus} = \frac{4}{27}\left(\frac{p}{p^{\ominus}}\right)^3 \tag{9-3}$$

所以，测定一定温度下氨基甲酸铵在真空容器中分解时的平衡总压，依据式（9-3）可以计算该温度下反应的标准平衡常数 $K^\ominus$。

对于给定形式的化学方程式，其标准平衡常数 $K^\ominus$ 只与反应温度有关，两者的关系遵循范特霍夫方程，即

$$\frac{\mathrm{d}\ln K^\ominus}{\mathrm{d}T} = \frac{\Delta_r H_m^\ominus}{RT^2} \tag{9-4}$$

在有限的温度变化范围内，反应的标准摩尔焓变 $\Delta_r H_m^\ominus$ 可以视为与温度 T 无关的常数，积分上式得

$$\ln K^\ominus = -\frac{\Delta_r H_m^\ominus}{R} \times \frac{1}{T} + C \tag{9-5}$$

因此，测定不同温度 T 下氨基甲酸铵的分解压力，求得对应温度下反应的标准平衡常数 $K^\ominus$，再以 $\ln K^\ominus$ 对 $1/T$ 作图，由所得直线的斜率可以求出实验温度范围内反应的标准摩尔焓变 $\Delta_r H_m^\ominus$。

进一步利用某一温度 T 下反应的标准平衡常数，可以计算出反应在该温度 T 下的标准摩尔反应吉布斯函数的变化 $\Delta_r G_m^\ominus$，即

$$\Delta_r G_m^\ominus = -RT\ln K^\ominus \tag{9-6}$$

根据热力学函数关系式，还可以计算反应在温度 T 下的标准摩尔熵变 $\Delta_r S_m^\ominus$

$$\Delta_r S_m^\ominus = \frac{\Delta_r H_m^\ominus - \Delta_r G_m^\ominus}{T} \tag{9-7}$$

本实验用静态法测定氨基甲酸铵的分解压力，实验装置示意见图 9-1。实验时先将系统抽真空，零压计两液面水平时关闭活塞1，让样品在空气恒温箱的温度 t 下分解。待分解反应达到平衡后，通过活塞2、3不断地放入适量空气于零压计左管上方，与样品分解对零压计右管上方产生的压力相抵，保持零压计中两液面水平。从数字压力计上读出平衡压力差 Δp（取正数），室内大气压 p_0 与 Δp 的差值，即为温度 t 时氨基甲酸铵的分解压力 p。

$$p = p_0 - \Delta p \tag{9-8}$$

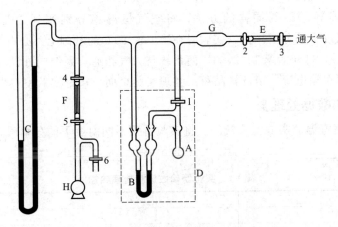

图 9-1　静态法测定固体分解压力实验装置示意

A—样品瓶；B—零压计；C—汞压力计；D—空气恒温箱；E、F—毛细管；
G—缓冲管；H—真空泵；1～6—活塞

【仪器与试剂】

1. 仪器

空气恒温箱 1 台、数字压力计 1 台、静态法平衡压力测定装置 1 套（包括硅油零压计、真空泵 1 台、活塞若干和样品瓶 1 个等）。

2. 试剂

新制备的氨基甲酸铵固体粉末。

【实验步骤】

1. 实验室大气压的读取

从福廷式气压计上读取实验室的大气压和室温，经过校正获得实验室精确的大气压数值。

2. 装置安装与装样品

按图 9-1 连接好管路，接通数字压力计的电源，预热。并在样品瓶 A 中装入足够量新制备的氨基甲酸铵粉末。

3. 分解压力测定

① 打开所有活塞，使系统与大气相通，待数字压力计读数稳定后按下"采零"键，使读数为"00.00"。

② 除活塞 1 外，关闭其余所有活塞，启动真空泵，再缓慢打开活塞 5 和 4，对系统逐步抽真空。约 5min 后，先关闭活塞 5、4 和 1，再打开活塞 6，最后关闭真空泵。

③ 调节空气恒温箱 D 温度，如设定为 (25.0±0.2)℃。

④ 当氨基甲酸铵开始分解时，零压计中液面出现右管降低左管升高的现象，随着分解反应的不断进行，液面高低差会加大，维持 10min 左右，待液面高低差不再随时间变化，可以认为反应已达到平衡，并且也说明系统不漏气。若反应一段时间后，液面高低差在逐渐缩小，说明系统漏气，需检查漏气原因，及时排除。

⑤ 先打开活塞 3，随即关闭，然后打开活塞 2，此时毛细管 E 中的空气经过缓冲管 G 降压后进入零压计左管上方。再关闭活塞 2，打开活塞 3，随即关闭，再打开活塞 2，如此反复操作，待零压计中两液面水平且不随时间而变，从数字压力计上读出平衡压差 Δp。

⑥ 按照上面步骤③～⑤同样的方法，将空气恒温箱分别调到 30℃、35℃、40℃ 和 45℃，测定不同温度下的分解压力（实验时在第一次 25℃ 的基础上不必再开启真空泵）。

⑦ 实验结束后，打开活塞 1、2、3，使系统与大气相通，系统内外没有压力差。关闭数字压力计和空气恒温箱电源，清洗样品瓶。整理实验桌面、搞好实验室卫生。

【实验记录和数据处理】

1. 记录实验室室温、实验室大气压。将实验所测不同温度下的分解压力列于表 9-1。

实验室室温 _____ ℃；实验室大气压 $p_0 =$ _____ Pa。

表 9-1 实验原始数据和处理数据

恒温箱温度/℃					
压力计读数/kPa					
分解压力/kPa					
平衡常数 $K^{\ominus}$					
$\ln K^{\ominus}$					
$1/T$					

2. 依据式 (9-3) 计算氨基甲酸铵在不同温度下反应的标准平衡常数 $K^\ominus$，结果列于表 9-1。

3. 以 $\ln K^\ominus$ 对 $1/T$ 作图得一直线，由直线的斜率可以求出实验温度范围内反应的标准摩尔焓变 $\Delta_r H_m^\ominus$。

4. 依据式 (9-6) 和式 (9-7)，计算 25℃ 时氨基甲酸铵分解反应的标准摩尔反应吉布斯函数的变化 $\Delta_r G_m^\ominus$ 和标准摩尔熵变 $\Delta_r S_m^\ominus$。

【注意事项】

1. 不能同时打开活塞 2、3，以免因压差过大致使大量空气迅速涌入，将零压计中的硅油冲入样品瓶。正确的操作是反复交替开、关活塞 2、3。

2. 分解反应达到平衡后调节零压计两边液面水平时，一旦因操作不慎放入空气过多，造成零压计左管液面低于右管液面，此时可打开活塞 5，通过真空泵将毛细管 F 抽真空，随后再关闭活塞 5，打开活塞 4。

3. 抽真空结束关闭活塞 5、4 和 1 后，必须先打开活塞 6，然后才能关闭真空泵电源。

4. 只有在确认系统达到平衡后，才能调节零压计中两液面水平，并从压力计上读数。

【思考题】

1. 一定温度下，氨基甲酸铵的用量对分解压力有何影响？

2. 压力计读数是否为系统的压力？是否为氨基甲酸铵在一定温度下的分解压力？

3. 系统在抽真空时为什么必须将活塞 1 打开？若不打开，会有什么不良后果？

4. 选择零压计中封闭液体的原则是什么？

5. 在第一次 25℃ 测试完的基础上再升温测试其他温度下的分解压力时，为什么不必再开启真空泵？

【实验拓展与讨论】

1. 本实验的装置与测定液体饱和蒸气压的装置相似，故本装置也可用于测定液体的饱和蒸气压。

2. 氨基甲酸铵分解反应是放热反应，且反应热很大，故温度对平衡常数影响很大，应严格控制反应温度。表 9-2 为氨基甲酸铵分解压力的文献值。

表 9-2　氨基甲酸铵分解压力的文献值

温度/℃	25	30	35	40	45	50
分解压力/kPa	11.73	17.06	23.80	32.93	45.33	62.93

3. 固体 NH_2COONH_4 易吸水，在制备及保存时使用的容器及环境都应保持干燥。一旦 NH_2COONH_4 吸水，则反应生成 $(NH_4)_2CO_3$ 和 NH_4HCO_3，必然给实验结果带来误差。

4. 氨基甲酸铵极易分解，实验前需自行制备。制备的方法极为简单，将干燥的氨气与二氧化碳接触，便能生成氨基甲酸铵，其反应方程式为

$$2NH_3(g) + CO_2(g) \longrightarrow NH_2COONH_4(s)$$

制备氨基甲酸铵的装置如图 9-2 所示，具体操作如下。

① 氨气的制备。氨气可通过蒸发氨水或将 NH_4Cl 和 $NaOH$ 溶液反应加热得到，但氨气中含有大量水蒸气，应依次经固体 CaO 和固体 KOH 脱水、干燥。也可以直接用钢瓶里的氨气经固体 KOH 干燥。

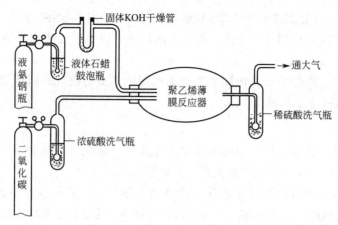

图 9-2　氨基甲酸铵制备装置

② 二氧化碳的制备。二氧化碳可以用大理石与盐酸反应制得，或用钢瓶中的二氧化碳经浓硫酸脱水。

③ 合成氨基甲酸铵反应在双层塑料袋中进行。反应开始时，先在塑料袋中通入二氧化碳气体，约 10min 后通入氨气，通过控制液体石蜡鼓泡瓶和浓硫酸洗气瓶中的冒泡速率，使氨气流速为二氧化碳的两倍，通气 2h 可以在塑料袋内壁上生成固体氨基甲酸铵的白色晶体。

④ 反应结束后，在通风橱里将固体氨基甲酸铵从塑料袋中倒出研细，放入干燥的密闭容器中，存于冰箱内备用。

实验 10　分光光度法测定甲基红解离平衡常数

【实验目的】

1. 学会采用分光光度法测定一系列溶液浓度，并由此求出甲基红解离平衡常数，掌握一种测定弱电解质解离平衡常数的方法。
2. 掌握分光光度计的工作原理和使用方法。
3. 掌握酸度计的工作原理和使用方法。

【实验原理】

1. 分光光度法测定溶液浓度原理

分光光度法是一种对物质进行定性分析、结构分析和定量分析的重要手段，它是基于物质对光的选择性吸收特性而建立起来的分析方法。采用分光光度法可以测定某些化合物的物化参数、配合物的配合比和稳定常数以及弱电解质解离平衡常数等。

一定浓度的某溶液对于单色光的吸收遵守朗伯-比耳（Lambert-Beer）定律

$$A = \lg \frac{I_0}{I} = klc \tag{10-1}$$

式中，A 为吸光度；I/I_0 为透过率（T）；k 为摩尔吸光系数，当溶质、溶剂及入射光波长 λ 一定时，k 为常数；l 为溶液的透光厚度，即光径长度；c 为溶液浓度。对指定的溶液体系，若保持溶液的透光厚度 l 和入射光波长 λ 不变，则吸光度 A 与溶液的浓度 c 成正比

$$A = kc \tag{10-2}$$

在分光光度分析法中，将不同波长单色光分别依次通过某一溶液，测定该溶液对每一种单色光的吸光度，以吸光度 A 对波长 λ 作图，就可以得到该物质的分光光度曲线或吸收光谱曲线，如图 10-1 所示。

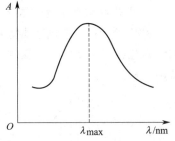

分子结构不同的物质在分光光度曲线上出现的吸收峰的位置和形状以及在一定波长范围内吸收峰的数目和峰高均与物质特性有关，表现出物质对光的吸收具有选择性。对应于某一波长（如图 10-1 中的 $\lambda_{\max}$），吸收光谱曲线上有一个最大的吸收峰，用这一波长的入射光对该溶液进行吸光度测定，具有最佳的灵敏度。

式(10-2) 表明，用具有最大吸收峰的单色光（波长为 $\lambda_{\max}$）通过光径长度 l 为定值的比色皿中的某溶液，能够测定该溶液在不同已知浓度 c 时所对应的吸光度 A，以 A 对 c 作图可以得到一条直线，此直线称为标准工作曲线。对于未知浓度的该物质溶液，只要在 $\lambda_{\max}$ 波长下和相同的比色皿中测定其吸光度，便可以从 A-c 标准工作曲线上求出待测溶液的浓度。这是分光光度法定量分析的原理。

图 10-1　分光光度曲线

上面讨论的是溶液中只含一种吸光物质的情况。对于溶液中含有多种（两种或两种以上）吸光物质时，情况要复杂一些，应根据具体问题进行相应处理。

若溶液中各种吸光物质对光的吸收选择性不同，则它们的分光光度曲线彼此不重合，可以分别在它们各自的 $\lambda_{\max}$ 波长下测定各自对应的吸光度，彼此互不干扰，这相当于分别测定多个含单一吸光物质的溶液，处理较为简单。

若溶液中所含多种吸光物质的分光光度曲线相互重合，且都遵守 Lambert-Beer 定律，这里按最简单的情况——溶液中只含两种吸光物质加以讨论。此时，可以分别在波长 λ_1 及 λ_2 时（λ_1、λ_2 是两种组分单独存在时，分光光度曲线中最大吸收峰对应的波长）测定溶液的总吸光度，通过计算可以得到溶液中两种吸光物质的浓度。

对于由吸光物质 a 和 b 组成的混合溶液，用光径长度 l 相同的比色皿盛装混合溶液，分别在波长为 λ_1 及 λ_2 时测得混合溶液的总吸光度依次为 $A_{a+b}^{\lambda_1}$ 和 $A_{a+b}^{\lambda_2}$，根据 Lambert-Beer 定律得

$$A_{a+b}^{\lambda_1} = A_a^{\lambda_1} + A_b^{\lambda_1} = k_a^{\lambda_1} c_a + k_b^{\lambda_1} c_b \tag{10-3}$$

$$A_{a+b}^{\lambda_2} = A_a^{\lambda_2} + A_b^{\lambda_2} = k_a^{\lambda_2} c_a + k_b^{\lambda_2} c_b \tag{10-4}$$

式中，$A_a^{\lambda_1}$、$A_a^{\lambda_2}$、$A_b^{\lambda_1}$、$A_b^{\lambda_2}$ 分别代表在 λ_1 及 λ_2 时单一组分 a 溶液和单一组分 b 溶液的吸光度；$k_a^{\lambda_1}$、$k_a^{\lambda_2}$、$k_b^{\lambda_1}$、$k_b^{\lambda_2}$ 则为对应的摩尔吸光系数。

这些对应的摩尔吸光系数值可通过如下方法求出。分别采用波长为 λ_1 及 λ_2 的单色光测定一系列不同已知浓度的单一组分 a 溶液和单一组分 b 溶液的吸光度 A，然后分别以吸光度 A 对浓度 c 作图可以得到直线，直线的斜率即为相应的摩尔吸光系数 k。

因此，联立式(10-3) 和式(10-4) 可以求出混合溶液中 a 和 b 的浓度为

$$c_{\mathrm{a}} = \frac{k_{\mathrm{b}}^{\lambda_1} A_{\mathrm{a+b}}^{\lambda_2} - k_{\mathrm{b}}^{\lambda_2} A_{\mathrm{a+b}}^{\lambda_1}}{k_{\mathrm{a}}^{\lambda_2} k_{\mathrm{b}}^{\lambda_1} - k_{\mathrm{a}}^{\lambda_1} k_{\mathrm{b}}^{\lambda_2}} \tag{10-5}$$

$$c_{\mathrm{b}} = \frac{A_{\mathrm{a+b}}^{\lambda_1} - k_{\mathrm{a}}^{\lambda_1} c_{\mathrm{a}}}{k_{\mathrm{b}}^{\lambda_1}} \tag{10-6}$$

对于溶液中所含多种吸光物质的分光光度曲线相互重合，但不遵守 Lambert-Beer 定律，或者混合溶液含有未知吸光物质等更为复杂的系统，本实验暂不作讨论。

本实验所用甲基红溶液中含有 HMR、MR^- 两种吸光物质，两者的分光光度曲线互相重叠且都遵守朗伯-比耳定律，故甲基红溶液属于所述第二种情况。

2. 甲基红解离平衡常数 K_c 及 pK_c 的测定

甲基红（对二甲氨基偶氮苯邻羧酸）分子式为 $C_{15}H_{15}N_3O_2$，是一种有光泽的紫色晶体或红棕色粉末，是常用的酸碱指示剂之一。它是一元弱酸，在水溶液中部分解离，存在如下解离平衡

酸型（红色）　　　　　　　　　碱型（黄色）

上式可简写为

$$\mathrm{HMR（酸型）} \rightleftharpoons \mathrm{MR^-（碱型）} + \mathrm{H^+}$$

因此，甲基红在水溶液中具有酸（HMR）和碱（MR^-）两种存在形式，在碱性溶液中呈黄色，在酸性溶液中呈红色。其解离平衡常数表示为

$$K_c = \frac{c_{\mathrm{H^+}} c_{\mathrm{MR^-}}}{c_{\mathrm{HMR}}} \tag{10-7}$$

对上式两边取常用对数后取负值得

$$pK_c = pH - \lg \frac{c_{\mathrm{MR^-}}}{c_{\mathrm{HMR}}} = pH - \lg \frac{c_{\mathrm{b}}}{c_{\mathrm{a}}} \tag{10-8}$$

由于甲基红两种存在形式 HMR 和 MR^- 在可见光谱范围内具有强的吸收峰，溶液离子强度的变化对它的酸解离平衡常数又没有显著影响，而且在简单的醋酸-醋酸钠缓冲体系中就很容易使其颜色在 $pH=4\sim6$ 范围内发生改变。因此，可采用分光光度法测定甲基红溶液的吸光度，并根据式(10-5)和式(10-6)分别求得 c_{a} 和 c_{b}，再用酸度计测定溶液的 pH 值，按式(10-7)和式(10-8)可以计算甲基红解离平衡常数 K_c 及 pK_c。

【仪器与试剂】

1. 仪器

722 型分光光度计 1 台、pHS-25 型酸度计 1 台、电子天平 1 台（0.1mg）、500mL 容量瓶 1 只、100mL 容量瓶 8 只、25mL 容量瓶 8 只、50mL 烧杯 4 只、（5mL、10mL、25mL）移液管各 4 支、50mL 移液管 1 支、50mL 量筒 1 只、洗耳球一只。

2. 试剂

晶体甲基红（A. R.）、95％酒精、$0.02\mathrm{mol \cdot L^{-1}}$ HAc 溶液、$0.01\mathrm{mol \cdot L^{-1}}$ HCl 溶液、$0.1\mathrm{mol \cdot L^{-1}}$ HCl 溶液、$0.01\mathrm{mol \cdot L^{-1}}$ NaAc 溶液、$0.04\mathrm{mol \cdot L^{-1}}$ NaAc 溶液。

【实验步骤】

1. 甲基红标准溶液的配制

① 甲基红储备液的配制。用研钵将甲基红研细，准确称取 1g 左右研细的甲基红固体，溶解于 300mL 95％酒精中，移至 500mL 容量瓶中，并加蒸馏水稀释至 500mL。这部分工作可以由实验室预先准备。

② 用 5mL 移液管移取 5mL 甲基红储备液，加入到 100mL 容量瓶中，用量筒加入 50mL 95％酒精溶液，加蒸馏水稀释至刻度，摇匀。甲基红储备溶液呈深红色，稀释成标准溶液后颜色变浅。

2. a 溶液（酸式）和 b 溶液（碱式）的配制

① a 溶液的配制。用 10mL 移液管移取 10mL 甲基红标准溶液，加到 100mL 容量瓶中，加入 10mL 0.1mol·L^{-1} HCl，再加水稀释至 100mL，此时溶液 pH 值大约为 2，故此时溶液中的甲基红以 HMR（酸式）形式存在，溶液呈红色。

② b 溶液的配制。用 10mL 移液管移取 10mL 甲基红标准溶液，加到 100mL 容量瓶中，加入 25mL 0.04mol·L^{-1} NaAc 溶液，再加水稀释至 100mL，此时溶液 pH 值大约为 8，故此时溶液中的甲基红以 MR^{-}（碱式）形式存在，溶液呈黄色。

3. 不同浓度 a 溶液、b 溶液及 a＋b 混合液的配制

① 不同浓度 a 溶液的配制。按表 10-1 的用量要求配制 4 份不同浓度的酸式甲基红溶液，并编号为 1～4。

表 10-1　不同浓度酸式甲基红溶液的配制

溶液编号	a 溶液的体积分数	a 溶液用量/mL	0.01mol·L^{-1} HCl 用量/mL
1	100％	20	0
2	75％	15	5
3	50％	10	10
4	25％	5	15

② 不同浓度 b 溶液的配制。按表 10-2 的用量要求配制 4 份不同浓度的酸式甲基红溶液，并编号为 5～8。

表 10-2　不同浓度碱式甲基红溶液的配制

溶液编号	b 溶液的体积分数	b 溶液用量/mL	0.01mol·L^{-1} NaAc 用量/mL
5	100％	20	0
6	75％	15	5
7	50％	10	10
8	25％	5	15

③ 不同浓度 a＋b 混合液的配制。取四个 100mL 容量瓶并编号为 9～12，按表 10-3 的用量要求加入各溶液，再用蒸馏水定容至刻度，配制 4 份不同浓度的 a＋b 混合溶液。

表 10-3　不同浓度 a＋b 混合液的配制

溶液编号	标准溶液用量/mL	0.02mol·L^{-1} HAc 用量/mL	0.04mol·L^{-1} NaAc 用量/mL
9	10	5	25
10	10	10	25
11	10	25	25
12	10	50	25

4. 测定最大吸收峰对应的波长

722 型分光光度计的操作使用参见第 6 章 6.2.3。

① 测定 a 溶液最大吸收峰对应的波长 λ_1。取两个 1cm 比色皿，分别加入蒸馏水和 a 溶液，以蒸馏水为参比，在 420～600nm 波长之间每隔 20nm 测定一次吸光度。为更准确确定最大吸收峰对应的波长，可在 500～540nm 波长之间每隔 10nm 测定一次吸光度。

② 测定 b 溶液最大吸收峰对应的波长 λ_2。取两个 1cm 比色皿，分别加入蒸馏水和 b 溶液，以蒸馏水为参比，在 390～550nm 波长之间每隔 20nm 测定一次吸光度。其中在 390～450nm 波长之间可缩减为每隔 10nm 测定一次吸光度，以便准确求出最大吸收峰对应的波长。

操作分光光度计时应注意，每次更换波长都应重新在蒸馏水处调整 T 挡为 100%，然后再切换到 A 挡，测定溶液的吸光度值。

5. 不同浓度的 a 溶液、b 溶液及 a+b 混合液吸光度 A 的测定

分别在单色光波长 λ_1 及 λ_2 下，测定上述所配制的 1～12 溶液的吸光度 A。

6. a+b 混合液 pH 值的测定

① 使用 pHS-25 型酸度计分别测定 9～12 混合溶液的 pH 值。pHS-25 型酸度计的使用方法参见第 5 章 5.3.2。

② 测试结束后，关闭分光光度计及酸度计电源，将容量瓶、移液管等洗净。整理实验桌面、搞好实验室卫生。

【数据记录与处理】

1. 记录实验室室温、实验室大气压。

实验室室温＿＿＿＿＿＿＿＿＿℃；实验室大气压＿＿＿＿＿＿＿＿＿＿Pa。

2. 纯酸式甲基红 HMR 和纯碱式甲基红 MR⁻ 最大吸收峰的测定

测定纯酸式甲基红 HMR（a 溶液）和纯碱式甲基红 MR⁻（b 溶液）在不同波长时的吸光度并填入表 10-4。

表 10-4　不同波长时，纯酸式甲基红 HMR 溶液和纯碱式甲基红 MR⁻ 溶液的吸光度

纯酸式甲基红 HMR(a 溶液)		纯碱式甲基红 MR⁻(b 溶液)	
λ/ nm	吸光度 A	λ/ nm	吸光度 A
420		390	
440		400	
460		410	
480		420	
500		430	
510		440	
520		450	
530		470	
540		490	
560		510	
580		530	
600		550	

以吸光度 A 对波长 λ 作图绘制分光光度曲线，确定最大吸收峰所对应的波长 λ_1 和 λ_2。

3. 不同浓度的酸式甲基红溶液和不同浓度的碱式甲基红溶液吸光度 A 的测定

以蒸馏水为参比溶液，在单色波长 λ_1 及 λ_2 时分别测定 1～4 号溶液的吸光度 A，将数据填入表 10-5。

表 10-5　1～4 号溶液在单色波长 λ_1 及 λ_2 时的吸光度 A

溶液编号	a 溶液的体积分数	$A_a^{\lambda_1}$	$A_a^{\lambda_2}$
1	100%		
2	75%		
3	50%		
4	25%		

根据表 10-5 数据绘制 A-c 图，所得两条直线的斜率为摩尔吸光系数 $k_a^{\lambda_1}$ 和 $k_a^{\lambda_2}$。

以蒸馏水为参比溶液，在单色波长 λ_1 及 λ_2 时分别测定 5～8 号溶液的吸光度 A，将数据填入表 10-6。

表 10-6　5～8 号溶液在单色波长 λ_1 及 λ_2 时的吸光度 A

溶液编号	b 溶液的体积分数	$A_b^{\lambda_1}$	$A_b^{\lambda_2}$
5	100%		
6	75%		
7	50%		
8	25%		

根据表 10-6 数据绘制 A-c 图，所得两条直线的斜率为摩尔吸光系数 $k_b^{\lambda_1}$ 和 $k_b^{\lambda_2}$。

4. 不同[MR$^-$]/[HMR]比值的混合溶液吸光度 A 和 pH 值的测定

以蒸馏水为参比溶液，在单色波长 λ_1 及 λ_2 时分别测定 9～12 号混合溶液的吸光度 A，并将数据填入表 10-7。

表 10-7　9～12 号混合溶液在单色波长 λ_1 及 λ_2 时的吸光度 A

溶液编号	pH	吸光度		c_b/c_a	K_c
		$A_{a+b}^{\lambda_1}$	$A_{a+b}^{\lambda_2}$		
9					
10					
11					
12					

由上述已得出的摩尔吸光系数 $k_a^{\lambda_1}$、$k_a^{\lambda_2}$、$k_b^{\lambda_1}$、$k_b^{\lambda_2}$ 和测定出的混合溶液吸光度 $A_{a+b}^{\lambda_1}$ 与 $A_{a+b}^{\lambda_2}$ 值，代入式(10-5) 和式(10-6) 分别求得 c_a 和 c_b。

再以 pHS-25 型酸度计测定 9～12 号混合溶液的 pH 值，根据式(10-7) 和式(10-8) 可以计算甲基红解离平衡常数 K_c 及 pK_c。

【思考题】

1. 为何要先测出最大吸收峰对应的波长，然后在最大吸收峰波长处测定吸光度？

2. 用分光光度法测定吸光度时为何要用蒸馏水作空白校正？

3. 配制溶液时 HAc、HCl、NaAc 各有什么作用？

4. 除了本实验采用的分光光度法外，还可采用哪些方法测定弱电解质解离平衡常数？

实验 11 完全互溶双液系统气-液平衡相图的绘制

【实验目的】

1. 了解阿贝（Abbe）折光仪的构造原理，掌握阿贝（Abbe）折光仪的使用方法。
2. 掌握回流冷凝法测定溶液沸点的方法。
3. 掌握用测定二组分液态混合物的折射率确定其组成的方法。
4. 学会绘制一定外压下（实验室大气压），乙醇-环己烷双液系统的气-液平衡时的沸点-组成相图，即 $T\text{-}x$ 相图，确定其最低恒沸点温度和恒沸混合物组成。

【实验原理】

液体的沸点是指液体的饱和蒸气压与外压相等时的温度。外压一定时，纯液体的沸点有确定的值；相同外压下，纯液体的沸点越低其挥发性能越强，反之沸点越高其挥发性越差。但是，对于由性质不同的两种液态物质形成的完全互溶双液系统，其沸点除了与外压有关外，还与其液相组成有关，即与双液系统中两种液体的相对含量有关。这种双液系统在沸腾状态下可达成平衡，但此时系统中平衡共存的气相与液相在组成上往往并不相同。

在一定外压下，将组成不同的完全互溶双液系统的混合液在沸点仪中进行蒸馏，当系统中气、液两相达成平衡时，系统有恒定的平衡温度（沸点），测出沸点及此时气、液两相各自的组成，绘制出沸点与平衡时气、液两相组成关系曲线，称为沸点-组成相图，即 $T\text{-}x$ 相图。

完全互溶双液系统的 $T\text{-}x$ 相图可分为三类：①实际溶液遵守拉乌尔定律或与拉乌尔定律的偏差不大，在 $T\text{-}x$ 图上溶液的沸点介于两种纯液体沸点之间，见图 11-1(a)，如苯-甲苯系统、氯仿-乙醚系统和苯-丙酮系统等。②实际溶液由于两组分的相互影响，系统蒸气总压对拉乌尔定律有最大的负偏差，在 $T\text{-}x$ 图上溶液存在最高沸点，见图 11-1(b)，如氯仿-丙酮系统和盐酸-水系统等。③实际溶液蒸气总压对拉乌尔定律有最大的正偏差，在 $T\text{-}x$ 图上溶液存在最低沸点，见图 11-1(c)，如水-乙醇系统、乙醇-环己烷系统、苯-乙醇系统等。在 $T\text{-}x$ 相图上，最高或最低沸点称为最高或最低恒沸温度，相应的组成称为恒沸组成，所对应的混合物称为最高或最低恒沸混合物。恒沸混合物的气、液两相组成相同，无法通过蒸馏改变其组成。

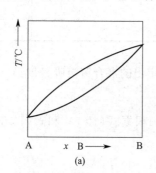 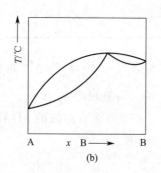 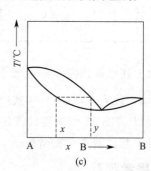

图 11-1 完全互溶双液系统的 $T\text{-}x$ 相图

本实验所测绘的乙醇-环己烷系统的沸点-组成相图属于图 11-1(c) 类型。在外压（等于实验室大气压）一定、系统总组成恒定的条件下，系统达到气-液两相平衡时，气、液两相组成和沸点温度都保持不变，分析气、液两相的组成，就能获得该沸点温度下平衡气、液两相组成的一对数据。改变系统的总组成，便可得到另一沸点温度下的另一对平衡气、液两相组成数据。这样可以测定若干组不同沸点温度下的平衡气、液两相组成数据，在 T-x 坐标中标出这些数据，分别将各气相点和液相点连接成气相线和液相线，便可绘出乙醇-环己烷系统的沸点-组成相图，即 T-x 相图。

溶液的组成与其折射率大小有关，乙醇和环己烷的折射率相差较大，因此，乙醇和环己烷混合物系统平衡时气液两相的组成可用折射率法测定。在一定温度下，测定一系列已知组成溶液的折射率，或根据折射率-组成的文献值数据，作出该温度下溶液的折射率-组成标准工作曲线。实验中测定相同温度下平衡液相和气相冷凝凝聚液的折射率，从标准工作曲线上用内插法可以得到平衡气液两相的组成。

【仪器与试剂】

1. 仪器

超级恒温槽 1 套（测定指定温度下折射率时用）、沸点仪 1 套、直流稳压电源 1 台、WYA-2WAJ 阿贝折光仪 1 台、温度计（50～100℃、分度 0.1℃）1 支、量筒（50mL）2 只、250mL 烧杯 1 只、小玻璃漏斗 1 只、取样长、短吸液管数支、洗耳球 1 个。

2. 试剂

乙醇（A. R.）、环己烷（A. R.）。

【实验步骤】

1. 溶液配制

用量筒粗略配制含环己烷体积分数为 5％、15％、30％、45％、55％、65％、70％、75％、85％、97％乙醇溶液各 30mL。

2. 温度计校正

将洁净、干燥的沸点仪按图 11-2 安装好，用小漏斗从进样口加入 30mL 纯乙醇，打开冷凝水，调节至适当的加热电压使液体沸腾，待温度恒定后，记录温度和室内大气压。调节加热电压至零，停止加热，倾出纯乙醇。

3. 溶液沸点及平衡时气、液两相折射率的测定

① 根据室温情况，调节超级恒温水浴槽温度（例如 25℃），将阿贝折光仪的恒温器接口与水浴连接，恒温 10min 后，用纯水（折射率为零）校正阿贝折光仪。

② 将配制好的 30mL 含环己烷体积分数 5％的乙醇溶液，从进样口加入沸点仪中，用步骤 2 同样的方式打开冷凝水并加热溶液至沸腾。最初在冷凝管下端（沸点仪示意图位置 5 处）收集到的冷凝液不能代表气相组成，需将其倾倒回蒸馏器底部，并反复2～3 次。待温度计读数恒定并保持不变约 5min 后记录溶液沸点并停止加热。

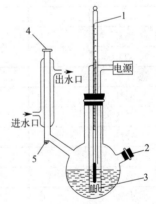

图 11-2　沸点仪

1—温度计；2—进样口；

3—加热丝；4—气相冷凝液

取样口；5—气相冷凝液

③ 用盛有冰水的 250mL 烧杯套在沸点仪烧瓶的底部，冷却烧瓶内的溶液至超级恒温水浴槽温度，用长吸液管从沸点仪冷凝管上端取样口（沸点仪示意图位置 4 处）吸取气相样品液，迅速滴入阿贝折光仪中测其折射率 $n_D(g)$。用另一根洁净、干燥的短吸液管从沸点仪的进样口（沸点仪示意图位置 2 处）吸取液相样品液，迅速滴入阿贝折光仪中测其折射率

$n_D(l)$。连续测定折射率时，第二次测试前应先用洗耳球吹干折光仪的加样表面。迅速测定是为了防止蒸发而改变样品组成，每份样品需读数三次，取其平均值。测试完毕，将沸点仪中的溶液倾回到原先存放的广口瓶中，使烧瓶中尽可能少留溶液，但进行下一组不同组成溶液实验前烧瓶无需干燥。

④ 按照实验步骤②和③的方法，对含环己烷体积分数为 15％、30％、45％、55％、65％、70％、75％、85％、97％的乙醇溶液依次进行实验，每次实验后的溶液均要倒回原先存放的广口瓶中。最后，在烧瓶洁净、干燥的情况下测定纯的环己烷沸点。实验过程中注意并记录实验室内的大气压。

⑤ 实验结束，关闭冷凝水，检查沸点仪中溶液是否已倒回原广口瓶。整理实验桌面，搞好实验室卫生。

【实验记录和数据处理】

1. 实验数据记录

实验室室温 _____ ℃；   实验室大气压 _____ Pa；

纯乙醇实验沸点值 _____ ℃；   纯环己烷实验沸点值 _____ ℃。

将实验所测组成不同的各溶液的沸点、平衡时气、液相在实验温度 $t/℃$ 下的折射率 $n_D(g)$ 和 $n_D(l)$ 记录于表 11-1 中对应栏。

表 11-1　乙醇-环己烷系统折射率实验数据

环己烷体积分数	溶液沸点		平衡气相冷凝液折射率与组成			平衡液相折射率与组成		
	实验值 /℃	修正值 /℃	n_D $(g,t/℃)$	n_D $(g,25℃)$	组成 $y(环)$	n_D $(l,t/℃)$	n_D $(l,25℃)$	组成 $x(环)$
5％								
15％								
30％								
45％								
55％								
65％								
70％								
75％								
85％								
97％								

2. 温度计读数校正

液体的沸点与外压有关，实验中的外压是实验室室内大气压。应用特鲁顿（Trouton）规则与克劳修斯-克拉佩龙公式，得到液体沸点随大气压变化的近似式为

$$T_b = T_{b_0} + \frac{T_{b_0}(p - p_0)}{10 \times 101325} \tag{11-1}$$

式中，T_{b_0} 为外压等于一个大气压（$p_0 = 101325\text{Pa}$）时液体的正常沸点，K；T_b 是实验时室内大气压为 p 时液体的沸点，K。

乙醇和环己烷的正常沸点 T_{b_0} 分别为 351.55K 和 353.35K。根据式(11-1)，计算纯乙醇或纯环己烷在实验时室内大气压 p 下的沸点 T_b，与实验时温度计上测出的纯乙醇或纯环

己烷的沸点值 $T_{实验}$ 进行比较，求出温度计自身误差的校正值，以此逐一修正不同组成溶液的沸点，将结果列于表 11-1 中"溶液沸点修正值"栏。

3. 折射率换算为组成（摩尔分数）

物质的折射率与温度有关，大多数液态有机物折射率的温度系数为 -4×10^{-4} K^{-1}，即温度每升高 1K 折射率下降 4×10^{-4}，故有

$$n_D(25℃) = n_D(t/℃) + 4 \times 10^{-4}(t/℃ - 25) \tag{11-2}$$

实验是在实验温度 t 下而未必是在 25℃下测定的折射率，因此，需将实验测定的折射率按式(11-12)换算成 25℃时的折射率，然后将换算结果填入表 11-11 中"$n_D(g,25℃)$"和"$n_D(l,25℃)$"栏。

折光仪测得的折射率一般精确到小数点后第 4 位，因此温度应控制在指定值的 $\pm 0.2℃$ 范围内，以符合有效数字运算规则。

用附表 23 中的数据绘制 25℃时乙醇-环己烷溶液的折射率-组成标准工作曲线，根据表 11-1 中的"$n_D(g,25℃)$"和"$n_D(l,25℃)$"值，用内插法在折射率-组成标准工作曲线上确定各沸点下平衡时气、液两相组成，将结果填入表 11-1 中"$y(环)$"和"$x(环)$"栏。

4. 绘制乙醇-环己烷系统的沸点-组成相图

根据表 11-1 中各溶液沸点（修正值）所对应的气相组成 $y(环)$ 和液相组成 $x(环)$ 数据，绘制在实验室大气压条件下乙醇-环己烷的沸点-组成相图，即 T-x 相图。利用该图求出乙醇-环己烷系统的最低恒沸温度和恒沸组成，与附表 26 中的文献值进行比较。

【注意事项】

1. 沸点仪只在测定纯液体沸点时需洁净、干燥，余下测定溶液沸点时只要尽可能倒尽上次烧瓶中的液体，无需每次清洗、干燥。绝不能用水清洗。实验时可采用溶液浓度由低逐渐向高或由高逐渐向低的测试方法进行。

2. 温度计读数恒定并保持约 5min 不变，表明体系已达到气液平衡，此时方可先读取温度，然后停止加热，并进一步取样分析。

3. 为保证实验安全，务必在停止通电加热状态下才能从沸点仪中取样分析和对沸点仪加样实验。

4. 使用阿贝折光仪时，滴管不能触及棱镜表面，不能用滤纸或吸水纸擦棱镜，可以用洗耳球吹干残液或用专用的擦镜纸除去异物。

5. 为确保气相充分冷凝为冷凝液，实验过程中必须始终通入冷凝水。

6. 每次沸点仪中所加溶液的量应尽可能相同，每测试完一组，应将溶液倒回原广口瓶中，以提高化学试剂的利用率，减少废液量。

7. 采样滴管一定要洁净、干燥，测量折射率时一定要迅速，防止两种液体因挥发速度的差异导致实验误差的增大。

【思考题】

1. 实验过程中如何判断气液两相是否达到平衡？
2. 测定溶液沸点时为什么无需每次清洗、干燥沸点仪？
3. 导致本实验产生误差的主要因素有哪些？
4. 实验中测定纯乙醇或环己烷沸点的用途是什么？
5. 利用相图原理，解释工业上生产 95% 酒精的根本原因。仅用精馏的方法是否可以得

到无水酒精？

实验12　二组分简单共熔系统相图的绘制

【实验目的】

1. 掌握热分析法绘制相图的原理与方法。
2. 掌握运用热分析法测定 Bi-Cd 或 Sn-Bi 合金系统步冷曲线及其绘制相图的方法。
3. 掌握相关实验设备及其软件的基本原理和操作使用方法。

【实验原理】

在多相系统中，温度、压力和组成等变量的改变对系统状态产生的影响，常用几何图形来描述。这种描述多相系统状态与温度、压力和组成关系的几何图形称之为相图。二组分系统的相图分为气-液平衡系统和固-液平衡系统两大类，本实验为后者，也称凝聚系统。因压力对凝聚态系统平衡的影响很小，所以在凝聚态系统中只考虑温度、组成（一般以质量分数 w_B 表示）与相平衡之间的关系，其相图常用温度与组成的 $T\text{-}w_B$ 平面图表示。

热分析法是绘制凝聚系统相图常用的方法之一。其基本原理是，将一系列组成（指含量）不同的实验样品分别加热熔化成液态，然后让其缓慢均匀地向大气（非常大的环境）散热而冷却，记录系统冷却到不同时刻（时间）的温度数据，再以温度为纵坐标，时间为横坐标，绘出温度-时间曲线称为步冷曲线或冷却曲线。若温度随时间均匀地下降，则表明系统内没有相变发生。当系统中有相变发生时，即液体凝固成固体，释放的相变热可部分或全部地补偿系统对环境所释放的热量，从而使系统的降温速率发生变化，在步冷曲线上就会出现转折点或水平线段。根据步冷曲线的转折点或水平线段可以获得系统中发生相变时的温度数值，据此可绘制出系统的 $T\text{-}w_B$ 相图。

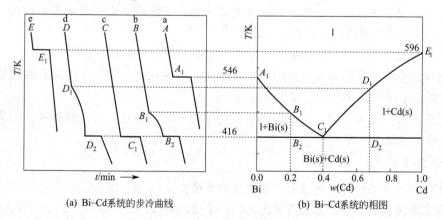

(a) Bi–Cd系统的步冷曲线　　(b) Bi–Cd系统的相图

图 12-1　Bi-Cd 系统的步冷曲线和相图

如图 12-1(a) 所示，图中曲线 a、b、c、d、e 是 Bi-Cd 系统不同质量分数样品的步冷曲线。其中曲线 a、e 是单组分物质的冷却曲线。a 曲线是纯 Bi 的冷却曲线，A 点至 A_1 点是纯液态 Bi 的降温过程，AA_1 线是一条光滑的曲线，冷却至 A_1 点时，开始有 Bi 固体析出，即 Bi(l)→Bi(s)，此过程所放出的热量可以刚好完全补偿冷却过程中系统向环境散发的热量，故温度保持不变，在步冷曲线上表现为水平线段。A_1 对应的温度为 546K，是 Bi 的熔点，直至液相完全凝固，温度才又继续降低。同样，e 线是纯 Cd 的冷却曲线，其形状与 a 线相似，水平段所对应的温度 596K，是纯 Cd 的凝固点（熔点）。

曲线 b、c、d 是二组分混合系统的冷却曲线。b 线是含 Cd 的质量分数 $w(\mathrm{Cd})=0.20$ 的 Bi-Cd 混合物的冷却曲线。BB_1 段为液态混合物的冷却降温过程。冷却至 B_1 所对应温度时，Bi(s) 开始析出。由于 Bi(s) 析出时放出的凝固热，仅能部分地补偿系统向环境散失的热，因而降温速率变慢，冷却曲线的斜率变小，在 B_1 点出现转折。随着 Bi(s) 的析出，温度仍不断下降，液相的质量不断减少，但液相中 Cd 的相对含量却不断增加，温度下降到 B_2 点所对应的温度时，液相中的 Cd 也达到饱和状态，此时 Cd(s) 与 Bi(s) 同时析出，可表示为液相(l)→Bi(s)+Cd(s)，这时三相共存。由于三相的组成及温度皆为定值，直至液相消失时，温度才能下降。B_2 所对应的温度为 413K。B_2 点之后是 Bi(s) 和 Cd(s) 混合物的均匀降温过程。d 线的情况与 b 线相似，只是溶液中先析出 Cd(s)。

c 线是含 Cd 为 $w(\mathrm{Cd})=0.40$ 的 Bi-Cd 系统的冷却曲线，系统的总组成恰好是低共熔混合物的组成，液相由 C 点冷却至 C_1 点时开始凝固，同时析出 Bi(s) 及 Cd(s)，温度恒定为 413K，出现水平线段。冷却到 C_1 点液相消失，此后则是固态低共熔混合物的均匀降温过程。这条冷却曲线的形状与纯物质的完全相同，没有转折点，只有水平线段。

将实验测出的一系列冷却曲线上的转折点、水平线段所对应的平台温度及相对应系统的组成都表示在温度-组成图上，然后将各转折点连成光滑的曲线，将各三相点连接成水平的直线，即得到图 12-1(b) 所示的 Bi-Cd 系统相图。此相图的特征是，具有低共熔点、固态完全不互溶、液态完全互溶。

由图 12-1(a) 和（b）可以看出步冷曲线和相图存在密切的对应关系。由条件相律公式 $F^*=C-P+1=2-P+1=3-P$ 和图 12-1(b) 各个区域中系统所存在的相数，可以判断各个区域中系统的条件自由度，即液相区 $F^*=2$、液固和固固两相区 $F^*=1$、三相线上 $F^*=0$。

【仪器与试剂】

1. 仪器

MCGS 金属相图实验装置 1 套，北京恒久实验设备有限公司。

2. 试剂

① 铋和镉系统：分别为纯 Bi，含 Cd 20%、40%、75% 的 Bi-Cd 混合物和纯 Cd，分别封装于 5 个抽真空的不锈钢试样管中。该系统的低共熔点为含 Bi 40%，140℃。

② 锡和铋系统：分别为纯 Sn，含 Bi 20%、40%、58%、80% 的 Sn-Bi 混合物和纯 Bi，分别封装于 6 个抽真空的不锈钢试样管中。该系统的低共熔点为含 Bi 58%，132℃。

【实验步骤】

下面以 Sn-Bi 系统为例，阐述实验操作过程。

① 接通金属相图实验装置电源，打开开关，操作系统初始化，仪器进入自检及传感器校验，系统界面显示见图 12-2。初始化结束后，系统提示仪器准备就绪，可以进行下一步

操作，界面显示如图 12-3。

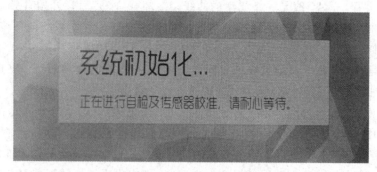

图 12-2　系统初始化界面

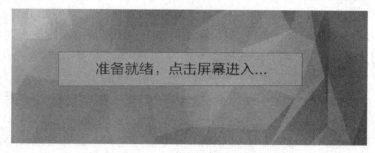

图 12-3　仪器准备就绪界面

② 点击屏幕，进入如图 12-4 所示的实验样品信息界面。该界面提供了样品编号，各编号样品的组成，以及仪器自身设定的实验参数——组分 A：Sn，组分 B：Bi，目标温度：370℃，保温时间：15.0min，降温时间：30.0min，降温温差：15℃，等信息。这些参数可以根据具体实验需要重新进行设定。

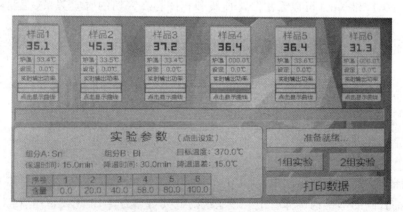

图 12-4　实验样品信息界面

③ 点击图 12-4 界面中的"实验参数（点击设定）"，进入如图 12-5 所示的实验参数设定界面。可以根据实验的具体情况更新设定"组分 A 名称""组分 B 名称""各样品管组分 B 含量""目标温度""保温时间""降温时间""降温温差""升温功率""打印间隔""X 轴长度"和"降温功率"等参数，一旦参数设定好后，可以点击"保存设置"。

④ 点击"保存设置"后，界面返回到图 12-4 的实验样品信息界面，但此时"实验参

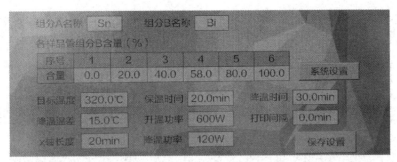

图 12-5　实验参数设定界面

数"中的"目标温度"变成了重新设定的"320.0℃","保温时间"由原先的"15.0min"更新为"20.0min","降温时间"更新为"25.0min",这些重新设定的参数如图 12-6 中左下方所示。此时点击"1 组实验"或"2 组实验",将进入是否启动对应炉体升温界面,例如点击"1 组实验"后出现如图 12-6 所示的重叠式界面。

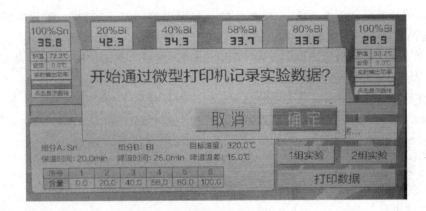

图 12-6　确认炉体是否升温界面

⑤ 点击图 12-6 界面中的"确定"后,样品 1、样品 2 和样品 3 进入加热升温模式,界面转为如图 12-7 状态。从界面上可以看到样品 1（100％Sn）、样品 2（20％Bi）和样品 3（40％Bi）的温度不断攀升,另外三个样品处于"等待中"。当过了保温时间（20min）后,样品 1、样品 2 和样品 3 的温度都开始下降。实验过程中,可以通过点击代表各样品的面板

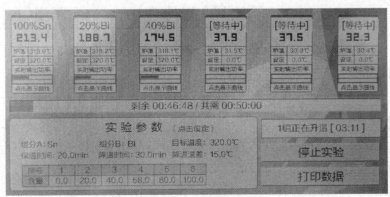

图 12-7　加热升温界面

位置，查看该样品的温度随时间变化曲线，图 12-8 是样品 3 的温度-时间记录曲线；点击温度-时间记录曲线界面上的"返回"，便可以切换到图 12-7 的加热升温界面。

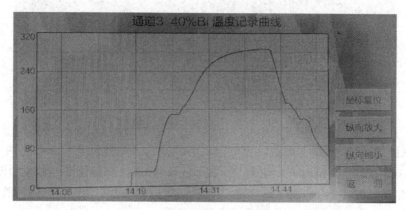

图 12-8　温度-时间记录曲线界面

⑥ 当实验样品温度降至 80℃，点击图 12-7 界面中的"停止实验"，随后界面出现"确认停止升温结束金属相图实验？"时，点击"确定"，样品 1、样品 2 和样品 3 实验结束。这时回到图 12-4 实验样品信息界面，点击"2 组实验"，然后再点击"确定"，启动 4、5、6 炉体升温，开始样品 4、样品 5 和样品 6 的实验。

⑦ 当样品 4、样品 5 和样品 6 实验结束后，可以从仪器上的"USB 接口"处用 U 盘导出实验数据。关闭仪器开关，拔下电源插座，整理实验桌面。

【实验记录和数据处理】

1. 记录实验室室温和实验室大气压。

实验室室温_____℃；实验室大气压_____Pa。

2. 相图绘制

① 以温度为纵坐标、时间为横坐标，设定适宜的坐标体系，将 U 盘导出的实验数据转移到坐标上，得到各个样品的步冷曲线。

② 根据步冷曲线，在下表中列出相关实验数据。

Bi 的含量	0%	20%	40%	58%	80%	100%
拐点温度	—			—		—
平台温度						

③ 根据步冷曲线，在坐标纸上绘制出其相应的相图，标出各个相区的平衡物质和相态。

【注意事项】

整个实验过程中切不可用手直接接触不锈钢样品管，避免烫伤事故发生。

【思考题】

1. 对于不同成分的混合物的步冷曲线，其水平段有什么不同？
2. 步冷曲线的斜率大小和水平段的长短分别说明什么问题？
3. 实验过程中冷却速度为什么不宜过快？

实验 13　三组分系统等温相图的绘制

【实验目的】

1. 熟悉相律和用三角坐标表示三组分相图的方法。
2. 掌握溶解度法绘制相图的基本原理。
3. 掌握测绘三氯甲烷-醋酸-水三组分系统等温相图的方法。

【实验原理】

三组分系统相图比二组分系统相图要复杂得多。根据系统凝聚状态的不同，可以分为气-液平衡、液-液平衡与固-液平衡等。本实验为三组分系统液-液平衡相图中最简单的一类，即只有一对液体部分互溶、其余两对液体完全互溶的相图。

根据相律，三组分系统自由度 $F=C-P+2=3-P+2=5-P$，系统最多可能有四个自由度，即四个变量。这四个变量为温度、压力及两个组分的浓度，需要用四维空间模型来表示。若压力不变，则变量还有三个，即温度及两个变量的浓度，需要用三维空间的立体模型来表示。若再固定温度，则只剩下两个组分的浓度为变量。于是可以方便地使用二维平面图形来表示。常用的三组分平面相图是等边三角形相图。

在恒温恒压条件下，三组分系统的状态和组成之间的关系通常可用等边三角形坐标表示，如图 13-1 所示。等边三角形三顶点分别表示三个纯物质 A、B、C。AB、BC、CA 三边分别表示 A 和 B、B 和 C、C 和 A 所组成的二组分系统的组成。三角形内任一点则表示三组分系统的组成。如 P 点的组成为 $w_A=Cc'$、$w_B=Aa'$、$w_C=Bb'$。

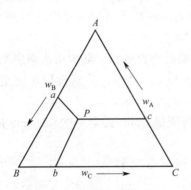

图 13-1　三角形坐标表示法图

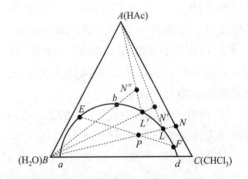

图 13-2　三组分系统的等边三角形图

三氯甲烷-醋酸-水属于具有一对共轭溶液的三液体系统，即三组分中两对液体 A 和 B、A 和 C 完全互溶，而另一对液体 B 和 C 部分互溶的相图，如图 13-2 所示。对于二组分的 B 和 C 系统，B 和 C 的浓度在 Ba 和 Cd 之间可以完全互溶；在 ad 之间部分互溶，系统将分为两相平衡共存的两层溶液，呈平衡状态的两相溶液称"共轭溶液"。一相是 C 在 B 中的饱和溶液，a 点是此压力温度下 C 在 B 中的饱和溶解度。另一相是 B 在 C 中的饱和溶液，d 点是此压力温度下 B 在 C 中的饱和溶解度。若系统中加入第三个组分 A，则 A 在这对共轭溶液的两相中都能溶解。abd 为 A、B 和 C 三组分系统共轭溶液的饱和溶解度曲线。在 $abda$ 曲线外是完全互溶的三组分单相区，曲线内是三组分两相平衡区。物系点落在两相区内，即分成三组分两相两层溶液。如系统 P 点，分成组成分别为 E 和 F 的三组分两相两层共轭溶液。连接 EF 的线段称为"连接线"。事实上，饱和溶解度曲线 abd 就是由各个连接线的端点连接而成。

绘制溶解度曲线方法较多。本实验是先在完全互溶的两个组分（如 A 和 C）以一定的比例混合所成的均相溶液（如图 13-2 上的 N 点）中滴加入组分 B，物系点则沿 NB 线移动。直至溶液变浑，即为 NB 线和饱和 abd 溶解度曲线的交点 L 点。然后加入 A，物系点沿 LA 上升至 N′点而变清。如再加入 B，则物系点又沿 N′B 由 N′移到 L′再次变浑。再滴加 A 使变清……如此重复，最后连接 L、L′、L″……，即可绘出其溶解度曲线。

三组分系统等温相图的测绘实际上就是通过一系列实验来测定三组分系统达到相平衡时各相间三个组分的组成以及两相共轭溶液的连接线。

【仪器与试剂】

1. 仪器

酸式滴定管（20mL，1 支）、碱式滴定管（50mL，1 支）、刻度移液管（10mL，1 支；20mL，1 支）、移液管（1mL，1 支；2mL，1 支）、具塞磨口锥形瓶（100mL，2 只；25mL，4 只）、锥形瓶（150mL，2 只）。

2. 试剂

冰醋酸（A. R.）、三氯甲烷（A. R.）、NaOH 标准溶液（0.50mol·L^{-1}）、酚酞指示剂。

【实验步骤】

1. 溶解度曲线的测定

① 在洁净的酸式滴定管内装水，洁净的碱式滴定管中装入 0.50mol·L^{-1} NaOH 溶液标准。

② 用 10mL 移液管移取 8.00mL 三氯甲烷，再用 2mL 移液管移取 1.00mL 醋酸，置于干燥洁净的 100mL 磨口锥形瓶中，然后振荡、混合均匀。用酸式滴定管慢慢地滴加水，且不断振荡，至溶液由清变浑时，即为终点，记下水的体积。

③ 再向此瓶中移取 2.00mL 醋酸，使系统成为透明的均相溶液，继续用水滴定至终点，记下水的体积。然后依次用同样方法加入 3.00mL、4.00mL 醋酸，分别再用水滴至终点，记录每次各组分的用量。

④ 最后一次加入 40.00mL 的水，加塞摇动，并每间隔 5min 摇动一次，30min 后用此溶液测定连接线（标记为溶液Ⅰ）。

⑤ 另取一只干燥洁净的 100mL 磨口锥形瓶，用移液管移入 1.00mL 三氯甲烷及 3.00mL 醋酸，用水滴至终点。之后依次再加入 2.00mL、5.00mL、2.00mL 醋酸，分别用水滴定至终点，并记录每次各组分的用量。

⑥ 最后加入 9.00mL 三氯甲烷和 9.00mL 醋酸，加塞摇动，每隔 5min 摇一次，30min 后用于测定另一条连接线（标记为溶液Ⅱ）。

2. 连接线的测定

① 连接线Ⅰ的测定。经 30min 后，把上面所得的溶液Ⅰ迅速地移入到干燥洁净的分液漏斗中，待二层溶液分清，将上下两层液体分开。用干燥洁净的移液管分别移取上层溶液 2.00mL，下层溶液 2.00mL 于已称重的 2 个 25mL 磨口锥形瓶中（带塞），分别称其质量，然后用水洗入 150mL 锥形瓶中，以酚酞为指示剂，用 0.50mol·L^{-1} NaOH 标准溶液滴定各层溶液中醋酸的含量。

② 连接线Ⅱ的测定。用同样的方法移取溶液Ⅱ上层溶液 2.00mL，下层溶液 2.00mL，分别称其质量并滴定之。

③ 测试结束后，清洗滴定管、移液管、锥形瓶等玻璃仪器。整理实验桌面、搞好实验室卫生。

【实验记录和数据处理】

1. 记录实验室室温、实验室大气压。

实验室室温＿＿＿＿＿＿＿＿＿＿℃；实验室大气压＿＿＿＿＿＿＿＿＿＿Pa。

2. 溶解度曲线的绘制

根据表 13-1 中的数据，在三角坐标纸上，画出各次的组成点，然后用曲线板将这些点连接成光滑的曲线，或用 Origin 等软件在电脑上绘制打印，并标明相图中各个相区的意义。

表 13-1　溶解度实验数据

序号		CH_3COOH		$CHCl_3$		H_2O		$m_总/g$	$w/\%$		
		V/mL	m/g	V/mL	m/g	V/mL	m/g		CH_3COOH	$CHCl_3$	H_2O
Ⅰ	1										
	3										
	6										
	10										
	10					再加 40					
Ⅱ	3										
	5										
	10										
	12										
	21										

3. 连接线的绘制

根据 $w(CH_3COOH)/\%$ 在溶解度曲线上找出相应点，其相连线即为连接线，且此线通过物系点。连接线实验测试数据见表 13-2。

表 13-2　连接线测定实验数据

溶液		$m(溶液)/g$	$V(NaOH)/mL$	$w(CH_3COOH)/\%$
Ⅰ	上			
	下			
Ⅱ	上			
	下			

液体 $CHCl_3$ 和 CH_3COOH 在不同温度下的密度，可参见附表 19 得到。

不同温度下三氯甲烷在水中的溶解度见表 13-3。

表 13-3　不同温度下三氯甲烷在水中的溶解度

温度/K	273.15	283.15	293.15	303.15
$w(CHCl_3)/\%$	1.052	0.888	0.815	0.770

不同温度下水在三氯甲烷中的溶解度见表 13-4。

表 13-4　不同温度下水在三氯甲烷中的溶解度

温度/K	276.15	284.15	290.15	295.15	304.15
$w(H_2O)/\%$	0.019	0.043	0.061	0.065	0.109

【注意事项】

1. 因实验所测系统中水是组分之一，故玻璃器皿均需干燥。

2. 在滴加水的过程中须一滴一滴地加入，且需不停地振荡锥形瓶，由于分散的"油珠"颗粒能散射光线，所以系统出现浑浊，如在 2～3min 内仍不消失，即到终点。当系统醋酸含量少时要特别注意慢滴，含量多时开始可滴得快些，接近终点时仍然要逐滴加入。

3. 在实验过程中注意防止或尽可能减少醋酸、三氯甲烷的挥发，测定连接线时取样要迅速。

4. 用水滴定如超过终点，可加入 1.00mL 醋酸，使系统由浑变清，再用水继续滴定。

【思考题】

1. 为什么根据系统由清变浑的现象即可测定相界？

2. 如连接线不通过物系点，其原因可能是什么？

3. 本实验中根据什么原理求出三氯甲烷-醋酸-水系统的连接线？

实验 14 差热分析测定水合无机盐的热稳定性

【实验目的】

1. 掌握差热分析的基本原理与实验方法。
2. 学会 HCR-2 型微机差热仪的使用方法。
3. 掌握定性分析差热图谱的基本方法。

【实验原理】

物质在受热或冷却过程中，当达到某一温度时，会发生熔化、凝固、晶型转变、吸附、脱附、化合、分解等物理或化学变化，发生这些变化的同时往往伴有吸热或放热现象，这表明变化过程中物质的焓值发生了变化。记录样品温度随时间的变化曲线，可以直观地判断物质是否发生了物理或化学变化，这是经典的热分析法。其不足之处是较难显示热效应很小的变化，为此发展形成了差热分析法（differential thermal analysis，简称 DTA）。

样品与参比物在相同的条件下受热，测量不同时间（或温度）下样品与参比物之间的温度差，这种测量技术称为差热分析法。而描述温度差随时间（或温度）变化的关系曲线，称为 DTA 曲线。差热分析法的原理如图 14-1 所示。选用在实验温度范围内不发生任何物理或化学变化、对热稳定性好的物质作参比物（R），将参比物和样品（S）分别放入不同的坩埚内，置于加热炉中程序升温，对参比物和样品同步加热，测定参比物和样品的温度并计算样品与参比物的温差 $\Delta T = T_S - T_R$，将它们对时间作图，就得到 DTA 曲线。

若样品与参比物的热容相差甚微，可以得到如图 14-2 所示的理想差热谱图。图 14-2 中 MN 代表参比物随时间变化的升温曲线（理想的参比物应为直线），曲线 ABCDEFGH 为样品与参比物在升温过程中的温差曲线。升温过程中样品没有热效应发生时，样品与参比物之间无温差，即 $\Delta T = 0$，在曲线上 AB 段、DE 段和 GH 段为水平线，常称为基线。当样品在升温过程中因发生某种物理或化学变化而有热效应产生时，样品与参比物之间就会产生温差，此时 $\Delta T \neq 0$，曲线会偏离基线，直到该种变化结束、温差消失时，曲线又重新回到基线，如此形成一个如 BCD 和 EFG 的峰伏线段，称为差热峰。BCD 峰顶向下，说明样品在发生某种变化时吸收了热量，使样品的温度低于参比物，即 $\Delta T < 0$，因此 BCD 是吸热峰；而 EFG 峰顶向上，说明样品在发生某种变化时放出了热量，使样品的温度高于参比物，即 $\Delta T > 0$，故 EFG 是放热峰。

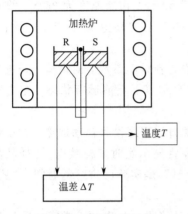

图 14-1　差热分析原理

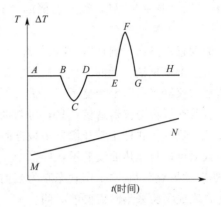

图 14-2　理想的差热谱图

　　根据 DTA 图谱，可以获得样品在实验温度范围内所发生变化的一些基本信息。峰的数目多少表示在该温度区间内发生物理变化或化学变化的次数；峰的位置表示发生变化的起、止温度；峰的方向表示变化过程中热效应的正、负号（向上放热，热效应为"一"；向下吸热，热效应为"＋"）；峰的面积表示热效应的大小。峰的宽度、高度以及对称性除与测试条件有关外，还与样品变化过程的动力学因素有关。实际所得的 DTA 图谱要比理想的DTA 图谱复杂。

　　本实验用氧化铝（直接用氧化铝坩埚而不需另外加氧化铝）作参比物，$CuSO_4 \cdot 5H_2O$晶体为样品进行测量，得到 $CuSO_4 \cdot 5H_2O$ 的 DTA 曲线，分析其差热图谱。

【仪器与试剂】

1. 仪器

HCR-2 型微机差热仪 1 台、电子天平 1 台、氧化铝坩埚。

2. 试剂

$CuSO_4 \cdot 5H_2O$(A. R.)。

【实验步骤】

1. 开启仪器

打开水泵，通循环水；开启仪器电源；启动计算机；预热 30min。

2. 填装样品

① 在电子天平称取 5mg 左右的 $CuSO_4 \cdot 5H_2O$ 样品，放入坩埚中。

② 提升加热炉，露出支撑杆（热电偶组件），待加热炉升至限定高度后逆时针旋转到指定位置。

③ 在支撑杆的右托盘放置装有 $CuSO_4 \cdot 5H_2O$ 样品的坩埚，左托盘放氧化铝空坩埚（此为实验中的参比物）。

④ 再将加热炉顺时针旋转，双手托住缓慢向下放置归位，切勿碰撞支撑杆。

3. 采集数据

① 双击计算机桌面"恒久热分析软件"工具图标，启动热分析工具，显示软件主界面，即采集数据界面。

② 点击主菜单"采集"旁的红色三角形按钮，开始常规采样过程，此时软件会自动弹出"设置新升温参数"对话框。如实填写左侧的基本设置——"样品名称"、"样品重量"、"操作员"、"样品序号"，以及右侧的"分段升温参数"设置：初始温度为 25℃、终止温度为 500℃、升温速率为 10℃/min、保温时间为 0（"序号"会自动生成）。点击"检查"，检查参数设置；点击"确认"，仪器将开始自动采集数据。

若点击"采集"旁的红色三角形按钮，未弹出"设置新升温参数"对话框，请查看软件工具栏"仪器状态"是否显示"正常"。状态栏最左边显示仪器当前运行状态，单击即可打开，查看计算机与仪器通信信息，可帮助查找故障原因。

恒久热分析软件正常开始采集数据时，仪器将按照升温程序设置自动加热，按采样周期采集数据点，将差热曲线显示在屏幕中。采集时仪器还将显示实时采样数据，"样品温度"、"差热"、"炉温"和、"工作状态"为当前数据，"已用时"是实验已进行的时间，"还剩余"是正常完成实验采集尚需要的时间。

③ 当数据采集程序到达设定时间后，采集程序自动停止，弹出"正常完成采样任务"，点击"确认"，弹出保存对话框，点击"保存"，采集的实验数据将以".hjd"后缀名的文件形式保存到指定的目录。

若想提前结束采集数据，或实验中出现异常需要立即结束采集数据，点击工具栏"采集"旁的红色长方形按钮，将弹出"手工停止采样任务"对话框，点击"确认"就能手动结束采样，弹出保存对话框。

4. 差热谱图（DTA）分析

利用恒久热分析软件对所测样品的差热曲线进行解析。打开测得的数据文件，选择差热曲线中放热峰/吸热峰单峰，点击鼠标的右键菜单，选择"DTA"菜单中的"峰区分析"功能，软件会自动进行分析计算，得到所选峰的各特征温度标示于屏幕上，记录各数据。

5. 关闭系统

实验结束后，退出恒久热分析软件系统。40min 后，关闭循环水，关闭计算机，关闭仪器。整理实验桌面，搞好实验室卫生。

【实验记录和数据处理】

1. 记录实验室室温、实验室大气压。

实验室室温_____℃；实验室大气压_____Pa。

2. 指出所得样品差热图谱中各个峰的起始温度和峰顶温度。

3. 讨论样品在加热过程中所发生的物理或化学变化，写出相应的化学反应方程式，推测硫酸铜晶体中各结晶水的结构状态。

4. 根据峰的方向和面积大小，解释变化过程热效应的符号和大小。

【注意事项】

1. 仪器在加热前，确保冷却水工作正常，流量不要太大，以人眼能看出水在流动即可。实验结束时，必须在加热炉温度低于 300℃才能关闭冷却水。

2. 对加热炉体的升降操作应注意动作缓和，最终炉体应下降到原位，避免产生间隙影响实验结果。

3. 在实验过程中不要使用移动电话，以免干扰测量信号。

4. 实验开始后，加热炉体在任何时候均禁止手触摸，以防烫伤！

5. 实验结束后应尽快从仪器中取出样品，以防样品黏结或腐蚀仪器。坩埚可重复使用，请勿随意丢弃。

6. 在退出热分析工具软件前，一定要确保仪器已停止采集！

若在采集中，未先停止采集，直接退出程序，此时加热炉没有停止工作，仍在执行设置的升温程序，将有巨大的安全隐患。若已经出现非正常结束程序时，务必再次打开恒久热分析软件，新建采集任务，弹出设置升温程序后，点"撤销"，仪器将停止采集。遇到紧急情况，请直接关闭电源或拔掉电源插头。

【思考题】

1. 装样品的坩埚与参比物坩埚如果放颠倒了，出来的图谱会怎样？

2. 升温速率对差热峰的形状有何影响？

3. 样品的数量多少对差热分析有何影响？

4. 为何用外推起始温度作为 DTA 曲线的反应起始温度？

【恒久热分析软件使用简明指南】

1. 软件主窗口界面基本信息

通过恒久热分析软件主窗口，可以完成采集数据以及访问、自定义和分析数据文件曲线图等功能，主窗口界面基本信息如图 14-3 所示。

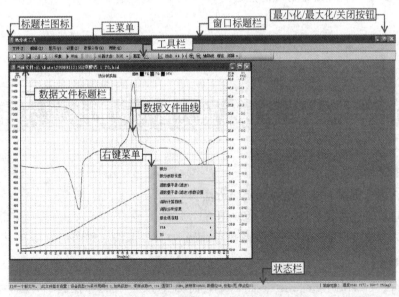

图 14-3　恒久热分析软件主窗口界面信息图

① 主菜单用于完成仪器故障诊断和可执行数据文件的各种功能，位于窗口顶部。菜单栏随着应用程序的切换而变化。

② 工具栏是主菜单中最常用的选项，位于主菜单下部。使用工具栏，通过单击某个按钮可以执行与主菜单相同的操作。

③ 状态栏显示仪器与计算机的通信信息、数据文件基本设置、数据跟踪定位，位于窗

口的底部。

④ 在曲线图显示窗口单击右键，弹出右键菜单，它是主菜单数据分析选项，能完成曲线图的处理和曲线数据分析。

⑤ 窗口标题栏、数据文件标题栏，显示曲线数据的文件名及保存目录。

⑥ 单击右上角的三个按钮，可完成软件窗口操作。单击最小化按钮可以最小化窗口至任务栏中的一个图标。在窗口最小化以后，所有在进行的实验过程均继续运行。单击任务栏中的图标可以使窗口恢复到原来的尺寸。单击最大化按钮可以使窗口全屏显示，再次单击该按钮，窗口就恢复到先前的尺寸。对于不再应用的窗口，可以最小化或关闭。

2. DTA 曲线峰区分析

在恒久热分析软件中打开测得的数据文件，窗口中的蓝色曲线即为 DTA 曲线。

① 用鼠标拖动坐标轴可以移动曲线的位置。

② 双击坐标轴，将弹出"修改标示（DTA）"对话框，选择"量程"的不同数值即可放大或缩小曲线，使待分析的峰区调整到合适的位置。

③ 在窗口的空白处点击鼠标右键，选择"DTA—峰区分析"，然后移动鼠标在峰区的两侧靠近峰区的基线上选两个点，对需要分析的峰区进行标记，软件会自动进行分析计算，得到峰区的相关数据。

软件给出的峰区的相关数据参数，其意义如下：a. T_e，外推起点温度，指峰前缘上斜率最大的一点作切线与外延基线的交点；b. T_i，拐点，峰前缘上斜率最大的一点，此点二阶微分为 0；c. T_c，外推终点温度，指峰后缘上斜率最大的一点作切线与外延基线的交点；d. T_m，峰顶的温度，一阶微分为 0 的点。

实验 15　$CaC_2O_4 \cdot H_2O$ 热分解反应的热重分析测定

【实验目的】

1. 掌握热重分析法的基本原理和实验方法。
2. 了解同步热分析仪 STA 2500 的使用方法。
3. 掌握热重曲线（TG 曲线）、微商热重曲线（DTG 曲线）谱图的解析及应用。

【实验原理】

热重分析法（thermal gravimetric analysis，简称 TG）是在程序控制下升温，测量物质的质量与温度关系的一种热分析技术。许多物质在加热过程中常伴有质量的减少，这种质量的减少既有助于研究升温过程中物质物理性质变化的起因（是由蒸发、升华或脱附等所致）；也有助于探索升温过程中物质所发生化学反应的类型与机理，如脱水、解离、氧化和还原等。

热重分析法所用仪器称为热重分析仪或热天平，主要由温度控制系统、天平测量系统和微分系统组成，辅之以气氛控制系统和冷却风扇，测量结果由计算机数据处理系统进行分析，如图 15-1 所示。

温度控制系统由温度控制单元、控温热电偶和加热炉组成，可编程序模拟复杂的升温曲线，使炉温很好地跟踪设定值，产生理想的温度曲线。天平测量系统是将被加热试样的质量变化值转换成电流或电压信号，经放大后，经接口单元送入计算机处理。试样质量在升温过程中不断变化，记录得到的质量变化对温度的关系曲线称热重曲线（TG 曲线，曲线的纵坐标为质量，横坐标为温度，有时也用时间作横坐标）。微分系统将所得热重曲线对时间坐标进行一次微分运算，得到热重微分曲线（DTG 曲线）。

气氛控制系统由气体净化器、稳压阀、压力表、气体调节阀、流量计等气动元件组成。气氛控制系统在使用中可用于控制单路气体的流量、两种气体的切换及两种不同气体的混合使用。由于气体在样品管中的流向是由上而下，其流量大于炉子加热后向上的热流量，所以能起到保护样品的作用，也防止了炉子升温后热量进入天平室，影响天平的精度。数据处理系统由接口放大单元、A/D 转换卡、计算机、打印机及系统软件组成。接口单元将 T、TG、DTG 信号变换成与 A/D 转换卡匹配的模拟量，经 A/D 转换成数字量，被计算机采集，采集到的数据由软件进行各种处理，结果可屏幕显示、打印。

图 15-2 是热重曲线示意图。在热重曲线中，水平部分称为平台，表示质量是恒定的。两平台之间的部分称台阶，是曲线斜率发生变化的部分，表示质量变化的温度区域。因此，从热重曲线可直观地看出实验样品的热稳定性温度区和变化温度区。根据热重曲线上各台阶失重量可以计算出各步的失重分数，从而判断试样的热分解机理和各步的分解产物。若样品的质量为 m_0，某一步失重前后的质量分别为 m_1、m_2（即失重台阶上下各自对应的平台的质量），则该台阶对应的反应的失重分数为

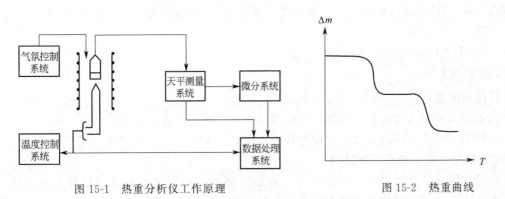

图 15-1 热重分析仪工作原理　　　　　　　　　图 15-2 热重曲线

$$失重分数 = \frac{m_1 - m_2}{m_0} \times 100\% \tag{15-1}$$

微分热重曲线（DTG 曲线）表示质量随时间的变化率（$\mathrm{d}m/\mathrm{d}t$）与温度的函数关系，由热重曲线对时间进行微分运算得到，是一个峰形曲线。TG 和 DTG 曲线的比较见图 15-3（实线为 TG 曲线，虚线为 DTG 曲线）。

对 TG 曲线，常见的是质量分数坐标，一般从 100%（原始质量）开始，失重过程最多到 0%（完全失重）结束。在其上可标注失重比例，以及失重台阶的起始温度（外推起始点）、结束温度（外推终止点）等相关信息。DTG 曲线代表了失重速率的变化过程，单位为%/min。DTG 曲线的峰顶（$\frac{\mathrm{d}^2 m}{\mathrm{d}t^2} = 0$ 处），即失重速率最大的温度点，经常用于表征失重温度，与 TG 曲线的拐点相对应，DTG 曲线上峰的数目与 TG 曲线的台阶数相等。DTG 曲

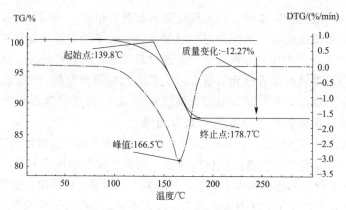

图 15-3　TG 和 DTG 曲线的比较

线在分析时有重要作用，它不仅能精确反映出样品的起始反应温度，达到最大反应速率的温度（峰值）以及反应终止的温度，而且 DTG 曲线峰面积与样品对应的质量变化成正比，可进行精确的定量分析。TG 曲线的整个变化过程对应着质量的连续下降，各阶段变化互相衔接，具有不易分开的缺点，而 DTG 曲线以峰的最大值为界把该阶段的热失重分成两部分，区分更加精细，这是 DTG 的最大可取之处。如果把 DTG 曲线和同一样品的差热 DTA 谱图进行比较，能判断出是质量变化引起的峰还是热量变化引起的峰，而 TG 做不到这一点。

【仪器与试剂】

1. 仪器

STA 2500 型同步热分析仪 1 台、高纯氮气钢瓶 1 个、坩埚 1 个。

2. 试剂

$CaC_2O_4 \cdot H_2O$（A.R.）；氮气。

【实验步骤】

1. 开机前准备

① 检查管路和仪器连接是否正确，实验用的氮气气瓶是否有足够的压力。

② 打开氮气气瓶，将减压表压力调整到 0.03MPa。检查管路气密性是否良好，将肥皂泡沫涂在连接处，看是否有气体漏出。

③ 打开水循环冷却器电源；从仪器主机左后方面板上打开仪器电源；打开电脑电源，登录到 Windows 系统。将实验用的坩埚和镊子以及实验样品准备好。

2. 软件操作

双击电脑显示桌面上的 STA 2500，即可进入软件。点击"炉体温度"，屏幕将显示炉温；点击"查看信号"，显示"温度"、"DTA"、"TG"、"P_1"、"P_2"和"PG"等信息；点击"气体与开关"，打开气体；点击"MFC 气体管理器"，设置吹扫气和保护气的种类为 N_2；点击"MFC 气体扩展"，设置气体流量，吹扫气 $30\text{mL} \cdot \text{min}^{-1}$，保护气 $20\text{mL} \cdot \text{min}^{-1}$。

3. 填装样品

① 按压主机前面板上的"Up"键和机箱右侧的安全键，将加热炉体上升到指定位置，左旋炉体 $30°$，露出热电偶。使有机玻璃外罩轻轻罩住热电偶，用镊子轻放 2 个空坩埚于样品支架台上，轻放不锈钢上盖。

② 点击软件主菜单"诊断"中的"调整"，待 TG 读数稳定后，点击"清零"；取出右侧坩埚，放置 $CaC_2O_4 \cdot H_2O$ 样品约 5 ~15mg，将坩埚放回到样品支架台上，待 TG 读数稳

定后，记下 TG 读数；点击"退出"。

③ 移开有机玻璃外罩，右旋炉体 30°，下降炉体，归位。此时"Down"指示灯呈蓝色状态，表示仪器正常。

4. 样品测试

① 点击软件主菜单"文件"中的"打开"，打开修正文件，选择"修正＋样品"测量类型。

② 填写样品编号、名称、质量等信息。

③ 设置温度程序。起始温度 30℃，初始等待 10min；终止温度 900℃，升温速率 10K·min^{-1}。

④ 填写文件名，选择保存路径；点击"下一步"，软件自动弹出"STA2500 在 1 上调整"对话框，观察界面左下方显示"仪器正常"，点击"开始等待到"，仪器进入测量状态。

⑤ 在监视窗口监视实验中的各个参数变化。升温结束后，保存实验数据，针对数据谱图，进行处理分析。

在氮气气氛下重复进行一次测定。

5. 关闭系统

实验结束后，先关钢瓶开关，待减压阀压力显示为零后，再关软件，关电脑，关闭仪器主机。关闭水循环冷却器。整理实验桌面、搞好实验室卫生。

【实验记录和数据处理】

1. 记录实验室室温、实验室大气压。

实验室室温＿＿＿＿＿＿＿＿＿＿℃；实验室大气压＿＿＿＿＿＿＿＿＿＿Pa。

2. 通过热重分析 $CaC_2O_4 \cdot H_2O$ 热分解过程得到的 TG 曲线和 DTG 曲线，写出每一步变化的起始温度、终止温度以及最大失重速率时的温度，并计算各步的失重分数。

3. 分析 $CaC_2O_4 \cdot H_2O$ 热分解过程中每一步变化的温度和方程式。

【注意事项】

1. 保护气体的作用是在操作过程中对天平进行保护，以保证其使用寿命。Ar、N_2、He 等惰性气体均可用作保护气体。开机后，保护气体开关应始终为打开状态。

2. 为了保证测量精度，测量所用的坩埚必须预先进行热处理到等于或高于其最高测量温度。

3. 坩埚只能垂直轻放，不允许在样品支架台上水平滑动，以免损坏热电偶。

4. 保持样品坩埚的清洁，应使用镊子夹取，避免用手触摸。测试结束后应尽快从仪器中取出试样坩埚，以防仪器被腐蚀。

5. 每次降下加热炉体时要注意观察支架位置是否位于炉腔口中央，防止碰到支架盘而压断支架杆。

6. 试验完成后，必须等炉温降到 200℃ 以下后才能打开炉体。

7. 为保证仪器测试的稳定性和精确性，除长期不使用外，所有仪器可不必关机，避免频繁开机关机。

8. 仪器在加热前，确保循环冷却水工作正常。实验结束后，要待炉体冷却到室温才能关闭冷却系统。

【思考题】

1. 简述热重法、差热分析法的基本原理。

2. DTG 曲线与 TG 曲线有何不同？从 DTG 曲线上可以得到哪些信息？

第8章

电化学实验

本章从"实验16 离子迁移数的测定"到"实验23 循环伏安法测定铁氰化钾的电极反应过程",共编写8个常见电化学实验。

实验 16 离子迁移数的测定

【实验目的】

1. 了解离子迁移数的概念,掌握希托夫(Hittorf)法测定离子迁移数的原理和方法。
2. 学会和掌握电量计的使用。
3. 掌握碘量法或紫外-分光光度法测定 $CuSO_4$ 溶液的浓度。
4. 测定 $CuSO_4$ 水溶液中 Cu^{2+} 和 SO_4^{2-} 的迁移数。

【实验原理】

电解质溶液的导电是依靠溶液中正、负离子的定向移动来共同实现的。在外加电场作用下,电解质溶液中的正离子向阴极运动,负离子向阳极运动,这种正、负离子的定向运动并共同承担溶液导电任务的现象称为离子的电迁移。离子本身的大小、溶液对离子移动时的阻碍及溶液中其余共存离子的作用力等诸多因素,使阴、阳离子各自的移动速率不同,从而各自所携带的电荷量也不相同。

图 16-1 是离子的电迁移过程示意图,将两个电极间的电解质溶液通过两个假想界面I—I和II—II划分为阳极区、中间区和阴极区。通电过程中正、负离子的迁移速率 v_+ 与 v_-,正、负离子迁出阳极区与阴极区的物质的量,正、负离子迁移的电荷量 Q_+ 与 Q_- 三者之间存在下列关系:

$$\frac{v_+}{v_-} = \frac{正离子迁出阳极区的物质的量}{负离子迁出阴极区的物质的量} = \frac{Q_+}{Q_-} \tag{16-1}$$

定义正、负离子所迁移的电荷量 Q_+ 和 Q_- 与它们迁移的总电荷量 $Q(Q=Q_++Q_-)$ 之比为正、负离子的迁移数 t_+ 与 t_-,即

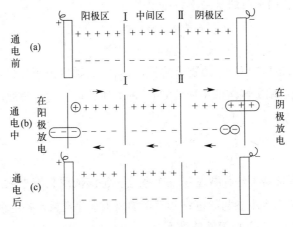

图 16-1 离子的电迁移过程示意图

$$t_+ = \frac{Q_+}{Q} = \frac{Q_+}{Q_+ + Q_-} \tag{16-2}$$

$$t_- = \frac{Q_-}{Q} = \frac{Q_-}{Q_+ + Q_-} \tag{16-3}$$

显然 $$t_+ + t_- = 1 \tag{16-4}$$

测定离子迁移数的方法通常有希托夫法、界面移动法和电动势法等，本实验采用的是希托夫法，图 16-2 是该测定方法的实验装置示意图。实验以铜电极电解硫酸铜溶液，电解池外电路串联有库仑电量计，即图中的铜电量计。铜电量计中有三片铜片，中间的那片是阴极，实验中测定通电前、后该阴极铜片质量的变化，推算电解反应的物质的量 $n_{反应}$。

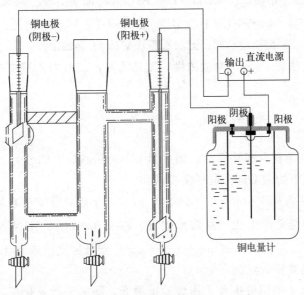

图 16-2 希托夫法实验装置示意图

通过测定通电前、后阳极区溶液中电解质 $CuSO_4$ 浓度的变化和溶剂水的质量，可以得到迁出阳极区 Cu^{2+} 的物质的量。通电前、后阳极区溶液中 Cu^{2+} 的浓度变化来自两个方面，其一是阳极上单质 Cu 发生氧化反应生成 Cu^{2+} 进入溶液，其二是溶液中的 Cu^{2+} 向阴极迁移。因此，

通电前、后溶液中 Cu^{2+} 的物质的量关系为

$$n_{电解后}＝n_{电解前}＋n_{反应}－n_{迁移} \tag{16-5}$$

则

$$n_{迁移}＝n_{电解前}＋n_{反应}－n_{电解后} \tag{16-6}$$

式中，$n_{迁移}$ 为迁移出阳极区的 Cu^{2+} 的物质的量；$n_{电解前}$ 为通电前阳极区溶液中所含 Cu^{2+} 的物质的量；$n_{电解后}$ 为通电后阳极区溶液中所含 Cu^{2+} 的物质的量；$n_{反应}$ 为通电时阳极上单质 Cu 氧化生成 Cu^{2+} 的物质的量。因此，有

$$t_{Cu^{2+}}=\frac{n_{迁移}}{n_{反应}}, \quad t_{SO_4^{2-}}=1-t_{Cu^{2+}} \tag{16-7}$$

可见，希托夫法测定离子迁移数基于三个假定：①溶液中只有电解质 $CuSO_4$ 完全电离的 Cu^{2+} 和 SO_4^{2-} 导电，溶剂水不参与导电；②不考虑离子水化现象，各电极区溶剂水的质量保持不变；③通电前后中间区 $CuSO_4$ 溶液浓度不变。

【仪器与试剂】

1. 仪器

LQY 离子迁移数测定装置 1 套（含铜电量计）、铜电极 2 支、直流稳压电源 1 台、电子天平 1 台、50mL 碱式滴定管 1 支、100mL 碘量瓶 4 只、250mL 碘量瓶 1 只、20mL 移液管 2 支、电吹风机 1 台、细砂纸 2 张、洗耳球 1 个。

若采用分光光度法测 $CuSO_4$ 溶液浓度，仪器有紫外-可见分光光度计、25mL、100mL 锥形瓶各 4 只，5mL、10mL 刻度移液管和 25mL 定容移液管各 2 支，1000mL 容量瓶 1 只，100mL 容量瓶 3 只。

2. 试剂

$0.05mol \cdot L^{-1} CuSO_4$ 溶液、$0.015mol \cdot L^{-1} K_2Cr_2O_7$ 标准溶液、约 $0.10mol \cdot L^{-1} Na_2S_2O_3$ 溶液（实际浓度需标定）、$6.0mol \cdot L^{-1} HCl$ 溶液、$2.0mol \cdot L^{-1} H_2SO_4$ 溶液、$1.0mol \cdot L^{-1} HNO_3$ 溶液、10% KI 溶液、0.5% 淀粉指示剂、无水乙醇（A.R.）、蒸馏水。

若采用分光光度法测 $CuSO_4$ 溶液浓度，则还需要乙二胺四乙酸二钠（EDTA，A.R.），$CuCl_2$（A.R.）

【实验步骤】

1. 迁移管装样

① 用蒸馏水清洗希托夫迁移管后，用少量 $0.050mol \cdot L^{-1} CuSO_4$ 溶液洗涤希托夫迁移管两次，迁移管活塞下的尖端部分同样需要洗涤。

② 在迁移管中装入 $0.050mol \cdot L^{-1} CuSO_4$ 溶液，将迁移管安装在固定架上。阴极和阳极（铜电极，需经过细砂纸磨光、蒸馏水清洗、在 $1.0mol \cdot L^{-1} HNO_3$ 溶液中浸泡 5min、蒸馏水冲洗等预处理）用少量 $0.050mol \cdot L^{-1} CuSO_4$ 溶液冲洗后插入迁移管。

2. 电极上反应的物质的量测定

① 取下铜电量计上的阴极铜片，用细砂纸磨光，除去表面氧化层，用蒸馏水清洗后浸入 $1.0mol \cdot L^{-1} HNO_3$ 溶液中，5min 后取出铜片，先后经蒸馏水冲洗、无水乙醇淋洗、电吹风机吹干，在电子天平上称其质量 m_0(g) 后装入铜电量计。

② 按图 16-2 用导线将迁移管、铜电量计和直流电源等连接。接通直流稳压电源，调节电流为 20mA 左右，连续通电 $1.0 \sim 1.5h$。

③ 通电结束后，从铜电量计中取出阴极铜片，用蒸馏水冲洗后用无水乙醇淋洗并吹干，重新称其质量 $m(g)$。

3. 阴、阳极区的物质的量变化测定

① 通电开始前，取 2 个洁净、干燥的 100mL 碘量瓶，在电子天平上准确称量其中一个，做上"阳极"标记碘量瓶的质量，记为 $m_{0,阳极}$。

② 停止通电后，迅速关闭希托夫迁移管中阴极管、阳极管上端与中间管相连的开关。打开阳极管下端的开关，用标记"阳极"的碘量瓶接收阳极管中的全部溶液（尽可能放干净），称其质量为 $m'_{0,阳极}$；打开中间管下端的开关，用另一个碘量瓶接收中间管中溶液。

③ 标定 $Na_2S_2O_3$ 溶液的浓度（通常实验前，由实验室工作人员当天配制与标定）。用移液管准确移取浓度为 $0.015mol \cdot L^{-1}$ 的 $K_2Cr_2O_7$ 标准溶液 20mL，置于 250mL 碘量瓶中，加入 5mL $6.0mol \cdot L^{-1}$ 的 HCl 溶液和 10mL 10% 的 KI 溶液，摇匀后放在暗处反应 5min。待反应完全后，加入 100mL 蒸馏水稀释，立即用待滴定的 $Na_2S_2O_3$ 溶液滴定至近终点，此时溶液呈淡黄色，加入 1mL 0.50% 的淀粉指示剂，继续用 $Na_2S_2O_3$ 溶液滴定至溶液呈亮绿色为终点。平行测定 3 次，根据 3 次滴定所用 $Na_2S_2O_3$ 溶液的平均体积 V_1，计算 $Na_2S_2O_3$ 溶液的浓度。

④ 碘量法测定 $CuSO_4$ 溶液浓度。取 2 个洁净、干燥的 100mL 碘量瓶，在电子天平上准确称量它们的质量，记为 $m_{阳极}$ 和 $m_{中间}$，用移液管分别加入 20mL 的阳极管溶液和中间管溶液，再称重，记为 $m'_{阳极}$ 和 $m'_{中间}$。在这两个碘量瓶中各加 10mL 10% 的 KI 溶液、1mL $2.0mol \cdot L^{-1}$ 的 H_2SO_4 溶液，盖好瓶盖，振荡，置暗处反应 5min。用已标定好的 $Na_2S_2O_3$ 溶液，滴定碘量瓶中的溶液至淡黄色，加入 1mL 0.50% 的淀粉指示剂，继续用 $Na_2S_2O_3$ 溶液滴定至紫色恰好消失为终点。记录碘量瓶标定时所用 $Na_2S_2O_3$ 溶液的体积 V_2。

⑤ 紫外-分光光度法测定 $CuSO_4$ 溶液浓度。配制浓度（$mol \cdot L^{-1}$）为 0.003、0.004、0.005、0.006、0.007 和 0.008 的 $CuSO_4$ 标准溶液，用蒸馏水作为参比液，在波长 730nm 处用紫外-可见分光光度计测量各溶液的吸光度，做出吸光度标准工作曲线，然后测定阳极管和中间管溶液的吸光度，获得两种溶液的浓度。

⑥ 测试结束后，关闭装置电源，将迁移管中的剩余溶液、各标定溶液等倒入废液瓶。先用自来水清洗铜电量计的三个铜片和两个铜电极表面，然后用蒸馏水或去离子水漂洗，最后烘干其表面。整理实验桌面，搞好实验室卫生。

【实验记录和数据处理】

1. 记录实验室室温、实验室大气压。

实验室室温_____℃；实验室大气压_____Pa。

2. $Na_2S_2O_3$ 溶液的浓度可以由下式计算得到

$$c_{Na_2S_2O_3} = \frac{c_{K_2Cr_2O_7} V_{K_2Cr_2O_7}}{V_{Na_2S_2O_3}} \times 6 = \frac{0.015 \times 20}{V_1} \times 6 (mol \cdot L^{-1}) = \frac{1.8}{V_1}(mol \cdot L^{-1})$$

3. 铜电量计阴极铜片通电前质量 $m_0 = $_____ g，通电后质量 $m = $_____ g，则实验过程中阳极反应生成 Cu^{2+} 的物质的量为

$$n_{反应} = \frac{m - m_0}{M_{Cu}} = \frac{m - m_0}{63.5}(mol)$$

4. 阳极区通电后溶液总质量 $m_{0,溶液,阳}/g = m'_{0,阳极} - m_{0,阳极}$。

5. 20mL 阳极区溶液的质量 $m_{溶液,阳}/g = m'_{阳极} - m_{阳极}$；

20mL 中间区溶液的质量 $m_{溶液,中}/g = m'_{中间} - m_{中间}$；

它们所含硫酸铜的质量依次记为 $m'_{CuSO_4,阳}/g$ 和 $m'_{CuSO_4,中}/g$，均可依据下式计算

$$m'_{CuSO_4}/g = \frac{c_{Na_2S_2O_3} V_{Na_2S_2O_3} M_{CuSO_4}}{1000} = \frac{c_{Na_2S_2O_3} V_2 \times 159.6 g \cdot mol^{-1}}{1000}$$

6. 阳极区通电后溶液中溶质 $CuSO_4$ 质量 $m_{CuSO_4,电解后} = \frac{m_{0,溶液,阳}}{m_{溶液,阳}} \times m'_{CuSO_4}$，溶剂水的质量 $m_{H_2O} = m_{0,溶液,阳} - m_{CuSO_4,电解后}$，通电前后该质量保持不变。

7. 中间区通电前后 $CuSO_4$ 溶液浓度保持不变，其用每克水中所含 $CuSO_4$ 质量表示的浓度为 $w(g/g) = \frac{m'_{CuSO_4,中}}{m_{溶液,中} - m'_{CuSO_4,中}}$，也代表通电前阳极区溶液的浓度。

8. 阳极区溶液通电前所含 $CuSO_4$ 的质量 $m_{CuSO_4,电解前} = w(g/g) \times m_{H_2O}$。

9. 阳极区溶液通电前，含 Cu^{2+} 的物质的量 $n_{电解前} = \frac{m_{CuSO_4,电解前}}{M_{CuSO_4}} = \frac{m_{CuSO_4,电解前}}{159.6 g \cdot mol^{-1}}$，通电后含 Cu^{2+} 的物质的量 $n_{电解后} = \frac{m_{CuSO_4,电解后}}{M_{CuSO_4}} = \frac{m_{CuSO_4,电解后}}{159.6 g \cdot mol^{-1}}$。

10. 根据式(16-6) 和式(16-7)，便能计算出 $t_{Cu^{2+}}$ 和 $t_{SO_4^{2-}}$。

【注意事项】

1. 实验中凡涉及铜电极，必须用纯度为 99.999% 的电解铜。

2. 实验中能引起溶液产生扩散、搅动和对流等的因素务必排除。迁移管中的阴极和阳极位置不得倒置，迁移管活塞下端应充满溶液，电极上不能附有气泡，所通电流不宜太大。

3. 通过称量通电前、后铜电量计中阴极的质量变化来计算电极上反应物质的物质的量，是实验的关键步骤之一，因此称量应格外小心。

【思考题】

1. 为什么停止通电后，要"迅速关闭希托夫迁移管中阴极管、阳极管上端与中间管相连的开关"？

2. 实验时为什么要先标定 $Na_2S_2O_3$ 溶液的浓度而不直接用已知浓度的 $Na_2S_2O_3$ 溶液进行实验？

3. 为什么中间区的溶液浓度在通电前后不一致时必须重做实验？

4. 如果以阴极区 $CuSO_4$ 溶液的浓度变化计算 $t_{Cu^{2+}}$，请推导出相应的计算公式。

【实验拓展与讨论】

1. 希托夫法、界面移动法和电动势法测定离子迁移数的优缺点比较。希托夫法测定离子迁移数的优点是原理简单，但测定过程中很难避免因振动、对流、扩散等造成的溶液相混，故其缺点是不易得到准确的结果。界面移动法直接测定溶液中离子的移动速率，根据所用迁移管的截面积、通电时间内界面移动的距离以及通过的电荷量来计算离子的迁移数。该方法具有较高的准确度，不足是如何获得鲜明的界面和如何观察界面移动，所以实验的条件比较苛刻。电动势法则是通过测量浓差电池的电动势来计算得到离子的迁移数。该法也是由于实验的条件比较苛刻而不常用。

2. 由于离子的水化作用，离子在电场作用下是带着水化壳层一起迁移的，而本实验中计算时未考虑该因素。这种不考虑水化作用测得的迁移数通常称为希托夫迁移数，或称为表观迁移数。

3. 电量计（库仑计）是根据法拉第（Faraday）定律来测定通过电解池的电荷量。法拉第定律有两条基本规则：其一是电解时在电极上发生反应物质的物质的量与通过的电荷量成正比；其二是当以相同的电荷量 Q 分别通过几个串联的电解槽时，在各电极上所析出物质的质量 m 与 M/z 成正比（式中，M 为物质的摩尔质量；z 为电极反应时得失电子数），其数学表达式为

$$m = \frac{Q}{F} \times \frac{M}{z}$$

法拉第定律是由实验总结得出的，是一个非常准确的定律。不论在何种压力和温度下，电解过程中其电极反应所得产物的量均严格服从该定律。故人们通常采用在电路中串联铜电量计或银电量计来测定电解反应时通过的电荷量。随着电子技术的发展，也可用数字电路代替铜电量计或银电量计，例如采用 CHI660A 电化学工作站替代直流稳压电源和库仑计，利用该仪器的计时库仑功能（Chronocoulometry）就可很方便地直接得到电解反应时通过的电荷量。

实验 17　电导法测定弱电解质的解离平衡常数

【实验目的】

1. 了解溶液的电导、电导率、摩尔电导率、弱电解质的解离度、解离平衡常数等概念以及它们之间的关系。

2. 掌握电导法测量弱电解质溶液解离度、标准解离平衡常数及极限摩尔电导率的基本原理。

3. 掌握 DDS-11A 型电导率仪的正确使用。

【实验原理】

具有导电能力的物质称为导体。按照导电机理的不同，导体可以分为电子导体和离子导体两类。电解质溶液属于离子导体，它是通过电解质溶液中的正、负离子在外加电场作用下的定向移动来传输电荷。某电解质 A 在溶液中的导电能力，取决于电解质在溶液中解离出的自由移动离子数目的多少和离子的电迁移率，通常用摩尔电导率 $\Lambda_{m,A}$ 来衡量。

在无限稀释的溶液中弱电解质可以认为趋向于全部解离，此时溶液的摩尔电导率称为弱电解质的极限摩尔电导率，用 $\Lambda_{m,A}^{\infty}$ 表示，其值的大小等于电解质中正、负离子的极限摩尔电导率代数和。而一般浓度的弱电解质溶液中，电解质只有部分解离，溶液中的摩尔电导率为 $\Lambda_{m,A}$。因此，浓度为 c 的弱电解质溶液的解离度 α，可以用溶液的摩尔电导率 $\Lambda_{m,A}$ 与溶液的极限摩尔电导率 $\Lambda_{m,A}^{\infty}$ 之比来表示，即

$$\alpha = \frac{\Lambda_{m,A}}{\Lambda_{m,A}^{\infty}}$$

(17-1)

醋酸（HAc）是 AB 型弱电解质，在水溶液中存在下列解离平衡

$$HAc \Longleftrightarrow H^+ + Ac^-$$

起始浓度 $\quad\quad c \quad\quad\quad 0 \quad\quad\quad 0$

平衡浓度 $\quad c(1-\alpha) \quad c\alpha \quad\quad c\alpha$

解离时的标准平衡常数为

$$K^{\ominus} = \frac{(c\alpha/c^{\ominus})^2}{c(1-\alpha)/c^{\ominus}} = \frac{\alpha^2}{(1-\alpha)} \times \frac{c}{c^{\ominus}} \tag{17-2}$$

将式(17-1) 运用到醋酸解离平衡中，代入式(17-2) 得

$$K^{\ominus} = \frac{\Lambda_{\mathrm{m,HAc}}^2}{\Lambda_{\mathrm{m,HAc}}^{\infty}(\Lambda_{\mathrm{m,HAc}}^{\infty} - \Lambda_{\mathrm{m,HAc}})} \times \frac{c}{c^{\ominus}}$$

将上式整理改写为

$$\frac{1}{\Lambda_{\mathrm{m,HAc}}} = \frac{1}{\Lambda_{\mathrm{m,HAc}}^{\infty}} + \frac{1}{(\Lambda_{\mathrm{m,HAc}}^{\infty})^2 K^{\ominus}} \times \frac{c\Lambda_{\mathrm{m,HAc}}}{c^{\ominus}} \tag{17-3}$$

式中，$K^{\ominus}$ 是 HAc 的标准解离平衡常数，只与温度有关；$\Lambda_{\mathrm{m,HAc}}^{\infty}$ 是无限稀释溶液中 HAc 的极限摩尔电导率，也是一个只与温度有关的常数，通常可以从文献中直接查阅，或者可以根据柯尔劳施离子独立运动定律，由无限稀释溶液中离子的极限摩尔电导率计算得出，即 $\Lambda_{\mathrm{m,HAc}}^{\infty} = \Lambda_{\mathrm{m,H^+}}^{\infty} + \Lambda_{\mathrm{m,Ac^-}}^{\infty}$，还可以通过本实验测定。$\Lambda_{\mathrm{m,HAc}}$ 可以由 HAc 在水溶液中的电导率 κ_{HAc} 与其浓度 c 的关系求得，即

$$\Lambda_{\mathrm{m,HAc}} = \kappa_{\mathrm{HAc}}/c \tag{17-4}$$

根据电解质溶液导电机理，醋酸水溶液中导电离子由醋酸解离出的 H^+、Ac^- 和水解离出的 H^+、OH^- 两部分组成。溶液导电由溶质 HAc 和溶剂水共同承担，因此，醋酸水溶液中溶质 HAc 的电导率、溶液的电导率和溶剂的电导率三者之间关系为

$$\kappa_{\mathrm{HAc}} = \kappa_{\mathrm{溶液}} - \kappa_{\mathrm{H_2O}} \tag{17-5}$$

实验时在一定温度（例如 25℃）下，通过分别测定纯水的电导率 $\kappa_{\mathrm{H_2O}}$ 和不同浓度 c 时醋酸溶液的电导率 $\kappa_{\mathrm{溶液}}$，由式(17-4) 和式(17-5) 可以获得一系列不同浓度时的 $\Lambda_{\mathrm{m,HAc}}$。由式(17-3) 可知，以 $1/\Lambda_{\mathrm{m,HAc}}$ 对 $c\Lambda_{\mathrm{m,HAc}}/c^{\ominus}$ 作图得到一条直线，由直线的截距和斜率可以求得 HAc 的极限摩尔电导率 $\Lambda_{\mathrm{m,HAc}}^{\infty}$ 和标准解离平衡常数 $K^{\ominus}$。

【仪器与试剂】

1. 仪器

指针式 DDS-11A 型电导率仪 1 台、超级恒温槽 1 台、电导池一个、铂黑电极 1 支、10mL 移液管 2 根、洗耳球 1 个、滤纸。

2. 试剂

$0.1000\mathrm{mol \cdot L^{-1}}$ HAc 溶液、蒸馏水。

【实验步骤】

① 根据实验室温度情况，设定超级恒温槽的温度，如 25℃。

② 开启 DDS-11A 型电导率仪，将浸泡于蒸馏水中的铂黑电极取出，用蒸馏水淋洗后用滤纸吸干电极上的水（不能用力擦拭）。

③ 用 10mL 移液管分两次向洁净、干燥的电导池中加入 20mL 的 $0.1000\mathrm{mol \cdot L^{-1}}$ 醋酸溶液，

待电导池中的溶液在恒温槽中恒温 10min 后，插入铂黑电极（直到所有 HAc 溶液电导率测定完才能离开电导池）测定其电导率。指针式 DDS-11A 型电导率仪的使用方法参见第 5 章 5.1.3。

④ 用移取醋酸溶液的移液管从电导池中准确吸出 10mL 溶液弃于废液回收瓶，再用另一支洁净的移液管吸取 10mL 蒸馏水注入电导池中，混合均匀（不得用溶液中的电极搅拌），待溶液在恒温槽中恒温 10min 后，测其电导率。

⑤ 用上一步中相同的方法，再对溶液稀释 3 次并测出每次稀释后 HAc 溶液的电导率。

⑥ 从电导池中小心取出电极经蒸馏水洗净、干燥后备用，将电导池中的 HAc 溶液倒入废液回收瓶后用蒸馏水洗净电导池。用蒸馏水移液管向电导池中注入 20mL 蒸馏水，插入铂黑电极，待电导池中的蒸馏水在恒温槽中恒温 10min 后，测其电导率。

⑦ 测量结束后，取出电极并浸泡在指定的盛蒸馏水的容器中，关闭仪器电源、拔下插座。整理实验桌面、搞好实验室卫生。

【实验记录和数据处理】

1. 记录实验室室温、实验室大气压和蒸馏水的电导率。将实验所测不同浓度醋酸溶液的电导率数据列于表 17-1。

实验室室温_____℃；实验室大气压_____Pa；κ_{H_2O} = _____ $\times 10^{-4} S\cdot m^{-1}$。

表 17-1　不同浓度醋酸溶液的电导率

浓度 $c/mol\cdot m^{-3}$					
$\kappa_{溶液} \times 10^4/S\cdot m^{-1}$					
$\kappa_{HAc} \times 10^4/S\cdot m^{-1}$					
$\Lambda_{m,HAc} \times 10^4/S\cdot m^2\cdot mol^{-1}$					
$\Lambda_{m,HAc}^{-1} \times 10^{-3}/mol\cdot m^{-2}\cdot S^{-1}$					
$(c\Lambda_{m,HAc}/c^{\ominus}) \times 10^4/S\cdot m^2\cdot mol^{-1}$					

2. 根据式 (17-5) 和式 (17-4) 计算不同浓度醋酸的电导率 κ_{HAc} 及摩尔电导率 $\Lambda_{m,HAc}$，并进一步计算 $1/\Lambda_{m,HAc}$ 和 $c\Lambda_{m,HAc}/c^{\ominus}$ 值，结果列于表 17-1。

3. 以 $1/\Lambda_{m,HAc}$ 对 $c\Lambda_{m,HAc}/c^{\ominus}$ 作图，根据所得直线的截距和斜率，计算 HAc 的极限摩尔电导率 $\Lambda_{m,HAc}^{\infty}$ 和标准解离平衡常数 $K^{\ominus}$，并与附表 15 的数据比较，计算误差。

4. 依据 25℃ 时，无限稀释溶液中氢离子和醋酸根离子的极限摩尔电导率数据 Λ_{m,H^+}^{∞} = 349.82 × $10^{-4} S\cdot m^2\cdot mol^{-1}$，$\Lambda_{m,Ac^-}^{\infty}$ = 40.9 × $10^{-4} S\cdot m^2\cdot mol^{-1}$，计算醋酸的理论极限摩尔电导率 $\Lambda_{m,HAc,理论}^{\infty}$，与实验值比较，计算实验误差。

【注意事项】

1. 温度对电导率影响较大，整个实验必须在同一温度下进行。每次用蒸馏水稀释后，必须在溶液恒定后才能测量。也可以预先将蒸馏水装入锥形瓶，在恒温槽中恒温，实验中一经稀释就可以马上测量溶液的电导率，以缩短实验时间。

2. 为避免实验过程中操作不当导致因溶液浓度产生的误差，测定前的电极和电导池必须洁净且干燥，同时，电极一旦放入溶液，则在整个 HAc 溶液电导率测量过程中不得离开电导池。

3. 两支移液管应贴上标签，以免实验过程中移液时用错。

4. 实验测量结束时，应将电极浸泡在蒸馏水中，以免因干燥致使表面发生变化。

【思考题】

1. 实验过程中为什么要测定蒸馏水的电导率？
2. 电解质溶液的电导率与哪些因素有关？
3. 电解质溶液的电导率、摩尔电导率随着温度变化的规律如何？解释其原因。
4. 实验中为何用镀铂黑电极？使用时应该注意哪些事项？

【实验拓展与讨论】

除了测定弱电解质的解离平衡常数外，电导法还可用于测定难溶盐的溶解度、中和滴定和沉淀滴定等。这里简单介绍电导法测定难溶盐的溶解度的基本原理。

因为难溶盐（这里以 $PbSO_4$ 为例）在水中的溶解度极小，所以难溶盐的饱和溶液可以看作是无限稀释时的溶液，饱和溶液的摩尔电导率与无限稀释时溶液的电导率近似相等，即 $\Lambda_{m,PbSO_4} \approx \Lambda_{m,PbSO_4}^{\infty}$。极限摩尔电导率 $\Lambda_{m,PbSO_4}^{\infty}$ 可以从文献中直接查阅或者可以根据柯尔劳施离子独立运动定律得出。

同样，通过测量一定温度下纯水的电导率和 $PbSO_4$ 饱和溶液的电导率，可以得到溶质 $PbSO_4$ 的电导率 $\kappa_{PbSO_4} = \kappa_{溶液} - \kappa_{H_2O}$，从而根据下式计算出 $PbSO_4$ 的溶解度

$$c = \frac{\kappa_{PbSO_4}}{\Lambda_{m,PbSO_4}}$$

实验18　可逆原电池电动势的测定及其应用

【实验目的】

1. 掌握用对消法测定可逆电池电动势的原理。
2. 学会盐桥和几种电极的制备方法。
3. 掌握电位差计的测量原理及其使用方法。
4. 掌握用测定原电池电动势的方法，计算电极的电极电势、电解质溶液的离子平均活度系数、难溶盐 AgCl 的溶度积常数 $K_{sp}^{\ominus}$ 和溶液的 pH 值等。

【实验原理】

将化学能转变为电能的装置称为原电池。在原电池反应过程中，正极上发生还原反应，负极上发生氧化反应，电池反应是正、负电极反应的总和。人们习惯采用图式法来表示某个原电池，例如最简单的可逆电池——铜-锌原电池（常称为丹尼尔电池，Daniell cell）可用下式表示

$$(-)Zn(s)|ZnSO_4(b_1)\|CuSO_4(b_2)|Cu(s)(+)$$

原电池的电动势 E 等于正、负两个电极的电极电势之差，即

$$E = E_+ - E_-$$

式中，E_+ 和 E_- 分别代表正、负电极的电极电势。电极电势的绝对值无法测定，因此在电

化学中，电极电势是以某一已知电极为标准而得出的相对值。现在国际上采用标准氢电极（氢气压力为 $100kPa$，溶液中氢离子活度 a_{H^+} 为 1）作为标准电极，其电极电势规定为零，将标准氢电极（作负极）与待测电极（作正极）组成原电池，所测得电池的电动势就是待测电极的电极电势。实际应用时，由于氢电极的使用条件比较苛刻，所以常把具有稳定电极电势的电极（如甘汞电极、银-氯化银电极等）作为参比电极。实验时若用饱和甘汞电极作参比电极，其电极电势与温度 $t(℃)$ 的关系为

$$E_{饱和甘汞}=0.2412-6.61\times10^{-4}(t-25)-1.75\times10^{-6}(t-25)^2-9.16\times10^{-10}(t-25)^3 \quad (18\text{-}1)$$

电池电动势的测量必须在可逆条件下进行。首先要求电池反应本身必须可逆，其次要求电池必须在可逆情况下工作，即充电和放电过程都必须在准平衡态下进行，此时只允许有无限小的电流通过电池。因此，需采用对消法来测定电动势，以确保测量过程中通过待测电池的电流趋向于零。对消法测量的原理是，在待测电池上并联一个与之大小相等、方向相反的外加电势差，这样待测电池中通过的电流 $I\to0$，外加电势差的大小等于待测电池的电动势。

对消法测定原电池电动势常用的仪器为电位差计。本实验主要包括测定电极的电极电势、电解质溶液的离子平均活度系数、难溶盐 AgCl 的溶度积常数 $K_{sp}^{\ominus}$ 和溶液的 pH 值等。

1. 测定电极的电极电势原理

要测定一定浓度 $CuSO_4$ 溶液中铜电极的实际电极电势和铜电极的标准电极电势，可以将铜电极与饱和氯化钾甘汞电极构成如下原电池

$$Pt|Hg(l)\text{-}Hg_2Cl_2(s)|KCl(饱和)\|CuSO_4(0.1000mol\cdot kg^{-1})|Cu(s)$$

该原电池的正、负极反应分别为

正极 $\qquad\qquad\qquad\qquad\qquad Cu^{2+}+2e^-\longrightarrow Cu(s)$

负极 $\qquad\qquad\qquad\qquad 2Hg(l)+2Cl^-\longrightarrow Hg_2Cl_2(s)+2e^-$

电池电动势为

$$E=E_{Cu^{2+}/Cu}-E_{饱和甘汞}=E_{Cu^{2+}/Cu}^{\ominus}+\frac{RT}{2F}\ln a_{Cu^{2+}}-E_{饱和甘汞} \quad (18\text{-}2)$$

式中，测量温度下的 $E_{饱和甘汞}$ 由式(18-1)可以计算，$a_{Cu^{2+}}=\gamma_{\pm,CuSO_4}(b_{Cu^{2+}}/b^{\ominus})$，$\gamma_{\pm,CuSO_4}$ 为质量摩尔浓度为 $0.1000mol\cdot kg^{-1}$ 的 $CuSO_4$ 溶液的离子平均活度系数，可参见附表38。

因此，在一定温度下测定原电池电动势 E，由式(18-2)既可以计算该温度下，当 $CuSO_4$ 质量摩尔浓度为 $0.1000mol\cdot kg^{-1}$ 时铜电极的实际电极电势 $E_{Cu^{2+}/Cu}$，又可以计算铜电极的标准电极电势 $E_{Cu^{2+}/Cu}^{\ominus}$。

2. 测定电解质溶液的离子平均活度系数原理

测定电解质溶液的离子平均活度系数，方法与测定电极的电极电势相同。例如，要测定 25℃时质量摩尔浓度为 $0.1000mol\cdot kg^{-1}$ $AgNO_3$ 溶液的离子平均活度系数，可以将银电极与饱和氯化钾甘汞电极构成如下原电池

$$Pt|Hg(l)\text{-}Hg_2Cl_2(s)|KCl(饱和)\|AgNO_3(0.1000mol\cdot kg^{-1})|Ag(s)$$

该原电池的正、负极反应分别为

正极 $\qquad\qquad\qquad\qquad\qquad Ag^++e^-\longrightarrow Ag(s)$

负极 $\qquad\qquad\qquad\qquad Hg(l)+Cl^-\longrightarrow\frac{1}{2}Hg_2Cl_2(s)+e^-$

电池电动势为

$$E=E_{Ag^+/Ag}-E_{饱和甘汞}=E_{Ag^+/Ag}^{\ominus}+\frac{RT}{F}\ln a_{Ag^+}-E_{饱和甘汞} \tag{18-3}$$

将 $a_{Ag^+}=\gamma_{\pm,AgNO_3}(b_{Ag^+}/b^{\ominus})$ 代入上式，整理得

$$\ln\gamma_{\pm,AgNO_3}=\frac{E+E_{饱和甘汞}-E_{Ag^+/Ag}^{\ominus}}{RT/F}-\ln(b_{Ag^+}/b^{\ominus}) \tag{18-4}$$

在 25℃时测定原电池电动势 E，该温度下的 $E_{饱和甘汞}$ 由式（18-1）可以计算出，银电极的标准电极电势 $E_{Ag^+/Ag}^{\ominus}$ 可以参见附表 34，由式（18-4）可以计算 25℃时质量摩尔浓度为 $0.1000\ mol\cdot kg^{-1}\ AgNO_3$ 溶液的离子平均活度系数 $\gamma_{\pm,AgNO_3}$。

3. 测定难溶盐 AgCl 溶度积常数 $K_{sp}^{\ominus}$ 的原理

测定金属难溶盐的溶度积常数，可以将该金属难溶盐的第二类电极与金属的第一类电极构成原电池。例如，要测定难溶盐 AgCl 溶度积常数，将银-氯化银电极与银电极设计成如下原电池

$$Ag(s)\text{-}AgCl(s)|HCl(0.1000\ mol\cdot kg^{-1})\|AgNO_3(0.1000\ mol\cdot kg^{-1})|Ag(s)$$

该原电池的正、负极反应分别为

正极 $$Ag^++e^-\longrightarrow Ag(s)$$
负极 $$Ag(s)+Cl^-\longrightarrow AgCl(s)+e^-$$

电池电动势为

$$E=E_{Ag^+/Ag}-E_{AgCl(s)/Ag}=E^{\ominus}+\frac{RT}{F}\ln(a_{Ag^+}a_{Cl^-}) \tag{18-5}$$

将 $E^{\ominus}=-(RT/F)\ln K_{sp}^{\ominus}$，$a_{Ag^+}=\gamma_{\pm,AgNO_3}(b_{Ag^+}/b^{\ominus})$ 和 $a_{Cl^-}=\gamma_{\pm,HCl}(b_{Cl^-}/b^{\ominus})$ 代入上式，整理得

$$\ln K_{sp}^{\ominus}=\ln\gamma_{\pm,AgNO_3}+\ln(b_{Ag^+}/b^{\ominus})+\ln\gamma_{\pm,HCl}+\ln(b_{Cl^-}/b^{\ominus})-\frac{EF}{RT} \tag{18-6}$$

式中，$\gamma_{\pm,AgNO_3}$ 和 $\gamma_{\pm,HCl}$ 分别为质量摩尔浓度为 $0.1000\ mol\cdot kg^{-1}\ AgNO_3$ 溶液和 HCl 溶液的离子平均活度系数，可参见附表 38。

所以，测定一定温度下原电池的电动势 E，由式（18-6）可以计算难溶盐 AgCl 在该温度下的溶度积常数 $K_{sp}^{\ominus}$。

4. 测定溶液 pH 值的原理

将含有待测溶液的指示电极（如氢电极、醌氢醌电极和玻璃电极等）与参比电极（如甘汞电极、银-氯化银电极）组成电池，测出电池电动势就可计算待测溶液的 pH 值。这里以醌氢醌（Q·QH₂）电极为例加以讨论。

Q·QH₂ 是醌（Q）与氢醌（QH₂）的等摩尔混合物，它在水中溶解度很小，在水溶液中发生部分解离

$$(Q\cdot QH_2) \qquad (Q) \qquad (QH_2)$$

解离产物 Q 和 QH_2 的浓度很低且相等，所以可以近似认为 $a_Q = a_{QH_2}$。在待测 pH 值的溶液中溶解 $Q \cdot QH_2$，溶解达饱和后，插入一只光亮 Pt 电极（仅作导电用）就构成了 $Q \cdot QH_2$ 电极，电极反应为

$$Q + 2H^+ + 2e^- \longrightarrow QH_2$$

其电极电势能斯特方程为

$$E_{Q/QH_2} = E_{Q/QH_2}^\ominus - \frac{RT}{2F} \ln \frac{a_{QH_2}}{a_Q a_{H^+}^2} = E_{Q/QH_2}^\ominus + \frac{RT}{F} \ln a_{H^+} \tag{18-7}$$

因为在稀溶液中 $a_{H^+} = c_{H^+}$，上式改写为

$$E_{Q/QH_2} = E_{Q/QH_2}^\ominus - \frac{2.303RT}{F} pH \tag{18-8}$$

用 $Q \cdot QH_2$ 电极与饱和甘汞电极构成的原电池为

Pt｜Hg(l)-Hg_2Cl_2(s)｜饱和 KCl 溶液‖$Q \cdot QH_2$饱和的待测 pH 溶液(H^+)｜Pt

其电动势为

$$E = E_{Q/QH_2} - E_{饱和甘汞} = E_{Q/QH_2}^\ominus - \frac{2.303RT}{F} pH - E_{饱和甘汞} \tag{18-9}$$

则

$$pH = \frac{E_{Q/QH_2}^\ominus - E - E_{饱和甘汞}}{2.303RT/F} \tag{18-10}$$

式中，$Q \cdot QH_2$ 电极的标准电极电势与温度 $t/℃$ 的关系为

$$E_{Q/QH_2}^\ominus / V = 0.6994 - 7.4 \times 10^{-4}(t - 25) \tag{18-11}$$

饱和甘汞电极的电极电势与温度 $t(℃)$ 的关系参见式(18-1)，测得一定温度下原电池的电动势 E，计算出该温度下 $Q \cdot QH_2$ 电极的标准电极电势和饱和甘汞电极的电极电势，利用式(18-10) 可以求得该温度下待测溶液的 pH 值。由于 $Q \cdot QH_2$ 在碱性溶液中易氧化，待测溶液的 pH 值不超过 8.5。

【仪器与试剂】

1. 仪器

SDC 数字电位差计 1 台、超级恒温槽 1 台、恒温夹套烧杯 2 只、电镀装置 1 套、银电极 2 只、银-氯化银电极 1 只、铜电极 1 只、铂电极 2 只、饱和甘汞电极 1 只、毫安表 1 只、盐桥数只、金相砂纸和 U 形玻璃管数根。

2. 试剂

HCl 溶液（$0.1000 mol \cdot kg^{-1}$）、$AgNO_3$ 溶液（$0.1000 mol \cdot kg^{-1}$）、$CuSO_4$ 溶液（$0.1000 mol \cdot kg^{-1}$）、镀银溶液、镀铜溶液、pH 值未知的溶液、HCl 溶液（$1 mol \cdot L^{-1}$）、稀 HNO_3 溶液（1∶3）、稀 H_2SO_4 溶液、KNO_3 饱和溶液、KCl 饱和溶液、琼脂（化学纯）和醌氢醌（固体）。

【实验步骤】

1. 盐桥的制备

室温下，在 50mL 饱和 KNO_3 溶液中加入 1g 琼脂，浸泡片刻，再缓慢加热至沸腾，待琼脂全部溶解后稍加冷却，趁热将其灌入洁净的 U 形管中，U 形管中以及管的两端不能留

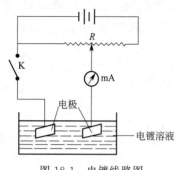

图 18-1 电镀线路图

有气泡，冷却凝固成冻胶固定在管内后即可使用。

2. 电极的制备

① 铜电极的制备。将铜电极在 1:3 的稀硝酸中浸洗至露出新鲜的金属光泽，取出后用蒸馏水冲淋干净，作电镀池的负极，以另一铜板作正极在镀铜液中电镀（每升镀铜液中含 125g $CuSO_4 \cdot 5H_2O$、25g H_2SO_4、50mL 乙醇），线路见图 18-1。控制电流为 20mA 左右，电镀 20min，得表面呈红色的 Cu 电极，取出铜电极，用蒸馏水淋洗后插入 0.1000mol·kg^{-1} $CuSO_4$ 溶液中备用。

② 银电极的制备。将两只欲镀的银电极用细砂纸轻轻打磨至露出新鲜的金属光泽，再用蒸馏水洗净。将欲用的两只 Pt 电极浸入稀硝酸溶液中片刻，取出用蒸馏水洗净。将洗净的电极分别插入盛镀银液（镀液组成为 100mL 水中加 1.5g 硝酸银和 1.5g 氰化钠）的小瓶中，按图 18-1 接好线路，并将两个小瓶串联，控制电流为 0.3mA，镀 1h，得白色紧密的镀银电极两只。考虑实验室安全与环保，一般可选用市售的成品银电极。

③ 银-氯化银电极的制备。将上面制成的一支银电极用蒸馏水洗净，作为正极，以 Pt 电极作负极，在约 1mol·L^{-1} 的 HCl 溶液中电镀，线路见图 18-1。控制电流为 2mA 左右，镀 30min，可得呈紫褐色的 Ag-AgCl 电极，该电极不用时应保存在 KCl 溶液中，贮藏于暗处。

④ 醌氢醌电极的制备。将少量醌氢醌固体加入 pH 待测的未知溶液中，搅拌使醌氢醌溶解达到饱和，再插入干净的铂电极。

3. 电动势的测定

① 实验采用 SDC 数字电位差计测量以下四个原电池的电动势，SDC 数字电位差综合测试仪的使用方法参见第 5 章 5.2.2 的详细内容。

a. Pt|Hg(l)-Hg$_2$Cl$_2$(s)|KCl(饱和)‖CuSO$_4$(0.1000mol·kg^{-1})|Cu(s)

b. Pt|Hg(l)-Hg$_2$Cl$_2$(s)|KCl(饱和)‖AgNO$_3$(0.1000mol·kg^{-1})|Ag(s)

c. Ag(s)-AgCl(s)|HCl(0.1000mol·kg^{-1})‖AgNO$_3$(0.1000mol·kg^{-1})|Ag(s)

d. Pt|Hg(l)-Hg$_2$Cl$_2$(s)|饱和 KCl 溶液‖Q·QH$_2$饱和的待测 pH 溶液(H$^+$)|Pt

② 实验结束后，关闭仪器电源、拔下插座，必须将所用电极放回原处，把盐桥放入指定容器内，将盛放电解质溶液的试剂瓶按类整齐摆放。整理实验桌面、搞好实验室卫生。

【实验记录和数据处理】

1. 记录实验室室温、实验室大气压。将实验所测四个原电池的电动势数据列于表 18-1。

实验室室温＿＿＿＿＿＿＿＿＿＿＿＿℃；实验室大气压＿＿＿＿＿＿＿＿＿＿Pa。

表 18-1 原电池电动势

原电池	a	b	c	d
电动势 E/V				

2. 根据原电池 a 的电动势测量数据和附表 38 数据，计算当 $CuSO_4$ 质量摩尔浓度为 0.1000mol·kg^{-1} 时铜电极的实际电极电势 $E_{Cu^{2+}/Cu}$ 和铜电极的标准电极电势 $E^{\ominus}_{Cu^{2+}/Cu}$。

3. 根据原电池 b 的电动势测量数据，计算 25℃时质量摩尔浓度为 $0.1000\,mol\cdot kg^{-1}$ $AgNO_3$ 溶液的离子平均活度系数 $\gamma_{\pm,AgNO_3}$。

4. 根据原电池 c 的电动势测量数据，计算难溶盐 AgCl 在实验温度条件下的溶度积常数 $K_{sp}^{\ominus}$。

5. 根据原电池 d 的电动势测量数据，计算实验温度条件下待测溶液的 pH 值。

【注意事项】

1. 电极制备时，防止将正、负极接错，应严格控制电镀时的电流和电镀时间。同样，测定电动势时，必须用电源线将原电池的正、负极与电动势测试仪的正、负极插座对应连线。

2. 使用盐桥组装原电池时，盐桥两个底端务必浸入两个对应的电解质溶液中。实验结束放回盐桥时，应注意 U 形管两端的标识，放到指定的对应容器中。

3. 在使用饱和甘汞电极时，应检查电极内是否充满饱和氯化钾溶液，不满时应及时加注，使用电极测量时应取下电极下方的封帽。

4. 对所用电极的电极电势（或标准电极电势）大小范围应事先查阅资料，做到心中有数，以便估算所测原电池的电动势大小范围，测试时可以有的放矢地调节电位差旋钮，以免测量过程中调试的"电位指示"数值与被测电动势值相差甚远，仪器"检零指示"始终显示溢出符号"OU.L"，影响实验进程。

【思考题】

1. 可逆电池应具备什么条件？测量过程中电极极化属于哪种类型？采取什么措施可以减小电极极化现象的发生？

2. 实验中为什么不用标准氢电极作参比电极？参比电极应具备哪些条件？它在电动势测定过程中起什么作用？

3. 测量电池电动势时为什么要用盐桥？盐桥中的电解质在选取时有什么原则？

4. 实验中调节到"检零指示"显示为"0000"读数后，若不断开接线，稍微隔段时间"检零指示"显示不为"0000"，这是为什么？

5. 实验过程中若不慎将原电池的正、负极与电动势测试仪的正、负极插座接反了，会出现什么实验现象？

【实验拓展与讨论】

1. 盐桥的作用。为减小液体接界电势，通常在两液体之间连接上一个称为"盐桥"的高浓度的电解质溶液。这个电解质的阴、阳离子的迁移数必须尽可能接近。在所有电解质中 KCl 中的 K^+ 和 Cl^- 的迁移数最为接近，所以饱和 KCl 溶液最为适合。但是，值得注意的是，盐桥中的电解质不能与连接的两液体中的任何一种溶液发生化学反应，例如对于 $AgNO_3$ 溶液而言，就不能用 KCl 溶液作盐桥，而应改用其他合适的电解质溶液，如 NH_4NO_3 溶液或 KNO_3 溶液。

2. 通过测定原电池电动势，可以计算电池反应的 $\Delta_r G_m$、$\Delta_r S_m$、$\Delta_r H_m$ 和 $Q_{r,m}$。例如，对于本实验中的原电池 b，只要测定原电池在不同温度 T 下的电动势 E，用 E 对 T 作图，由图中曲线求出各温度下的电动势 E 和温度系数 $(\partial E/\partial T)_p$，便可用下列公式计算电池反应在完成反应进度为 1mol 时的 $\Delta_r G_m$、$\Delta_r S_m$、$\Delta_r H_m$ 和 $Q_{r,m}$：$\Delta_r H_m=-FE+FT$ $(\partial E/\partial T)_p$、$\Delta_r G_m=-FE$、$\Delta_r S_m=F(\partial E/\partial T)_p$ 和 $Q_{r,m}=FT(\partial E/\partial T)_p$。

3. 测量可逆电池的电动势只能采用对消法而不能直接用伏特计的根本原因是，伏特计测量电动势（或称为电压降）的原理是电路中要有电流通过（$E=IR$），这与可逆电池的条件之一（电池中通过的电流 $I \to 0$）不相符。

4. 若实验中采用 UJ-25 型电位差计测量原电池的电动势，可以参见第 5 章 5.2.1。

实验 19　电动势法测定电解质溶液的活度系数

【实验目的】

1. 掌握用电动势法测定电解质溶液平均离子活度系数的基本原理和方法。
2. 通过实验加深对活度、活度系数、平均活度、平均活度系数等概念的理解。
3. 掌握电化学工作站的测量原理及其使用方法。
4. 学会应用外推法处理实验数据。

【实验原理】

由于电解质溶液解离出的正、负离子间存在静电引力作用，即使在溶液很稀时这种作用仍然不可忽视，所以电解质溶液往往对理想溶液产生较大的偏离，成为真实溶液。对于真实溶液、真实液态混合物，通过引入活度 a 和活度系数 γ 的概念来修正其对理想溶液、理想液态混合物的偏差。活度和活度系数的化学势定义分别为

$$\mu_B = \mu_B^{\ominus} + RT\ln a_B \tag{19-1}$$

$$\mu_B = \mu_B^{\ominus} + RT\ln\left(\gamma_B \frac{b_B}{b^{\ominus}}\right) \tag{19-2}$$

显然，有

$$a_B = \gamma_B \frac{b_B}{b^{\ominus}} \tag{19-3}$$

式中，μ_B、$\mu_B^{\ominus}$ 为真实溶液（或真实液态混合物）中组分 B 的化学势和标准化学势；a_B、γ_B 为组分 B 的活度和活度系数；b_B 为组分 B 的质量摩尔浓度，$mol \cdot kg^{-1}$；$b^{\ominus}$ 为标准质量摩尔浓度，其值为 $1 mol \cdot kg^{-1}$。理想溶液中各组分的活度系数 γ_B 为 1，极稀的真实溶液（$b \to 0$）中活度系数 $\gamma_B \to 1$。

电解质 $A_{\nu_+} B_{\nu_-}$ 在水溶液中解离为 ν_+ 个阳离子（A^{z_1+}）和 ν_- 个阴离子（B^{z_2-}），单个阴、阳离子的活度（a_- 和 a_+）与它们的平均活度 $a_{\pm}$ 关系为

$$a_{\pm} = (a_+^{\nu_+} a_-^{\nu_-})^{1/\nu} \tag{19-4}$$

同样，离子的平均活度系数和平均质量摩尔浓度定义为

$$\gamma_{\pm} = (\gamma_+^{\nu_+} \gamma_-^{\nu_-})^{1/\nu} \tag{19-5}$$

$$b_{\pm} = (b_+^{\nu_+} b_-^{\nu_-})^{1/\nu} \tag{19-6}$$

式中，$\nu = \nu_+ + \nu_-$。离子的平均活度 $a_{\pm}$、平均活度系数 $\gamma_{\pm}$ 和平均质量摩尔浓度 $b_{\pm}$ 三者之

间的关系为

$$\gamma_{\pm} = \frac{a_{\pm}}{b_{\pm}/b^{\ominus}} \tag{19-7}$$

在电解质溶液中引入平均活度 $a_{\pm}$ 和平均活度系数 $\gamma_{\pm}$ 的概念,是因为电解质溶液中阴、阳离子是同时共存的,尚没有测定单个离子的活度和活度系数的实验方法,而平均活度和平均活度系数是可以通过实验测定求得的。

电解质溶液活度系数是溶液热力学研究的重要参数,其测量方法主要有电导法、气液相色谱法、紫外分光光度法、凝固点下降法、溶解度法和电动势法等。本实验采用电动势法测定 $ZnCl_2$ 溶液的平均活度系数,其方法是将浸泡在 $ZnCl_2$ 溶液中的锌电极与甘汞电极构成如下单液电池

$$Zn(s) \mid ZnCl_2(b) \parallel Hg_2Cl_2(s)\text{-}Hg(l) \mid Pt(s)$$

该电池的电池反应为

$$Zn(s) + Hg_2Cl_2(s) \longrightarrow 2Hg(l) + Zn^{2+}(a_+) + 2Cl^-(a_-)$$

其电动势能斯特方程为

$$
\begin{aligned}
E &= E_{甘汞} - E_{Zn^{2+}/Zn} = E^{\ominus} - \frac{RT}{2F}\ln(a_+ a_-^2) = E^{\ominus} - \frac{RT}{2F}\ln a_{\pm}^3 \\
&= E^{\ominus} - \frac{RT}{2F}\ln[(b_{\pm}/b^{\ominus})^3 \gamma_{\pm}^3] \\
&= E^{\ominus} - \frac{RT}{2F}\ln[(b_+/b^{\ominus})^1(b_-/b^{\ominus})^2] - \frac{3RT}{2F}\ln\gamma_{\pm}
\end{aligned} \tag{19-8}
$$

式中,$E^{\ominus} = E_{甘汞}^{\ominus} - E_{Zn^{2+}/Zn}^{\ominus}$,为电池的标准电动势。

对于质量摩尔浓度为 $b(\text{mol·kg}^{-1})$ 的 $ZnCl_2$ 溶液,其离子强度 $I(\text{mol·kg}^{-1})$ 为

$$I = \frac{1}{2} \times [b \cdot 2^2 + 2b \cdot (-1)^2] = 3b$$

由德拜-休克尔公式,得

$$\lg\gamma_{\pm} = -A\sqrt{I} = -A\sqrt{3b} = \frac{\ln\gamma_{\pm}}{2.303} \tag{19-9}$$

即

$$\ln\gamma_{\pm} = -2.303A\sqrt{3b} \tag{19-10}$$

式中,A 为常数。将上式及 $b_+ = b$、$b_- = 2b$ 一起代入式(19-8),整理得

$$E + \frac{RT}{2F}\ln[4(b/b^{\ominus})^3] = E^{\ominus} + \frac{2.303 \times 3\sqrt{3}ART}{2F}\sqrt{b} \tag{19-11}$$

可见,若实验时测量一系列不同质量摩尔浓度 $ZnCl_2$ 溶液的电动势 E,以 $E + \frac{RT}{2F}\ln[4(b/b^{\ominus})^3]$ 对 $\sqrt{b}$ 作图,得一条直线,将此直线外推至 $b \to 0$ 时,截距便是标准电动势 $E^{\ominus}$。

配制溶液时的浓度以物质的量浓度 $c(\text{mol·L}^{-1})$ 计,要将它换算为质量摩尔浓度 b。因为实验中 $ZnCl_2$ 溶液均较稀,所以溶液的体积、密度近似与纯溶剂的体积、密度相等,两种浓度的关系近似为 $b = c/\rho$。其中,ρ 为溶液密度,换算时单位用 kg·L^{-1},实验中用密度计

测得。

【仪器与试剂】

1. 仪器

CHI660C 电化学工作站 1 台、超级恒温槽 1 台、电子天平 1 台、锌电极 1 只、甘汞电极 1 只、带刻度的 10mL 移液管 1 支、标准电池 1 个、100mL 容量瓶 6 只、100mL 烧杯 1 只、密度计 1 支、洗耳球 1 只和细砂纸 2 张。

2. 试剂

$ZnCl_2$(A.R.)、锌片、乙醇、丙酮、稀盐酸、$Hg(NO_3)_2$ 饱和溶液、去离子水。

【实验步骤】

1. 溶液的配制

① 用 100mL 经去离子水清洗的烧杯在电子天平上准确称量 13.6280g 的 $ZnCl_2$ 固体，加入 50mL 左右的去离子水加热溶解，冷却后移入 100mL 容量瓶中，烧杯用少量去离子水洗涤 3 次，把每次洗液移入容量瓶，最后用去离子水定容，配得浓度为 1.0mol·L^{-1} 的 $ZnCl_2$ 标准溶液 100mL。

② 对另 6 只 100mL 容量瓶用去离子水清洗后编号，根据将要配制溶液浓度的大小移取所需的 1.0mol·L^{-1} 的 $ZnCl_2$ 标准溶液至 5 个容量瓶中，然后用去离子水定容，配制浓度分别为 0.01mol·L^{-1}、0.02mol·L^{-1}、0.05mol·L^{-1}、0.1mol·L^{-1} 和 0.2mol·L^{-1} 的 $ZnCl_2$ 标准溶液各 100mL。

2. 恒温槽温度设定

依据实验室室温情况，设定恒温槽温度，如 25℃。

3. 溶液密度的测定

对 5 种不同浓度的 $ZnCl_2$ 标准溶液在恒温槽中恒温，待温度恒定后用密度计测量各溶液的密度。

4. 锌电极的处理

① 将锌电极用细砂纸打磨至光亮，用乙醇、丙酮等除去电极表面的油污，再用稀盐酸浸泡片刻，除去表面的氧化物。

② 取出电极，用蒸馏水冲洗干净，浸泡在 $Hg(NO_3)_2$ 饱和溶液中 2~3s，迅速取出电极并用蒸馏水冲洗干净，备用。

5. 电动势的测定

① 打开电化学工作站，预热 5min 后用标准电池对电化学工作站进行校正。

② 将配制的 $ZnCl_2$ 标准溶液，按由稀到浓的次序分别装入电池管恒温。将锌电极和甘汞电极分别插入装有 $ZnCl_2$ 溶液的电池管中，用电化学工作站分别测定各种 $ZnCl_2$ 浓度时电池的电动势。

③ 实验结束后，关闭仪器电源，将电极、容量瓶、移液管等洗净，备用。整理实验桌面、搞好实验室卫生。

【实验记录和数据处理】

1. 记录实验室室温、实验室大气压。将实验所测不同浓度 $ZnCl_2$ 溶液的密度、电动势等数据列于表 19-1。

实验室室温_____℃；实验室大气压_____Pa。

表 19-1　不同浓度 ZnCl₂溶液的密度、电池电动势

$c/\text{mol}\cdot\text{L}^{-1}$	$\rho/\text{kg}\cdot\text{L}^{-1}$	$b/\text{mol}\cdot\text{kg}^{-1}$	E/V	$E+\dfrac{RT}{2F}\ln\left[4(b/b^{\ominus})^3\right]$	$\sqrt{b}$

2. 以 $E+\dfrac{RT}{2F}\ln\left[4(b/b^{\ominus})^3\right]$ 为纵坐标、$\sqrt{b}$ 为横坐标作图，将所得直线外推至 $b\to0$ 时，由直线的截距求出标准电动势 $E^{\ominus}$。

3. 由求出的标准电动势 $E^{\ominus}$、实验测得的不同浓度 ZnCl₂ 溶液的密度和电动势数据，代入式(19-8)，计算当 ZnCl₂ 溶液浓度为 $0.05\,\text{mol}\cdot\text{L}^{-1}$ 和 $0.2\,\text{mol}\cdot\text{L}^{-1}$ 时离子的平均活度 $a_{\pm}$ 和平均活度系数 $\gamma_{\pm}$。

【注意事项】

1. 测定电动势时，注意电池的正、负极不能接反。

2. 锌电极要仔细打磨、处理干净并进行汞齐化后方可使用，否则会影响实验结果。

3. 在配制 ZnCl₂ 溶液时，若出现浑浊是因为 Zn^{2+} 水解造成的，可加入少量的稀硫酸溶解并抑制水解作用。

4. 数据处理时应注意浓度换算过程中的单位问题。

【思考题】

1. 为什么可用电动势法测定 ZnCl₂ 溶液的平均离子活度系数？

2. 配制溶液时水中若含有 Cl^{-}，对测定的 E 值有何影响？

3. 分析可能对本实验造成误差的理论上和实验过程中的原因。

实验 20　氯离子选择性电极的测定及其应用

【实验目的】

1. 了解氯离子选择性电极的基本性能及其测试方法；同时掌握玻璃电极、参比电极等的正确使用方法。

2. 熟悉用氯离子选择性电极测定氯离子浓度的基本原理。

3. 掌握氯离子选择性电极在水质、土壤中氯离子分析的应用。

4. 掌握 pHS-25 型酸度计测量直流毫伏值的使用方法。

【实验原理】

氯离子选择性电极是一种专门用以测定水溶液中氯离子浓度的分析工具，具有结构简单、选择性好、性能稳定、使用方便等特点。目前已广泛应用于水质、土壤、地质、生物、医药、食品等领域。

本实验所用的电极是将 AgCl 和 Ag₂S 的混合沉淀物压成膜片，用塑料管作电极管，采用

全固态成型工艺制备而成,其结构示意图见图 20-1。

1. 电极的电极电势与被测溶液中氯离子浓度的关系

氯离子选择性电极是一种以电位响应为基础的电化学敏感元件,它以 AgCl 作为电化学活性物质,工作原理与 Ag-AgCl 电极相同。当氯离子选择性电极与被测溶液（含有 Cl⁻）接触时,因离子交换而在电极膜片表面形成的膜-液界面上建立了一个具有电势梯度的双电层,因此,电极与溶液之间存在电势差。此时,氯离子选择性电极的电极电势 $E_{AgCl/Ag}$ 与溶液中的氯离子浓度 c_{Cl^-} 的关系,可通过以下方式导出。由电极电势的能斯特方程得

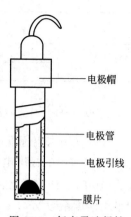

图 20-1　氯离子选择性电极结构示意图

电极帽

电极管

电极引线

膜片

$$E_{AgCl/Ag} = E^{\ominus}_{AgCl/Ag} - \frac{RT}{F}\ln a_{Cl^-} \qquad (20\text{-}1)$$

式中, $E^{\ominus}_{AgCl/Ag}$ 为氯离子选择性电极的标准电极电势; a_{Cl^-} 为被测溶液中氯离子的活度,其值为

$$a_{Cl^-} = \gamma_{Cl^-}\frac{c_{Cl^-}}{c^{\ominus}} \approx \gamma_{\pm}\frac{c_{Cl^-}}{c^{\ominus}} \qquad (20\text{-}2)$$

式中, γ_{Cl^-} 和 $\gamma_{\pm}$ 分别为被测溶液中氯离子的活度系数和被测溶液中正、负离子的平均活度系数（假定正离子的活度系数与负离子的活度系数相等）; $c^{\ominus}$ 为标准物质的量浓度,其值为 1mol·L^{-1}。则

$$E_{AgCl/Ag} = E^{\ominus}_{AgCl/Ag} - \frac{RT}{F}\ln\gamma_{\pm} - \frac{RT}{F}\ln\frac{c_{Cl^-}}{c^{\ominus}} \qquad (20\text{-}3)$$

由德拜-休克尔公式,得

$$\lg\gamma_{\pm} = -A\sqrt{I} \qquad (20\text{-}4)$$

式中, A 为常数; I 为离子强度。测量时固定离子强度,则 $\gamma_{\pm}$ 也为常数,则

$$E_{AgCl/Ag} = m - \frac{RT}{F}\ln\frac{c_{Cl^-}}{c^{\ominus}} \qquad (20\text{-}5)$$

式中, m 为常数,其值为

$$m = E^{\ominus}_{AgCl/Ag} - \frac{RT}{F}\ln\gamma_{\pm} \qquad (20\text{-}6)$$

测量时以饱和甘汞电极（其电极电势为 E_{SCE},温度一定时为常数）为参比电极,与氯离子选择性电极在被测溶液中组成可逆原电池,则该电池的电动势 E 为

$$E = E_{AgCl/Ag} - E_{SCE} = (m - E_{SCE}) - \frac{RT}{F}\ln\frac{c_{Cl^-}}{c^{\ominus}} \qquad (20\text{-}7)$$

简写为

$$E = E^{\ominus} - \frac{RT}{F}\ln\frac{c_{Cl^-}}{c^{\ominus}} \qquad (20\text{-}8)$$

式中, $E^{\ominus} = m - E_{SCE}$,为常数。

因此,电池的电动势 E 与 $\ln(c_{Cl^-}/c^{\ominus})$ 之间呈线性关系。只要测出不同已知浓度 c_{Cl^-} 时的电动势 E,作出 $E\text{-}\ln(c_{Cl^-}/c^{\ominus})$ 图,得到标准工作曲线,就可以此测定待测溶液中氯离子的浓度。同时,可以确定氯离子选择性电极的测量范围,其范围约为 $10^{-1} \sim 10^{-5}\text{mol·L}^{-1}$。

2. 氯离子选择性电极的选择性及选择性系数

电极在使用时常常会受到溶液中其他离子的干扰，这是因为在同一电极膜上，往往可以同时有多种离子进行不同程度的交换。离子选择性电极的最大特点在于对其特定离子具有较好的选择性，受其他离子的干扰较小。离子选择性电极的选择性好坏，一般用选择性系数 k_{ij} 来衡量，其定义为

$$E = E^{\ominus} \pm \frac{RT}{zF} \ln(a_i + k_{ij} a_j^{z_i/z_j}) \tag{20-9}$$

式中，"＋"适用于阳离子选择性电极；"－"适用于阴离子选择性电极；a_i、a_j 分别为被测离子和干扰离子的活度；z_i、z_j 分别为被测和干扰离子所带电荷数；z 为电极反应的得失电子数。例如，应用氯离子选择性电极测定溶液中的氯离子浓度时，溶液中的溴离子是氯离子的干扰离子，上式变为

$$E = E^{\ominus} - \frac{RT}{F} \ln(a_{Cl^-} + k_{Cl^- Br^-} a_{Br^-}) \tag{20-10}$$

显然，k_{ij} 越小，说明 j 离子对被测离子 i 的干扰越小，也代表电极的选择性越好，通常把 k_{ij} 值小于 10^{-3} 者视为无明显干扰。

当 $z_i = z_j$ 时，测定 k_{ij} 最简单的方法是分别溶液法。即在具有相同活度的离子 i 和 j 两个溶液中，分别用 i 离子选择性电极测定溶液的电动势 E_1 和 E_2，那么

$$E_1 = E^{\ominus} \pm \frac{RT}{zF} \ln(a_i + 0)$$

$$E_2 = E^{\ominus} \pm \frac{RT}{zF} \ln(0 + k_{ij} a_j)$$

由于 $a_i = a_j$，故有

$$\Delta E = E_1 - E_2 = \pm \frac{RT}{zF} \ln k_{ij} \tag{20-11}$$

对于阴离子选择性电极，选择性系数为

$$\ln k_{ij} = \frac{(E_1 - E_2)zF}{RT} \tag{20-12}$$

【仪器与试剂】

1. 仪器

pHS-25 型酸度计 1 台、磁力搅拌器 1 台、电子天平 1 台、台秤 1 台、氯离子选择性电极 1 支、饱和甘汞电极 1 支、10mL 移液管 6 支、50mL 移液管 1 支、1000mL 容量瓶 1 只、100mL 容量瓶 10 只、100mL 烧杯 1 只和洗耳球 1 只。

2. 试剂

KCl(A.R.)、KNO₃(A.R.)、0.1% Ca(Ac)₂ 溶液、风干土壤样品、pH＝4.00 的邻苯二甲酸氢钾标准溶液、pH＝6.86 的磷酸氢二钾与磷酸氢二钠溶液和蒸馏水。

【实验步骤】

1. 仪器安装与电极准备

① 按照图 20-2 连接好实验装置。

② 氯离子选择性电极在使用前，先在 0.001mol·L^{-1} 的 KCl 溶液中浸泡活化 1h，然后用蒸馏水充分浸泡。

2. 标准溶液的配制

① 称取一定量的分析纯 KNO_3，在容量瓶中配制 1000mL 0.1mol·L^{-1} 的 KNO_3 标准溶液。

② 称取一定量的分析纯 KCl，在容量瓶中配制 100mL 0.1mol·L^{-1} 的 KCl 标准溶液。

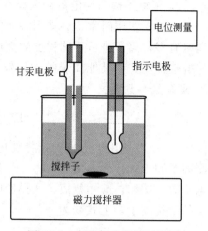

图 20-2　实验仪器装置示意图

③ 取 6 个 100mL 的容量瓶，用移液管移取 0.1mol·L^{-1} 的 KNO_3 标准溶液逐级稀释、定容，配制浓度分别为 5×10^{-2}mol·L^{-1}、1×10^{-2}mol·L^{-1}、5×10^{-3}mol·L^{-1}、1×10^{-3}mol·L^{-1}、5×10^{-4}mol·L^{-1}、1×10^{-4}mol·L^{-1} 的 KCl 标准溶液。

3. 土壤样品的预处理

① 在洁净干燥的烧杯中，用台秤准确称取风干土壤样品质量 m（约 10g，精确到 0.01g），加入 0.1% Ca(Ac)$_2$ 溶液约 100mL，搅动数分钟，静置澄清或过滤。

② 用洁净干燥的 50mL 移液管吸取澄清液 $V = 50$mL，放入洁净干燥的 100mL 烧杯中，待测。

4. 酸度计校正

① 用玻璃电极与参比电极浸于已知 pH 为 4.00 的邻苯二甲酸氢钾标准溶液中，酸度计置于 pH 挡，用定位旋钮调节至数显值为 4.00。

② 将溶液换成 pH 为 6.86 的磷酸氢二钾与磷酸氢二钠标准溶液，用斜率旋钮调至数显值为 6.86。

5. 标准工作曲线测定

① 酸度计置于 E 挡，用蒸馏水清洗氯离子选择性电极与参比电极，用滤纸吸干后将它们浸于待测液中组成电池。

② 分别从稀到浓测量 6 种浓度的 KCl 标准溶液的电动势 E 值。

6. 选择性系数的测定

配制 0.01mol·L^{-1} 的 KCl 和 0.01mol·L^{-1} 的 KNO_3 溶液各 100mL，分别测定它们的电动势值。

7. 土壤中 NaCl 含量的测定

测定土壤澄清液的电动势值。

8. 自来水中氯离子含量的测定

① 称取 0.1011g KNO_3，置 100mL 容量瓶中，用自来水稀释至刻度，测定其电动势值。

② 测试结束后，关闭酸度计电源，将电极、容量瓶、移液管等洗净，氯离子选择性电极应浸泡在蒸馏水中。整理实验桌面、搞好实验室卫生。

【实验记录和数据处理】

1. 记录实验室室温、实验室大气压。将实验所测 KCl 标准溶液在不同浓度时的电动势 E 值数据列于表 20-1。

实验室室温_____℃；实验室大气压_____Pa。

表 20-1　KCl 标准溶液在不同浓度时的电动势 *E*

$c_{KCl}/mol \cdot L^{-1}$						
E/V						
$\ln c_{KCl}/c^{\ominus}$						

2. 以标准溶液的 *E* 值为纵坐标、$\ln(c_{KCl}/c^{\ominus})$ 为横坐标作出 $E\text{-}\ln(c_{KCl}/c^{\ominus})$ 图，得到标准工作曲线。

3. 由步骤 6 测得的电动势和实验室室温数据，计算离子选择性系数 $k_{Cl^-NO_3^-}$。

4. 由步骤 7 测得的电动势数据，从标准工作曲线上查出土壤样品澄清液中氯离子的浓度 c_{Cl^-}，按下式计算风干土壤样品中 NaCl 的质量分数 w。

$$w = \frac{c_{Cl^-}VM_{NaCl}}{1000m} \times 100\%$$

5. 由步骤 8 测得的电动势数据，从标准工作曲线上查出被测自来水中氯离子的浓度。

【注意事项】

1. 氯离子选择性电极使用前应在 $0.001mol \cdot L^{-1}$ 的 KCl 溶液中浸泡活化 1h，然后在蒸馏水中充分浸泡方可使用，以便缩短响应时间并改善线性关系。电极响应膜切勿用手指或尖硬物碰划，以免沾上油污或损坏。使用后应用蒸馏水反复冲洗，延长使用寿命。实验结束时应浸泡在蒸馏水中，长期不用可以洗净干放。

2. 双液接甘汞电极使用前应拔去加在 KCl 溶液小孔处的橡皮塞，并检查里面的 KCl 溶液是否足够。若测定的是 Cl^-，应用饱和 KNO_3 溶液作外盐桥，以防止甘汞电极中的 Cl^- 渗入被测溶液。

3. 安装电极时，两支电极避免彼此接触，也不应碰及杯壁或杯底。

4. 实验中测出的电势值需反号。

【思考题】

1. 氯离子选择性电极的测量范围是如何确定的？被测溶液中氯离子浓度过低或过高对测量结果有什么影响？

2. 配制不同浓度 KCl 标准溶液时，为什么要用 $0.1\ mol \cdot L^{-1}$ 的 KNO_3 标准溶液稀释和定容？

3. 在使用选择性系数时应注意哪些问题？$\ln k_{ij} \geqslant 1$ 或 $\ln k_{ij} = 1$ 分别说明什么问题？

4. 为什么测量时使用双盐桥的甘汞电极作参比电极对实验结果更好？

【拓展与讨论】

离子选择性电极是最常用的电极之一，它具有以下基本特征。

① 选择性。在同一电极膜上，可以有多种离子进行程度不同的交换，故膜的响应没有专一性而只有相对的选择性。电极对不同离子的选择性一般用选择性系数表示，但它只能估算电极对不同离子响应的相对大小，而不能用来定量计算其他离子干扰所引起的电势偏差以进行校正。

② 测量下限。电极测定的下限决定于电极中活性物质本身的化学性质，例如沉淀膜电极的下限不可能超过沉淀本身溶解所产生的离子活度。电极的测定灵敏度往往低于理论值，因为在极稀的溶液中，电极或容器表面严重的吸附现象可以使离子的活度发生根本性的改变，例如 AgI 沉淀膜，通过溶度积常数计算 I^- 的理论测定下限为 $10^{-8}mol \cdot L^{-1}$，但实际测

量时很少能超过 $10^{-7}\,mol\cdot L^{-1}$。

③ 准确度。电极测定受溶液组分、液体接界电势、温度等影响较大，因此准确度不是很高，实际工作中经常需校正。相对而言，电极测定用于低浓度测量时更为有利。

④ 响应速度。电极的响应几乎是立即的，液体离子交换膜电极通常有较快的响应速度，电极在浓溶液中响应较快。

实验 21　电势-pH 曲线的测定及其应用

【实验目的】

1. 掌握电极电势、电池电动势和 pH 值测定的基本原理和方法。
2. 测定 Fe^{3+}/Fe^{2+}-EDTA 溶液系统在不同 pH 条件下的电极电势，绘制电势-pH 曲线。
3. 了解电势-pH 曲线的意义及其应用。

【实验原理】

在有氢离子或氢氧根离子参与的氧化还原反应中，氧化/还原电对的电极电势不仅与溶液中氧化还原物质的浓度和离子强度有关，还与溶液的 pH 值有关。对于这样的氧化还原反应系统，保持氧化还原物质的浓度不变，改变溶液的酸碱度，同时测定电极电势 E 和溶液的 pH 值，然后以电极电势 E 对 pH 作图，得到的 E-pH 曲线，称为电势-pH 图。

本实验研究 Fe^{3+}/Fe^{2+}-EDTA 配位系统的电势-pH 曲线。EDTA 为六元酸（四个羧基和两个含有孤对电子的氮原子的质子化），其存在形态因酸度不同而异，常以 Y^{4-} 代表 EDTA 酸根离子 $(CH_2)_2N_2(CH_2COO)_4^{4-}$。在不同的 pH 值范围内，系统中 EDTA 与 Fe^{3+}/Fe^{2+} 的配位产物不同。实验从三个不同的 pH 值区间，讨论 EDTA 与 Fe^{3+}/Fe^{2+} 的配位形态，研究电极电势随 pH 值的变化规律。

1. 在一定的 pH 变化区间内，Fe^{3+} 和 Fe^{2+} 能与 EDTA 形成稳定的配位化合物 FeY^- 和 FeY^{2-}，其电极反应为

$$FeY^- + e^- \Longrightarrow FeY^{2-}$$

此时系统电极电势的能斯特方程为

$$E = E^{\ominus}_{FeY^-/FeY^{2-}} - \frac{RT}{F}\ln\frac{a_{FeY^{2-}}}{a_{FeY^-}} \tag{21-1}$$

式中，E 是指 $E_{FeY^-/FeY^{2-}}$，$E^{\ominus}_{FeY^-/FeY^{2-}}$ 为标准电极电势；$a_{FeY^{2-}}$、a_{FeY^-} 分别为 FeY^{2-} 和 FeY^- 的活度。活度 a 与质量摩尔浓度 b 的关系为 $a = \gamma b/b^{\ominus}$，代入上式得

$$E = E^{\ominus}_{FeY^-/FeY^{2-}} - \frac{RT}{F}\ln\frac{\gamma_{FeY^{2-}}b_{FeY^{2-}}/b^{\ominus}}{\gamma_{FeY^-}b_{FeY^-}/b^{\ominus}}$$

$$= E^{\ominus}_{FeY^-/FeY^{2-}} - \frac{RT}{F}\ln\frac{\gamma_{FeY^{2-}}}{\gamma_{FeY^-}} - \frac{RT}{F}\ln\frac{b_{FeY^{2-}}}{b_{FeY^-}}$$

$$= (E^{\ominus}_{\mathrm{FeY^-/FeY^{2-}}} - m_1) - \frac{RT}{F} \ln \frac{b_{\mathrm{FeY^{2-}}}}{b_{\mathrm{FeY^-}}} \tag{21-2}$$

式中，$m_1 = \dfrac{RT}{F} \ln \dfrac{\gamma_{\mathrm{FeY^{2-}}}}{\gamma_{\mathrm{FeY^-}}}$。

当溶液的离子强度和温度一定时，m_1 为常数。在此 pH 区间范围内，系统的电极电势只与配位化合物 $\mathrm{FeY^{2-}}$ 和 $\mathrm{FeY^-}$ 的质量摩尔浓度之比 ($b_{\mathrm{FeY^{2-}}} / b_{\mathrm{FeY^-}}$) 有关。因 $\ln K_{\text{稳}\mathrm{FeY^{2-}}}$ 和 $\ln K_{\text{稳}\mathrm{FeY^-}}$ 分别为 32.98 和 57.81，生成的配位化合物 $\mathrm{FeY^{2-}}$ 和 $\mathrm{FeY^-}$ 都很稳定，故在 EDTA 过量时，所生成配位化合物的浓度与配制溶液时 $\mathrm{Fe^{2+}}$ 和 $\mathrm{Fe^{3+}}$ 的浓度近似相等，即 $b_{\mathrm{FeY^{2-}}} = b_{\mathrm{Fe^{2+}}}$、$b_{\mathrm{FeY^-}} = b_{\mathrm{Fe^{3+}}}$。当 $b_{\mathrm{Fe^{2+}}}$ 与 $b_{\mathrm{Fe^{3+}}}$ 的比值 ($b_{\mathrm{Fe^{2+}}} / b_{\mathrm{Fe^{3+}}}$) 一定时，$E$ 为一定值，即尽管系统的 pH 值在变化（一定区间内），但是系统的电极电势不改变，在电势-pH 曲线上出现平台，如图 21-1 中 bc 段所示。

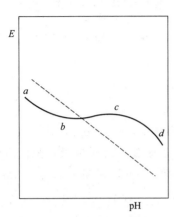

图 21-1　电势-pH 曲线

2. 在 pH 值较低的区间内，$\mathrm{Fe^{2+}}$ 能与 EDTA 生成 $\mathrm{FeHY^-}$ 型的含氢配位化合物，系统的电极反应为

$$\mathrm{FeY^-} + \mathrm{H^+} + \mathrm{e^-} = \mathrm{FeHY^-}$$

此时系统电极电势的能斯特方程为

$$E = E^{\ominus}_{\mathrm{FeY^-/FeHY^-}} - \frac{RT}{F} \ln \frac{a_{\mathrm{FeHY^-}}}{a_{\mathrm{FeY^-}} a_{\mathrm{H^+}}}$$

$$= E^{\ominus}_{\mathrm{FeY^-/FeHY^-}} - \frac{RT}{F} \ln \frac{\gamma_{\mathrm{FeHY^-}}}{\gamma_{\mathrm{FeY^-}}} - \frac{RT}{F} \ln \frac{b_{\mathrm{FeHY^-}}}{b_{\mathrm{FeY^-}}} - \frac{RT}{F} (-\ln a_{\mathrm{H^+}})$$

$$= (E^{\ominus}_{\mathrm{FeY^-/FeHY^-}} - m_2) - \frac{RT}{F} \ln \frac{b_{\mathrm{FeHY^-}}}{b_{\mathrm{FeY^-}}} - \frac{2.303RT}{F} \mathrm{pH}$$

$$= (E^{\ominus}_{\mathrm{FeY^-/FeHY^-}} - m_2) - \frac{RT}{F} \ln \frac{b_{\mathrm{Fe^{2+}}}}{b_{\mathrm{Fe^{3+}}}} - \frac{2.303RT}{F} \mathrm{pH} \tag{21-3}$$

式中，E 实际上为 $E_{\mathrm{FeY^-/FeHY^-}}$，$m_2 = \dfrac{RT}{F} \ln \dfrac{\gamma_{\mathrm{FeHY^-}}}{\gamma_{\mathrm{FeY^-}}}$。

同理，当 $b_{\mathrm{Fe^{2+}}}$ 与 $b_{\mathrm{Fe^{3+}}}$ 的比值 ($b_{\mathrm{Fe^{2+}}} / b_{\mathrm{Fe^{3+}}}$) 一定时，系统的电极电势 E 与系统的 pH 值呈线性关系，如图 21-1 中 ab 段所示。

3. 在 pH 值较高区间内，$\mathrm{Fe^{3+}}$ 能与 EDTA 生成 $\mathrm{Fe(OH)Y^{2-}}$ 型的羟基配位化合物，系统的电极反应为

$$\mathrm{Fe(OH)Y^{2-}} + \mathrm{e^-} = \mathrm{FeY^{2-}} + \mathrm{OH^-}$$

此时系统电极电势的能斯特方程为

$$E = E^{\ominus}_{\mathrm{Fe(OH)Y^{2-}/FeY^{2-}}} - \frac{RT}{F} \ln \frac{a_{\mathrm{FeY^{2-}}} a_{\mathrm{OH^-}}}{a_{\mathrm{Fe(OH)Y^{2-}}}}$$

$$= E^{\ominus}_{\mathrm{Fe(OH)Y^{2-}/FeY^{2-}}} - \frac{RT}{F} \ln \frac{\gamma_{\mathrm{FeY^{2-}}}}{\gamma_{\mathrm{Fe(OH)Y^{2-}}}} - \frac{RT}{F} \ln \frac{b_{\mathrm{FeY^{2-}}}}{b_{\mathrm{Fe(OH)Y^{2-}}}} - \frac{RT}{F} \ln \frac{K_{\mathrm{w}}}{a_{\mathrm{H^+}}}$$

$$=E^{\ominus}_{Fe(OH)Y^{2-}/FeY^{2-}} - \frac{RT}{F}(\ln\frac{\gamma_{FeY^{2-}}}{\gamma_{Fe(OH)Y^{2-}}}+\ln K_w) - \frac{RT}{F}\ln\frac{b_{FeY^{2-}}}{b_{Fe(OH)Y^{2-}}} - \frac{2.303RT}{F}pH$$

$$=(E^{\ominus}_{Fe(OH)Y^{2-}/FeY^{2-}} - m_3) - \frac{RT}{F}\ln\frac{b_{FeY^{2-}}}{b_{Fe(OH)Y^{2-}}} - \frac{2.303RT}{F}pH \tag{21-4}$$

式中，E 为 $E_{Fe(OH)Y^{2-}/FeY^{2-}}$；$K_w$ 为水的活度积常数；$m_3 = \frac{RT}{F}(\ln\frac{\gamma_{FeY^{2-}}}{\gamma_{Fe(OH)Y^{2-}}}+\ln K_w)$。

同样，当 $b_{Fe^{2+}}$ 与 $b_{Fe^{3+}}$ 的比值（$b_{Fe^{2+}}/b_{Fe^{3+}}$）一定时，系统的电极电势 E 与系统的 pH 值也呈线性关系，如图 21-1 中 *cd* 段所示。

【仪器与试剂】

1. 仪器

SDC 数字电位差计 1 台、pHS-25 型酸度计 1 台、超级恒温槽 1 台、200mL 夹套反应瓶（瓶盖上带五孔）1 只、台秤 1 台、磁力搅拌器 1 台、铂电极 1 只、饱和甘汞电极 1 只、pH 复合电极 1 只、10mL 酸式滴定管 1 支、50mL 碱式滴定管 1 支、50mL 烧杯 1 只、100mL 量筒 1 只、玻璃棒 1 支、氮气钢瓶 1 只。

2. 试剂

邻苯二甲酸氢钾缓冲溶液、磷酸二氢钾和磷酸氢二钾缓冲溶液、硼砂缓冲溶液、$(NH_4)_2Fe(SO_4)_2 \cdot 6H_2O$(A.R.)、$NH_4Fe(SO_4)_2 \cdot 12H_2O$(A.R.)、EDTA 二钠盐二水化合物(A.R.)、HCl 溶液（$4mol \cdot L^{-1}$）、NaOH 溶液（$2mol \cdot L^{-1}$）、蒸馏水、$N_2(g)$。

【实验步骤】

1. 配制反应液

① 将经蒸馏水清洗过的、瓶盖敞开的反应瓶置于磁力搅拌器上，加入搅拌子。反应瓶的夹套接通恒温水，根据实验室室温情况调节超级恒温槽的温度（如设为 25 ℃）。

② 在反应瓶中用量筒加入 100mL 蒸馏水，用台秤称取 7.44g EDTA 二钠盐二水化合物、2.90g $NH_4Fe(SO_4)_2 \cdot 12H_2O$ 和 2.36g $(NH_4)_2Fe(SO_4)_2 \cdot 6H_2O$，加到反应瓶中。

③ 盖上反应瓶的瓶盖，从瓶盖上的一个孔口将通氮气的导管插入反应液并开始通氮气，开启搅拌器至所有固体完全溶解。实验装置如图 21-2 所示。

此时，假设加入的各物质没有发生化学反应，则反应液中 EDTA 浓度约为 $0.2mol \cdot L^{-1}$、Fe^{3+} 和 Fe^{2+} 浓度均约为 $0.06mol \cdot L^{-1}$。

2. 电动势和 pH 值的测定

① 在反应瓶瓶盖上另三个孔口分别插入铂电极、饱和甘汞电极和 pH 复合电极。将 pH 复合电极与酸度计相连，用于测定溶液的 pH 值。将甘汞电极和铂电极接到 SDC 数字电位差计上的"测量插孔"上对应的"＋""－"极，用于测定两极之

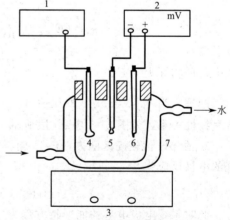

图 21-2 电势-pH 测定装置图

1—酸度计；2—数字电压表；

3—电磁搅拌器；4—pH 复合电极；

5—饱和甘汞电极；6—铂电极；

7—反应器

间的电动势。

② 用滴定管从反应瓶瓶盖上的加液孔口滴加 $2mol \cdot L^{-1}$ 的 NaOH 溶液，调节溶液 pH 值至 8 左右，并用酸度计测定其 pH 值此时溶液为红褐色，测量此时的电动势。

③ 用 10mL 酸式滴定管从加液孔口滴加 $4mol \cdot L^{-1}$ 的 HCl 溶液，使溶液 pH 值改变 0.3 左右，用 pH 计测量溶液的 pH 值，同时用 SDC 数字电位差计测量电动势。

④ 继续滴加 $4mol \cdot L^{-1}$ 的 HCl 溶液，每次改变 0.3 个 pH 单位时读取一组数据，直至溶液出现浑浊时停止实验。

⑤ 测试结束后，关闭仪器电源，取出电极，清洗干净并妥善保存，清洗反应瓶。整理实验桌面、搞好实验室卫生。

【实验记录和数据处理】

1. 记录实验室室温、实验室大气压。将实验所测不同 pH 时的电动势数据列于表 21-1。
实验室室温_____ ℃；实验室大气压_____ Pa。

表 21-1　不同 pH 时的电动势

pH 值						
电动势 $E_{测}$/V						

2. 根据饱和甘汞电极的电极电势与温度 t（℃）的关系计算实验温度下的 $E_{饱和甘汞}$。

$$E_{饱和甘汞} = 0.2412 - 6.61 \times 10^{-4}(t-25) - 1.75 \times 10^{-6}(t-25)^2 - 9.16 \times 10^{-10}(t-25)^3$$

根据 $E_{测} = E_{饱和甘汞} - E$ 计算出 Fe^{3+}/Fe^{2+}-EDTA 系统相对于标准氢电极时的电极电势 E。

3. 绘制 Fe^{3+}/Fe^{2+}-EDTA 系统的电势-pH 曲线，由曲线确定 FeY^- 和 FeY^{2-} 稳定存在时的 pH 范围。

【注意事项】

1. 用 NaOH 溶液调 pH 时，为防止产生 $Fe(OH)_3$ 沉淀，应缓慢加入 NaOH 溶液，并适当提高搅拌速度。

2. 在使用 pH 计进行溶液 pH 值测量前，应利用标准缓冲溶液对 pH 计进行校正。

3. 反应瓶瓶盖上涉及的装置比较多，操作时应格外谨慎小心。

【思考题】

1. 玻璃电极有何优缺点？使用时应注意哪些事项？

2. 用 pH 计和 SDC 数字电位差计测量电动势，在原理上的差异是什么？它们的测量精确度各是多少？

3. 如果配制反应液时改变溶液中 Fe^{3+} 和 Fe^{2+} 的用量，则电势-pH 曲线将会发生什么样的变化？

【实验拓展与讨论】

利用电势-pH 曲线可以对水溶液系统中的一些平衡问题进行研究。本实验所讨论的 Fe^{3+}/Fe^{2+}-EDTA 系统，可用于脱除天然气中的 H_2S 气体。将天然气通入 Fe^{3+}-EDTA 溶液，可以将其中的 H_2S 气体氧化为单质硫而除去，溶液中的 Fe^{3+}-EDTA 配位化合物被还原为 Fe^{2+}-EDTA。再通入空气，将 Fe^{2+}-EDTA 氧化为 Fe^{3+}-EDTA，使溶液得到再生而循

环使用。反应过程为

$$2Fe^{3+}\text{-EDTA}+H_2S \xrightarrow{\text{脱硫}} 2Fe^{2+}\text{-EDTA}+2H^++S\downarrow$$

$$2Fe^{2+}\text{-EDTA}+\frac{1}{2}O_2+H_2O \xrightarrow{\text{再生}} 2Fe^{3+}\text{-EDTA}+2OH^-$$

电势-pH 曲线可以用于选择合适的脱硫 pH 值条件。例如，低含硫天然气中的 H_2S 含量为 $0.1 \sim 0.6 g\cdot m^{-3}$，在 25℃时相应的 H_2S 分压为 $7.29 \sim 43.56 Pa$。S/H_2S 电对的电极反应为

$$S+2H^++2e^- \Longrightarrow H_2S(g)$$

在 25℃ 时，其电极电势为

$$E=-0.072-0.0296\lg p_{H_2S}-0.05916pH$$

将该电极电势与 pH 值的关系及 Fe^{3+}/Fe^{2+}-EDTA 系统的电势-pH 绘制在同一坐标中，如图 21-3 所示。从图 21-3 中可以看出，在曲线平台区，对于浓度一定的脱硫液（Fe^{3+}-EDTA 溶液），其电极电势与 S/H_2S 电对的电极电势之差随着 pH 的增大而增大，到平台区的 pH 上限（平台右侧）时，两电极电势的差值最大，即脱硫的热力学趋势最大；超过此 pH 值，两电极电势的差值变为定值而不再增大。由此可知，对指定浓度的脱硫液，脱硫的热力学趋势在它的电极电势平台区 pH 上限为最大。因此，从热力学角度考虑，并结合图 21-3，用 Fe^{3+}/Fe^{2+}-EDTA 系统脱除天然气中 H_2S 时，脱硫液适宜的 pH 应选择在 6.5~8 之间

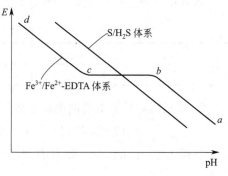

图 21-3　电势-pH 曲线

或高于 8，但 pH 不宜大于 12，否则会有 $Fe(OH)_3$ 沉淀产生。

实验 22　铁的极化曲线测定

【实验目的】

1. 掌握准稳态恒电位法测定金属极化曲线的基本原理和测试方法。
2. 掌握电化学工作站的测量原理及其使用方法。
3. 了解极化曲线的意义和在金属腐蚀与防护中的应用。
4. 了解 Cl^-、缓蚀剂等因素对铁电极极化的影响。

【实验原理】

1. 电极的平衡电极电势与极化概念

当将金属插入其盐的水溶液中时,在极性水分子的作用下,金属表面的正离子有变成溶剂化离子溶解进入溶液而将电子留在金属表面的趋势,同时溶液中的金属离子也有从溶液中失

去电子沉积到金属表面的倾向。当这种溶解与沉积达到平衡时，形成了双电层，在金属/溶液界面上建立了一个不变的电势差值，这个电势差值称为金属电极的平衡电极电势。

可逆电池应满足的基本条件之一是电路中的电流趋向于零，因此，可逆电池中的每个电极上的反应都是在接近于平衡状态下进行，即电极上的反应是可逆的，此时的电极电势便是平衡电极电势。但是，当电池中有明显的电流通过时，电极的平衡状态被破坏，电极上的反应处于不可逆状态，这时的电极电势偏离平衡电极电势值，而且随着电极上电流密度的增加，电极反应的不可逆性和电极电势的偏离程度均随之增大。这种因电流通过电极而导致电极电势偏离其平衡电极电势值的现象称为电极的极化。

电极极化程度的大小，常用超电势衡量。所谓超电势是指一定电流密度下的电极电势与平衡电极电势差值的绝对值，其值与电极材料、电极的表面状态、温度、电流密度、电解质的性质和浓度以及溶液中的杂质等因素有关。

2. 极化曲线

为了探索电极过程的机理和影响电极过程的各种因素，对电极过程进行研究十分必要，而测定电极的极化曲线是一种极其重要的研究方法。由实验测试数据来描述电流密度与电极电势内在联系的曲线称作极化曲线，如图 22-1 所示。

在一定的外加电势下，电解池中作为阳极的金属因氧化而溶解的过程称为金属的阳极过程。如阳极极化不大，阳极溶解过程的速度随电势的变正而逐渐增大，这是正常的阳极溶解过程。在某些化学介质中，当阳极电势变正到某一数值时，阳极溶解速度达到最大值，其后随着阳极电势变正而大幅降低，这种现象称为金属的钝化。

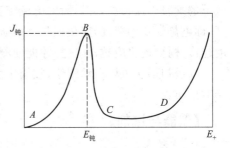

图 22-1　极化曲线

这里以 Fe 的阳极溶解过程为例加以说明。图 22-1 中曲线表明，电势从 A 点开始上升到 B 点这一区间，电流密度也随之增加，这是 Fe 正常溶解生成 Fe^{2+} 的过程，称为活性溶解区（简称活化区）。电势超过 B 点后，电流密度随电势变正反而大幅降低并迅速减至最小达到 C 点，这是因为在 Fe 表面生成了一层电阻高、耐腐蚀的钝化膜，B 点到 C 点区间称为钝化过渡区，对应于 B 点的电流密度称为致钝电流密度。C 点过后，随着电势继续变正，电流密度保持在一个基本不变的很小的数值上，直到 D 点为止，该区间称为钝化稳定区，对应的电流密度称为维钝电流密度。这是由于 Fe^{2+} 与溶液中的离子形成 $FeSO_4$ 沉淀层，阻滞了阳极反应，因 H^+ 不易达到 $FeSO_4$ 层内部，使 Fe 表面的 pH 增大，Fe_2O_3、Fe_3O_4 开始在 Fe 表面生成，形成了致密的氧化膜，极大地阻滞了 Fe 的溶解，因而出现钝化现象。D 点以后称为过钝化区。

处于钝化状态的金属溶解速度很小，这在金属防腐及作为电镀的不溶性阳极时，是人们所期望的；而在化学电源、电冶金和作为电镀时的可溶性阳极等情况下，金属钝化极为有害。利用阳极钝化使金属表面生成一层耐腐蚀的钝化膜以防止金属腐蚀的方法，称为阳极保护，其原理是先对金属通以致钝电流（致钝电流密度与电极表面积的乘积）使其表面生成一层钝化膜，再用维钝电流（维钝电流密度与电极表面积的乘积）保持其表面的钝化膜不消失，金属的腐蚀速度便能大大降低。

3. 极化曲线的测定方法

极化曲线的测定有恒电势法（又称恒电位法）和恒电流法两大类，常用的是恒电势法。恒电势法是指将所研究电极的电极电势依次恒定在不同的数值上，然后测量对应于各电势下的电流。恒电势法测量极化曲线的原理见图 22-2，图中 W 表示研究电极、C 表示辅助电极、r 表示参比电极，参比电极和研究电极组成原电池，可确定研究电极的电势；辅助电极与研究电极组成电解池，使研究电极处于极化状态。极化曲线的测量应尽可能接近稳态系统，即要求被研究系统的极化电流、电极电势、电极表面状态等基本上不随时间而改变。实际测量中，常采用的恒电势法有静态法和动态法两种。

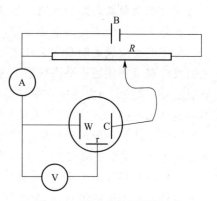

图 22-2　恒电势法测量原理

① 静态法（又称阶跃法）。将电极电势较长时间地维持在某一恒定值，测量电流密度随时间的变化，直到电流密度基本上达到某一稳定值为止；再在另一电极电势恒定值下进行同样的测量。这样可以测量逐个恒定电极电势下的稳定电流密度值，以获得完整的极化曲线。对有些系统，达到稳定电流密度可能需要很长时间，为节约实验时间，可以规定每次测量在相同的电势恒定时间下进行。

② 动态法（又称慢扫描法）。控制电极电势以较慢的速度连续地改变（扫描），测量对应电势下的瞬时电流密度，并以瞬时电流密度值与对应的电势作图，就得到整个极化曲线。扫描速度（即电势变化的速度）应根据具体的研究系统的性质选定，一般来说，电极表面建立稳态的速度越慢，则扫速也应越慢，这样才能使测得的极化曲线与采用静态法测得的结果接近。

因慢扫描法可以自动测绘，扫描速度易控制为定值，因而测量结果的重现性好，特别适用于对比实验。

【仪器与试剂】

1. 仪器

CHI660C 电化学工作站 1 台、电解池 1 个、铁研究电极 1 支、硫酸亚汞电极 1 支、Pt 片辅助电极 1 支和细砂纸 2 张。

2. 试剂

$0.1 mol \cdot L^{-1} H_2SO_4$ 溶液、$1 mol \cdot L^{-1} H_2SO_4$ 溶液、$1.0 mol \cdot L^{-1} HCl$、乌洛托品（缓蚀剂）、丙酮和蒸馏水。

【实验步骤】

1. 电极处理

用金相砂纸将铁研究电极表面打磨至镜面光亮，用丙酮除去电极表面的油污，再用稀盐酸浸泡片刻，除去表面的氧化膜，用蒸馏水清洗后以滤纸吸干。每次测量前都需要重复此步骤。

2. 极化曲线测量操作

① 打开 CHI660C 型电化学工作站的窗口。

② 电极安装。将电极浸入电解池里的电解质溶液中，绿色夹头夹 Fe 电极，红色夹头夹 Pt 片电极，黄色夹头夹参比电极。

③ 测定开路电势。选中恒电势技术中的"开路电势-时间"实验技术，双击选择参数，可用仪器默认值，点击"确认"。点击"▶"开始实验，测得的开路电势为电极的自腐蚀电势。

④ 开路电势稳定后，测试电极极化曲线。选中"线性扫描技术"中的"塔菲尔曲线"实验技术，双击。为使 Fe 电极的阴极极化、阳极极化、钝化、过钝化全部表示出来，初始电势设为

"−1.0V"，终止电势设为 "2.0V"，扫描速度设为 "0.1V/s"，其他可用仪器默认值，极化曲线自动画出。

按照上述步骤的方法，分别测定 Fe 研究电极在 $0.1\text{mol}\cdot\text{L}^{-1}$ 和 $1\text{mol}\cdot\text{L}^{-1}$ H_2SO_4 溶液、$1.0\text{mol}\cdot\text{L}^{-1}$ HCl 溶液及含 1% 乌洛托品的 $1.0\text{mol}\cdot\text{L}^{-1}$ HCl 溶液中的极化曲线。

⑤ 实验测试结束后，关闭电化学工作站电源，将电极、电解池等洗净，备用。整理实验桌面、搞好实验室卫生。

【实验记录和数据处理】

1. 记录实验室室温、实验室大气压。

实验室室温_____ ℃；实验室大气压_____ Pa。

2. 在所得极化曲线上标出活性溶解区、过渡钝化区、稳定钝化区和过钝化区，并求出致钝电流密度和维钝电流密度。

3. 根据 Fe 电极在不同浓度的 H_2SO_4 溶液中的极化曲线参数，分析 H_2SO_4 浓度对 Fe 钝化的影响。

4. 根据 Fe 电极在纯 HCl 溶液和含乌洛托品 HCl 溶液中的极化曲线参数，分析缓蚀剂对 Fe 腐蚀的影响。

【注意事项】

1. 应严格按照操作规程使用电化学工作站，电解池三支电极均需良好接通，更换或处理电极时必须停止外加电势。

2. 鲁金毛细管是参比电极的专用插孔，工作电极（即研究电极）应尽可能靠近鲁金毛细管，以减小溶液欧姆降对测量的影响。除了鲁金毛细管外，为减小溶液自身的电阻，需在测量溶液中加入支持电解质，常用的这类电解质有 H_2SO_4、HCl、Na_2SO_4、KCl、$HClO_4$ 等。

3. 在电化学测量中，对电极（特别是固体电极）的要求甚严，必须按要求进行预处理，否则难以得到重现性良好的实验结果，严重时甚至会歪曲实验结果。

4. 使用电化学工作站时，电流挡位应从高到低选择，否则实验数据可能会溢出。

5. 将研究电极置于电解池时，要注意研究电极和参比电极之间的距离每次应保持一致，且两者应尽可能靠近。

【思考题】

1. 什么是恒电势法和恒电流法？测定极化曲线应采用哪种方法？为什么？

2. 如何判断是阴极极化还是阳极极化？

3. 测量极化曲线时，为什么选用三电极电解池？可否用二电极电解池进行测量？为什么？

4. 做好本实验的关键有哪些？

【实验拓展与讨论】

1. 影响金属钝化及钝化性质的内在因素主要有两点。①溶液的组成。金属在中性溶液中易钝化，在酸性或碱性溶液中不易钝化；含有卤素离子（尤其是 Cl^-）的溶液能明显阻止金属的钝化；存在氧化性的阴离子的溶液可以促进金属钝化。②金属自身的性质。纯金属的钝化能力不同，如 Cr、Ni、Fe 的钝化能力依次减弱，故添加 Cr 和 Ni 可以提高钢铁的钝化能力与钝化稳定性。

2. 三电极系统。被研究电极过程的电极称为研究电极或工作电极；与工作电极构成电流回路以形成对研究电极极化的电极称为辅助电极（也称对电极），其面积通常较研究电极大，以降低该电极上的极化度；参比电极是测量研究电极的电极电势的比较标准，与研究电极组成测量电池，参比电极是一个电极电势已知且稳定的可逆电极，其稳定性与重现性要好。为减小电极电势测试过程中的溶液欧姆降，通常在两者之间以鲁金毛细管相连，鲁金毛细管应尽量但不能无限制地靠近研究电极表面，以防对研究电极表面的电力线分布造成屏蔽效应。

3. 电化学稳态的含义。在指定的时间内，被研究的电化学系统的参量，包括电极电势、极化电流、电极表面状态、电极周围反应物和产物的浓度分布等，随时间变化甚微，该状态通常称为电化学稳态。电化学稳态不是化学平衡态，实际上真正的稳态并不存在，稳态只具有相对含义。

实验 23　循环伏安法测定铁氰化钾的电极反应过程

【实验目的】

1. 掌握循环伏安法测定电极反应参数的基本原理和方法。
2. 熟悉电化学工作站的使用。
3. 学会固体电极表面处理方法。
4. 了解扫描速率和溶液浓度对循环伏安曲线的影响。

【实验原理】

CV 法是将线性变化的循环电压加到工作电极和参比电极之间，记录工作电极上得到的

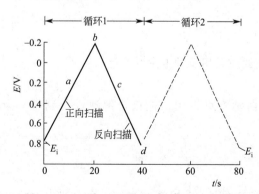

图 23-1　循环伏安法的典型激发信号

电流与所加电压的关系曲线，图 23-1 所示为 CV 法的典型激发信号。扫描开始时，从起始电位 $+0.8V$ 正向扫描到转折电位 $-0.2V(E_i \rightarrow b)$ 后，再反向回扫到起始电位 $+0.8V(b \rightarrow d)$，构成等腰三角形电压，完成一次循环。扫描速率可由图中扫描直线的斜率得出，其值为 $50mV \cdot s^{-1}$。虚线代表的是第二次循环。循环伏安仪具有多种功能，可以进行一次或多次循环，并能根据需要任意变换扫描电压范围和扫描速率。

在扫描电压作用下，工作电极受到激发而产生响应电流，以该电流为纵坐标、扫描电压为横坐标作图，得到循环伏安曲线，常称为循环伏安图（CV 曲线或 CV 图）。在 $1.0mol \cdot L^{-1}$ 的硝酸钾电解质溶液中，浓度为 $6 \times 10^{-3}mol \cdot L^{-1}$ 的铁氰化钾在铂工作电极上反应测得的 CV 曲线如图 23-2 所示。

接通扫描电压后，电位由＋0.8V 向负的电位扫描过程中，当电位降至 $[Fe(CN)_6]^{3-}$ 可以还原（称为析出电位）时，将开始产生阴极电流（*b* 点处），此时的电极反应为

$$[Fe(CN)_6]^{3-}+e^-\longrightarrow [Fe(CN)_6]^{4-}$$

随着电位的变负，阴极电流迅速增加（$b\to c\to d$），直至电极表面的 $[Fe(CN)_6]^{3-}$ 浓度趋近于零，电流在 *d* 点达到最高峰。然后阴极电流迅速衰减（$d\to e\to f$），这是因为电极表面附近溶液中的 $[Fe(CN)_6]^{3-}$ 几乎完全因电解转变为 $[Fe(CN)_6]^{4-}$ 而耗尽所致，即产生所谓的贫乏效应。

当电压扫至约－0.15V（点 *f* 处），扫描换向（开始由负向正方向扫描）。虽然已经转变为阳极化扫描，但此时的电极电位仍相当负，扩散至电极表面的 $[Fe(CN)_6]^{3-}$ 还在不断还原，故依然呈现阴极电流。当电极电位继续向正变化至 $[Fe(CN)_6]^{4-}$ 的析出电位时，聚集在电极表面附近的还原产物 $[Fe(CN)_6]^{4-}$ 被氧化，其反应为

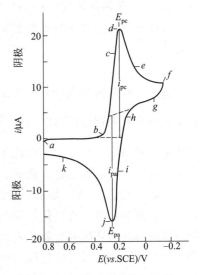

图 23-2　$K_3[Fe(CN)_6]$ 在 KNO_3 溶液中的 CV 曲线

$$[Fe(CN)_6]^{4-}-e^-\longrightarrow [Fe(CN)_6]^{3-}$$

这时产生阳极电流（$i\to j\to k$）。阳极电流随着扫描电位正移迅速增加，当电极表面的 $[Fe(CN)_6]^{4-}$ 浓度趋近于零时，阳极化电流达到峰值（点 *j* 处）。扫描电位继续正移，电极表面附近的 $[Fe(CN)_6]^{4-}$ 耗尽，阳极电流衰减至最小（点 *k*）。当电位扫描回到＋0.8V 时，完成一次循环，得到了 CV 图。

可见，在电位变负的正向扫描过程中，$[Fe(CN)_6]^{3-}$ 在电极上还原产生阴极电流而指示电极表面附近溶液中 $[Fe(CN)_6]^{3-}$ 的浓度变化信息。在电位变正的反向扫描过程中，正向扫描生成的 $[Fe(CN)_6]^{4-}$ 重新被氧化而产生阳极电流，指示 $[Fe(CN)_6]^{4-}$ 是否存在和其浓度变化情况。因此，CV 图谱能够迅速提供电活性物质电极反应过程的可逆性、活性反应历程、电极表面吸附等大量信息。图 23-2 中的点 *d* 称为还原峰或阴极峰，其电流称为阴极峰电流，记为 i_{pc}，对应的电位称为阴极峰电位，以 E_{pc} 表示；点 *j* 称为氧化峰或阳极峰，其电流称为阳极峰电流，记为 i_{pa}，对应的电位称为阳极峰电位，以 E_{pa} 表示。

对于可逆电极反应系统，根据峰电位与半峰电位的能斯特方程关系式，可以得到阳极峰电位与阴极峰电位的差值为

$$\Delta E_p=E_{pa}-E_{pc}=\frac{2.303RT}{zF} \tag{23-1}$$

式中，z 为电子转移数；F 为法拉第常数。当温度为 25℃时，上式简化为

$$\Delta E_p=E_{pa}-E_{pc}=\frac{0.05916}{z}V \tag{23-2}$$

同时，对于可逆电极反应系统，峰电流可由 Randles-Savcik 方程表示为

$$i_p=2.69\times 10^5 z^{3/2}D^{1/2}v^{1/2}Ac \tag{23-3}$$

式中，i_p 为峰电流，A；D 为扩散系数，$cm^2\cdot s^{-1}$；v 为扫描速率，$V\cdot s^{-1}$；A 为电极面

积，cm^2；c 为溶液浓度，$mol \cdot L^{-1}$。该式表明，峰电流 i_p 与 $v^{1/2}$ 和 c 都呈线性关系，这对于研究电极反应过程具有重要意义。在可逆电极反应过程中，扩散系数 D_a 和 D_c 大致相同，因此有

$$i_{pa}/i_{pc} \approx 1 \qquad (23\text{-}4)$$

因此，同时满足式（23-1）或式（23-2）和式（23-4）的，可认为电极反应是可逆过程；或者由循环伏安图谱得出 $\Delta E_p = \dfrac{0.055}{z} \sim \dfrac{0.065}{z} V$ 范围的，也可以认为电极反应是可逆的。非可逆电极的 ΔE_p 和 i_{pa}/i_{pc} 不能遵循式（23-1）或式（23-2）和式（23-4）规律，它们之间的差异与电极的不可逆程度是一致的。

循环伏安法（CV）是最重要的研究电活性物质的电化学分析方法之一，在电化学、无机化学、分析化学、有机化学和生物化学等研究领域有着广泛的应用。由于它能在很宽的电位范围内迅速观察研究对象的氧化还原行为，因此，电化学研究中常常首先进行的是循环伏安行为测量，如电极反应过程的可逆性、电极反应机理、计算电极面积和扩散系数等电化学参数、吸附现象、催化反应和电化学-化学偶联反应等。

【仪器与试剂】

1. 仪器

CHI660C 电化学工作站 1 台、铂盘工作电极 1 支、铂丝辅助电极 1 支、饱和 KCl 溶液甘汞参比电极 1 支、电解池 1 只、5mL 带刻度移液管 1 支、10mL 移液管 1 支、50mL 容量瓶 4 只。

2. 试剂

$0.1mol \cdot L^{-1}$ 的铁氰化钾溶液、$1.0mol \cdot L^{-1}$ 的硝酸钾溶液、Al_2O_3 粉末、蒸馏水。

【实验步骤】

1. Pt 工作电极预处理

用去离子水冲洗铂电极后，用 Al_2O_3 粉末将电极表面抛光，消除划痕。再用蒸馏水冲洗表面污物后，超声水浴中清洗 2~3min，重复清洗三次。

2. 试液配制

① 在 4 只标好号的 50mL 容量瓶中，用 10mL 移液管分两次各移入 $1.0mol \cdot L^{-1}$ 的硝酸钾溶液 20mL。

② 用 5mL 带刻度移液管分别移取 $0.1mol \cdot L^{-1}$ 的铁氰化钾溶液 0.5mL、1.0mL、2.0mL 和 3.0mL，加入到上述 4 只 50mL 的容量瓶中，然后用蒸馏水定容。

分别配得 $1mmol \cdot L^{-1}$、$2mmol \cdot L^{-1}$、$4mmol \cdot L^{-1}$ 和 $6mmol \cdot L^{-1}$ 的铁氰化钾溶液各 50mL，其中硝酸钾的含量均为 $0.4mol \cdot L^{-1}$。

3. 循环伏安法测量

① 将配制好的系列铁氰化钾溶液逐一分别加入到电解池中，插入洁净、干燥的新处理的铂工作电极、铂丝辅助电极和甘汞参比电极。

② 打开 CHI660C 电化学工作站和计算机的电源，待屏幕显示清晰后，再打开 CHI660C 电化学工作站的测量窗口。

③ 设定起始电位为 +0.8V、终止电位为 -0.2V，扫描速率为 $10mV \cdot s^{-1}$，对系列浓度的铁氰化钾溶液试样分别进行测量。

④ 对 $4mmol·L^{-1}$ 的铁氰化钾溶液在起始电位为 $+0.8V$、终止电位为 $-0.2V$ 的条件下，另外完成扫描速率为 $5mV·s^{-1}$、$20mV·s^{-1}$ 和 $40mV·s^{-1}$ 的测量。

⑤ 测试结束后，关闭 CHI660C 电化学工作站和计算机电源，将电极、容量瓶、移液管等洗净。整理实验桌面、搞好实验室卫生。

【实验记录和数据处理】

1. 记录实验室室温、实验室大气压。

实验室室温_____℃；实验室大气压_____Pa。

2. 从所得到的不同浓度铁氰化钾溶液、不同扫描速率时的循环伏安图谱上，读取并记录各自的 i_{pa}、i_{pc}、E_{pa} 和 E_{pc} 的数值。计算相应的 ΔE_p 和 i_{pa}/i_{pc}，并据此估测电极反应的可逆性。

3. 在相同的扫描速率下，以不同浓度下铁氰化钾溶液的 i_{pa} 和 i_{pc} 对浓度作图，说明阳极峰电流和阴极峰电流与浓度的关系。

4. 用 $4mmol·L^{-1}$ 的铁氰化钾溶液不同扫描速率下的 i_{pa} 和 i_{pc} 对 $v^{1/2}$ 作图，说明阳极峰电流和阴极峰电流与 $v^{1/2}$ 的关系。

【注意事项】

1. 铂工作电极表面抛光清洗时应耐心细致，否则会严重影响实验结果。

2. 为了使液相传质过程只受扩散控制，在电解池中加入试液和插入电极后，应待试液处于完全静止的条件下才能进行电解测量。

3. 不同条件下的扫描之间，为使电极表面恢复初始状态，应将电极提起后再放入溶液中，或将溶液搅拌，等溶液静止后再扫描。

4. 避免三电极的夹头之间互碰导致仪器短路。

【思考题】

1. $K_3[Fe(CN)_6]$ 和 $K_4[Fe(CN)_6]$ 溶液的循环伏安图是否相同？为什么？

2. 峰电流与铁氰化钾溶液的浓度以及扫描速率有什么样的关系？

第9章

化学动力学实验

本章从"实验24 蔗糖水解反应速率常数的测定"到"实验28 B-Z振荡反应",共编写5个常见化学动力学实验。

实验24　蔗糖水解反应速率常数的测定

【实验目的】

1. 了解旋光仪的构造、工作原理,学会用旋光仪测定溶液的旋光度。

2. 了解反应物的浓度与溶液旋光度之间的关系。

3. 掌握用溶液旋光度表示的蔗糖水解反应动力学方程,学会计算蔗糖水解反应的速率常数、半衰期和活化能方法。

【实验原理】

蔗糖在水中发生水解反应,转化为葡萄糖和果糖,其反应为

$$C_{12}H_{22}O_{11}+H_2O \xrightarrow{H^+} C_6H_{12}O_6(葡萄糖)+C_6H_{12}O_6(果糖)$$

这本是一个二级反应,在不加催化剂的情况下反应速率极慢,一般需用强酸(如盐酸)作催化剂。在一定温度下,蔗糖水解反应速率与蔗糖、水及催化剂氢离子浓度有关。水既是溶剂又是反应物,因其量远大于蔗糖,反应过程中可视为常数(例如,在质量分数为20%的100g蔗糖水溶液中,蔗糖的物质的量为20/342=0.06mol,水的物质的量为80/18=4.4mol,当0.06mol蔗糖完全水解后,仍有4.34mol的水,故可以认为水的量在整个水解反应中保持不变),而作为催化剂的氢离子其浓度也保持不变。因此,蔗糖水解反应可看作只与蔗糖浓度有关的准一级反应,其动力学方程积分式为

$$\ln \frac{c}{c_0}=-kt \tag{24-1}$$

式中,k 为水解反应速率常数,min^{-1};c_0、c 分别为反应开始和进行到 t 时刻反应物蔗糖的浓度,$mol \cdot L^{-1}$。

当反应进行到初始浓度一半（即 $c = \frac{1}{2}c_0$）时所需时间，称为反应的半衰期，用 $t_{1/2}$ 表示，由式(24-1) 得

$$t_{1/2} = \frac{\ln2}{k} = \frac{0.693}{k} \tag{24-2}$$

测定水解反应过程中不同时刻反应物蔗糖的浓度，是求出蔗糖水解反应速率常数 k 及反应半衰期 $t_{1/2}$ 的关键。

测定反应物浓度的方法有化学法和物理法两大类。对于连续进行的化学反应，用化学法测定反应进行到任一时刻反应物的浓度，必须从系统中采样并采用骤冷、加入阻化剂等方法立即终止样品反应后方可进行化学组成分析。这不仅手续繁杂、测试困难，而且误差较大。所以，通常用物理法进行测定。物理法是指利用反应系统中某一物理量（如体积、压力、黏度、电导率、折射率、旋光度、吸收光谱、电动势等）与反应物浓度之间的关系，通过测量该物理量的变化来反映反应物浓度的改变。选择测量用的物理量一般应具有以下特点：a. 物理量与反应物的浓度要有简单的函数关系，最好是线性关系，且在反应过程中要有明显的变化；b. 物理量具有加和性，即系统的性质等于各组分性质之和；c. 易测量且不能有干扰因素。物理法的最大优点是不必从反应系统中采样而是用原位的方法，可以实现连续、实时、在线、快速、直接测量，测量精度高。

蔗糖及其水解产物葡萄糖、果糖都是光学活性物质，具有旋光性质，但它们的旋光能力不同，因此可以利用系统在反应过程中旋光度 α 的变化判断反应进程。溶液的旋光度 α 与其所含旋光性物质的种类、浓度、溶剂的性质、光线透过被测物质液层的厚度、光源波长及温度等因素有关，其值可以通过旋光仪测定。

比旋光度用 $[\alpha]$ 表示，可以衡量各种物质旋光能力的大小，它是指一定温度和光源波长下，偏振光透过每 1mL 含有 1g 旋光性物质的溶液且光路长度为 1dm 时的旋光度，是旋光性物质的特征物理常数。如温度为 20 ℃，以波长为 589 nm 的钠光灯为光源，在长度为 $L(\text{cm})$ 的旋光管中测得浓度为 $c(\text{g/mL})$ 的旋光性物质的旋光度为 α，此时的比旋光度记为 $[\alpha]_D^{20}$，则

$$[\alpha]_D^{20} = \frac{10\alpha}{Lc} \tag{24-3}$$

蔗糖水解反应系统中，蔗糖具有右旋光性，其比旋光度 $[\alpha]_D^{20} = 66.6$；水解产物中葡萄糖具有右旋光性，其比旋光度 $[\alpha]_D^{20} = 52.5$，而果糖具有左旋光性，其比旋光度 $[\alpha]_D^{20} = -91.9$。

在其他条件固定时，某一旋光性物质溶液的旋光度 α 与其浓度 c 成正比，即

$$\alpha = Kc \tag{24-4}$$

式中，K 称为旋光度比例系数，是一个与旋光性物质的种类、溶剂、光源波长、光路长度及温度等因素有关的常数。

多种旋光性物质共存的混合溶液的总旋光度等于各旋光性物质旋光度的代数和。蔗糖的水解反应中，反应掉 1mol 蔗糖，将生成葡萄糖和果糖各 1mol，由于生成物中果糖的左旋光性比葡萄糖的右旋光性大，生成物总体呈现左旋光性。所以，水解反应开始时，溶液呈右旋，随着水解反应的进行，蔗糖的浓度逐渐减少，葡萄糖及果糖的浓度同步逐渐增加，故系统的总旋光度不断减小，系统由右旋逐渐变到旋光度为零，再变为左旋（旋光度为负值）。当蔗糖彻底水解时，系统的旋光度达到最小值（负得最多）。

$$C_{12}H_{22}O_{11} + H_2O \xrightarrow{H^+} C_6H_{12}O_6(葡萄糖) + C_6H_{12}O_6(果糖) \quad 系统总旋光度$$

$t = 0$	c_0	0	0	α_0
$t = t$	c	$c_0 - c$	$c_0 - c$	α_t
$t = \infty$	0	c_0	c_0	α_∞

由式（24-3）得

$$\alpha_0 = K_反 c_0$$

$$\alpha_t = K_反 c + K_生 (c_0 - c)$$

$$\alpha_\infty = K_生 c_0$$

式中，$K_反$、$K_生$ 分别为反应物和生成物的旋光度比例常数，联立上三式，解得

$$c_0 = \frac{\alpha_0 - \alpha_\infty}{K_反 - K_生}$$

$$c = \frac{\alpha_t - \alpha_\infty}{K_反 - K_生}$$

所以，可以得到

$$\frac{c}{c_0} = \frac{\alpha_t - \alpha_\infty}{\alpha_0 - \alpha_\infty}$$

将上式代入式（24-1），得

$$\ln(\alpha_t - \alpha_\infty) = -kt + \ln(\alpha_0 - \alpha_\infty) \tag{24-5}$$

实验时，在一定温度下将一定浓度的蔗糖溶液与一定浓度的盐酸溶液等体积混合，用旋光仪测出蔗糖水解过程中不同时刻溶液的旋光度 α_t 以及完全水解后溶液的旋光度 α_∞，以 $\ln(\alpha_t - \alpha_\infty)$ 对时间 t 作图，由直线的斜率求出速率常数 k，并由式（24-2）求得半衰期 $t_{1/2}$。

如果运用相同的方法，测出一系列不同温度下的反应速率常数 k，依据阿伦尼乌斯公式

$$\ln k = -\frac{E_a}{R} \times \frac{1}{T} + \ln A \tag{24-6}$$

可求出蔗糖水解反应在实验温度范围内的平均活化能 E_a。

【仪器与试剂】

1. 仪器

WXG-4 圆盘旋光仪及附件 1 套、水浴恒温槽 1 套、台秤 1 台、秒表 1 块、烧杯（100mL）1 只、玻璃棒 1 根、移液管（50mL）2 支、带塞锥形瓶（200mL）1 只、洗耳球 1 个、量筒（100mL）1 只、擦镜纸、滤纸。

2. 试剂

蔗糖（A.R.）、盐酸（3.0mol·L^{-1}）、蒸馏水。

【实验步骤】

1. 20% 蔗糖溶液的配制

在 100mL 经蒸馏水清洗的烧杯（不需干燥）内，用台秤粗称 15.0g 经 380K 烘干的蔗糖，用量筒加入 60mL 蒸馏水，用玻璃棒搅拌使蔗糖完全溶解。若溶液出现浑浊，则需要过滤。该溶液实验室可在实验开始前统一配制，供学生实验时公用。

2. 旋光仪准备

了解旋光仪的构造、工作原理，掌握其使用方法（参见第 6 章 6.3.2）。打开电源，预

热 5～10min，直至钠光灯正常发光。

3. 旋光仪零点校正

蒸馏水是非旋光性物质，可用于旋光仪的零点校正，也可直接用清洁的空旋光管进行校正。

① 用蒸馏水洗净旋光管。

② 将旋光管一端的盖子旋紧，另一端的盖子打开，向管内注满蒸馏水，把小玻片紧贴旋光管端口盖好，使管内无气泡，旋紧旋光管套盖，勿使漏水。旋紧套盖时，不能用力过大，以免压碎小玻片。

③ 用滤纸擦干旋光管外壁，旋光管两端的玻璃片需用擦镜纸擦干。将旋光管放入旋光仪的样品室，进行旋光仪零点校正。

4. 水解反应过程旋光度 α_t 的测定

蔗糖水解反应应在水浴恒温槽中进行，以确保在恒温下反应。若反应在室温下进行，旋光仪测定旋光度按以下步骤操作。

① 用 50mL 移液管移取 50mL 蔗糖溶液，加入经蒸馏水清洗过的 250mL 锥形瓶（可以不干燥）内，用另一支 50mL 移液管移取 50mL 3.0mol·L^{-1}盐酸加入锥形瓶，迅速摇匀反应液的同时启动秒表记录反应时间。

② 用少量反应液淋洗倒去蒸馏水的旋光管 2～3 次，将反应液注满旋光管，盖上小玻片，使管内无气泡，旋紧旋光管套盖，用滤纸擦干旋光管外壁，用擦镜纸擦干旋光管两端的玻璃片，然后将装有反应液的旋光管放入旋光仪样品室进行测试。

反应开始的 20min 内每 2～3min 测试一次，随后反应物浓度降低、反应速率变慢，可每 5min 左右测试一次，1h 后每 10min 左右测试一次，直至测得的旋光度为负值，并测量 3～4 个负值数据为止。应遵循在读取旋光度数据的同时记录反应时间的原则，记录时间时应以反应进行的实际时间为准，而不拘泥于上述设定的时间框架。

5. 完全水解后 α_∞ 的测定

① 将实验步骤 4 之②中加满旋光管后剩余的反应液，连同锥形瓶（需加盖）放入 55℃ 水浴恒温槽内，以加速蔗糖水解反应，反应 1h 后将盛有反应液的锥形瓶取出、冷却至室温。

② 将测试完 α_t 后旋光管内的反应液倒入废液回收瓶，用蒸馏水清洗旋光管。按照实验步骤 4 之②的方法，测定蔗糖完全水解后的旋光度 α_∞ 值，连续测试三次求平均值。

③ 实验结束，关闭旋光仪电源，将旋光管内液体倒入废液回收瓶，清洗并擦干旋光管，整理实验桌面、搞好实验室卫生。

【实验记录和数据处理】

1. 记录实验室室温、实验室大气压和蔗糖完全水解时溶液的旋光度 α_∞。将反应过程不同反应时间 t 时测得的旋光度 α_t 列于表 24-1，作出 α_t-t 曲线图。

实验室室温_____℃；实验室大气压_____Pa；测定值 α_∞ = _____。

表 24-1　蔗糖反应液所测时间与旋光度原始数据

t/min									
α_t									

2. 从 α_t-t 曲线上，以等时间间隔（如以 5min 为间隔）取 9 个 α_t 数值，并算出相应的 (α_t-α_∞) 和 $\ln(\alpha_t - \alpha_\infty)$ 值，列于表 24-2。

表 24-2 $\ln(\alpha_t - \alpha_\infty)$ 与 t 数据

t/min							
$\alpha_t - \alpha_\infty$							
$\ln(\alpha_t - \alpha_\infty)$							

3. 以 $\ln(\alpha_t - \alpha_\infty)$ 对时间 t 作图，由直线斜率求出蔗糖水解反应的速率常数 k，并由式 (24-2) 求得半衰期 $t_{1/2}$。

【注意事项】

1. 旋光管加样后，旋紧旋光管套盖至不漏液体即可，不能用力过大，以免压碎旋光管管端小玻片。

2. 因反应液中加了盐酸，因此旋光管加样后外壁必须擦干净后才能放入旋光仪进行测试，以免酸液滴漏到旋光仪上对仪器造成腐蚀。同样的原因，实验结束后旋光管必须清洗干净，避免酸液对旋光管两端金属套盖造成腐蚀。

3. 旋光管中加样时，应尽可能加满而不留有气泡，如不小心存在气泡，应将气泡赶至旋光管的凸起处，使其避开光路。

4. 加速蔗糖水解反应的水浴恒温槽温度不能超过 60℃，加热时锥形瓶要加盖以防水挥发而使溶液浓度发生变化。

5. 温度对蔗糖水解反应速率常数影响较大，应严格控制可能使水解反应温度产生波动的因素。

旋光仪的钠光灯发热使放置旋光管的样品室温度变化较大，为此，可采取"每测试一个旋光度数据后便将旋光管从旋光仪样品室中取出、下次测试时再放入；不测试时样品室盖子打开散热、测试时再盖上盖子"的方法，减少实验过程温度的变化对实验结果造成的影响。

室温低于 15℃时，反应速率慢、反应时间过长，这时溶液旋光度与时间变化的关系呈近似直线的关系，对实验测试不利。遇到这种情况，应尽量在水浴恒温槽中进行反应测试。

【思考题】

1. 为何可以用台秤称量蔗糖而无需精准配制蔗糖溶液？

2. 加速蔗糖水解反应的水浴恒温槽温度为什么不能超过 60℃？

3. 实验时将盐酸加到蔗糖溶液中，可否将蔗糖溶液加到盐酸中？为什么？

4. 为什么可以用蒸馏水对旋光仪进行零点校正？本实验中，若不对旋光仪进行零点校正，对速率常数测定结果是否有影响？为什么？

5. 本实验中记录反应开始时间的迟早对速率常数测定的结果是否有影响？为什么？

6. 测定蔗糖水解速率常数时，是选取长旋光管还是短旋光管对实验结果更好？为什么？

7. 如何测定蔗糖水解反应的平均活化能？

【实验拓展与讨论】

1. 旋光度与旋光管长度的关系。式 (24-4) 表明，在其他因素不变的条件下旋光物质溶液的旋光度 α 与旋光管长度 L 成正比，常用的旋光管长度有 10cm、20cm、22cm 三种，一般选用长度为 10cm 的旋光管，这样计算比旋光度较为方便。但是，对于旋光能力较弱或浓度过稀的溶液，为了提高旋光度测量的精确度、降低测量的相对误差，应选用长度为 20cm 或 22cm 的旋光管。

2. 在酸催化下，蔗糖水解反应进行得较快，其速率大小与溶液中 H^+ 浓度有关。当 H^+

浓度较低时，水解速率正比于 H^+ 浓度，而当 H^+ 浓度较高时，水解速率正比于 H^+ 活度。同一较高浓度的不同酸液作水解反应催化剂时（如 HCl、HNO_3、H_2SO_4、HAc 等），因 H^+ 活度不同，其水解速率各异。所以由水解速率的比值可以求出两种酸液的 H^+ 活度比，若知道其中之一的活度，便可求出另一个活度。

3. 用古根哈姆（Guggenheim）方法处理实验数据，同样可以求出蔗糖水解速率常数。一级反应在时间 t 和 $t+\Delta t$ 时的浓度分别为 c 和 c'，由一级反应动力学指数式得

$$c-c'=c_0 e^{-kt}(1-e^{-\Delta t})$$

对两边取自然对数，得到

$$\ln(c-c')=-kt+\ln(1-e^{-\Delta t})+\ln c_0$$

式中，Δt 为反应时间间隔，是定值（例如可以取 $5\min$），所以 $\ln(c-c')$ 对时间 t 作图可以得一直线，由直线斜率求出水解速率常数 k。

古根哈姆法处理数据的优点是不必测量水解反应完全时的旋光度 α_∞，可避免因反应温度高引起的一些副反应干扰，节约使用时间。它的不足是实验中不易在每隔相等的 Δt 时直接测得数据，需在实验正常测试 α_t 完成后，作出 α_t-t 曲线，从该曲线上找出相等时间间隔 Δt 时所对应的各浓度 α'。

4. 测定物质的旋光度，主要有下列用途：检测物质的纯度；测定溶液中物质的含量；光学异构体的鉴别等。

实验 25 电导法测定乙酸乙酯皂化反应速率常数

【实验目的】

1. 掌握电导率仪和控温仪的使用。
2. 学会用电导率仪测定乙酸乙酯皂化反应过程中溶液的电导率。
3. 熟悉二级反应的动力学方程，了解反应物浓度与溶液电导率之间的关系。
4. 掌握用溶液电导率表示的乙酸乙酯皂化反应动力学方程，学会求解皂化反应速率常数和活化能的方法。

【实验原理】

乙酸乙酯皂化反应是一个典型的二级反应，其反应方程式为

$$CH_3COOC_2H_5 + OH^- \longrightarrow CH_3COO^- + C_2H_5OH$$

当反应物乙酸乙酯和氢氧化钠的初始浓度相等时，其反应动力学方程的积分式为

$$\frac{1}{c}-\frac{1}{c_0}=kt \tag{25-1}$$

式中，k 为皂化反应速率常数，$L \cdot mol^{-1} \cdot min^{-1}$；$c_0$、$c$ 分别为反应开始和进行到 t 时刻时反应物的浓度，$mol \cdot L^{-1}$。测定皂化反应过程中不同时刻反应物的浓度，以 $1/c$ 对时间 t 作图，由所得直线的斜率便能求出皂化反应的速率常数 k。

溶液导电的本质是溶液中自由移动的离子作定向迁移，溶液中自由移动离子的种类及其个体的多少决定了溶液的导电能力，导电能力的大小通常用电导率 κ 来度量，其值与温度、溶剂性质、离子种类及离子浓度等因素有关。一定温度下给定溶剂的稀溶液中，溶液的总电导率 κ 等于溶液中各离子的电导率之和，某种离子的电导率与其自身浓度成正比。

乙酸乙酯皂化反应属于稀溶液系统，反应过程中参与导电的离子有 OH^-、Na^+ 和 CH_3COO^-。皂化反应过程中，Na^+ 浓度自始至终保持不变，溶液电导率的变化完全是由于反应物中的 OH^- 不断被产物中的 CH_3COO^- 所取代引起的，且 OH^- 的电导率比 CH_3COO^- 的大得多，故随着皂化反应的进行，OH^- 浓度不断减小，CH_3COO^- 浓度虽然增大，但溶液的总电导率依然不断降低。根据溶液导电机理及其电导率原理，分析乙酸乙酯皂化反应各阶段溶液中的离子浓度，便能找出溶液总电导率与离子浓度之间的内在联系。

$$CH_3COOC_2H_5 + Na^+ + OH^- \longrightarrow CH_3COO^- + Na^+ + C_2H_5OH \quad \text{溶液总电导率}$$

$t=0$	c_0	c_0	c_0	0	0	0	κ_0
$t=t$	c	c	c	c_0-c	c_0-c	c_0-c	κ_t
$t=\infty$	0	0	0	c_0	c_0	c_0	κ_∞

由上述分析可得

$$\kappa_0 = \Lambda_m(Na^+)c_0 + \Lambda_m(OH^-)c_0$$

$$\kappa_t = \Lambda_m(Na^+)(c+c_0-c) + \Lambda_m(OH^-)c + \Lambda_m(CH_3COO^-)(c_0-c)$$

$$\kappa_\infty = \Lambda_m(CH_3COO^-)c_0 + \Lambda_m(Na^+)c_0$$

式中，$\Lambda_m(Na^+)$、$\Lambda_m(OH^-)$ 和 $\Lambda_m(CH_3COO^-)$ 分别为 Na^+、OH^- 和 CH_3COO^- 在一定温度下在溶剂水中的摩尔电导率，联立上三式，可解得

$$c_0 = \frac{\kappa_0 - \kappa_\infty}{\Lambda_m(OH^-) - \Lambda_m(CH_3COO^-)}$$

$$c = \frac{\kappa_t - \kappa_\infty}{\Lambda_m(OH^-) - \Lambda_m(CH_3COO^-)}$$

将上两式代入式(25-1)，得

$$\frac{\kappa_0 - \kappa_t}{\kappa_t - \kappa_\infty} \times \frac{1}{c_0} = kt \tag{25-2}$$

重新整理得

$$\kappa_t = \frac{1}{kc_0} \times \frac{\kappa_0 - \kappa_t}{t} + \kappa_\infty \tag{25-3}$$

因此，乙酸乙酯皂化反应实验中，只要测定乙酸乙酯和氢氧化钠混合液在反应尚未进行时的电导率 κ_0，以及测定皂化反应进行过程中不同时刻溶液的电导率 κ_t，然后根据式(25-3)，以 κ_t 对 $(\kappa_0-\kappa_t)/t$ 作图，可得到一条直线，由直线斜率并结合反应液的初始浓度，可求得乙酸乙酯皂化反应的速率常数 k。

运用相同的方法，测出另一温度下的反应速率常数 k，依据阿伦尼乌斯公式

$$\ln\frac{k_2}{k_1} = -\frac{E_a}{R}\left(\frac{1}{T_2} - \frac{1}{T_1}\right) \tag{25-4}$$

可求出乙酸乙酯皂化反应在实验温度 $T_1 \sim T_2$ 范围内的平均活化能 E_a。

实验时，在 $100mL\ 0.01mol \cdot L^{-1}$（$0.001mol$）的氢氧化钠水溶液中注入 $0.001mol$ 纯

乙酸乙酯作为反应液，根据实验温度下乙酸乙酯的密度计算出 0.001mol 纯乙酸乙酯的体积（例如，25℃ 时乙酸乙酯的密度为 $0.89443g \cdot mL^{-1}$、0.001mol 纯乙酸乙酯的质量为 0.088105g，其体积为 $98.50\mu L$）。在 100mL 氢氧化钠水溶液中注入 $98.50\mu L$ 乙酸乙酯，溶液体积变化甚微，溶液浓度可认为不变，因此，100mL $0.01mol \cdot L^{-1}$ 氢氧化钠水溶液的电导率与在其中注入 0.001mol 纯乙酸乙酯后而未反应的瞬时的电导率是相等的。所以，可以先测定 100mL $0.01mol \cdot L^{-1}$ 氢氧化钠水溶液的电导率，其值作为皂化反应在开始时溶液的电导率 κ_0。

【仪器与试剂】

1. 仪器

指针式 DDS-11A 型电导率仪 1 台、水浴恒温槽 1 套、秒表 1 块、移液管（5mL）1 支、洗耳球 1 个、锥形瓶（150mL）1 只、容量瓶（100mL）1 只、微量注射器（100μL）1 支、滴管 1 支、洗瓶、滤纸。

2. 试剂

乙酸乙酯（A.R.）、氢氧化钠溶液（$0.5000mol \cdot L^{-1}$，新配）、蒸馏水。

【实验步骤】

1. 恒温槽温度设置与溶液配制

① 根据实验室环境温度，调节恒温槽温度，如设定实验目标温度为 25℃。

② 用 5mL 移液管移取 2mL $0.5000mol \cdot L^{-1}$ 氢氧化钠溶液，加到经蒸馏水清洗的 100mL 容量瓶（不需干燥）中，用蒸馏水定容，配制成 100mL $0.01mol \cdot L^{-1}$ 的氢氧化钠水溶液。

2. 电导率仪的调节

开启电导率仪电源，电导率仪测试前的调节参见第 5 章 5.1.3。

3. κ_0 的测定

① 在洗净、干燥的 250mL 锥形瓶中，加入配制好的 100mL $0.01mol \cdot L^{-1}$ 的氢氧化钠水溶液，将锥形瓶置于水浴恒温槽中恒温 10min。

② 用洗瓶清洗电导电极后，用滤纸吸干电极上的水分，在已经恒温好的氢氧化钠溶液中插入电极（电极一经进入溶液到实验结束前都不得从锥形瓶中取出），测定溶液电导率，当读数恒定不变时，该数值即为反应液初始电导率 κ_0。

4. κ_t 的测定

① 用 100μL 微量注射器吸取 $98.50\mu L$ 的纯乙酸乙酯，迅速注入已恒温好的氢氧化钠溶液中，注入时应快速同步按下秒表记录时间（此为反应开始时刻）。

② 注入乙酸乙酯后，应立即用手的大拇指和无名指握住锥形瓶、食指和中指在锥形瓶的瓶口处夹住电极（不得离开锥形瓶），用腕力轻轻摇晃锥形瓶（电极保持相对静止），使反应液混合均匀。

③ 测定皂化反应进行到不同时刻的电导率 κ_t，在 6min、9min、12min、15min、20min、25min、30min、35min、40min、45min、60min 时各测量电导率一次。测试结束，取出电极用蒸馏水清洗干净后浸泡在蒸馏水中养护，反应液倒入回收瓶后清洗锥形瓶。

这里给出的电导率测定时间，只是设定了一个大致范围，实验时记录的具体时间应以反应进行的实际时间为准。

5. 测定皂化反应活化能

① 若要进一步测定皂化反应的活化能，可在原先设定恒温槽温度的基础上，将恒温槽温度上调 5~10℃（如 30℃ 或 35℃），然后按照步骤 3、4 进行测试。因反应温度升高反应速率加快，故在测定 κ_t 时测试时间的设定范围调整为 4min、6min、8min、10min、12min、15min、18min、21min、24min、27min、30min。

② 实验结束，关闭电导率仪电源，整理实验桌面、搞好实验室卫生。

【实验记录和数据处理】

1. 记录实验室室温、实验室大气压和皂化反应开始时溶液的电导率 κ_0。将反应过程不同反应时间 t 时测得的电导率 κ_t 及 $(\kappa_0 - \kappa_t)/t$ 列于表 25-1。

实验室室温_____ ℃；实验室大气压_____ Pa；

$\kappa_0(T_1) =$_____；$\kappa_0(T_2) =$_____ 。

表 25-1　乙酸乙酯皂化电导率与反应时间数据

温度 T_1			温度 T_2		
t/min	κ_t	$(\kappa_0 - \kappa_t)/t$	t/min	κ_t	$(\kappa_0 - \kappa_t)/t$
…	…	…	…	…	…

2. 以不同反应温度下的 κ_t 对 $(\kappa_0 - \kappa_t)/t$ 作图，可以得到两条直线，由直线斜率并结合反应液的初始浓度，可求得乙酸乙酯皂化反应在反应温度 T_1 和 T_2 下的速率常数 k_1 和 k_2。

3. 由反应温度 T_1 和 T_2 下的速率常数 k_1 和 k_2，依据式（25-4）计算皂化反应在温度 T_1 和 T_2 范围内的平均活化能 E_a。

【注意事项】

1. 氢氧化钠溶液需在实验开始前配制，防止放置时间过长因空气中的二氧化碳气体进入而影响其浓度。配制时用的蒸馏水应事先煮沸，冷却后使用，以免溶于水中的二氧化碳致使氢氧化钠溶液浓度发生变化。

2. 吸取所需体积的乙酸乙酯后应迅速注入氢氧化钠溶液中，防止乙酸乙酯挥发影响其反应初始浓度。

3. 皂化反应开始时，两种反应物的浓度必须相等，实验中为 0.01mol·L^{-1}。为此，特别注意，当反应温度不为 25℃ 时，应先查出乙酸乙酯在实验温度下的密度，计算出 0.001mol 乙酸乙酯在此温度下所对应的体积，而不能依然吸取 98.50μL 的乙酸乙酯。

4. 电极不用时应置于蒸馏水中浸泡、养护，实验测试前需用滤纸轻轻吸干电极表面的水分，不可用滤纸擦拭电极上的铂黑。

【思考题】

1. 实验采用稀溶液而不用浓溶液的主要原因是什么？

2. 本实验中温度除了对反应速率常数有影响外，还对什么物理量有较大影响？

3. 为何迅速将乙酸乙酯注入氢氧化钠反应液时，必须快速同步按下秒表记录反应时间？

【实验拓展与讨论】

1. 由式（25-2）可以看出，$(\kappa_0 - \kappa_t)/(\kappa_t - \kappa_\infty)$ 对反应时间 t 作图，同样得到一条直

线，由直线的斜率也能求出皂化反应的速率常数 k。这样，实验时要增加测定皂化反应完全时溶液的电导率 κ_∞。可以采用配制 0.01mol·L^{-1} 的醋酸钠溶液，在实验温度下测试该溶液的电导率，即为 κ_∞。显然，用式(25-2)为原理进行测试要比用式(25-3)时麻烦。

2. 乙酸乙酯皂化反应是吸热反应，氢氧化钠溶液中注入乙酸乙酯开始反应后，系统温度会稍有降低，因此混合后的开始几分钟内所测得溶液电导率一定偏低（电导率大小与温度有关所致）。所以，皂化反应开始后第一个电导率测试时间点通常选择在 $4\sim6\text{min}$，以确保水浴使反应系统温度恢复到恒温状态，否则 κ_t 对 $(\kappa_0-\kappa_t)/t$ 作图得到的不是直线。

实验 26　丙酮碘化反应速率方程

【实验目的】

1. 掌握用孤立法确定反应级数的原理和方法。
2. 确立酸催化作用下丙酮碘化反应的速率方程,测定其速率常数及活化能。
3. 理解复杂反应的基本特征和反应机理,学会复杂反应表观速率常数的求算方法。
4. 进一步掌握分光光度计的使用方法。

【实验原理】

酸性溶液中,丙酮的碘化反应是一个复杂反应,其反应式为

$$CH_3-\overset{\overset{\text{O}}{\|}}{C}-CH_3 + I_2 \xrightarrow{H^+} CH_3-\overset{\overset{\text{O}}{\|}}{C}-CH_2I + I^- + H^+$$
$$\quad\quad A \quad\quad\quad\quad\quad\quad\quad\quad E$$

有人认为该反应按以下机理分两步进行

$$CH_3-\overset{\overset{\text{O}}{\|}}{C}-CH_3 \rightleftharpoons CH_3-\overset{\overset{\text{OH}}{|}}{C}=CH_2 \quad\quad\quad\quad\quad\quad\quad (\text{I})$$
$$\quad\quad A \quad\quad\quad\quad\quad\quad\quad\quad B$$

$$CH_3-\overset{\overset{\text{OH}}{|}}{C}=CH_2 + I_2 \longrightarrow CH_3-\overset{\overset{\text{O}}{\|}}{C}-CH_2I + I^- + H^+ \quad (\text{II})$$
$$\quad\quad B \quad\quad\quad\quad\quad\quad\quad\quad E$$

步骤(I)是丙酮的烯醇化反应,这是一个很慢的可逆反应;步骤(II)是烯醇的碘化反应,它是一个快速且趋于进行到底的反应。因此,步骤(I)是整个反应的决速步。丙酮碘化反应的总速率取决于丙酮烯醇化反应的速率,丙酮烯醇化属于基元反应,根据质量作用定律,其速率正比于丙酮及氢离子的浓度。

若以碘的浓度随时间的变化率来表示丙酮碘化反应的总速率,则丙酮碘化反应的动力学方程式为

$$-\frac{dc_{I_2}}{dt} = kc_A c_{H^+} \quad\quad\quad\quad\quad\quad\quad (26\text{-}1)$$

式中，c_{I_2}、c_A 和 c_{H^+} 分别为碘溶液、丙酮和氢离子的浓度；k 表示丙酮碘化反应总的速率常数。由反应机理得到的速率方程表明，丙酮碘化反应的速率与丙酮及氢离子浓度的一次方成正比，而与碘溶液的浓度无关。为了验证这一反应机理正确与否，可以进行反应级数的测定。

假定丙酮碘化反应的速率方程为

$$r = -\frac{dc_A}{dt} = -\frac{dc_{I_2}}{dt} = kc_A^x c_{I_2}^y c_{H^+}^z \tag{26-2}$$

式中，x、y 和 z 分别为丙酮、碘和氢离子的反应分级数。对上式取对数，得

$$\lg(-\frac{dc_{I_2}}{dt}) = \lg k + x\lg c_A + y\lg c_{I_2} + z\lg c_{H^+} \tag{26-3}$$

在丙酮、碘和氢离子三种反应物中，若固定其中两种物质的起始浓度，改变第三种物质的起始浓度，测定碘化反应在一定温度下的反应速率，此时反应速率只是第三种物质浓度的函数。以反应速率的对数值 $\lg(-\frac{dc_{I_2}}{dt})$ 对第三种物质浓度的对数值 $\lg c$ 作图，可以得到一条直线，直线的斜率即为对第三种物质的反应分级数，这种方法称为孤立法。采用相同的处理方法，可以测定另两种物质的反应分级数。因某物质的起始浓度是已知的（即 $\lg c$ 已知），故测定该物质的反应分级数的关键，是如何测定反应物（丙酮或碘）在反应过程中浓度随时间的变化率，以便得到 $\lg(-\frac{dc_{I_2}}{dt})$。

因为碘在可见光区有一个较宽的吸收带，而在这一吸收区域酸和丙酮都没有明显的吸收，所以可利用分光光度计来测定丙酮碘化反应过程中碘的浓度随时间的变化关系，即可求出丙酮碘化反应速率 $(-\frac{dc_{I_2}}{dt})$。按照朗伯-比耳（Lambert-Beer）定律，有

$$A = -\lg T = -\lg(\frac{I}{I_0}) = \varepsilon b c_{I_2} \tag{26-4}$$

式中，A 为吸光度；T 为透光率；I、I_0 分别为某一波长的光线通过待测溶液和空白溶液后的光强；ε 为物质的摩尔吸光系数；b 为样品池光径长度。上式说明透光率的对数 $\lg T$ 是碘溶液浓度 c_{I_2} 的函数，而 c_{I_2} 又是反应时间 t 的函数，即

$$\lg T = f[c_{I_2}(t)] \tag{26-5}$$

因此，由式(26-4)对反应时间 t 求导，得

$$\frac{d\lg T}{dt} = \frac{d\lg T}{dc_{I_2}} \times \frac{dc_{I_2}}{dt} = -\varepsilon b \frac{dc_{I_2}}{dt} \tag{26-6}$$

对式(26-6)取对数，得

$$\lg(\frac{d\lg T}{dt}) = \lg(-\frac{dc_{I_2}}{dt}) + \lg(\varepsilon b) \tag{26-7}$$

将式(26-3)代入式(26-7)，则

$$\lg(\frac{d\lg T}{dt}) = \lg k + x\lg c_A + y\lg c_{I_2} + z\lg c_{H^+} + \lg(\varepsilon b) \tag{26-8}$$

实验测定时，在相同的温度下固定反应物中任意两种物质的起始浓度，改变第三种物质的起始浓度。对第三种物质起始浓度不同的每一个溶液，都能测得一系列随时间变化的透光率。以 $\lg T$ 对 t 作图得一直线，其斜率为 $\dfrac{\mathrm{d}\lg T}{\mathrm{d}t}$，再对 $\dfrac{\mathrm{d}\lg T}{\mathrm{d}t}$ 取对数得 $\lg(\dfrac{\mathrm{d}\lg T}{\mathrm{d}t})$。对不同的起始浓度，$\lg(\dfrac{\mathrm{d}\lg T}{\mathrm{d}t})$ 值不同，以该对数值与所对应的起始浓度的对数 $\lg c$ 作图，所得直线的斜率即为第三种物质的反应分级数。

确定丙酮碘化反应各反应物的分级数后，再测定已知浓度碘溶液的透光率，由式(26-4)可以求出 εb 值。结合某一给定起始浓度碘溶液参与的反应液的一组透光率与反应时间数据，代入式(26-8)，便可以算出丙酮碘化反应在给定温度下的速率常数 k。

实验若测得两个或两个以上不同温度下的反应速率常数，就可以根据阿伦尼乌斯公式计算丙酮碘化反应的活化能

$$\ln\frac{k_2}{k_1}=-\frac{E_a}{R}\left(\frac{1}{T_2}-\frac{1}{T_1}\right) \tag{26-9}$$

【仪器与试剂】

1. 仪器

722 型分光光度计 1 台、2cm 比色皿 2 个、超级恒温水浴槽 1 台、秒表 1 块、25mL 容量瓶 11 个、5mL 带刻度移液管 3 支、洗瓶 1 只、洗耳球 1 个。

2. 试剂

$2.00\text{mol}\cdot\text{L}^{-1}$ 盐酸溶液、$2.00\text{mol}\cdot\text{L}^{-1}$ 丙酮溶液、$0.0200\text{mol}\cdot\text{L}^{-1}$ 碘溶液和蒸馏水。

【实验步骤】

1. 恒温槽温度设定

根据实验室室温，调节恒温槽温度，如设定实验目标温度为 25℃。将蒸馏水和 $2.00\text{mol}\cdot\text{L}^{-1}$ 的丙酮溶液置于超级恒温槽中恒温。

2. 分光光度计调节

① 开启分光光度计电源开关，打开样品室盖，预热 20min。选择开关置于"T"旋钮，使数字显示为"00.0"。

② 旋转波长按钮，选定波长在 565nm 处。取一只 2cm 比色皿，装满已恒温好的蒸馏水，用擦镜纸擦干外表面，置于光路中。合上样品室盖，调节透光率"100％T"旋钮，使数字显示为"100％T"。

3. 碘溶液起始浓度不同对反应速率影响的测定

① 在 3 个经蒸馏水清洗、带标号的 25mL 容量瓶中，用盐酸专用移液管各移入 2.50mL $2.00\text{mol}\cdot\text{L}^{-1}$ 盐酸溶液，再用碘溶液专用移液管分别移取 $0.0200\text{mol}\cdot\text{L}^{-1}$ 碘溶液 1.30mL、1.00mL、0.70mL 加到每个容量瓶中，加入适量蒸馏水，容量瓶留有能加 5mL 左右溶液的空间，置于恒温槽中恒温数分钟。

② 待容量瓶中溶液恒温好后，取出其中一个容量瓶，用丙酮溶液专用移液管移入已恒温的 2.50mL $2.00\text{mol}\cdot\text{L}^{-1}$ 丙酮溶液，用事先已恒温好的蒸馏水定容，并开始计时。

③ 迅速用上述反应液荡洗另一只 2cm 比色皿三次，并向比色皿中加满该反应液，用擦镜纸擦干外表面，置于比色架上，光路中放置装满蒸馏水（作参比用）的比色皿，合上样品

室盖。每隔约 1.5min 测定一次反应液的透光率，同时记下透光率和时间，一直到透光率值为 80% 左右，记录的实验数据不少于 9 组。

每次测定透光率时，先将装有蒸馏水的比色皿拉入光路进行透光率 100% 和零点调节，再将装有反应液的比色皿拉入光路测试读数，然后将后者退出光路。

④ 按照上两个步骤的方法，取其余两个容量瓶中的溶液，进行同样的测试。

4. 盐酸起始浓度不同对反应速率影响的测定

① 在 4 个经蒸馏水清洗、带标号的 25mL 容量瓶中，用碘溶液专用移液管各移入 1.00mL 0.0200mol·L^{-1} 碘溶液，再用盐酸专用移液管分别移取 2.00mol·L^{-1} 盐酸溶液 5.00mL、4.00mL、3.00mL、2.00mL 加到每个容量瓶中，加入适量蒸馏水，容量瓶留有能加 5mL 左右溶液的空间，置于恒温槽中恒温数分钟。

② 按照步骤 3 中②、③的方法，对上个步骤 4 个容量瓶中的溶液分别加入已恒温的 2.50mL 2.00mol·L^{-1} 丙酮溶液后的反应液，进行同样的测试。

对于盐酸浓度较高的反应液，由于反应速率快，读数的时间间隔要小一些，可以每隔约 30s 读一次，对于盐酸浓度较稀的样品，可每隔约 1.5min 读一次。

5. 丙酮溶液起始浓度不同对反应速率影响的测定

① 在 4 个经蒸馏水清洗的 25mL 容量瓶中，用碘溶液专用移液管各移入 1.00mL 0.0200mol·L^{-1} 碘溶液，再用盐酸专用移液管各移入 2.50mL 2.00mol·L^{-1} 盐酸溶液，加入适量蒸馏水，容量瓶留有能加 10mL 左右溶液的空间，置于恒温槽中恒温数分钟。

② 待容量瓶中溶液恒温好后，任取一个容量瓶，用丙酮溶液专用移液管移入已恒温的 5.00mL 2.00mol·L^{-1} 丙酮溶液，用事先已恒温好的蒸馏水定容，并开始计时。按照步骤 3 之③的方法，测试与记录反应进行到不同时间时的透光率。

③ 按照上一步骤的方法，将 2.00mol·L^{-1} 丙酮溶液的加入量由 5.00mL 分别变为 4.00mL、3.00mL、2.00mL 后，依次进行测试。

6. εb 值的测定

在经蒸馏水清洗的 25mL 容量瓶中，加入 1.00mL 0.0200mol·L^{-1} 碘溶液和 5.00mL 2.00mol·L^{-1} 盐酸溶液，加适量蒸馏水，恒温后用已恒温好的蒸馏水定容，测定该溶液的透光率。

7. 变换温度测定

将恒温槽的温度升高，如设定 35℃，重复以上各个步骤，可以测定另一温度下的反应速率及其速率常数。但因温度升高，反应速率加快，测定数据的时间间隔相应要缩短。

8. 实验收尾

实验结束后，将比色皿、容量瓶、移液管等洗涤干净，关闭分光光度计电源。整理实验桌面、搞好实验室卫生。

【实验记录和数据处理】

1. 记录实验室室温、实验室大气压、恒温槽水温及测定 εb 值时的透光率，将不同反应物在不同反应时间的透光率列于表 26-1。

实验室室温_____℃；实验室大气压_____Pa；

恒温槽水温_____℃；测定 εb 值时的透光率_____。

表 26-1　实验原始数据

碘液不同起始浓度	浓度 1	反应时间 t/s									
		透光率 T									
	浓度 2	反应时间 t/s									
		透光率 T									
	浓度 3	反应时间 t/s									
		透光率 T									
盐酸不同起始浓度	浓度 1	反应时间 t/s									
		透光率 T									
	浓度 2	反应时间 t/s									
		透光率 T									
	浓度 3	反应时间 t/s									
		透光率 T									
	浓度 4	反应时间 t/s									
		透光率 T									
丙酮溶液不同起始浓度	浓度 1	反应时间 t/s									
		透光率 T									
	浓度 2	反应时间 t/s									
		透光率 T									
	浓度 3	反应时间 t/s									
		透光率 T									
	浓度 4	反应时间 t/s									
		透光率 T									

2. 反应物分级数的确立。对于某一反应物，这里以反应物碘液为例，在给定的起始浓度（如浓度 1）下，用透光率的对数 $\lg T$ 对反应时间 t 作图得一直线，直线的斜率为 $\dfrac{\mathrm{d}\lg T}{\mathrm{d}t}$；同样的方法，可以得到浓度 2 和浓度 3 时的 $\dfrac{\mathrm{d}\lg T}{\mathrm{d}t}$。并对 $\dfrac{\mathrm{d}\lg T}{\mathrm{d}t}$ 取对数得 $\lg\left(\dfrac{\mathrm{d}\lg T}{\mathrm{d}t}\right)$，对应的起始浓度同样取对数 $\lg c$，其数据见表 26-2。

表 26-2　碘液不同起始浓度数据处理

项目	浓度 1	浓度 2	浓度 3
$\dfrac{\mathrm{d}\lg T}{\mathrm{d}t}$			
$\lg\left(\dfrac{\mathrm{d}\lg T}{\mathrm{d}t}\right)$			
$\lg c$			

以 $\lg\left(\dfrac{\mathrm{d}\lg T}{\mathrm{d}t}\right)$ 对 $\lg c$ 作图，所得直线的斜率便是丙酮碘化反应中碘所对应的反应分级数 y。

采用同样的数据处理方法，可以确定丙酮碘化反应中丙酮和氢离子所对应的反应分级数 x 和 z。

3. 计算丙酮碘化反应速率常数。

4. 计算丙酮碘化反应的活化能。由实验测得的两个不同温度（如 25℃ 和 35℃）时的速率常数，代入阿伦尼乌斯（Arrhenius）方程，求出活化能 E_a。

【注意事项】

1. 反应物混合时，先将碘液与盐酸在容量瓶中混合后恒温，最后加入事先已恒温好的丙酮溶液。丙酮一经加入后应尽快进行下一步操作。

2. 温度对反应速率及速率常数有明显影响，实验时应尽可能保持反应系统恒温。容量瓶定容时需用事先恒温好的蒸馏水而不能用室温下的蒸馏水。如实验条件可能，可以选择带有恒温夹套的分光光度计，并与恒温槽相连，保持反应系统恒温。

3. 使用分光光度计时，每次读数前都必须用恒温好的蒸馏水作参比，进行透光率100%和零点调节。

【思考题】

1. 在每次等待测定并读取透光率的过程中，若将装有反应液的比色皿始终置于光路中，将会对反应测试结果产生什么影响？为什么？

2. 丙酮碘化反应起始时间计时的早晚不同对实验结果有无影响？为什么？

3. 对本实验结果产生影响的主要因素是什么？

【实验拓展与讨论】

1. 本实验中反应系统所选择的丙酮和氢离子的浓度介于 $0.16 \sim 0.4 \, mol \cdot L^{-1}$ 之间，而碘的浓度均在 $0.001 \, mol \cdot L^{-1}$ 以下，后者的浓度远远小于前两者的，因此反应过程中丙酮和氢离子的浓度可视为不变。随着碘化反应的进行，虽然碘的浓度在不断变化，但是其反应分级数为0，所以，不会对求解丙酮和氢离子的反应分级数产生影响。

2. 朗伯-比耳（Lambert-Beer）定律产生偏差的原因。朗伯-比耳定律定量地给出了光的吸收与有色溶液层厚度及溶液浓度之间的关系，但在实际应用中，尤其是在较高浓度时，吸光度 A 与浓度 c 之间往往发生偏离直线的现象，究其原因主要有：

① 定律自身的局限性。该定律只有在稀溶液时才能成立，当有色物质的浓度高于 $0.01 \, mol \cdot L^{-1}$ 时，吸收质点之间平均距离的缩小致使邻近质点的电荷分布发生变化，这种变化改变了它们对特定辐射的吸收能力，所以吸光度 A 与浓度 c 之间偏离直线关系。

② 化学因素。溶液中的溶质可能因浓度的改变而发生解离、缔合、配位及与溶剂之间的作用，从而导致发生偏离。

③ 光源因素。该定律只适用于某一种特定波长的"单色光"，但是实际中真正的单色光很难得到。

3. 选择波长为565nm的原因。在丙酮碘化反应系统中，表面上只有 I_2 吸收可见光，实际上只要是碘溶液便同时存在 I_2、I^- 和 I_3^- 三种形式，其中的 I_3^- 也可以吸收可见光。因此，反应系统总的吸光度等于 I_2 和 I_3^- 两者的吸光度之和，即

$$A = A_{I_2} + A_{I_3^-} = \varepsilon_{I_2} b c_{I_2} + \varepsilon_{I_3^-} b c_{I_3^-}$$

其中的摩尔吸光系数 ε_{I_2} 和 $\varepsilon_{I_3^-}$ 与物质本性有关，一般情况两者并不相等，此外，它们还与入射光的波长有关。但是，在特定的波长条件下，即波长为565nm时，$\varepsilon_{I_2} = \varepsilon_{I_3^-}$，所以此波长照射下反应系统总的吸光度可表示为

$$A = \varepsilon_{I_2} b (c_{I_2} + c_{I_3^-})$$

即反应液的总吸光度 A 与溶液的总碘量（$c_{I_2} + c_{I_3^-}$）成正比。所以，实验中必须选择工作波长为565nm。

实验 27　催化剂活性的测定——甲醇分解

【实验目的】

1. 测定 ZnO 催化剂对甲醇分解反应的催化活性，了解反应温度对催化剂活性的影响。
2. 了解用流动法测定催化剂活性的特点，掌握用该方法测定催化剂活性的实验方法。
3. 掌握流量计和稳压管等的工作原理和使用方法。

【实验原理】

在化学反应系统中，加入某种物质后可以改变反应速率，而该物质自身在反应前后既没有数量上的变化，同时又没有化学性质的改变，这种物质称为催化剂。而改变反应速率的现象，称为催化作用。催化剂的催化活性便是作为催化剂在一定反应条件下催化能力的量度，是催化剂的重要性质之一，通常用单位反应时间内单位质量或单位体积的催化剂对反应物的转化百分率来表示。对于固体催化剂参与的多相催化反应，因反应在催化剂表面进行，故催化剂的比表面积大小一定程度上可以衡量催化剂的活性。

测定催化剂活性的实验方法有静态法和流动法两大类。静态法是指将反应物和催化剂置于同一封闭容器中，测量系统组成与反应时间关系的实验方法，其特征是反应过程中既没有反应物的加入也没有产物的移走。流动法是流体反应物不断稳定、连续地进入反应器发生催化反应，离开反应器后反应立即停止，然后分析产物的种类及其组成的实验方法。在连续的化工工业化生产中，使用的装置、反应条件与流动法极为相似，因此，流动法在探讨反应速率、研究反应机理、测定催化剂活性等动力学实验中更加具有广泛的应用价值。

流动法测定催化剂活性的关键是既要能产生和控制稳定的流体反应物，又要能在整个实验时间内控制反应系统中各部分的实验条件（温度、压力、流量等）稳定不变。按照催化剂是否流动，流动法可分为固定床法和流动床法。流体包含气体（气相）和液体（液相）两种，反应压力分为高压、常压和低压。测定 ZnO 催化剂对甲醇分解反应的催化活性时，采用的是气相、常压下的固定床法。

测定 ZnO 催化剂对甲醇分解反应的催化活性，目的是为用气体 CO 和 H_2 作原料合成甲醇寻找优良的催化剂。$CO(g) + 2H_2(g) \Longleftrightarrow CH_3OH(g)$ 是一个可逆反应，在没有催化剂的条件下反应速率极慢，寻找具有良好活性的催化剂可以提高反应速率。但若按正方向反应进行催化剂活性测定并选择优良的催化剂实验，则要在高压下进行，不仅反应条件苛刻而且易发生生成 CH_4 等的副反应。

凡是对正方向反应具有优良催化能力的催化剂，对其逆反应同样具有优良的催化能力，这是催化剂的另一特点。甲醇的分解反应恰好是其合成反应的逆反应，且在常压下就能进行，反应条件温和，并且无副反应。因此在选择合成甲醇催化剂的活性实验时，可以利用反应较温和的甲醇分解反应来进行。本实验用流动法测量 ZnO 催化剂在不同温度下对甲醇分解反应的催化活性，其反应式为

$$CH_3OH(g) \xrightarrow{ZnO} CO(g) + 2H_2(g)$$

反应在图 27-1 所示的实验装置中进行。

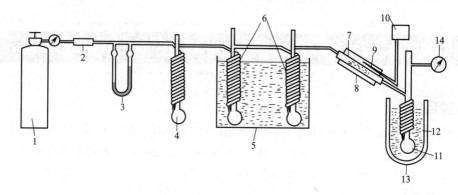

图 27-1　ZnO 活性测量装置

1—氮气钢瓶；2—稳流阀；3—毛细管流量计；4—缓冲瓶；5—恒温槽；6—饱和器；7—反应管；
8—管式炉；9—热电偶；10—控温仪；11—捕集器；12—冰盐冷剂；13—杜瓦瓶；14—湿式流量计

　　N_2 的流速由毛细管流量计控制，流经饱和器携带甲醇蒸气后进入管式炉中的反应器，甲醇蒸气与催化剂接触反应。流出反应器的混合气体中有 N_2、未分解的甲醇蒸气、产物 CO 和 H_2。甲醇蒸气被冰盐浴冷凝截留在捕集器中，最后经湿式气体流量计测得的是 N_2、CO 和 H_2 的流量。若反应器中无催化剂，测得的是纯 N_2 的流量。依据这两个流量可以计算出产物 CO 和 H_2 的体积，从而得出催化剂的活性大小。若以一定实验条件下单位质量的 ZnO 催化剂使 100g 甲醇分解的甲醇质量（g）来表示催化剂的活性，则

$$催化活性 = \frac{m'_{CH_3OH}}{m_{CH_3OH}} \times \frac{100}{m_{ZnO}} = \frac{n'_{CH_3OH}}{n_{CH_3OH}} \times \frac{100}{m_{ZnO}} \qquad (27\text{-}1)$$

式中，m_{CH_3OH} 和 m'_{CH_3OH} 分别为进入反应器和已经分解的甲醇质量；n_{CH_3OH} 和 n'_{CH_3OH} 分别为进入反应器和已经分解的甲醇的物质的量；m_{ZnO} 为 ZnO 催化剂的质量。

　　甲醇分解前系统的压力近似为实验时的室内大气压，即

$$p_{系统} = p_{大气压} = p_{CH_3OH} + p_{N_2} \qquad (27\text{-}2)$$

式中，p_{CH_3OH} 为恒温槽温度下（40℃）甲醇的饱和蒸气压，是进入反应器前甲醇蒸气的分压力；p_{N_2} 为进入反应器前 N_2 的分压力。由道尔顿分压定律得

$$\frac{p_{N_2}}{p_{CH_3OH}} = \frac{y_{N_2}}{y_{CH_3OH}} = \frac{n_{N_2}}{n_{CH_3OH}} \qquad (27\text{-}3)$$

式中，n_{N_2} 为 40min 内进入反应器中 N_2 的物质的量，可以通过无催化剂时 40min 内通入 N_2 的体积计算。利用上式便能计算出 40min 内进入反应器中甲醇蒸气的物质的量 n_{CH_3OH}。

　　已经分解的甲醇的物质的量 n'_{CH_3OH} 可以由理想气体状态方程求出，即

$$n'_{CH_3OH} = \frac{p_{大气压} V_{CH_3OH}}{RT} \qquad (27\text{-}4)$$

式中，$V_{CH_3OH} = \dfrac{1}{3} V_{CO+H_2}$；$T$ 为湿式气体流量计上指示的温度。

【仪器与试剂】

1. 仪器

所用仪器见图 27-1 标识。

2. 试剂

甲醇（A.R.）、食盐、ZnO 催化剂（实验室自制）。

【实验步骤】

1. 实验前准备

① 按图 27-1 连接好仪器。

② 用量筒向两个饱和器中加入甲醇液体，充满饱和器体积的 2/3。

③ 向杜瓦瓶内加入碎冰和食盐的混合物作制冷剂。

④ 调节超级恒温槽温度到 40℃。

⑤ 调节湿式气体流量计至水平位置，检查流量计内液面。

2. 系统检漏

① 小心打开 N_2 钢瓶的减压阀，用小股 N_2 气流通过系统，毛细管流量计上出现压力差。

② 将湿式气体流量计和捕集器间的导管闭死，若毛细管流量计上的压力逐渐变小至零，表示系统不漏气，否则查漏、及时排除。

3. 空反应管测量

① 检漏完成后，将未加催化剂的空反应管放入炉内，缓慢打开 N_2 钢瓶的减压阀，通过稳流阀调节气体流量（用湿式气体流量计检测）为 (100 ± 5) mL·min^{-1}，记录毛细管流量计的压差。

② 开启控温仪，使炉子升温到 350℃，在炉温温度、毛细管流量计压差不变的情况下，每 5min 记录湿式气体流量计读数一次，连续记录 40min。

4. ZnO 催化剂活性的测量

① 用台秤称取存放于真空干燥器中、粒径为 1.5mm 左右、经 350℃ 焙烧的 ZnO 催化剂 4g，装入反应管内（先在管内放少量玻璃棉，边装催化剂边转动反应管，确保装料均匀，催化剂应处于反应管的中部）。

② 将装有催化剂的反应管放入炉内，接好管道并检漏。开启控温仪使炉子升温到 350℃，控制毛细管流量计的压差与空管时完全一样。等炉温稳定后，每 5min 记录湿式气体流量计读数一次，连续记录 40min。

③ 按照上两个步骤相同的方法，对经 500℃ 焙烧的 ZnO 催化剂进行催化活性测定。

④ 实验结束后，关闭装置电源和 N_2 钢瓶，并将减压阀内的余气放净。整理实验桌面、搞好实验室卫生。

【实验记录和数据处理】

1. 记录实验室室温、实验室大气压。

实验室室温_____℃；实验室大气压_____Pa。

2. 以空反应管、不同炉温下反应管中装入催化剂时的气体流量对时间作图，得三条直线，从直线上分别求出 40min 内通入 N_2 的体积 V_{N_2} 和分解反应所增加的体积 V_{CO+H_2}。

3. 计算 40min 内进入反应器的甲醇的物质的量 n_{CH_3OH}。

4. 计算 40min 内不同炉温下甲醇分解的物质的量 n'_{CH_3OH}。

5. 计算不同温度下 ZnO 催化剂的催化活性。

【注意事项】

1. 系统必须检漏，保证不漏气。

2. 确保毛细管流量计的压差在整个实验过程中保持不变。

3. 实验前应检查湿式气体流量计的水平和水位，预先使其运转数圈，使其蒸气饱和后才能计量。

4. 测量结束时，应及时用夹子夹住管道，使饱和器与反应器不相通，以免因炉温下降致使甲醇由饱和器被倒吸入反应管内。

【思考题】

1. 为什么 N_2 的流量在整个实验过程中要控制不变？

2. 毛细管流量计与湿式气体流量计的区别是什么？

3. 冰盐浴冷却器的作用是什么？若要得到较低的温度，氯化钠与冰应以什么比例混合？

【实验拓展与讨论】

催化剂的活性随着其制备方法的不同而异，常用的催化剂制备方法有沉淀法、浸渍法和热分解法等。浸渍法是制备催化剂最常用的方法，它是在多孔性载体上浸渍含有活性组分的盐溶液，再经干燥、焙烧、还原等工艺而成。活性物质被吸附于载体的微孔中，催化反应就在微孔中进行，使用载体的目的是使催化剂的催化表面积加大、机械强度增加、活性组分用量减少。载体对催化剂性能影响很大，应根据具体情况和需要对载体的比表面积、孔结构、耐热性及几何形状等进行选择，其中 Al_2O_3、SiO_2、活性炭等都是良好的载体。

实验 28　B-Z 振荡反应

【实验目的】

1. 了解 Belousov-Zhabotinski 反应（简称 B-Z 振荡反应）的基本原理和研究化学振荡反应的方法。

2. 了解自然界中普遍存在的非平衡非线性问题。

3. 掌握在硫酸介质中以金属铈离子作催化剂时，丙二酸被溴酸钾氧化过程的机理。

4. 掌握用原电池电动势的方法测定 B-Z 振荡反应系统在不同温度下的诱导期及振荡周期，计算在实验温度范围内 B-Z 振荡反应的诱导活化能和振荡活化能。

【实验原理】

有些化学反应系统中的某些物理量（如物质的浓度）随时间发生周期性的变化，这类反应称为化学振荡反应。

1921 年，伯克利加州大学的布雷（Bray William）在研究中偶然发现，H_2O_2 与 KIO_3 在稀硫酸溶液中反应时，释放出 O_2 的速率以及 I_2 的浓度会随时间呈周期性的变化，这是第一次发现了振荡式的化学反应。但是经典热力学第二定律认为，任何化学反应只能趋向逐渐退化的平衡态，因此这一发现被当时的化学家们否定了。

然而，这类化学现象从此引起了人们的注意。1952 年，英国数学家图灵通过数学计算，从理论上预见了化学振荡反应现象的可能性。1959 年，俄国化学家别洛索夫（Belousov）

和扎鲍廷斯基（Zhabotinski）首次报道了以金属铈为催化剂，柠檬酸在酸性条件下被溴酸钾氧化时可以呈现化学振荡现象，即溶液在无色和淡黄色两种状态间进行着规则的周期性振荡。后来，又有一大批有机物在含溴酸盐的酸性介质中的类似反应被发现，其中 $KBrO_3$ 氧化丙二酸 $CH_2(COOH)_2$ 的反应是化学振荡反应中最为著名的，且是研究得最为详细的一例，其催化剂为 Ce^{4+}/Ce^{3+} 或 Mn^{3+}/Mn^{2+}，反应式为

$$3H^+ + 3BrO_3^- + 5CH_2(COOH)_2 \xrightarrow{Ce^{3+}} 3BrCH(COOH)_2 + 4CO_2 + 5H_2O + 2HCOOH$$

因此，这类反应被称为 Belousov-Zhabotinski 反应，简称 B-Z 振荡反应。

1969 年，现代化学动力学奠基人普里戈金提出的耗散结构理论，从理论上解释了振荡反应产生的原因。当体系远离平衡态时，即在非平衡非线性区，无序的均匀态并不总是稳定的。在特定的动力学条件下，无序的均匀定态可以失去稳定性，产生时空有序的状态，这种状态称之为耗散结构，例如浓度随时间有序地变化（化学振荡）。

耗散结构理论的建立为振荡反应提供了理论基础，有关振荡反应的研究得到了迅速发展。1972 年，E. Koros、R. J. Field 和 R. Noyes 通过实验提出的 KFN（三位科学家的简称）模型，对 B-Z 振荡反应机理作出了解释。其核心思想为：系统中存在着受溴离子浓度 c_{Br^-} 控制的两条反应途径 A 和 B，当 c_{Br^-} 高于临界浓度 $c_{Br^-,c}$ 时，反应按途径 A 进行；当 c_{Br^-} 低于临界浓度 $c_{Br^-,c}$ 时，反应按途径 B 进行；同时，还存在着反应途径 C。

途径 A　（1）$Br^- + BrO_3^- + 2H^+ \xrightarrow{k_1} HBrO_2 + HBrO$

　　　　（2）$Br^- + HBrO_2 + H^+ \xrightarrow{k_2} 2HBrO$

途径 B　（3）$HBrO_2 + BrO_3^- + H^+ \xrightarrow{k_3} 2BrO_2 \cdot + H_2O$

　　　　（4）$BrO_2 \cdot + Ce^{3+} + H^+ \xrightarrow{k_4} HBrO_2 + Ce^{4+}$

　　　　（5）$2HBrO_2 \xrightarrow{k_5} BrO_3^- + H^+ + HBrO$

途径 C　（6）$4Ce^{4+} + BrCH(COOH)_2 + H_2O + HBrO \xrightarrow{k_6} 2Br^- + 4Ce^{3+} + 3CO_2 + 6H^+$

溴离子浓度 c_{Br^-} 相当于开关，控制着反应途径 A 和 B 的转变。在途径 A 中，化学反应的进行使得 c_{Br^-} 降低，当降到 $c_{Br^-,c}$ 时，反应转变成按途径 B 进行。在途径 B 中，首先发生的是自催化反应，进而反应生成 Ce^{4+} 和 HBrO，为反应途径 C 再生 Br^- 提供必要条件。Br^- 的再生使得 c_{Br^-} 增加，当增加到 $c_{Br^-,c}$ 时，反应又转变成按途径 A 进行，这样系统就在途径 A 和途径 B 之间往复振荡。

途径 A 是消耗 Br^-，产生能进一步反应的 $HBrO_2$，HBrO 为中间产物。步骤（1）是途径 A 的反应速率控制步，当反应达到准稳定态时，因

$$\frac{dc_{HBrO_2}}{dt} = k_1 c_{BrO_3^-} c_{Br^-} c_{H^+}^2 - k_2 c_{HBrO_2} c_{Br^-} c_{H^+} = 0$$

故有

$$c_{HBrO_2} = \frac{k_1}{k_2} c_{BrO_3^-} c_{H^+} \tag{28-1}$$

途径 B 是一个自催化过程，在溴离子浓度消耗到一定程度后，$HBrO_2$ 才按步骤（3）、（4）进行反应，并使反应不断加速，与此同时，Ce^{3+} 被氧化为 Ce^{4+}，$HBrO_2$ 的累积还受到步骤

（5）的制约。步骤（3）是途径 B 的反应速率控制步，而步骤（4）中的自由基 $BrO_2 \cdot$ 反应活性大（一旦生成便瞬间反应消耗掉）且作为催化剂的 Ce^{3+} 浓度很低，故当反应达到准稳定态时，有

$$\frac{dc_{HBrO_2}}{dt} = k_3 c_{BrO_3^-} c_{HBrO_2} c_{H^+} - 2k_5 c_{HBrO_2}^2 \approx 0$$

所以

$$c_{HBrO_2} \approx \frac{k_3}{2k_5} c_{BrO_3^-} c_{H^+} \tag{28-2}$$

反应步骤（2）和（3）表明，Br^- 和 BrO_3^- 两者竞争 $HBrO_2$，当 $k_2 c_{Br^-} > k_3 c_{BrO_3^-}$ 时，自催化过程步骤（3）不可能发生，因此自催化反应能够进行所需 Br^- 的临界浓度为

$$c_{Br^-,c} = \frac{k_3}{k_2} c_{BrO_3^-} \tag{28-3}$$

自催化反应是 B-Z 振荡反应中必不可少的步骤。

反应途径 C 为丙二酸被溴化为 $BrCH(COOH)_2$ 后，与 Ce^{4+} 反应生成 Br^-，实现 Br^- 的再生而 Ce^{4+} 被还原为 Ce^{3+}，这一步对化学振荡极其重要。如果只有反应途径 A 和 B，只能是一般的自催化反应，进行一次就结束了。正是反应途径 C 的存在，以丙二酸的消耗为代价，重新得到 Br^- 和 Ce^{3+}，反应得以再次发生，形成周期性的振荡。

可见，发生化学振荡反应需满足以下三个条件。

① 反应必须远离平衡态。化学振荡只有在远离平衡态，具有很大的不可逆程度时才能发生。在封闭系统中振荡是衰减的，在敞开系统中，可以长期持续振荡。

② 反应历程中应包含有自催化的步骤。产物之所以能加速反应，因为是自催化反应，如途径 A 中的产物 $HBrO_2$ 同时又是反应物。

③ 系统必须有两个稳定态存在，即具有双稳定性。

化学振荡系统的振荡现象可以通过多种方法观察和检测到，如观察溶液颜色的变化、测定吸光度随时间的变化和测定电动势随时间的变化等。$KBrO_3$ 氧化丙二酸 $CH_2(COOH)_2$ 的反应系统中 Br^- 和 Ce^{3+} 的浓度因不间断发生的氧化还原反应而出现周期性的变化，氧化还原物质的浓度与电极电势的大小有关，因而可以设计成原电池反应，通过测定原电池的电动势 E 随时间 t 变化的 $E\text{-}t$ 曲线，观察 B-Z 反应的振荡现象。以适宜的参比电极，与 Br^- 选择性电极（测定 Br^- 浓度的变化）或 Ce^{3+}，Ce^{4+}/Pt 氧化还原电极（可测定 Ce^{3+} 浓度的变化）构成原电池，测定反应过程中电池电动势随时间的变化规律，以表征 Br^- 或 Ce^{3+} 的浓度随时间的变化规律。

本实验采用 SCE（饱和甘汞电极）为参比电极（原电池中作负极），与 Ce^{3+}，Ce^{4+}/Pt 氧化还原电极（原电池中作正极，其中铂电极只起导电作用，不参与氧化还原反应）构成原电池。正极的电极电势由能斯特方程得

$$E_{Ce^{4+}/Ce^{3+}} = E_{Ce^{4+}/Ce^{3+}}^{\ominus} - \frac{RT}{ZF} \ln \frac{[Ce^{3+}]}{[Ce^{4+}]} \tag{28-4}$$

所构成原电池的电动势为

$$E = E_{Ce^{4+}/Ce^{3+}} - E_{SCE} \tag{28-5}$$

记录原电池电动势（E）随时间（t）变化的 $E\text{-}t$ 曲线，观察 B-Z 振荡反应。测定不同温度下的诱导期 $t_{诱}$ 和振荡周期 $t_{振}$，进而研究温度对振荡过程的影响。

根据文献，诱导期 $t_{诱}$ 和振荡周期 $t_{振}$ 与它们各自所对应的活化能之间的关系为

$$\ln\frac{1}{t_{诱}}=-\frac{E_{诱}}{RT}+C \tag{28-6}$$

$$\ln\frac{1}{t_{振}}=-\frac{E_{振}}{RT}+C^{'} \tag{28-7}$$

分别以 $\ln\dfrac{1}{t_{诱}}$、$\ln\dfrac{1}{t_{振}}$ 对 $\dfrac{1}{T}$ 作图，均可得直线，由各自直线的斜率可以计算出诱导活化能 $E_{诱}$ 和振荡活化能 $E_{振}$。

【仪器与试剂】

1. 仪器

超级恒温槽 1 台、磁力搅拌器 1 台、记录仪 1 台或计算机采集系统一套、50mL 恒温反应器 1 只、铂电极 1 支、SCE 参比电极 1 支、电子天平（0.0001g）1 台、100mL 容量瓶 4 个、10mL 移液管 4 支、洗耳球 1 个。

2. 试剂

丙二酸（A.R.）、溴酸钾（G.R.）、硫酸铈铵（A.R.）、浓硫酸（A.R.）、去离子水。

【实验步骤】

1. 溶液配制

在电子天平上准确称取所需溶质的质量，配制 0.45mol·L⁻¹ 丙二酸水溶液 100mL，0.25mol·L⁻¹ 溴酸钾水溶液 100mL，3.00mol·L⁻¹ 硫酸水溶液 100mL，4.0×10^{-3} mol·L⁻¹ 硫酸铈铵水溶液 100mL。

2. 实验装置安装

按图 28-1 连接并安装好仪器。根据实验室室温，调节超级恒温槽温度，如设定实验目标温度为 25℃。

3. 测量

① 依次启动计算机和程序，根据仪器上的标号选择适当的 COM 接口，设置好坐标，一般可选择 0.4～1.2V，时间选择为 15min。

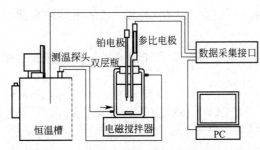

图 28-1　B-Z 振荡反应测量装置系统示意图

② 打开 B-Z 振荡实验装置的电源，依次用不同的 10mL 移液管移取已配好的丙二酸溶液、溴酸钾溶液和硫酸溶液各 10mL，加入到洁净并干燥的恒温反应器中，打开搅拌器，同时将装有硫酸铈铵溶液的试剂瓶放入超级恒温水浴中，恒温 10min。

③ 恒温结束后，按下 B-Z 振荡实验装置的"采零"键，然后将电极线的正极接在铂电极上，负极接在 SCE 参比电极上，点击计算机上"数据处理"菜单中的"开始绘图"，然后用移液管移取硫酸铈铵溶液 10mL 并加入到恒温反应器中。

④ 观察反应过程中溶液的颜色变化和计算机自动记录的原电池电动势（E）随时间（t）变化的 E-t 曲线。待出现 4～5 个峰时，点击"数据处理"菜单中的"结束绘图"，然后存盘。点击"清屏"，取下恒温反应器倾去反应液并洗净干燥，准备进行下一步操作。

⑤ 按照上面各步骤同样的方法，改变超级恒温槽的温度分别为 30℃、35℃、40℃、

45℃、50℃，测量不同反应温度下的原电池电动势（E）随时间（t）变化的 E-t 曲线。

⑥ 实验结束后，关闭实验装置电源，将恒温反应器、电极、容量瓶、移液管等洗涤干净。整理实验桌面、搞好实验室卫生。

【实验记录和数据处理】

1. 记录实验室室温、实验室大气压。

实验室室温＿＿＿＿＿℃；实验室大气压＿＿＿＿＿Pa。

2. 从不同反应温度的 E-t 曲线上得到诱导期 $t_诱$ 和第一或第二振荡周期 $t_振$（但必须取相同的振荡周期进行对应的数据处理），其结果记录于表 28-1。

表 28-1 不同反应温度时的诱导期 $t_诱$ 和振荡周期 $t_振$

反应温度 T/K					
诱导期 $t_诱$/min					
振荡周期 $t_振$/min					

3. 根据诱导期 $t_诱$、振荡周期 $t_振$ 与温度 T 的数据，分别以 $\ln\dfrac{1}{t_诱}$、$\ln\dfrac{1}{t_振}$ 对 $\dfrac{1}{T}$ 作图，由各自直线的斜率求出诱导活化能 $E_诱$ 和振荡活化能 $E_振$。

【注意事项】

1. Cl^- 的存在会抑制振荡反应的发生和持续进行。因此，实验时一方面要求配制溶液需用不含 Cl^- 的去离子水，另一方面参比电极不能直接使用甘汞电极。若用 217 型甘汞电极时要用 1.0mol·L^{-1} H_2SO_4 作液接；也可用外面夹套中充饱和 KNO_3 溶液的双盐桥甘汞电极。或者用硫酸亚汞参比电极。

2. 配制 $4\times10^{-3}\text{mol·L}^{-1}$ 的硫酸铈铵溶液时，一定在 0.20mol·L^{-1} 硫酸水溶液介质中配制，防止因 Ce^{3+} 水解而使溶液出现浑浊。

3. 实验中溴酸钾试剂纯度要求高，所使用的反应容器一定要冲洗干净，磁力搅拌器中转子位置及速度都必须加以控制。

【思考题】

1. 影响诱导期和振荡周期的主要因素有哪些？

2. 本实验中铈离子的作用是什么？

【实验拓展与讨论】

1. 在敞开系统中，振荡反应可以保持长期持续振荡，而且周期和振幅等振荡特征保持不变，但在封闭系统中振荡是衰减的。本实验是在封闭体系中进行的，所以振荡波逐渐衰减。

2. 通过替换本反应体系中的成分可以实现振荡波形、诱导期、振荡周期和振幅等振荡特征的变化，如用特定的有机酸（如焦性没食子酸或各种氨基酸等）替换丙二酸，用碘酸盐或氯酸盐等替换溴酸盐，用锰离子、亚铁邻菲啰啉离子或铬离子等替换铈离子。

3. 振荡体系有许多类型，除本实验涉及的化学振荡外，通常还有液膜振荡、萃取振荡和生物振荡等。表面活性剂在穿越油水界面自发扩散时，经常伴随有液膜（界面）物理性质的周期变化，这种周期变化称为液膜振荡。另外在溶剂萃取体系中也发现了振荡现象。生物振荡现象在生物中很常见，如在新陈代谢过程中占重要地位的糖酵解反应中，许多中间化合物和酶的浓度随时间的变化呈现周期性，生物振荡也包括微生物振荡。

第10章

表面与胶体化学实验

本章从"实验29 最大气泡压力法测定溶液表面张力"到"实验36 黏度法测定高聚物平均摩尔质量",共编写8个常见表面与胶体化学实验。

实验29　最大气泡压力法测定溶液表面张力

【实验目的】

1. 了解表面张力的概念、表面吉布斯函数的意义以及表面张力和溶液表面吸附的关系。
2. 掌握最大气泡压力法测定溶液表面张力和表面吸附量的原理和技术。
3. 测定不同浓度的正丁醇水溶液的表面张力,计算表面吸附量和正丁醇分子的横截面积。
4. 了解表面张力不同测量方法的优缺点。

【实验原理】

1. 液体的表面张力 γ

物质表面层中的分子与体相中的分子所处的力场是不同的。例如液体,其内部的任一分子都处于同类分子的包围之中,该分子与其周围分子间的作用力是球形对称的,其合力为零。而表面层中的分子,则处于力场不对称的环境中,液体内部分子对表面层中分子的吸引力,远远大于液面上方气体分子对它的吸引力,所受作用力的合力垂直指向液面内部,液体表面分子有被拉到液体内部的趋势。因此,所有液体都有缩小表面积的趋势,若要扩展液体的表面,即把一部分分子由内部移到表面上来,则需要克服指向液体内部的拉力而消耗功(即环境对系统做功)。在温度、压力和组成恒定时,可逆地增加液体表面积 dA_s,环境对系统所需做的可逆功称为表面功,其值可表示为

$$\delta W_r' = \gamma dA_s \tag{29-1}$$

式中, γ 为比例系数,它在数值上等于当温度、压力和组成恒定的条件下增加单位表面积时环境对系统所做的可逆非体积功, $J \cdot m^{-2}$。由于恒温恒压下,表面的吉布斯函数变等于可逆的非体积功,即

$$dG_{T,p} = \delta W_r' = \gamma dA_s \tag{29-2}$$

可见，γ 在数值上又等于在温度、压力和组成恒定的条件下增加单位表面积时系统所增加的吉布斯函数，所以 γ 也称为比表面吉布斯函数。

另外，若把 γ 看成是作用在每单位长度表面上的力，它通常又称为表面张力，其单位为 $N \cdot m^{-1}$。表面张力是液体的重要特性之一，与液体所处的温度、压力、组成（即浓度）以及与之共存的另一相的性质有关。纯液体的表面张力通常是指纯液体与其饱和蒸气相接触的情况而言。

2. 溶液的表面吸附

根据表面吉布斯函数变计算公式可知，在一定温度和压力下，通过降低液体的表面张力 γ 和缩小表面积 A_s，都可以降低系统的表面吉布斯函数。纯液体表面层的组成与内部的组成是相同的，恒温、恒压下其表面张力是定值，因此，降低该系统表面吉布斯函数的唯一途径只能是尽量缩小其表面积。而溶液就不同，由于溶质能在溶液表面层发生吸附而引起溶液表面层（或表面相）与溶液体相的浓度变化，进而改变溶液的表面张力（因为溶液的 γ 还与系统组成有关），所以，恒温、恒压及溶液的表面积不变时，仍可以通过调节溶质在表面层的浓度来降低表面吉布斯函数。

溶质在溶液表面层中的浓度与溶液体相中浓度不相等的现象，称为溶液的表面吸附。在一定的温度和压力下，由一定量的溶质和溶剂所形成的溶液，因溶液的表面积不变，降低表面吉布斯函数可以使系统能量降低而稳定，其唯一途径只能是尽量降低溶液的表面张力。从产生表面张力的机制来看，降低溶液表面张力是通过溶液中相互作用力较弱的分子富集到表面来完成的。这是产生溶液表面吸附现象的原因。

在单位面积的表面层中，所含溶质的物质的量与同量溶剂在溶液体相中所含溶质物质的量的差值，称为溶质的表面吸附量或表面过剩，用 Γ 表示，单位为 $mol \cdot m^{-2}$。显然，在一定温度和压力下，吸附量 Γ 与溶液的表面张力以及溶液的浓度有关。1878 年 Gibbs 用热力学方法推导出它们之间的关系式，称为 Gibbs 关系式。对于两组分（非电解质）稀溶液，Gibbs 吸附关系式为

$$\Gamma = -\frac{c}{RT}\left(\frac{\partial \gamma}{\partial c}\right)_{T,p} \tag{29-3}$$

式中，$\left(\dfrac{\partial \gamma}{\partial c}\right)_{T,p}$ 表示在一定温度和压力下表面张力随溶液浓度的变化率。

当 $\left(\dfrac{\partial \gamma}{\partial c}\right)_{T,p} < 0$ 时，$\Gamma > 0$，称为正吸附，表明随着溶液浓度的增加，溶液表面张力降低，这类溶质物质称为表面活性剂。当 $\left(\dfrac{\partial \gamma}{\partial c}\right)_{T,p} > 0$ 时，$\Gamma < 0$，称为负吸附，表明随着溶液浓度的增加，溶液表面张力增加，这类溶质物质称为非表面活性剂。

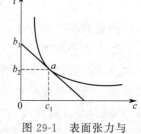

图 29-1　表面张力与浓度的关系

因此，测出不同浓度（c）溶液的表面张力（γ），作出 γ-c 曲线图，在曲线上作不同浓度的切线，将切线的斜率代入 Gibbs 吸附关系式，可以求出不同浓度时溶质在表面层溶液中的吸附量 Γ，见图 29-1。

在一定温度下，假设溶质在溶液表面层的吸附是单分子层的，则吸附量与溶液浓度之间的关系，遵循 Langmuir 等温吸附方程，即

$$\frac{1}{\Gamma} = \frac{1}{\Gamma_\infty} + \frac{1}{k\Gamma_\infty} \times \frac{1}{c} \tag{29-4}$$

式中，Γ_∞ 为饱和吸附量，是指溶液表面恰好吸附满一层溶质分子（单分子层）时的值；k 为吸附经验常数，与溶质的表面活性大小相关。因此，若以 $1/\Gamma$ 对 $1/c$ 作图，可以得到一条直线，由直线的截距求出饱和吸附量 Γ_∞，再应用下式求得被测溶质分子的横截面积 S_0。

$$S_0 = \frac{1}{\Gamma_\infty N_A} \tag{29-5}$$

式中，N_A 为阿伏伽德罗常数。

3. 溶液表面张力的测定

测定表面张力的方法很多，有毛细管上升法、最大气泡压力法、拉脱法、滴重或滴体积法等。本实验采用最大气泡压力法，装置如图 29-2 所示。

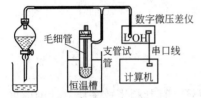

图 29-2　表面张力测定装置示意图

待测液体置于支管试管中，使毛细管下端端面与液面相切，液面随即沿毛细管上升至一定高度。打开滴液漏斗活塞，让水缓慢下滴而减小系统压力，此时由于毛细管内上方液面所受压力为室内大气压，大于支管试管中液面上的压力。当这两者的压力差在毛细管下端面上产生的作用力稍大于毛细管口液体的表面张力时，气泡就从毛细管口脱出。产生气泡瞬间的最大压力差可以由精密数字压力测量仪读出，其值与表面张力成正比，与气泡的曲率半径成反比，即

$$\Delta p_{\text{最大}} = p_{\text{大气}} - p_{\text{系统}} = \Delta p = \frac{2\gamma}{r} \tag{29-6}$$

式中，r 是压力差最大时气泡的半径，一般等于毛细管半径。

实验中使用同一支毛细管和压力计，则可以用已知表面张力的液体（一般用蒸馏水）作为标准，分别测定一定温度下蒸馏水和一定浓度的某溶质形成的水溶液的最大附加压力，查附表 40 可以得到蒸馏水在该温度下的表面张力，通过对比计算，得到一定浓度水溶液的表面张力，即

$$\frac{\gamma_{\text{水}}}{\gamma_{\text{溶液}}} = \frac{\Delta p_{\text{水}}}{\Delta p_{\text{溶液}}}$$

则

$$\gamma_{\text{溶液}} = \frac{\gamma_{\text{水}}}{\Delta p_{\text{水}}} \Delta p_{\text{溶液}} = K \Delta p_{\text{溶液}} \tag{29-7}$$

式中，K 为毛细管常数。

本实验是在一定温度下，以蒸馏水为标准物质测出其最大附加压力，然后测定不同浓度的正丁醇水溶液的最大附加压力值。通过上述理论方法，进行相关的数据处理。

【仪器与试剂】

1. 仪器

超级恒温槽装置 1 套、DP-A 精密数字压力计 1 台、支管试管（$\phi 25\text{mm} \times 20\text{cm}$）1 只、滴液漏斗 1 只、毛细管（0.2～0.3mm）1 支、容量瓶（250mL 1 个、50mL 8 个）、移液管（2mL、5mL、10mL、25mL 各 1 支）、烧杯（100mL）和滴管 2 个、洗耳球 1 个。

2. 试剂

正丁醇（A.R.）和蒸馏水。

【实验步骤】

1. 溶液配制

① 根据实验室室温下正丁醇的密度（20℃时为 $0.8097\text{g}\cdot\text{mL}^{-1}$），计算配制 250mL $0.50\text{mol}\cdot\text{L}^{-1}$ 正丁醇水溶液所需纯正丁醇的体积。

② 用蒸馏水洗净 250mL 容量瓶，在容量瓶中留有 20mL 左右的蒸馏水，用适宜的移液管吸取所需纯正丁醇的体积加入，用蒸馏水定容，得 250mL $0.50\text{mol}\cdot\text{L}^{-1}$ 正丁醇标准溶液。

③ 洗净 8 个 50mL 容量瓶后标号，用适宜的吸量管吸取所需 $0.50\text{mol}\cdot\text{L}^{-1}$ 正丁醇标准溶液的体积，加到各个 50mL 容量瓶中，用蒸馏水定容，配制浓度分别为 $0.02\text{mol}\cdot\text{L}^{-1}$、$0.05\text{mol}\cdot\text{L}^{-1}$、 $0.10\text{mol}\cdot\text{L}^{-1}$、 $0.15\text{mol}\cdot\text{L}^{-1}$、 $0.20\text{mol}\cdot\text{L}^{-1}$、 $0.25\text{mol}\cdot\text{L}^{-1}$、 $0.30\text{mol}\cdot\text{L}^{-1}$、 $0.35\text{mol}\cdot\text{L}^{-1}$ 的正丁醇水溶液。

实验室若已预先准备了相应浓度的正丁醇溶液，实验时可以直接用而不必重新配制溶液。

2. 仪器准备与检漏

① 根据实验室室温，设定恒温槽温度，如 25℃。

② 将带支管的试管、毛细管洗净干燥，按图 29-2 安装好，打开精密数字压力计的电源。滴液漏斗中加注自来水（留有 10~15mL 空间）后，下面的接液烧杯应倒净，准备接滴水。

③ 在带支管的试管中注入蒸馏水，使毛细管下端刚好与液面接触，小心打开滴液漏斗活塞，让水缓缓流出，使系统内的压力降至一定值，关闭漏斗活塞，观察精密数字压力计读数，若 2~3min 内读数不变，说明系统不漏气，可以进行实验。否则，应检查漏气原因，及时排除。

3. 毛细管常数测量

打开漏斗活塞滴水，使气泡在毛细管下端口均匀逸出（约 5s 一个），精密数字压力计显示最大压差时，记下该数值，连续 3 次取平均值。完成这次测试后，应将接液烧杯中的水全部倒回滴液漏斗，等待下次接液。

4. 溶液表面张力的测定

① 用待测溶液润洗带支管的试管和毛细管后加入适量的待测液，按照毛细管常数测量的方法，测量每个已知浓度的待测液的压力差 $\Delta p_{溶液}$。测量待测液时应按浓度由低到高的顺序进行。

② 测试结束后，关闭精密数字压力计电源，将带支管的试管、毛细管、容量瓶、移液管等洗净。整理实验桌面、搞好实验室卫生。

【实验记录和数据处理】

1. 记录实验室室温、实验室大气压、测量毛细管常数时的最大压力差。将实验所测不同浓度正丁醇溶液的最大压力差数据列于表 29-1。

实验室室温_____℃；实验室大气压_____Pa；$\Delta p_{水}=$ _____kPa。

表 29-1 不同浓度正丁醇溶液的最大压力等数据

$c/\text{mol}\cdot\text{L}^{-1}$								
$\Delta p_{溶液}/\text{kPa}$								
$\gamma_{溶液}/\text{N}\cdot\text{m}^{-1}$								

$\Gamma/\text{mol·m}^{-2}$								
$1/\Gamma$								
$1/c$								

2. 由附录 40 查出实验温度下水的表面张力，则毛细管常数为

$$K = \gamma_{水}/\Delta p_{水}$$

3. 计算不同浓度下正丁醇溶液的表面张力 $\gamma_{溶液}$，结果列于表 29-1。

4. 作出 $\gamma\text{-}c$ 曲线图，在曲线上作不同浓度的切线，将切线的斜率代入 Gibbs 吸附关系式，求出不同浓度时溶质在表面层溶液中的吸附量 Γ，结果列于表 29-1。

5. 以 $1/\Gamma$ 对 $1/c$ 作图，由所得直线的截距求出饱和吸附量 Γ_{∞}，并由式（29-5）求得被测溶质分子的横截面积 S_0。

【注意事项】

1. 测量用的毛细管一定要干净，应保持垂直，其管口刚好与液面相切，否则气泡不能连续逸出，使压力计的读数不稳定，且影响溶液的表面张力。

2. 温度对表面张力影响较大，带支管的试管中改变样品后应等溶液恒温后再测量。

3. 测定待测液时，浓度要按由稀到浓的顺序进行测定。而且，每改变一次测量溶液，可以直接用待测的溶液反复润洗带支管的试管和毛细管，确保所测量的溶液浓度与实际溶液的浓度相一致。

4. 应严格控制气泡逸出速度在 5s 左右出 1 个，读取压力计的压差时，应取气泡单个逸出时的最大压力差。

5. 滴液漏斗在每次滴水前应保持装有相同量的自来水，以保证测量是在相同条件下进行的，实验数据具有可比性。

【思考题】

1. 本实验成败和结果准确与否的关键因素是什么？

2. 用最大气泡压力法测定表面张力时，读取压力计最大压差的理论依据是什么？

3. 本实验选取毛细管的半径大小对实验结果有没有影响？若毛细管插入溶液过深，对实验结果有何影响？为什么？

【实验拓展与讨论】

测定表面张力方法的优缺点比较：

① 拉脱法精确度在 1% 以内，它的优点是测量快、用量少、计算简单，最大的缺点是控温困难。

② 最大气泡压力法所用设备简单，操作和计算也简单，一般用于温度较高的熔融盐表面张力的测量。对表面活性剂，此法很难测准。

③ 毛细管上升法的精确度可以达到 0.05%，是所有方法中最精确的，但此法的缺点是对样品的润湿性要求极严。

④ 滴体积法设备简单、操作方便、准确度高且温度易控，已在很多科研工作中得到应用，但对毛细管要求较严，要求下端开口平整、光滑、无破口。

实验 30　溶液吸附法测定固体比表面

【实验目的】

1. 了解溶液吸附法测定比表面的基本原理及其测定方法。
2. 掌握用亚甲基蓝水溶液吸附法测定颗粒活性炭的比表面积。
3. 进一步熟悉分光光度计的使用，掌握用标准工作曲线测定溶液浓度的方法。
4. 掌握用 Langmuir 公式处理实验数据的方法。

【实验原理】

单位质量的某种物质所具有的表面积，称为比表面积（简称比表面），用 a_s 表示，单位为 $m^2 \cdot kg^{-1}$。系统的分散程度常用比表面来衡量，比表面越大，系统的分散度越高。

测定固体比表面的方法常有 BET 低温吸附法、气相色谱法、电子显微镜法等，这些方法虽然测试的精确度较高，但均需要较为复杂的仪器或较长的测试时间。溶液吸附法则是仪器简单、操作简便，在实验精度要求不是很高的情况下，比较实用。

与固体对气体的吸附一样，在某些物质形成的一定的浓度范围内的水溶液中，固体对溶质的吸附能较好地服从朗缪尔（Langmuir）等温吸附方程，说明溶质在固体表面的吸附是按单分子层规则进行的。这为测定固体比表面提供了理论依据：测出单位质量的固体表面上恰好吸附满一层溶质分子时的饱和吸附量，就能计算固体的比表面。

溶液中固体吸附溶质分子的 Langmuir 方程为

$$\Gamma = \Gamma_\infty \frac{1}{1+kc} \tag{30-1}$$

式中，k 为吸附系数，与吸附剂固体、溶质的性质及温度有关，$L \cdot mol^{-1}$；Γ 为与溶液浓度为 c 时的平衡吸附量（单位质量的吸附剂固体所吸附溶质的物质的量），$mol \cdot kg^{-1}$；Γ_∞ 为饱和吸附量，是指单位质量的吸附剂固体表面上吸附满一层溶质分子时的吸附量，$mol \cdot kg^{-1}$；c 为吸附达到平衡时，溶液体相中的平衡浓度，$mol \cdot L^{-1}$。将 Langmuir 方程变形整理，得

$$\frac{1}{\Gamma} = \frac{1}{\Gamma_\infty} + \frac{1}{k\Gamma_\infty} \times \frac{1}{c} \tag{30-2}$$

若以 $1/\Gamma$ 对 $1/c$ 作图，可以得到一条直线，由直线的截距求出饱和吸附量 Γ_∞。再应用下式求得固体的比表面 a_s

$$a_s = \Gamma_\infty N_A S_0 \tag{30-3}$$

式中，N_A 为阿伏伽德罗常数；S_0 为单个溶质分子的截面积，m^2。

研究表明，在一定的浓度范围内，活性炭对染料亚甲基蓝的吸附，符合朗缪尔吸附等温方程。本实验以活性炭为吸附剂，用一定量的活性炭分别与几种不同浓度的亚甲基蓝溶液混合，在常温下振荡使其达到吸附平衡。用分光光度计测量吸附前后亚甲基蓝溶液的浓度，从浓度的变化可以求出单位质量的活性炭吸附亚甲基蓝的平衡吸附量 Γ

$$\Gamma = \frac{(c_0 - c)V}{m} \tag{30-4}$$

式中，V 为吸附溶液的体积，L；m 为固体吸附剂的质量，kg；c_0 和 c 为吸附前溶液的初始浓度和吸附后溶液的平衡浓度，$mol \cdot L^{-1}$。

用 722 型分光光度计进行测量时，亚甲基蓝溶液在可见光区有两个吸收峰，即在 445nm 和 665nm 处，但在 445nm 处活性炭的吸附对亚甲基蓝溶液的吸收峰干扰较大，故本实验工作波长应在 665nm 附近，具体的波长应通过实验测试后确定。

当亚甲基蓝溶液初始浓度过高时，容易发生多分子吸附，而平衡后的浓度过低，吸附又不能达到饱和。因此，初始浓度和平衡浓度都应有一个适宜的范围，本实验初始溶液的浓度选择在 $2g \cdot L^{-1}$ 左右，平均溶液浓度不小于 $1g \cdot L^{-1}$。

亚甲基蓝分子具有以下矩形平面结构

$$\left[\begin{array}{c} H_3C \\ H_3C \end{array} N = \cdots \cdots N \begin{array}{c} CH_3 \\ CH_3 \end{array} \right]^+ \quad Cl^-$$

其摩尔质量为 $373.9g \cdot mol^{-1}$。假设在吸附过程中，吸附质亚甲基蓝分子以直立的形式吸附在固体表面，则单个亚甲基蓝分子的截面积 $S_0 = 1.52 \times 10^{-18} m^2$。

【仪器与试剂】

1. 仪器

722 型分光光度计 1 台、振荡器 1 台、马弗炉 1 台（公用）、电子天平（0.1mg）1 台、瓷坩埚 1 只、1000mL 容量瓶 1 个、500mL 容量瓶 7 个、100mL 容量瓶 7 个、移液管（50mL 1 支、25mL 2 支、10mL 2 支、5mL 4 支、2mL 1 支、1mL 1 支）、100mL 带塞锥形瓶 7 个、玻璃砂芯漏斗 1 只、滴管 2 个。

2. 试剂

颗粒状活性炭、$2g \cdot L^{-1}$ 左右的亚甲基蓝溶液、$0.1g \cdot L^{-1}$ 的亚甲基蓝标准溶液。

【实验步骤】

1. 样品活化

将活性炭置于瓷坩埚中放入 500℃马弗炉中活化 1h，或在真空干燥箱中 300℃活化 1h，然后置于干燥器中备用（若实验室预先已活化，学生可以不做）。

2. 溶液吸附

① 分别准确称取 7 份活化过的 0.1g 左右活性炭，置于 7 个洁净、干燥的锥形瓶中，对锥形瓶编号。

② 在编好号的锥形瓶中，按表 30-1 数据用移液管加入 $2g \cdot L^{-1}$ 左右的亚甲基蓝原始溶液和蒸馏水，塞上磨口塞，在振荡器上振荡 2～3h，振荡速度以活性炭可翻动为宜。

表 30-1　不同浓度亚甲基蓝溶液的配制

瓶 编 号	1	2	3	4	5	6	7
V_1（$2g \cdot L^{-1}$ 亚甲基蓝溶液）/mL	50	40	30	20	15	10	5
V_2（蒸馏水）/mL	0	10	20	30	35	40	45

3. 平衡溶液处理

样品振荡 2～3h 达到平衡后，将锥形瓶取下，用砂芯漏斗过滤，得到吸附平衡后的溶液。分别用移液管移取 5mL 平衡溶液置于 500mL 容量瓶中，并用蒸馏水稀释、定容，待用。

4. 原始溶液的稀释

为了准确测量 $2g\cdot L^{-1}$ 左右的亚甲基蓝原始溶液浓度，用移液管移取 5mL 原始溶液放入 1000mL 容量瓶中，并用蒸馏水稀释、定容，待用。

5. 亚甲基蓝标准溶液的配制

分别用移液管吸取 $0.1g\cdot L^{-1}$ 的亚甲基蓝标准溶液 1mL、2mL、4mL、6mL、8mL、10mL、12mL 于 100mL 容量瓶中，用蒸馏水稀释、定容，得浓度分别为 $1mg\cdot L^{-1}$、$2mg\cdot L^{-1}$、$4mg\cdot L^{-1}$、$6mg\cdot L^{-1}$、$8mg\cdot L^{-1}$、$10mg\cdot L^{-1}$、$12mg\cdot L^{-1}$ 的标准溶液，待用。

6. 选择工作波长

用 $6mg\cdot L^{-1}$ 的标准溶液和 0.5cm 的比色皿，以蒸馏水为空白溶液，在 $500\sim700nm$ 波长范围内每隔 10nm 测量吸光度，以吸光度最大的波长作为工作波长。

7. 测量吸光度

① 以蒸馏水为空白溶液，在选定的工作波长下，分别测量六个标准溶液、七个稀释后的平衡溶液以及稀释后的原始溶液的吸光度 A 值。

② 测试结束后，关闭分光光度计电源，洗净容量瓶、移液管等。整理实验桌面、搞好实验室卫生。

【实验记录和数据处理】

1. 记录实验室室温、实验室大气压。

实验室室温_____℃；实验室大气压_____Pa。

2. 亚甲基蓝溶液浓度对吸光度的标准工作曲线

将各亚甲基蓝标准溶液的浓度换算成物质的量浓度，以物质的量浓度对吸光度作图，所得直线为标准工作曲线。

3. 亚甲基蓝原始溶液的浓度和各个平衡溶液的浓度的计算

由实验测定的原始溶液稀释后溶液的吸光度，从工作曲线上查得对应的浓度，用该浓度乘以稀释倍数 200，得原始溶液的浓度。

由实验测定的稀释后的各个平衡溶液的吸光度，从工作曲线上查得对应的浓度，用浓度乘以稀释倍数 100，得平衡溶液的浓度 c。

4. 计算吸附溶液的初始浓度

按实验步骤 2 之②中所加亚甲基蓝原始溶液和蒸馏水的体积，结合已计算出的亚甲基蓝原始溶液的精确浓度，计算各吸附溶液的初始浓度 c_0。

5. 计算吸附量

由吸附后亚甲基蓝的平衡溶液浓度 c 及吸附前亚甲基蓝的初始浓度 c_0 数据，按式(30-4)计算平衡吸附量 Γ，将所得数据列于表 30-2 中。

表 30-2 实验原始数据和数据处理结果

项　　目	1	2	3	4	5	6	7
溶液初始浓度 c_0/mol·L^{-1}							
平衡溶液的浓度 c/mol·L^{-1}							
活性炭质量 $m\times10^3$/kg							
平衡溶液的吸光值							
吸附量 Γ/mol·kg^{-1}							
$1/c$							
$1/\Gamma$							

6. 计算饱和吸附量 Γ_∞。以 $1/\Gamma$ 对 $1/c$ 作图，可以得到一条直线，由直线的截距求出饱和吸附量 Γ_∞。

7. 计算活性炭样品的比表面 a_s，应用式 (30-3) 求得活性炭的比表面 a_s。

【注意事项】

1. 活性炭颗粒要均匀并经干燥处理，称量活性炭时操作要迅速，以免活性炭吸潮引起称量误差，同时在除了加、取样外，应随时盖紧称量瓶盖，最好用减量法称量，每份称量的质量尽可能在 0.1g（精确称量到 0.1mg）左右。

2. 标准溶液的浓度必须准确配制，用分光光度计测定溶液浓度时，若吸光度值大于 0.8，则需适当稀释后再进行测定。

3. 吸附过程时间要充分，尽可能达到吸附平衡，时间不得少于 2h。

4. 数据处理时稀释倍数不能搞错。

【思考题】

1. 比表面的测定与温度、吸附质浓度、吸附剂颗粒及吸附时间有什么关系？

2. 用分光光度计测定亚甲基蓝水溶液的浓度与吸光度的关系时，为什么要将溶液稀释到 $mg \cdot L^{-1}$ 级才能进行测量？

3. 固体在稀溶液中对溶质分子的吸附与固体对气相中气体分子的吸附有什么共同点和区别？

【实验拓展与讨论】

溶液法测量比表面的误差一般在 10% 左右，可用其他方法校正。影响测定结果的主要因素是温度、吸附质的浓度和振荡时间。应当指出，若溶液吸附法的吸附质浓度选择适当，即初始溶液的浓度以及吸附平衡后的浓度都选择在合适的范围，既可以防止初始浓度过高导致出现多分子层吸附，又可以避免平衡后的浓度过低使吸附达不到饱和。这样的话，就不必配制一系列初始浓度的溶液进行吸附测量，可以只配制两种初始浓度的溶液进行吸附测量，从而简单地计算出吸附剂的比表面积。实验者不妨在完成本实验测量的基础上，根据上述思路提出简便测量时吸附质溶液合适的浓度范围，并设计实验测量的要点。

实验 31　色谱法测定固体比表面

【实验目的】

1. 掌握 BET 流动吸附色谱法测定固体比表面的基本原理和方法。

2. 了解物理吸附和化学吸附的基本概念及它们之间的差别。

3. 掌握气体流速的控制、测量及流量计的校正方法。

4. 掌握比表面测定仪的使用方法。

【实验原理】

与液体一样，固体表面分子（或原子）受力也是不均衡的，因此固体表面也存在表面张力和表面吉布斯函数。任何表面都有自发地降低表面吉布斯函数的倾向，由于固体表面通常情况下不像液体那样可以移动、易缩小和变形，它们是固定的、难以收缩，所以固体表面只能依靠降低表面张力的方法来降低表面吉布斯函数，这正是固体表面能产生吸附作用的根本原因。

在恒温、恒压下，表面吉布斯函数降低的过程是自发过程，所以固体表面会自发地将气相中的气体富集到表面，使气体在固体表面的浓度不同于气相中的浓度。这种在相界面上某种物质的浓度不同于体相浓度的现象称为吸附。具有吸附能力的固体物质称为吸附剂，被吸附的气体物质称为吸附质。单位质量的吸附剂吸附的在标准状态下的气体体积（或气体的物质的量）称为吸附量，以 V^a 表示。显然，吸附量的大小取决于吸附剂和吸附质的性质、温度和压力等因素。

吸附分为物理吸附和化学吸附两类，两者的本质区别在于吸附剂和吸附质之间的作用力不同。通常可以利用物理吸附具有可逆性等特点，测量固体的宏观结构性质——比表面和孔径分布，这些性质是评价催化剂、了解固体表面性质和研究电极性质等的重要因素。

测定固体比表面的基本设想是测出单位质量的固体吸附剂表面上恰好铺满一层某吸附质所需的吸附质分子数（饱和吸附），分子数与单个分子的截面积乘积，便是该固体的比表面。因此，测定固体比表面的关键是测量吸附剂对吸附质进行单分子层吸附时的饱和吸附量 V_m^a。测定多孔固体比表面的方法很多，BET 流动吸附色谱法具有设备简单、操作及计算简易、迅速且能实现自动化记录等特点，因而得到广泛应用。

BET 理论常称为多分子层吸附理论，是由 Brunayer、Emmett、Teller 三人在 Langmuir 理论的基础上发展起来的。BET 理论接受了 Langmuir 理论中关于吸附和解吸是动态平衡、固体表面是均匀的以及吸附质分子间没有作用力等观点，改进之处是认为吸附剂吸附一层吸附质后可以继续发生多分子层吸附。一定温度下当吸附达到平衡时，吸附剂的平衡吸附量与吸附质的平衡压力之间存在以下关系

$$\frac{p/p^*}{V^a(1-p/p^*)}=\frac{1}{cV_m^a}+\frac{c-1}{cV_m^a}\times\frac{p}{p^*} \tag{31-1}$$

式中，p 为吸附质 N_2 的平衡压力，Pa；V^a 为平衡吸附量，$m^3 \cdot kg^{-1}$；p^* 为液氮在吸附温度下的饱和蒸气压，Pa；V_m^a 为饱和吸附量，指吸附剂表面吸满单分子层（如 N_2）时的气体体积，$m^3 \cdot kg^{-1}$；c 为与吸附热、凝聚热和温度等有关的常数。

实验时测出不同相对压力 p/p^* 下的平衡吸附量 V^a，以 $(p/p^*)/[V^a(1-p/p^*)]$ 为纵坐标，p/p^* 为横坐标作图，可以得一直线，由直线的截距和斜率可以计算出饱和吸附量 $V_m^a=1/$（截距+斜率）。若已知单个 N_2 分子的截面积 σ_{N_2}（其值为 $16.2\times10^{-20}m^2$），则固体吸附剂的比表面 $a_s(m^2 \cdot g^{-1})$ 为

$$a_s=\frac{V_m^a N_A \sigma_{N_2}}{22.4} \tag{31-2}$$

式中，N_A 为阿伏伽德罗常数。

值得指出的是，BET 公式只是在相对压力 p/p^* 为 $0.05\sim0.35$ 范围内适用，相对压力低于 0.05 时，表面的不均匀性显得十分突出，多层物理吸附不能成立；高于 0.35 的相对压

力可能发生毛细管凝结，多层物理吸附的平衡很难建立。

　　流动色谱法以 N_2 为吸附质，用 He 或 H_2 作载气。一定流速的 N_2 和载气在混合器中混合并使其达到指定的相对压力后，依次通过液态氮冷阱、热导池参考臂、平面六通阀、样品吸附管、热导池测量臂，最后经过皂膜流量计放空（见图 31-1）。

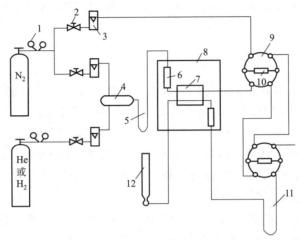

图 31-1　色谱法测比表面流程图

1—减压阀；2—稳压阀；3—流量计；4—混合器；5—冷阱；6—恒温管；7—热导池；
8—油浴箱；9—六通阀；10—定体积管；11—样品吸附管；12—皂膜流量计

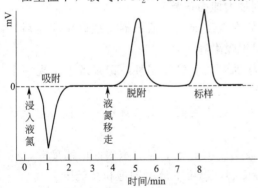

图 31-2　氮的吸附、脱附和标样峰

　　在室温下，载气和 N_2 不被样品所吸附，但当样品管置于液氮杯中时（约 $-195℃$），样品对混合气中的 N_2 发生物理吸附，而载气不被吸附，这时记录纸上出现一个吸附峰。当把液氮杯移去，样品管又回到室温环境，被吸附的 N_2 脱附出来，在记录上出现与吸附峰方向相反的脱附峰。最后在混合气中注入已知体积的纯 N_2，可得到一个标样峰（又称校准峰），如图 31-2 所示。

　　根据标样峰和脱附峰的面积可计算相对压力下样品对 N_2 的吸附量。改变 N_2 和载气的混合比重新实验，可以测出不同 N_2 相对压力下的吸附量，这样就可以按 BET 公式计算表面积。

【仪器与试剂】

1. 仪器

比表面孔径测定仪 1 套、氮气钢瓶 1 个、氢气钢瓶 1 个、氧蒸气压温度计 1 支、小电炉 1 只。

2. 试剂

液氮、氢气、活性炭。

【实验步骤】

① 活性炭预处理。选取 80～140 目的活性炭样品置于一 U 形玻璃管中，两端塞以少许

玻璃丝，然后在通 N_2 的情况下，在 110℃左右烘 2～4h，以除去吸附的水气，冷至室温后备用。

② 样品称量与安装。准确称量烘干的活性炭 $m(g)$ 装入样品管，接到仪器样品管接头上。将冷阱浸入盛液氮的保温杯中，使六通阀处于"测试"位置。用小电炉将样品加热至 200℃（可根据需要选择加热除气的温度），通 H_2 吹扫 0.5h 后，停止加热，冷至室温。

样品活性炭的用量，依据吸附剂比表面积的大小而定，一般所取样品的量以能吸附 N_2 的量在 5mL 左右为宜。

③ 安装定体积管。将选择好的定体积管准确测量长度后安装在定体积管位上，插到位即可。定体积管的体积可根据待测样品的比表面积大小进行选择，定体积管单位长度的体积为 $4.5322\text{mL}\cdot\text{m}^{-1}$。标定气体体积为定体积管体积与六通阀死体积之和。

④ 打开载气减压阀。将载气（H_2）流速调整到约 $100\text{mL}\cdot\text{min}^{-1}$，等待 10～15min 使其流量稳定，然后用皂膜流量计准确测定载气流速 r_{H_2}，并在整个实验测定过程中保持不变，将六通阀置于"测量位"。

⑤ 打开 N_2 减压阀。调节 N_2 流量为 $10\text{mL}\cdot\text{min}^{-1}$ 左右，与载气混合均匀且流量稳定后，用皂膜流量计准确测定混合气总流速 r_T。

⑥ 吸附仪电位调节。在通气情况下打开吸附仪电源开关，调节电流旋钮至最大，调节"电流调节"电位器，使电流为 100mA。等待 5～10min 至调零显示稳定后，调节热导池电位"精""细"调节旋钮，使记录器指针处于零位，即调零输出信号为零。最后再调"记录器调零"旋钮，此时记录仪的指针可以从零调到最大即为正常。

⑦ 低温吸附。此时如条件不变，将衰减比放在 1/4 处，待记录器基线确定稳定后，将样品管浸入液氮保温杯中，不久会在记录纸上出现吸附峰。

⑧ 升温脱附。等记录器回到基线后，移走样品管的液氮保温杯，记录纸上出现一个与吸附峰反向的脱附峰。

⑨ 脱附峰出完后，记录器基线回到原来位置，将六通阀转到"标定"位置，记录纸上记下标样峰。

⑩ 将液氮保温杯套到氧蒸气压温度计的小玻璃球上，记下两边水银面的高度差，此为氧气的饱和蒸气压 p_{O_2}，查表可以得到液氮的温度和该温度下液氮的饱和蒸气压 p^*。

这样就完成了一个 N_2 平衡压力所对应的吸附量测定。然后改变 N_2 的流速（每次较前次增加约 $10\text{mL}\cdot\text{min}^{-1}$），使相对压力保持在 0.05～0.35 范围，重复测定 3 次。

⑪ 记录实验时的室温和大气压。

⑫ 测试结束后，关闭仪器电源，清理样品管。整理实验桌面、搞好实验室卫生。

【实验记录和数据处理】

1. 记录实验室室温、实验室大气压。

实验室室温_____℃；实验室大气压_____Pa。

2. 由皂膜流量计测得的 r_{H_2} 和 r_T 数据，按下面公式计算 r_{N_2} 及 N_2 分压 p。

$$r_{N_2}=r_T-r_{H_2}, \quad p=p_0 r_{N_2}/r_T$$

式中，p_0 为实验室大气压。

3. 根据所得色谱峰，采用峰高乘半峰宽计算峰面积（色谱峰对称时），还可用数字积分仪或剪纸称重法求峰面积，得到脱附峰面积 A 和标样峰面积 $A_{标}$。

4. 按下式计算在各分压下 N_2 被吸附的对应体积 $V'(mL)$

$$V' = \frac{A}{A_{标}} \times f$$

根据下式将 V' 换算为标准状态下的吸附量 V^a（$m^3 \cdot kg^{-1}$）

$$V_a = \frac{V' \times 10^{-6} \times 273.15 \times p_0}{101.325 \times 10^3 \times T} / (m \times 10^{-3})$$

式中，f 为定体积管相当于标准状态的气体体积，mL；p_0 为实验室大气压，Pa；T 为实验室室温，K；m 为吸附剂的质量，g。

5. 由氧蒸气压温度计读出的 p_{O_2}，查表 31-1 变换成 p^*（在液氮温度下，液体氮的饱和蒸气压）。

6. 以 $(p/p^*)/[V^a(1-p/p^*)]$ 对 p/p^* 作图得一直线，求出直线的截距和斜率可以计算出饱和吸附量 V_m^a，并计算出固体吸附剂的比表面 a_s。

【注意事项】

1. 整个测量过程中必须保持载气流速恒定。

2. 在改变氮气流速进行测量时，相对压力不能超出 0.05~0.35 范围。

3. 实验用的吸附剂样品必须经预处理干燥后才能装入仪器。

【思考题】

1. 为什么实验中相对压力要控制在 0.05~0.35 范围内？

2. 用冷阱净化气体时，能除去什么杂质？

3. 定体积管的体积是固定的，为什么每做一个实验点时都要进行标定？

4. 影响本实验误差的主要原因是什么？

【实验拓展与讨论】

1. BET 公式假定上的局限性对实验测定影响甚微。BET 公式导出的四个基本假定：①吸附剂表面均一；②被吸附的吸附质分子间没有相互作用力；③整个吸附层中除第一层外，其余各吸附区的能量相等；④总的吸附表面处于恒定。

然而，大多数实际情况并非如此。真实的吸附剂表面是不均匀的，吸附在这种表面上的吸附质分子之间存在相互作用，第二、第三及以后各层分子的吸附热也各不相等，当然与其在气相中的蒸气凝聚热更难相等。但是，所有这些对表面积的计算影响很小，因为 BET 理论关于在第一层以外的所有吸附层中分子的吸附热相等以及对凝聚热的假定，只有在吸附厚度达到两个单分子层时才出现明显的偏差，而计算比表面所需的实验数据，任何时候都不会超过 1.5 个单分子层。此外，有关"吸附表面处于恒定"的假定，只有在待测多孔性物质其孔径小于吸附质分子直径 4 倍时才产生较大偏差。一般情况下，BET 法测定的表面积值，能很好地与许多其他独立方法测得的表面积值相一致。所以，只要能合理地选择测定条件，BET 法不失为测定固体比表面最方便和可靠的方法之一。

2. 连续流动色谱法不需要测定"死体积"，采用较高温度下的载气吹扫代替静态法的真空脱气净化试样表面，其测定装置已日益向仪器化、自动化的方向发展，使比表面的测定变得更加简单和快速。

表 31-1 77~84K 时氮气和氧气的饱和蒸气压

温度/K		0	1	2	3	4	5	6	7	8	9
77	N_2	97218	98378	99538	100711	101898	103097	104298	105524	106738	107977
	O_2	19729	20025	20305	20593	20898	21205	21514	21846	22165	22490
78	N_2	109231	110497	111777	113044	114337	115657	116963	118283	119603	120950
	O_2	22818	23154	23475	23798	24151	24495	24855	25202	25551	25912
79	N_2	122310	123696	125109	126469	127882	129296	130736	132162	133615	135082
	O_2	26278	26644	27020	27391	27774	28171	28547	28940	29338	29740
80	N_2	136562	138042	139548	141081	142575	144094	145668	147227	148801	150374
	O_2	30147	30557	30973	31393	31817	32245	32680	33119	33564	34009
81	N_2	151974	153587	155200	156827	158493	160146	161680	163506	163866	166906
	O_2	34461	34918	35381	35848	36321	36797	37279	37770	38254	38753
82	N_2	168639	170372	172119	173825	175652	177438	179251	181051	182878	184731
	O_2	39255	39762	40273	40794	41312	41842	42375	42914	43458	44006
83	N_2	186571	188451	190330	192224	194130	196063	197997	199943	201903	203876
	O_2	44560	45123	45688	46256	46836	47420	48008	48603	49201	49808
84	N_2	205876	207876	209902	211939	213982	216035	218115	220208	222301	224421
	O_2	50420	51037	51665	52290	52926	53567	54215	54869	55526	56195

实验 32 电导法测定表面活性剂的临界胶束浓度

【实验目的】

1. 了解表面活性剂的种类与分子结构特点，加深对胶束理论的理解。

2. 用电导法测定十二烷基硫酸钠水溶液的临界胶束浓度。

3. 掌握电导率仪的使用方法。

【实验原理】

表面活性剂是指只要少量地加到溶剂中即可显著降低溶液表面张力的物质，是具有明显"两亲"性质的分子，既含有亲油的足够长的（一般多于 10 个碳原子）烷基，又含有亲水的极性基团［通常是离子化的，见图 32-1(a)］。如肥皂和各种合成洗涤剂等均具有较强的表面活性。表面活性剂的渗透、润湿、乳化、去污、分散、增溶和起泡作用等特性使其被广泛应用于石油、采矿、纺织、化工、冶金、材料、轻工及农业生产中。研究表面活性剂溶液的物理化学性质（如吸附和内部胶束形成等），有着重要意义。

按化学结构不同表面活性剂大体可分为离子型和非离子型表面活性剂两大类。将表面活性剂溶于水后，凡是能电离生成离子的称为离子型表面活性剂；凡在水中不能电离的即称为非离子型表面活性剂，如聚氧乙烯类等。离子型表面活性剂按其在水溶液中具有表面活性作用的离子的电性，又可细分为阴离子型、阳离子型和两性离子型表面活性剂。在水中电离后，具有表面活性作用的离子是阴离子的表面活性剂，叫阴离子型表面活性剂，如羧酸盐（肥皂）、烷基硫酸盐（十二烷基硫酸钠）、烷基磺酸盐（十二烷基苯磺酸钠）等。在水中电离后，具有表面活性作用的离子是阳离子的表面活性剂，叫阳离子型表面活性剂，主要是胺

 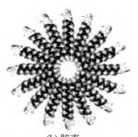 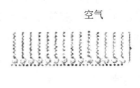

(a) 烷基磺酸根离子　　　　　(b) 胶束　　　　　(c) 水表面的表面活性剂单分子层

图 32-1　表面活性剂模型及其在水体相和表面的存在行为

盐，如十二烷基二甲基叔胺和十六烷基三甲基溴化铵。另有一些表面活性剂在水中电离后，具有表面活性作用的离子随着介质条件的改变，可以是阳离子，也可以是阴离子，这类表面活性剂叫两性离子表面活性剂。

将表面活性剂溶于水中，在浓度很稀时其在表面层和溶液体相中的分布有两种状况。一部分表面活性剂分子会自动地聚集于表面层，亲水的极性基团朝向水溶液的内部，而憎水的非极性基团翘出水面，使液相和气相的接触面减小、溶液的表面张力下降。另一部分表面活性剂分子会分散在水中，有的以单分子形式存在，有的则三三两两相互接触，将亲油的非极性基团靠拢在一起形成简单的聚集体而分散在水中。当溶液浓度增大到一定程度时，表面活性剂分子不但在表面聚集，形成定向排列的单分子膜，从而使表面自由能明显降低；而且在溶液体相内部，许多表面活性物质的分子会结合成很大的多分子聚集体，即形成"胶束"。胶束可以成球状、棒状或层状，见图 32-1(b) 和 (c)。

由于胶束的亲水基方向朝外，与水分子相互吸引，使表面活性剂能稳定地溶于水中，以胶束形式存在于水中的表面活性物质，在热力学上是比较稳定的。表面活性物质在水中形成一定形状的胶束所需的最低浓度，称为临界胶束浓度（critical micelle concentration），以 CMC 表示。CMC 可看作是表面活性剂对溶液表面活性大小的一种量度，CMC 越小，则表示此种表面活性剂形成一定形状胶束所需浓度越低，达到表面饱和吸附的浓度越低，也就是说只要很少的表面活性剂就可起到润湿、乳化、增溶、起泡等作用。临界胶束浓度是表面活性剂溶液性质发生显著变化的一个"分水岭"，表面活性剂的大量研究工作都与各种体系中的 CMC 测定有关。

影响表面活性剂 CMC 值的内在因素是表面活性剂的化学结构，另外温度、外加无机盐、有机添加剂或者另一种表面活性剂的加入，也会影响表面活性剂的 CMC 大小。在 CMC 浓度前后，由于溶液表面和内部的结构改变，导致其很多物理性质（如表面张力、摩尔电导率、渗透压、去污能力、增溶作用、浊度、光学性质等）与浓度的关系曲线出现明显的转折，如图 32-2 所示。因此，可以通过测定溶液的某些物理性质的变化确定 CMC。理论上，上述任一物理性质随浓度的变化，都可以应用于测定表面活性剂的 CMC，常用的方法有表面张力法、电导法、染料法、浊度法、增溶作用法、光散射法等。本实验采用电导法测定十二烷基硫酸钠水溶液的临界胶束浓度，使用指针式 DDS-11A 型电导率仪，测定不同浓度的十二烷基硫酸钠水溶液的电导率，并以电导率 κ 对浓度 c 作图，或以摩尔电导率 Λ_{m} 对 $\sqrt{c}$ 作图，从图中转折点便可以求出临界胶束浓度 CMC 值。

【仪器与试剂】

1. 仪器

指针式 DDS-11A 型电导率仪 1 台（附带电导电极 1 支）、恒温水浴 1 套、电子天平

（0.1mg）1 台、100mL 容量瓶 12 个、1000mL 容量瓶 1 个、带刻度 10mL 移液管 1 支、试管若干。

2. 试剂

氯化钾（A.R.）、十二烷基硫酸钠（A.R.）、电导水或重蒸馏水。

【实验步骤】

① 实验室提前将十二烷基硫酸钠在 80℃ 烘干 3h 后备用。用电导水或重蒸馏水准确配制浓度为 $0.05\text{mol}\cdot\text{L}^{-1}$ 的十二烷基硫酸钠初始溶液。

② 打开恒温水浴，根据实验室的具体室温，调节恒温槽水浴温度，如 25.0℃。开启电导率仪电源开关，预热大约 15min 后对电导率仪进行校准。

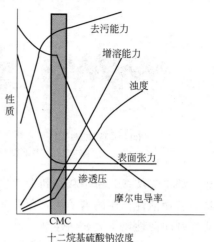

图 32-2 十二烷基硫酸钠水溶液的物理性质和浓度的关系

③ 用蒸馏水洗干净试管和电导电极，在恒定温度条件下用 $0.01\text{mol}\cdot\text{L}^{-1}$ KCl 标准溶液标定电导池常数。

④ 取 12 个 100mL 容量瓶，用带刻度移液管分别移取 $0.05\text{mol}\cdot\text{L}^{-1}$ 的十二烷基硫酸钠初始溶液 2mL、4mL、6mL、8mL、10mL、12mL、16mL、20mL、24mL、28mL、32mL、36mL，用电导水或重蒸馏水定容稀释至刻度。

⑤ 先用电导水或重蒸馏水荡洗电导电极和电导池 2 次，再用适量待测溶液荡洗电导电极和电导池 3 次，在将各待测溶液样品恒温 15min 后，按由稀到浓顺序，用指针式 DDS-11A 型电导率仪分别测定上述各待测溶液的电导率。每个待测溶液的电导率测定 3 次，取其平均值。列表记录各待测溶液对应的电导率，并换算成摩尔电导率。

⑥ 调节恒温水浴使其温度恒定至 45.0℃，重复步骤②、③和⑤，测定各待测溶液的电导率，列表记录并换算成摩尔电导率。

⑦ 在各待测溶液测定结束后，用电导水或重蒸馏水洗净电导池和电极，并测量实验所用水样的电导率。

⑧ 测试结束后，关闭电导率仪电源，将电极、容量瓶、移液管等洗净。整理实验桌面、搞好实验室卫生。

【实验记录和数据处理】

1. 记录实验室室温、实验室大气压。

实验室室温＿＿＿＿℃；实验室大气压＿＿＿＿＿Pa。

2. 记录各浓度十二烷基硫酸钠水溶液的电导率并换算成摩尔电导率，结果记录于表 32-1。

表 32-1　不同温度下不同浓度十二烷基硫酸钠水溶液的电导率和摩尔电导率

$t=25.0℃$				$t=45.0℃$			
$c/\text{mol}\cdot\text{L}^{-1}$	$\kappa/\text{S}\cdot\text{m}^{-1}$	$\Lambda_m/\text{S}\cdot\text{m}^2\cdot\text{mol}^{-1}$	$\sqrt{c}$	$c/\text{mol}\cdot\text{L}^{-1}$	$\kappa/\text{S}\cdot\text{m}^{-1}$	$\Lambda_m/\text{S}\cdot\text{m}^2\cdot\text{mol}^{-1}$	$\sqrt{c}$
...	...	...	...	...	...	...	...

3. 根据实验数据，以电导率 κ 对浓度 c 作图，或以摩尔电导率 Λ_m 对 $\sqrt{c}$ 作图，从图中转折点确定临界胶束浓度 CMC 值。

4. 表面活性剂分子与胶束之间的平衡浓度（即 CMC 值），与浓度和温度有关，它们遵循

$$\frac{d\ln CMC}{dT} = -\frac{\Delta H}{RT^2}$$

根据不同温度下实验所测定的十二烷基硫酸钠水溶液的临界胶束浓度 CMC 值，计算胶束形成过程的焓变 ΔH。

【注意事项】

1. 电极不使用时应浸泡在蒸馏水中，用时用滤纸轻轻吸干水分，不可用纸擦拭电极上的铂黑以免影响电导池常数。

2. 配制溶液时必须保证将表面活性剂完全溶解，否则会影响所配浓度的准确性。

3. 测定前需将各待测溶液样品恒温且恒温时间不宜过短。

4. 每次测定时需将电极铂片完全浸没在溶液中，轻轻摇动被测溶液，然后静置 2～3min 后再测定并读数。

【思考题】

1. 若想知道所测得的临界胶束浓度是否准确，可用哪些实验方法验证之？

2. 非离子型表面活性剂能否用本实验方法测定临界胶束浓度？

3. 电导法测定表面活性剂水溶液临界胶束浓度的基本原理是什么？

4. 本实验中影响临界胶束浓度测定结果的因素主要有哪些？

实验 33　溶胶的制备与电泳

【实验目的】

1. 掌握 $Fe(OH)_3$ 溶胶的制备和纯化方法。

2. 观察溶胶的电泳现象和了解其电学性质。

3. 了解电泳法测定 ζ 电势的原理，测量 $Fe(OH)_3$ 溶胶的 ζ 电势。

4. 掌握电泳仪的使用方法。

【实验原理】

1. ζ 电势

分散相粒子大小介于 $10^{-9}\sim10^{-6}$ m 的高分散系统，或者是那些在该尺度范围内存在不连续性的系统，称为胶体系统。胶体系统分为溶胶、高分子溶液和缔合胶体三类。溶胶的分散相不能溶于但能分散到分散介质中，故具有很大的相界面和很高的界面吉布斯能，因此溶胶是热力学不稳定系统。

由分子、原子或离子形成的固态微粒聚集体，称为胶核。胶核可以从分散介质中选择性地吸附某种离子，或者由于离子晶体表面电离，其中一种离子溶解于周围的介质中等原因，而使胶核带电。介质中存在的与吸附离子电荷相反的离子称为反离子，反

离子中有一部分因静电引力（或范德华力）的作用，与吸附离子一起紧密地吸附于胶核表面，形成紧密层，胶核、吸附离子和部分反离子（即紧密层）构成了胶体粒子，简称胶粒。反离子的另一部分由于热扩散分布于介质中，故称为扩散层，紧密层与扩散层交界处称为滑移面（或 Stern 面），整个溶胶系统保持电中性。图 33-1 为正电性的 AgI 胶团结构示意图和剖面图。

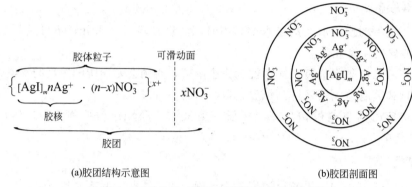

(a)胶团结构示意图

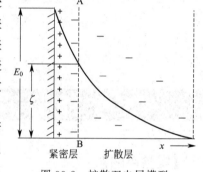

(b)胶团剖面图

图 33-1　正电性的 AgI 胶团结构示意图和剖面图

溶胶系统中固、液两相之间的界面上由紧密层与扩散层构成了双电层。因双电层中各层所带电荷电性相反，在电场作用下，分散相的胶粒与分散介质中的反离子分别向各自的异性电极定向运动（称为电泳），导致紧密层与扩散层交界处的滑移面发生相对移动，滑移面与分散相内部的电势差称为 ζ 电势，而带电的胶粒表面与分散相内部的电势差称为质点的表面电势 E_0，见图 33-2。显然，ζ 电势与表面电势 E_0 是不同的。随着电解质浓度的增加，或电解质价型增加，双电层厚度减小，ζ 电势也减小。

ζ 电势大小是表征溶胶稳定性的重要参数。溶胶之所以在一定条件下能相对稳定地存在，主要原因之一是系统中胶粒带有相同的电荷，彼此之间相互排斥不致聚集。ζ 电势越大，说明胶粒带的电荷越多，胶粒间的排斥力越

图 33-2　扩散双电层模型

大，胶体系统越稳定。反之则表明胶体越不稳定。当 ζ 电势为零时，胶体的稳定性最差，此时可以观察到胶体聚沉。

ζ 电势的测定方法有多种，利用电泳现象可测定 ζ 电势。电泳法又分为宏观法和微观法，前者是将溶胶置于电场中，观察溶胶与另一种不含溶胶的导电液体（辅助液）间所形成的界面在电场中的移动速率来测定 ζ 电势；后者是直接观测单个胶粒在电场中的泳动速率。对高分散或过浓的溶胶只能用宏观法；对颜色太浅或浓度过稀的溶胶只能用微观法。本实验采用宏观法测定 $Fe(OH)_3$ 溶胶的 ζ 电势。

在电泳仪两极间接上电势差 $E(V)$ 后，在 $t(s)$ 时间内溶胶界面移动的距离为 $d(m)$，胶粒电泳速度 $v(m \cdot s^{-1})$ 为

$$v = \frac{d}{t} \tag{33-1}$$

相距为 $l(m)$ 的两电极间的电势梯度平均值 $H(V \cdot m^{-1})$ 为

$$H = \frac{E}{l} \qquad (33\text{-}2)$$

由实验求得胶粒电泳速度后，可以按下式求出 ζ 电势

$$\zeta = \frac{K\pi\eta}{\varepsilon H} v \qquad (33\text{-}3)$$

式中，K 是与胶粒形状有关的常数，对于球形粒子 $K = 5.4 \times 10^{10} \text{V}^2 \cdot \text{s}^2 \cdot \text{kg}^{-1} \cdot \text{m}^{-1}$，而棒状粒子 $K = 3.6 \times 10^{10} \text{V}^2 \cdot \text{s}^2 \cdot \text{kg}^{-1} \cdot \text{m}^{-1}$，本实验中的 $Fe(OH)_3$ 属于棒状粒子；η 为测量温度下介质的黏度，$Pa \cdot s$；ε 为介质的介电常数。

2. 溶胶的制备与纯化

溶胶的制备方法分为分散法和凝聚法。分散法是用适当方法把较大的物质颗粒变为胶体大小的质点；凝聚法是先制成难溶物的分子或离子的过饱和溶液，再使之相互结合成胶体粒子而得到溶胶。$Fe(OH)_3$ 溶胶的制备采用的是化学凝聚法，即通过化学反应使生成物呈饱和状态，然后粒子再结合成溶胶，其结构式为

$$\{[Fe(OH)_3]_m \cdot nFeO^+ (n-x)Cl^-\}^{x^+} \, xCl^-$$

在制得的溶胶中常含有一些电解质，通常除了形成胶团所需要的电解质以外，过多的电解质存在反而会破坏溶胶的稳定性，因此必须将溶胶净化。

最常用的净化方法是渗析法。它是利用半透膜具有能透过离子和某些分子，而不能透过胶粒的能力，将溶胶中过量的电解质和杂质分离出来，半透膜可由火棉胶液制得。纯化时，将刚制备的溶胶，装在半透膜袋内，浸入蒸馏水中，由于电解质和杂质在膜内的浓度大于在膜外的浓度，因此，膜内的离子和其他能透过膜的分子向膜外迁移，这样就降低了膜内溶胶中电解质和杂质的浓度，多次更换蒸馏水，即可达到纯化的目的。适当提高温度，可以加快纯化过程。

【仪器与试剂】

1. 仪器

电泳仪 1 台、指针式 DDS-11A 型电导率仪 1 台、超级恒温槽 1 台、直流稳压电源 1 台、直流电压表 1 台、万用电炉 1 台、铂电极 2 个、电泳管 1 支、250mL 锥形瓶 1 只、电吹风机 1 只、烧杯（800mL 1 只、250mL 1 只、100mL 1 只）、100mL 容量瓶 1 只、秒表 1 只、细铜线 1 条、直尺 1 把。

2. 试剂

火棉胶、10% $FeCl_3$ 溶液、1% $AgNO_3$ 溶液、1% $KCNS$ 溶液、盐酸溶液。

【实验步骤】

1. 半透膜的制备

① 在一个内壁洁净、干燥的 250mL 锥形瓶中，加入约 100mL 火棉胶液，小心转动锥形瓶，使火棉胶液黏附在锥形瓶内壁上形成均匀薄层，倾出多余的火棉胶。

② 锥形瓶继续保持倒置，并不断旋转。待剩余的火棉胶流尽后，使瓶中的乙醚蒸发至闻不出气味为止（可用吹风机冷风吹锥形瓶口加快蒸发），此时用手轻触火棉胶膜，若不粘手，则可再用电吹风热风吹 5min。

③ 然后，往瓶中注满水（若乙醚未蒸发完全，加水过早，则半透膜发白，不能用。若吹风时间过长，使膜变为干硬，易裂开），浸泡 10min。倒出瓶中的水，小心用手分开膜与瓶壁之间隙。

④ 慢慢注水于膜与瓶壁的夹层中，使膜脱离瓶壁，轻轻取出，在膜袋中注入水，观察有否漏洞。制好的半透膜不使用时，要浸放在蒸馏水中。

2. Fe(OH)$_3$ 溶胶的制备

在 250mL 烧杯中，加入 100mL 蒸馏水，加热至沸，慢慢滴入 5mL 10％的 FeCl$_3$ 溶液（控制在 4～5min 内滴完），并不断搅拌，加毕继续保持沸腾 3～5min，即可得到红棕色的 Fe(OH)$_3$ 溶胶。

3. Fe(OH)$_3$ 溶胶的纯化

① 将制得的 Fe(OH)$_3$ 溶胶，注入半透膜内用线拴住袋口，置于 800mL 的清洁烧杯中，杯中加蒸馏水约 300mL，维持温度在 60℃左右，进行渗析。

② 每 20min 换一次蒸馏水，反复 4 次后取出 1mL 渗析水，分别用 1％ AgNO$_3$ 及 1％ KCNS 溶液检查是否存在 Cl$^-$ 及 Fe^{3+}，如果仍存在，应继续换水渗析，直到检查不出为止。将纯化过的 Fe(OH)$_3$ 溶胶移入一清洁干燥的 100mL 小烧杯中待用。

4. 盐酸辅助液的制备

① 调节恒温槽温度为 (25.0±0.1)℃，用电导率仪测定 Fe(OH)$_3$ 溶胶在 25℃时的电导率。

② 根据附表 31 所给出的 25℃时盐酸溶液的电导率与浓度的关系，用内插法求算与 Fe(OH)$_3$ 溶胶电导率相等值时所对应的盐酸浓度，并在 100mL 容量瓶中配制该浓度的盐酸溶液。

5. 电泳仪的安装

① 用蒸馏水洗净电泳管后，再用少量溶胶洗一次，将渗析好的 Fe(OH)$_3$ 溶胶倒入电泳管中，使液面超过活塞Ⅱ和Ⅲ，如图 33-3 所示。

② 关闭活塞Ⅱ和Ⅲ，把电泳管倒置，将多余的溶胶倒净，并用蒸馏水洗净这两个活塞上方的管壁。

③ 打开活塞Ⅰ，用 HCl 溶液冲洗一次后再加入该溶液，并超过活塞Ⅰ的高度少许，关闭活塞Ⅰ。在电泳管的两个管口插入铂电极，按装置图 33-3 连接好线路。

6. 溶胶电泳的测定

① 在不搅动溶胶液面的情况下，缓缓开启活塞Ⅱ和Ⅲ，可以得到溶胶和辅助液间一清晰的界面。

② 接通稳压电源，迅速调节输出电压为 150～300V。观察溶胶液面移动现象及电极表面现象。

③ 当界面上升至活塞Ⅱ或Ⅲ上少许时，开始计

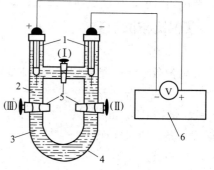

图 33-3　电泳仪装置图
1—电极；2—HCl 溶液；3—Fe(OH)$_3$ 溶胶；
4—电泳管；5—活塞；6—数据处理器

时，并准确记下溶胶在电泳管中液面的位置，以后每隔 5min 记录一次时间及下降端液-液界面的位置及电压。

④ 连续电泳 40min 左右，断开电源，记下准确的通电时间 t 和溶胶面上升的距离 d，从伏特计上读取电压 E，并且量取两极之间的距离 l。

⑤ 测试结束后，拆除线路，用自来水洗电泳管多次，最后用蒸馏水洗一次并注满。整理实验桌面、搞好实验室卫生。

【实验记录和数据处理】

1. 记录实验室室温、实验室大气压。将通电时间 t、溶胶面上升的距离 d、伏特计的电

压 U 及两极之间的距离 l 数据列于表 33-1。

实验室室温＿＿＿＿＿℃；实验室大气压＿＿＿＿＿Pa。

表 33-1　电泳实验测试数据

t/min	0	5	10	15	20	25	30	35	40
$d\times10^2$/m									
E/V									
$l\times10^2$/m									

2. 作 d-t 图，所得直线斜率为胶体的电泳速度 v。

3. 由附表 25 查出水 25℃时的黏度和介电常数，再根据电泳速度 v 和平均电势差 E，计算出胶体的 ζ 电势。

【注意事项】

1. 在制备半透膜时，火棉胶一定要均匀地附着在整个锥形瓶内壁上。加水的时间应控制适宜；过早会因胶膜中的溶剂未完全挥发而使半透膜强度差、不能用；过迟胶膜会变干、脆，不宜取出和易破损。应借助水的浮力将半透膜托出而取出。

2. 制备 $Fe(OH)_3$ 溶胶时，一定要在沸水中缓慢滴加 $FeCl_3$ 溶液，并不断搅拌，这样制得的胶粒大小均匀，热力学基本稳定。

3. 纯化制备 $Fe(OH)_3$ 溶胶时，应控制好水温，不断搅拌渗析液，勤换渗析液。应渗析一段时间后再检查是否存在 Cl^- 及 Fe^{3+}。

4. 电泳管应洗净，避免因杂质混入电解质溶液而影响溶胶的 ζ 电势测定，甚至使溶胶凝聚而沉降。

5. 应沿电泳管的中心线测量两电极间的距离。

6. 计算 ζ 电势时，对于水的介电常数，应按下式进行温度校正。

$$\ln\varepsilon_t = 4.474226 - 4.54426\times10^{-3}t/℃$$

【思考题】

1. 电泳速度与哪些因素有关？

2. 实验中为什么辅助液稀盐酸的电导率必须与 $Fe(OH)_3$ 溶胶的相等？

3. $Fe(OH)_3$ 溶胶胶粒带正电荷还是带负电荷，与什么因素相关？

【实验拓展与讨论】

自 1807 年俄国莫斯科大学的斐迪南·弗雷德里克·罗伊斯（Ferdinand Frederic Reuss）首先发现了电泳现象。到 20 世纪 60~70 年代，随着滤纸、聚丙烯酰胺凝胶等介质相继引入电泳，电泳技术得以迅速发展。

电泳的实验测试方法有多种，本实验使用的是界面移动法。该法适用于溶胶或大分子溶液与分散介质形成的界面在电场作用下移动速度的测定。另外，还有显微电泳法和区域电泳法。显微电泳法是对显微镜下能明显观察到的研究对象直接测量质点的电泳速度，此法简便、快速、样品用量少，适用于粗颗粒的悬浮体和乳状液。区域电泳法是以惰性而均匀的固体或凝胶作为被测样品的载体进行电泳以分离与分析电泳速度不同的各组分，该法简便易行、分离效率高、样品用量少，且可避免对流的影响，已成为分离和分析蛋白质的基本方法。

丰富多彩的电泳形式使其应用十分广泛，已应用于分析化学、生物化学、临床化学、毒剂学、药理学、免疫学、微生物学、食品化学等各个领域。电泳技术除了用于小分子物质的分离分析外，最主要用于蛋白质、核酸、酶，甚至病毒与细胞的研究。例如，聚丙烯酰胺凝胶电泳可用做蛋白质纯度的鉴定。聚丙烯酰胺凝胶电泳同时具有电荷效应和分子筛效应，可以将分子大小相同而带不同数量电荷的物质分离开，并且还可以将带相同数量电荷而分子大小不同的物质分离开。其分辨率远远高于一般色谱分离方法和电泳方法，可以检出 $10^{-9} \sim 10^{-12}$ g 的样品，且重复性好，没有电渗作用。又如，琼脂或琼脂糖凝胶免疫电泳可用于：检查蛋白质制剂的纯度；分析蛋白质混合物的组分；研究抗血清制剂中是否具有抗某种已知抗原的抗体；检验两种抗原是否相同。

实验 34　比重瓶法测量物质的密度

【实验目的】

1. 掌握比重瓶法测量物质密度的基本原理。
2. 学会使用恒温槽、电子天平和比重瓶，掌握比重瓶法测定液体和固体密度的方法。

【实验原理】

物质的密度（ρ）是指在一定的温度和压力下，单位体积（V）的物质所具有的质量（m），其计算公式为

$$\rho = \frac{m}{V} \tag{34-1}$$

密度的单位是 $kg \cdot m^{-3}$，它是物质的基本属性之一，不同的物质具有各自确定的密度值。密度可用于鉴定物质的纯度和区别组成相似但密度不同的化合物。测量密度的常用方法有比重计法、落滴法、比重天平法和比重瓶法等。

比重瓶法因其准确度高而被普遍采用。比重瓶是一个通过简单的称重便能精确测定液体的密度和容器体积的玻璃器具，见图 34-1。应用比重瓶还可以测定粉末和固体微粒的体积及密度。温度改变，体积会随之而变，故进行称量、测量前，比重瓶应置于与实验目标温度相一致的恒温槽内恒温。恒温时，恒温槽温度应略高于实验室环境温度，以免称量时比重瓶内的液体因环境温度高而膨胀外溢，影响实验结果。

测量一定温度下比重瓶中所盛液体的体积时，取一洁净、干燥的比重瓶，在电子天平上准确称其质量为 m_0，然后用已知密度为 ρ_1 的液体（通常用蒸馏水）充满比重瓶，盖上带有毛细管的磨口塞，置于所设定目标温度的恒温槽中恒温，用滤纸吸去塞子上毛细管口溢出的液体，取出比重瓶并擦干外壁，准确称其质量为 m_1。则比重瓶内液体的体积为

图 34-1　比重瓶

$$V = \frac{m_1 - m_0}{\rho_1} \tag{34-2}$$

同样，按上述方法测定比重瓶盛放待测液体时的质量 m_2，则待测液体的密度为

$$\rho_2 = \frac{m_2 - m_0}{m_1 - m_0} \rho_1 \tag{34-3}$$

对于固体，先称取洁净干燥比重瓶中加入待测固体后的质量 m_3，然后注满密度为 ρ_1 的液体（蒸馏水），恒温后称其质量 m_4。比重瓶内待测固体的体积与排出液体（蒸馏水）的体积相等，即

$$\frac{m_3 - m_0}{\rho_s} = \frac{(m_1 - m_0) - (m_4 - m_3)}{\rho_1}$$

所以

$$\rho_s = \frac{m_3 - m_0}{(m_1 - m_0) - (m_4 - m_3)} \rho_1 \tag{34-4}$$

【仪器与试剂】

1. 仪器

水浴恒温槽 1 套、电子天平 1 台、10mL 比重瓶 1 个、注射液体用针筒 2 支、电吹风机 2 台（共用）、滤纸。

2. 试剂

蒸馏水、乙醇（A.R.）、铅粒（A.R.）。

【实验步骤】

1. 液体密度的测量

① 根据实验室环境温度，调节恒温槽温度，如设定实验目标温度为 25℃。

② 在电子天平上准确称取洗净、干燥的空比重瓶的质量 m_0。

③ 用蒸馏水专用针筒向比重瓶内注满蒸馏水，置于恒温槽中恒温 10min，用滤纸吸去毛细管孔塞上溢出的水后，取出比重瓶擦干比重瓶外壁，准确称其质量为 m_1。平行测量两次。查阅附表 20 水在实验目标温度（如 25℃）下的密度 ρ_1。

④ 倒净比重瓶中的蒸馏水，用电吹风机吹干。用乙醇专用针筒向比重瓶内注满待测密度的乙醇，置于恒温槽中恒温 10min，用滤纸吸去毛细管孔塞上溢出的乙醇后，取出比重瓶擦干瓶外壁，准确称其质量为 m_2。平行测量两次。

⑤ 将比重瓶中的乙醇倒入废液回收瓶，用蒸馏水洗净比重瓶并用电吹风机吹干，以备后用。

2. 固体密度的测量

① 单独测量固体密度时，需先进行上述液体密度测定时的步骤①～③，然后再进行下面的实验操作。本实验可直接利用上面的实验结果，作为计算固体密度的数据。

② 在洗净、干燥的比重瓶内小心放入 3g 左右的细铅粒，然后准确称其质量为 m_3。

③ 用蒸馏水专用针筒向置有铅粒的比重瓶中注入蒸馏水。轻轻旋转比重瓶，让铅粒与水充分接触，消除比重瓶中铅粒之间以及铅粒与蒸馏水之间存在的气泡。待蒸馏水充满比重瓶后，置于恒温槽中恒温 10min，用滤纸吸去毛细管孔塞上溢出的水后，取出比重瓶擦干瓶外壁，准确称其质量为 m_4。平行测量两次。

④ 实验结束，关闭恒温槽电源，整理实验桌面、搞好实验室卫生。

【实验记录和数据处理】

1. 记录实验室室温、实验室大气压。按表 34-1 记录实验原始数据，同时将实验数据代入式(34-2)、式(34-3) 和式(34-4)，计算得到的比重瓶体积、乙醇密度和铅的密度列于表 34-1。

实验室室温＿＿＿＿＿＿℃；实验室大气压＿＿＿＿＿＿Pa。

表 34-1　乙醇和铅的密度测量数据

项 目	第一次称量	第二次测量	平均值
空比重瓶质量 m_0/g			
盛水比重瓶质量 m_1/g			
盛乙醇比重瓶质量 m_2/g			
盛铅粒比重瓶质量 m_3/g			
盛铅与水比重瓶质量 m_4/g			
25℃水的密度 ρ_1/g·cm^{-3}			
比重瓶体积 V/cm^3			
乙醇密度 ρ_2/g·cm^{-3}			
铅的密度 ρ_s/g·cm^{-3}			

2. 由附表 19 查得 25℃时乙醇密度文献值，另外查阅铅密度的文献值，将文献值与实验值进行比较，计算实验误差。

【注意事项】

1. 装有液体的比重瓶恒温后称量前，应避免用手握着瓶身，以免液体温度发生改变影响测量结果，可用手握住比重瓶的颈部。

2. 实验过程中比重瓶及毛细管中始终要充满液体，不得留有气泡。若出现毛细管中液面因液体挥发而下降，需及时在毛细管上端滴加该液体。

3. 恒温槽温度的设定不宜过高或过低，应以实验室环境温度为依据，以略高于实验室环境温度为最佳。

【思考题】

1. 比重瓶在使用过程中应重视哪些问题？

2. 测定密度时一定要用恒温水浴的原因是什么？测量液体和固体密度引入已知密度液体的原因是什么？

3. 用比重瓶测定固体密度时，为什么要消除固体粒子之间以及固体与液体之间存在的气泡？

4. 若要测定易挥发有机液体的密度，为保证实验数据的精确度，实验时应采取哪些有效的措施？

实验 35　毛细管法测定液体的黏度

【实验目的】

1. 熟悉恒温槽的结构及恒温原理，掌握恒温槽的使用和控温方法。

2. 了解黏度的物理意义、测定原理和方法。

3. 掌握奥氏（Ostwald）黏度计的使用以及用奥氏黏度计测定无水乙醇黏度的方法。

4. 了解液体黏度与温度的关系。

【实验原理】

黏滞性，亦称"分子内摩擦"，是指流体流动时内部分子阻碍其相对流动的一种特性。这种黏滞性的大小用黏度（或黏度系数）来衡量，用符号 η 表示，其单位为 Pa·s 或 kg·m^{-1}·s^{-1}。液体的黏度对石油、化工等行业中的管路输送和传质研究至关重要，同时，在生物、医学等领域也有着极其重要的应用。

流动着的液体可以看作许多相互平行移动的液层，各液层的流动速度不同，导致液层之间产生速度梯度，这是流体流动的基本特征。由于速度梯度的存在，流动较慢的液层阻滞较快液层的流动，即液体产生运动阻力。为使液层维持一定的速度梯度运动，必须对液层施加一个与阻力相反的反向力。

在管道中低速流动的液体，可以看作是沿着与管壁平行的直线方向、构成一系列不同半径的同心圆筒以不同的速度向前移动，最靠近管壁的流层可以视为静止，与管壁距离越远、越接近管道中心的流层，流动的速度越快。由于两个液层的流速不同，液层之间产生内摩擦现象，慢层以一定的阻力拖曳快层。显然，这一内摩擦阻力 f 与两个液层间的接触面积 A、两液层间的速度差 $\mathrm{d}v$ 成正比，而与两液层间的距离 $\mathrm{d}r$ 成反比，即

$$f = \eta\, A\, \frac{\mathrm{d}v}{\mathrm{d}r} \tag{35-1}$$

式中，比例系数 η 称为液体的黏度。

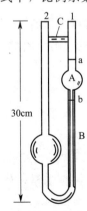

图 35-1 奥氏
（Ostwald）
黏度计

黏度的测定方法主要有旋转法、落球法、毛细管法和其他方法（如振动法、平板法等）。另外，还有专门测定黏度的仪器，如 SCYN1301 型运动黏度自动测定仪。下面介绍的是毛细管法测定液体黏度的原理和方法。

毛细管法测定液体的黏度，用的是奥氏（Ostwald）黏度计，如图 35-1 所示，a、b 为环形测量线，A 为盛液体的玻璃球，B 为毛细管，C 为加固用玻璃棒。一定温度下，当奥氏黏度计中的液体在自身重力作用下，在毛细管中由 a 刻度线向 b 刻度线流动时，可以通过泊肃叶（Poiseuille）公式计算液体的黏度，即

$$\eta = \frac{\pi p r^4 t}{8lV} = \frac{\pi \rho g h r^4 t}{8lV} \tag{35-2}$$

式中，V 为流经毛细管 a、b 刻度线的液体体积；l 为毛细管的长度；p 为毛细管两端液体的压力差，它是液体密度 ρ、重力加速度 g 和 h（流经毛细管液体的平均液柱高度与黏度计另一侧管内液面的差值）三者的乘积；r 为毛细管的内半径；t 为液体流经毛细管 a、b 刻度线间的时间；g 为实验地的重力加速度。

在实际测量时，因流经毛细管 a、b 刻度线的液体体积 V、毛细管的长度 l、毛细管的内半径 r 和液面高度差 h（随液体流动时间而改变）等物理参数难以精确测定，按式(35-2)通过实验直接测定液体的绝对黏度是极其困难的，但测定待测液体（如无水乙醇）对标准液体（如蒸馏水）的相对黏度则是简单方便的。在此基础上可以求出待测液体（如无水乙醇）的绝对黏度数值。

一定温度下，在同一奥氏黏度计中对标准液体（如蒸馏水）和待测液体（如无水乙醇）

进行实验，参数 V、l 和 r 值是相同的，只要量取体积相等的标准液体蒸馏水和待测液体无水乙醇，就能保证液面高度差 h 一致。这样，待测液体无水乙醇与标准液体蒸馏水的黏度之比（η_1/η_0，称为待测液体对标准液体的相对黏度），等于它们各自的密度与流经时间的乘积之比。实验时，测定相同体积的标准液体蒸馏水和待测液体无水乙醇流经毛细管 a、b 刻度线间的时间 t_0 和 t_1，查出实验温度（如 25℃）下标准液体蒸馏水和待测液体无水乙醇的密度 ρ_0 和 ρ_1 以及标准液体蒸馏水的黏度 η_0，可计算出待测液体无水乙醇对标准液体的相对黏度 η_1/η_0，进一步求出待测液体无水乙醇的黏度 η_1。因为

$$\eta_0 = \frac{\pi \rho_0 g h r^4 t_0}{8 l V} \tag{35-3}$$

$$\eta_1 = \frac{\pi \rho_1 g h r^4 t_1}{8 l V} \tag{35-4}$$

所以

$$\frac{\eta_1}{\eta_0} = \frac{\rho_1 t_1}{\rho_0 t_0} \tag{35-5}$$

或

$$\eta_1 = \frac{\rho_1 t_1}{\rho_0 t_0} \eta_0 \tag{35-6}$$

温度越高，分子的热运动越剧烈，液体的流动性越好，其黏度就越小。实验时，可以测定同一种液体（如蒸馏水）在不同温度下的流经时间，比较流经时间的大小，定性分析液体黏度与温度的内在关系。

【仪器与试剂】

1. 仪器

奥氏黏度计 1 支、恒温装置 1 套、电吹风机 2 台（公用）、250mL 带盖磨口广口瓶 4 个（每 2 个标出"水"和"乙醇"记号，公用）、10mL 移液管（每 2 支标出"水"和"乙醇"记号，公用）4 支、洗耳球 1 只、秒表 1 只、软乳胶管（20cm 长）1 根。

2. 试剂

蒸馏水、无水乙醇（A.R.）。

【实验步骤】

1. 水浴恒温槽的设定与调节

根据实验室环境温度，设定实验目标温度（如 25℃），分多步精心调节水浴恒温槽，使恒温槽温度为（25±0.1）℃。

2. 无水乙醇流出时间 t_1 的测定

① 取一支洁净、干燥的奥氏黏度计，用无水乙醇专用移液管移取 10.00mL 无水乙醇。

② 从图 35-1 所示黏度计的 2 号支管口注入，将黏度计垂直地浸入恒温水浴中，水浴应浸过黏度计 1 号支管上 a 刻度线 1cm 左右。

③ 在黏度计 1 号支管开口处连接软橡胶管，为加速黏度计内液体与水浴温度平衡，可以用洗耳球从乳胶管的另一端缓缓鼓气（鼓完后不能松手，应移开乳胶管后松开洗耳球，再重新鼓气），一般需要恒温 10min。

④ 恒温好后，用捏扁的洗耳球对准乳胶管的另一端，缓缓松开洗耳球将液体吸起，并使液体超过 a 刻度线 1cm 左右（以不超出水浴高度为宜），然后将洗耳球从乳胶管的另一端移开，让液体自行下落。用秒表准确记录液体下落时液面自刻度线 a 降至刻度线 b 所需的

时间。

⑤ 重复上一步骤操作，平行测定三次，每次相差不超过 0.3s，取其平均值为 t_1。

3. 蒸馏水流出时间 t_0 的测定

① 将黏度计从水浴中取出，将其中的无水乙醇倒入废液回收瓶，用电吹风机将黏度计吹干。

② 用蒸馏水专用移液管移取 10.00mL 蒸馏水，重复步骤 2 中②～⑤操作，测得蒸馏水的流出时间 t_0。

4.30℃时蒸馏水流出时间 t_0' 的测定

① 分多步精心调节水浴恒温槽，使恒温槽温度为（30±0.1）℃。

② 重复步骤 2 中③～⑤操作，测得 30℃时蒸馏水的流出时间 t_0'。

③ 实验结束，关闭电源，整理实验桌面，搞好实验室卫生。

【实验记录和数据处理】

1. 记录实验室室温、实验室大气压。实验原始数据记录于表 35-1。

实验室室温_____℃；实验室大气压_____Pa。

表 35-1　液体流经毛细管的时间

项　　目	液体流经毛细管时间			
	第一次	第二次	第三次	平均值
25℃乙醇 t_1				
25℃水 t_0				
30℃水 t_0'				

2. 数据处理

① 由 25℃无水乙醇流经时间 t_1 和蒸馏水流经时间 t_0，由附表 20 和附表 19 查得 25℃时蒸馏水和无水乙醇的密度 ρ_0、ρ_1，以及由附表 25 可得 25℃时蒸馏水的黏度 η_0，代入式(35-6) 求出无水乙醇的黏度 η_1。

② 比较蒸馏水 25℃时的流经时间 t_0 和 30℃时的流经时间 t_0'，分析液体黏度与温度变化的关系。

【注意事项】

1. 实验过程中，黏度计要垂直地浸入恒温水浴中，不得震动；黏度计浸泡在水浴中时应超过 a 刻度线 1cm 左右。

2. 实验中毛细管内不得存有气泡。

3. 黏度计内盛有液体后，要有足够的时间恒温，一般不得低于 10min，使黏度计中的液体与水浴温度相一致。

4. 移入黏度计内的标准液体蒸馏水和待测液体无水乙醇的体积必须相等。

【思考题】

1. 测定黏度时黏度计垂直架设的原因是什么？若测定无水乙醇和蒸馏水时，黏度计斜着架设但倾斜角度相同，对测定结果——无水乙醇的黏度 η_1 有影响吗？

2. 为什么黏度计浸泡在水浴中时要超过 a 刻度线 1cm 左右？

3. 使用奥氏黏度计时，为什么移入的标准液体蒸馏水与待测液体无水乙醇的体积必须相等？

4. 使用奥氏黏度计时，影响液体黏度测定的主要因素有哪些？

实验 36　黏度法测定高聚物平均摩尔质量

【实验目的】

1. 学会和掌握恒温槽的使用。
2. 掌握黏度法测定高聚物摩尔质量的基本原理。
3. 掌握用乌氏黏度计测定黏度的实验技术及数据处理方法。

【实验原理】

高聚物的平均摩尔质量不仅反映了高聚物分子的大小，而且直接关系到高聚物的物理性质，是高聚物极其重要的基本参数之一。与一般的无机物或小分子的有机物不同，高聚物是由摩尔质量不同的大分子构成的混合物，所以通常所测高聚物的摩尔质量只能是一个平均值。

物质摩尔质量的测定方法有多种，用不同的方法测得的平均摩尔质量，往往具有不同的名称和数值，比如沸点升高法、凝固点降低法、端基分析法、膜渗透压法和气相渗透压法等，测的是数均摩尔质量；光散射法测的是重均（或质均）摩尔质量；超速离心沉降速度法和凝胶渗透色谱法测的则是各种平均摩尔质量；黏度法测的是黏均摩尔质量。另外，应用脉冲核磁共振仪、红外分光光度计和电子显微镜等技术也可以测定高聚物的平均摩尔质量。比较起来，黏度法设备简单，操作方便、并有很好的实验精度，是一种常用的方法。

高聚物在稀溶液中的黏度反映的是它在流动过程所存在的内摩擦，这种流动过程中的内摩擦主要有：溶剂与溶剂分子之间的内摩擦，高聚物分子与溶剂分子间的内摩擦，以及高聚物与高聚物分子之间的内摩擦。溶剂与溶剂分子之间的内摩擦表现为纯溶剂的黏度 η_0，三种内摩擦的总和表现为高聚物溶液的黏度 η。

在相同的温度下，通常 $\eta > \eta_0$，相对于溶剂，高聚物溶液黏度增加的分数称为增比黏度，以 η_{sp} 表示

$$\eta_{sp} = \frac{\eta - \eta_0}{\eta_0} = \frac{\eta}{\eta_0} - 1 = \eta_r - 1 \tag{36-1}$$

式中，η_r 称为相对黏度，它是高聚物溶液黏度与纯溶剂黏度的比值，反映的是整个溶液的黏度行为；而 η_{sp} 则是扣除了溶剂与溶剂分子间的内摩擦，直接反映的是纯溶剂与高聚物分子之间以及高聚物与高聚物分子之间的内摩擦效应。

显然，高聚物溶液的浓度变化，将会直接影响到 η_{sp} 的大小，一般而言 η_{sp} 随 c 浓度增大而增大。为便于黏度大小比较，常常将单位浓度下所具有的增比黏度 $\frac{\eta_{sp}}{c}$ 称为比浓黏度，而 $\frac{\ln \eta_r}{c}$ 则称为比浓对数黏度。由于 η_{sp} 和 η_r 是无量纲量，$\frac{\eta_{sp}}{c}$ 和 $\frac{\ln \eta_r}{c}$ 的单位由浓度的单位而定，在这里浓度单位习惯上采用 $g \cdot mL^{-1}$。

为了进一步消除高聚物与高聚物分子间内摩擦的作用，必须将溶液无限稀释。当浓度 c 趋近于零时，高聚物与高聚物分子彼此相距甚远，它们之间的相互作用可以忽略，此时有

$$\lim_{c \to 0} \left(\frac{\eta_{sp}}{c} \right) = \lim_{c \to 0} \left(\frac{\ln \eta_r}{c} \right) = [\eta] \tag{36-2}$$

式中，$[\eta]$ 称为特性黏度。因为它是溶液外推到无限稀释时的黏度，已消除了高聚物与高聚物分子之间相互作用对溶液黏度的影响，反映的是高聚物分子与溶剂分子之间的内摩擦作用，其值取决于高聚物分子的大小和形态以及溶剂分子的性质，是最能反映高聚物分子本性的一种黏度物理量。

特性黏度的数值可通过实验求得，在足够稀的溶液中，比浓黏度和比浓对数黏度与浓度之间的关系分别符合 Huggins 方程和 Kraemer 方程

$$\frac{\eta_{sp}}{c} = [\eta] + k[\eta]^2 c \tag{36-3}$$

$$\frac{\ln \eta_r}{c} = [\eta] - \beta[\eta]^2 c \tag{36-4}$$

上两式中的 k 和 β 分别称为 Huggins 和 Kraemer 常数，式(36-3) 和式(36-4) 是两个关于

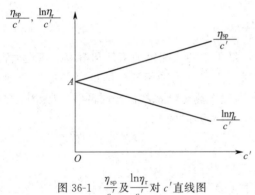

图 36-1　$\dfrac{\eta_{sp}}{c'}$ 及 $\dfrac{\ln \eta_r}{c'}$ 对 c' 直线图

浓度 c 的直线方程，通过 $\dfrac{\eta_{sp}}{c}$ 及 $\dfrac{\ln \eta_r}{c}$ 对 c 作图可以得到两条直线，将这两条直线外推至 $c = 0$ 时，在纵坐标上相交于同一点，由此可求出 $[\eta]$ 值。为了绘图方便，引进相对浓度 c'，令 $c' = c/c_0$。其中，c 表示溶液的实际浓度，c_0 表示溶液的起始浓度，如图 36-1 所示。

由图 36-1 可知，若截距为 m，则高聚物溶液的特性黏度 $[\eta]$ 为

$$[\eta] = \frac{m}{c_0} \tag{36-5}$$

在温度和溶剂一定的条件下，高聚物溶液的特性黏度 $[\eta]$ 与高聚物黏均摩尔质量之间的关系，通常由 Mark-Houwink 经验方程来求得，即

$$[\eta] = K M_\eta^\alpha \tag{36-6}$$

式中，M_η 为高聚物黏均摩尔质量，K、α 是系统的特征参数，与温度、高聚物、溶剂等因素有关，可通过其他实验方法（如膜渗透压法、光散射法等）确定，通常可查物性手册获得。对于聚乙二醇的水溶液，不同温度下的 K、α 值见表 36-1，其他高聚物的特征参数 K 和 α 可由附表 43 查出。

表 36-1　水作溶剂不同温度时聚乙二醇的 K、α 值

$t/{}^\circ\!C$	$K \times 10^6 / \text{m}^3 \cdot \text{kg}^{-1}$	α
25	156	0.50
30	12.5	0.78
35	6.4	0.82
45	6.9	0.81

可见，黏度法测定高聚物平均摩尔质量最后归结为溶液特征黏度 $[\eta]$ 的测定。本实验

采用毛细管法测定黏度，通过测定一定体积的液体流经一定长度和半径的毛细管所需的时间而获得。实验中所使用的 Ubbelohde 黏度计（简称乌氏黏度计）见图 36-2，当液体在重力作用下流经毛细管的时间超过 100s 时，较好地遵循泊肃叶（Poiseuille）公式

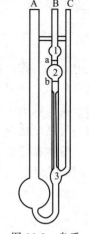

$$\eta = \frac{\pi r^4 h g \rho t}{8 l V} \qquad (36\text{-}7)$$

式中，V 为流经毛细管液体的体积；r 为毛细管半径；ρ 为液体密度；l 为毛细管的长度；t 为 V 体积液体流出时间；h 是流经毛细管液体的平均液柱高度；g 为重力加速度。

用同一黏度计在相同的条件下测定两种液体的黏度时，它们的黏度之比就等于密度与流经时间乘积之比

$$\frac{\eta_2}{\eta_1} = \frac{\rho_2 t_2}{\rho_1 t_1} \qquad (36\text{-}8)$$

图 36-2 乌氏
黏度计

因高聚物平均摩尔质量的测定都是在高聚物的稀溶液中进行，溶液的密度 ρ 与纯溶剂的密度 ρ_0 可视为相等，则高聚物溶液的相对黏度可表示为

$$\eta_r = \frac{\eta}{\eta_0} = \frac{\rho t}{\rho_0 t_0} \approx \frac{t}{t_0} \qquad (36\text{-}9)$$

综上所述，黏度法测定高聚物平均摩尔质量，最重要的是测定纯溶剂和溶液的流经时间 t_0 和 t 以及溶液的实际浓度 c。本实验以水为溶剂，测定高聚物聚乙二醇的平均摩尔质量。实验时配制浓度为 c_0 的聚乙二醇水溶液，在一定温度下测定纯水的流经时间 t_0 以及浓度分别为初始浓度（c_0）的 1/2、1/3、1/4、1/5 等溶液的流经时间 t。

【仪器与试剂】

1. 仪器

超级恒温槽 1 套、乌氏黏度计 1 支、电子天平 1 台、秒表 1 块、洗耳球 1 个、25mL 容量瓶 1 个、10mL 移液管 2 支、50mL 烧杯 1 个、3 号玻璃砂芯漏斗 1 个、滴管 1 只、带弹簧夹的细乳胶管 2 根。

2. 试剂

聚乙二醇（A. R.）、蒸馏水。

【实验步骤】

1. 恒温槽水浴温度的调节

根据实验室具体室温，将恒温槽调至（25.0±0.1）℃、（30.0±0.1）℃或（35.0±0.1）℃。恒温槽中搅拌电动机的搅拌速度应调节合适，避免产生剧烈震动。

2. 高聚物溶液的配制

① 在电子天平上准确称取 1g（精确到 0.1mg）左右的聚乙二醇，放入洁净的 50mL 烧杯中，注入约 10mL 的蒸馏水，用玻璃棒搅拌并适当加热，使聚乙二醇快速溶解。

② 待聚乙二醇溶液冷却至室温后移入 25mL 容量瓶中，烧杯需用约 2mL 的蒸馏水淋洗两次，每次的淋洗液一并加入容量瓶，对容量瓶加水至刻度线定容。

如果溶液中有固体杂质，可以用 3 号玻璃砂芯漏斗过滤后待用。过滤不能用滤纸，以免纤维混入。

3. 黏度计的清洗与安装

① 将乌氏黏度计用洗液、自来水和蒸馏水清洗干净，每次都要仔细反复流洗毛细管部分，然后烘干待用。

② 在已洗净干燥的乌氏黏度计的 B 管和 C 管上端各套上一乳胶管，将 A 管固定在铁架台上，把黏度计垂直放入恒温槽中，使球 1 部分完全浸没在水中。黏度计放置位置要合适，以便于观察液体的流动情况为准。

4. 纯溶剂流经时间 t_0 的测定

① 用 10mL 移液管取 10mL 蒸馏水经黏度计的 A 管注入黏度计中，恒温 5min。

② 用弹簧夹夹住 C 管上的乳胶管使之不通气，在连接 B 管的乳胶管上端开口处用洗耳球慢慢吸气，待黏度计中的液体通过毛细管上升到球 1 中的 2/3 处时停止吸气。

③ 打开 C 管乳胶管上的弹簧夹，让空气进入球 3，此时球 3 中的液体迅速回落，使毛细管内的液体悬空。

④ 移走连接 B 管的乳胶管上端开口处的洗耳球，球 3 顶部以上的液体在重力作用下自由下落，眼睛水平注视 B 管中液面的下降。当最上面的液面流经 a 刻度线时，立即按下秒表计时；当该液面流经 b 刻度线时，再按下秒表，测得 a、b 之间的液体流经毛细管所需时间，即为纯溶剂的流经时间。再重复测定两次，三次的平行数据相差不超过 0.3s，取其平均值即为 t_0 值。

5. 高聚物溶液流经时间 t 的测定

① 用另一支 10mL 移液管移取 10mL 配制好的聚乙二醇溶液，加入到前面测定 t_0 值的黏度计中，用弹簧夹夹住 C 管上的乳胶管，用洗耳球将溶液反复吸至球 1 内 2/3 处几次，使加入的 10mL 溶液与原先的 10mL 蒸馏水混合均匀，此时溶液的相对浓度 $c'=1/2$。

② 待恒温 5min 后，按照步骤 4 之②～④同样的方法，测定 $c'=1/2$ 的流经时间 t_1。

③ 再用移取蒸馏水的 10mL 移液管每次向黏度计中加入 10mL 蒸馏水，将黏度计中的高聚物溶液分别稀释成相对浓度 c' 为 1/3、1/4 和 1/5 的溶液，按照上一步骤的方法分别测定它们的流经时间 t_2、t_3、t_4（每个数据重复三次，取其平均值）。

④ 测试结束后，关闭超级恒温槽电源，及时洗净黏度计、容量瓶、移液管等。整理实验桌面、搞好实验室卫生。

【实验记录和数据处理】

1. 记录实验室室温、实验室大气压。记录纯溶剂和溶液流经时间的实验原始数据，并计算其平均值及其他相应物理量的值，结果记录于表 36-2。

实验室室温＿＿＿＿＿℃；实验室大气压＿＿＿＿＿Pa。

表 36-2　黏度法测定高聚物平均摩尔质量的测量数据

		流出时间/s				η_r	η_{sp}	$\dfrac{\eta_{sp}}{c'}$	$\ln\eta_r$	$\dfrac{\ln\eta_r}{c'}$
		测定值			平均值					
		1	2	3						
溶　剂					$t_0=$					
溶液	$c'=1/2$				$t_1=$					
	$c'=1/3$				$t_2=$					
	$c'=1/4$				$t_3=$					
	$c'=1/5$				$t_4=$					

2. 作 $\dfrac{\eta_{sp}}{c'}$-c' 图和 $\dfrac{\ln\eta_r}{c'}$-c' 图，并外推至 $c'=0$，从截距求出特性黏度 $[\eta]$ 值。

3. 根据实验测量时的温度，查表 36-1 得到 K、α 值，应用式 $[\eta] = KM_\eta^\alpha$ 求出聚乙二醇的黏均摩尔质量 M_η。

【注意事项】

1. 高聚物在溶解中溶解较为缓慢，配制溶液时应适当加热以确保完全溶解，否则影响溶液初始浓度值，使结果偏低。

2. 黏度计在加入纯溶剂蒸馏水前，必须洁净、干燥。

3. 向黏度计加液体时，移液管应尽可能伸入 A 管底部，以免液体溅留在管壁，影响溶液浓度。

4. 在测定溶液黏度时，加注液体后，需对黏度计内的液体混合均匀、恒温 5min 后才能进行测量。

【思考题】

1. 常用的黏度计有哪几种，各有何特点？

2. 乌氏黏度计中的支管 C 有什么作用？除去支管 C 是否仍可以测定黏度？

3. 如果在测定相对浓度 $c' = 1/3$ 的溶液流经时间时忘记打开 C 管乳胶管上的弹簧夹，则测得的相对黏度偏大还是偏小？

【拓展与讨论】

1. 溶液浓度的选择

随着溶液浓度的增加，聚合物分子链之间的距离逐渐缩短，因而分子链间作用力增大。当溶液浓度超过一定限度时，高聚物溶液的 $\dfrac{\eta_{sp}}{c}$ 和 $\dfrac{\ln \eta_r}{c}$ 对 c 的关系不呈线性。通常选用 $\eta_r =$ 1.2~2.0 的浓度范围进行实验。

2. 溶剂的选择

高聚物的溶剂有良溶剂和不良溶剂两种。在良溶剂中，高分子线团伸展，链的末端距增大，链段密度减少，溶液的特性黏度值较大。在不良溶剂中则相反，而且溶解很困难。在选择溶剂时，要注意考虑溶解度、价格、来源、沸点、毒性、分解性和回收等方面的因素。

3. 毛细管黏度计的选择

常用毛细管黏度计有乌氏和奥氏两种，测定高聚物平均摩尔质量时选用乌氏黏度计。对球 2 体积为 5mL 的黏度计，一般要求溶剂流经时间为 $t = 100 \sim 130s$ 之间。

4. 恒温槽

温度波动直接影响溶液黏度的测定，国家规定用黏度计测定平均摩尔质量的恒温槽的温度波动为 $\pm 0.05℃$。

第11章

结构化学实验

本章包含了常见的 3 个结构化学实验，即"实验 37 溶液法测定偶极矩"、"实验 38 磁化率的测定"和"实验 39 粉末 X 射线衍射法测定晶胞常数"。

实验 37　溶液法测定偶极矩

【实验目的】

1. 了解分子偶极矩与分子电性质的关系。
2. 掌握溶液法测定偶极矩的原理、方法及相关计算。
3. 熟悉比重瓶、折光仪和小电容测量的使用，测定丙酮的偶极矩。

【实验原理】

1. 分子的极化与偶极矩

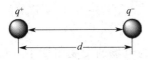

图 37-1　偶极矩的定义

分子是由带负电荷的电子和带正电荷的原子核组成的。分子结构可近似地看成是由电子云和分子骨架（原子核及内层电子）所构成的，分子本身呈电中性，但因空间几何构型的不同，正、负电荷中心可能重合，也可能不重合，前者为非极性分子，后者称为极性分子。分子极性大小用偶极矩 μ 来表征（图 37-1），其定义为

$$\mu = qd \tag{37-1}$$

式中，q 是正、负电荷中心所带的电荷；d 为正、负电荷中心间距离。偶极矩 μ 为一个向量，其方向规定为从正电荷中心到负电荷中心。因分子中原子间距离的数量级为 10^{-10} m，电荷数量级为 10^{-19} C，所以偶极矩的数量级为 10^{-29} C·m。而习惯使用的单位是德拜（Debye），以 D 表示，$1\text{D} = 3.33564 \times 10^{-30}$ C·m。

分子在没有外电场存在时所具有的偶极矩称为固有偶极矩或永久偶极矩。不存在外电场时，非极性分子由于分子内的平动、转动和振动，从而导致正、负电荷中心瞬间发生相对位移而产生瞬时偶极矩，但宏观统计平均结果和实验所测得的偶极矩都为零，即非极性分子的

固有偶极矩等于 0。极性分子由于分子间的热运动，偶极矩指向空间各个方向的概率相同，故其偶极矩的统计平均值仍为零，但是，极性分子具有固有偶极矩，如水的偶极矩为 1.85D，氯代苯的为 1.58D，硝基苯的为 3.9D。

有外电场存在时，不论是非极性分子或极性分子，分子内的正、负电荷中心都会发生相对位移，或者说分子内的电子云相对于分子骨架发生相对移动，并且分子骨架也因此而发生变形，这样产生的偶极矩称为诱导偶极矩。此时，非极性分子具有一定的诱导偶极矩，极性分子不仅具有固有偶极矩，同时也具有一定的诱导偶极矩。从宏观上来看，在均匀外电场的作用下，具有一定偶极矩的分子将沿电场方向做定向移动，最终趋向电场方向排列。这种在均匀外电场的作用下，分子内电子云的相对移动和分子骨架的变形以及分子间沿电场方向的定向移动，称为极化。极化的程度用摩尔极化度 P_m 来度量。分子因电子云的相对移动和分子骨架的变形而极化的程度用摩尔诱导极化度 $P_{m,i}$ 来表示；分子因固有偶极矩的定向移动而极化的程度用摩尔转向极化度 $P_{m,\mu}$ 来表示，所以

$$P_m = P_{m,\mu} + P_{m,i} \tag{37-2}$$

根据德拜理论，摩尔转向极化度 $P_{m,\mu}$ 与永久偶极矩 μ 的平方值成正比，与热力学温度 T 成反比，即

$$P_{m,\mu} = \frac{4}{9}\pi N_A \frac{\mu^2}{kT} \tag{37-3}$$

式中，N_A 为阿伏伽德罗常数；k 为玻耳兹曼常数。

而摩尔诱导极化度 $P_{m,i}$ 等于电子极化度 $P_{m,e}$ 和原子极化度 $P_{m,a}$ 两项之和，因此摩尔诱导极化度为

$$P_{m,i} = P_{m,e} + P_{m,a} \tag{37-4}$$

将式(37-4) 代入式(37-2)，有

$$P_m = P_{m,\mu} + P_{m,e} + P_{m,a} \tag{37-5}$$

对于非极性分子，因 $\mu=0$，故 $P_{m,\mu}=0$，则

$$P_m = P_{m,e} + P_{m,a} \tag{37-6}$$

对于极性分子，若外电场是交变电场，则极性分子的极化度与交变电场的频率有关。当在低频电场（$\nu < 10^{10}\,s^{-1}$）或静电场下，极性分子产生的摩尔极化度 P_m 等于转向极化度、电子极化度和原子极化度之和

$$P_m = P_{m,\mu} + P_{m,e} + P_{m,a}$$

而在中频电场（$10^{12}\,s^{-1} < \nu < 10^{14}\,s^{-1}$，红外光区）下时，因为电场的交变周期小，频率高，使得极性分子的定向运动跟不上电场变化，即极性分子无法沿电场方向定向转动，则 $P_{m,\mu}=0$。此时分子的摩尔极化度为

$$P_m = P_{m,e} + P_{m,a} \tag{37-7}$$

当在高频率电场（$\nu > 10^{15}\,s^{-1}$，可见光和紫外光区）下，极性分子的定向运动和分子骨架变形都跟不上电场的变化，则 $P_{m,\mu}=0$，且 $P_{m,a}=0$，此时

$$P_m = P_{m,e} \tag{37-8}$$

因此，原则上只要在低频电场下测得分子的摩尔极化度 P_m，在中频电场下测得分子的摩尔诱导极化度 $P_{m,i}$，由式(37-2)可知两者相减得到极性分子的摩尔转向极化度 $P_{m,\mu}$，代入式(37-3)，即可算出其永久偶极矩 μ。因此，通过测定偶极矩，可以了解分子中电子云的分布和分子对称性，判断几何异构体和分子的立体结构。

因为 $P_{m,a}$ 只占 $P_{m,i}$ 中的 $5\% \sim 15\%$，在 P_m 中所占的比例更小，所以在不很精确的测量中可以忽略。而实验时由于条件的限制，一般总是用高频电场来代替中频电场。所以，通常近似地把高频电场下测得的摩尔极化度当作摩尔诱导偶极矩。

2. 溶液法测定偶极矩

对于分子间相互作用很小的体系，克劳修斯、莫索蒂和德拜（Clausius-Mosotti-Debye）从电磁理论推得摩尔极化度 P_m 与介电常数 ε 之间的关系为

$$P_m = \frac{\varepsilon-1}{\varepsilon+2} \times \frac{M}{\rho} \tag{37-9}$$

式中，M 为摩尔质量；ρ 为密度。

上式是假定分子间无相互作用而推导出的，只适用于温度不太低的气相体系。但测定气相介电常数和密度在实验上困难较大，所以提出用溶液法来解决这一问题。溶液法的基本思想是，将待测的极性物质溶于非极性溶剂中进行测定，然后外推到无限稀释。在无限稀释的非极性溶剂的溶液中，极性溶质分子所处的状态与其在气相时所处的状态十分相近，可消除与极性溶剂分子间的相互作用，因此无限稀释溶液中溶质的摩尔极化度就可看作为上式中的 P_m。

（1）摩尔极化度 P_m 的测定

在稀溶液中，若不考虑极性分子间相互作用和溶剂化现象，溶剂和溶质的摩尔极化度等物理量可以被认为具有可加性。因此，稀溶液中的分子极化度 $P_{1,2}$ 可以表示为

$$P_{1,2} = \frac{\varepsilon_{1,2}-1}{\varepsilon_{1,2}+2} \times \frac{M_1 x_1 + M_2 x_2}{\rho_{1,2}} = x_1 \bar{P}_1 + x_2 \bar{P}_2 \tag{37-10}$$

式中，下标 1 表示溶剂；下标 2 表示溶质；x_1 表示溶剂的摩尔分数；x_2 表示溶质的摩尔分数；$\bar{P}_1$ 表示溶液中溶剂的摩尔极化度；$\bar{P}_2$ 表示溶质的摩尔极化度。

稀溶液的介电常数 $\varepsilon_{1,2}$ 和密度 $\rho_{1,2}$ 可以经验公式推导出

$$\varepsilon_{1,2} = \varepsilon_1 + \alpha x_2 \qquad \rho_{1,2} = \rho_1 + \beta x_2$$

因此，稀溶液的摩尔极化度 $P_{1,2}$ 可通过测定稀溶液的介电常数和密度得到。

对于稀溶液，可以假定在稀溶液范围之内非极化溶剂的摩尔极化度 $\bar{P}_1$ 不随浓度变化，且等于纯态非极化溶剂的摩尔极化度 P_1^0，则

$$\bar{P}_1 = P_1^0 = \frac{\varepsilon_1 - M_1}{\varepsilon_2 + 2\rho_1} \tag{37-11}$$

因此可通过测定稀溶液的摩尔极化度 $P_{1,2}$ 和纯态非极化溶剂的摩尔极化度 P_1^0 代入式（37-10）可计算得到浓度为 x 的溶液中溶质的摩尔极化度 $\bar{P}_2$ 为

$$\bar{P}_2 = \frac{P_{1,2} - x_1 \bar{P}_1}{x_2} = \frac{P_{1,2} - x_1 P_1^0}{x_2} \tag{37-12}$$

若测得一系列不同浓度溶液中溶质的摩尔极化度 $\bar{P}_2$，以摩尔极化度 $\bar{P}_2$ 对浓度 x 作图，并外推到无限稀释，此时溶质的摩尔极化度 P_2^∞ 就是式（37-2）中的 P_m，即 $P_m = P_2^\infty = \lim_{x \to \infty} P_2$，见图 37-2。

（2）摩尔诱导极化度 $P_{m,i}$ 的测定

根据 Maxwell 电磁场理论可知，物质的介电常数 ε 与折射率 n 的关系为 $\varepsilon = n^2$，根据式

（37-9），纯物质液体的摩尔折射度 R 为

$$R = \frac{n^2-1}{n^2+2} \times \frac{M}{\rho} \qquad (37\text{-}13)$$

稀溶液的折射率 $n_{1,2}$ 可由经验公式推导出

$$n_{1,2} = n_1 + \gamma x_2 \qquad (37\text{-}14)$$

摩尔诱导极化度 $P_{m,i}$ 是由式（37-4）给出的物理量，其值近似等于纯物质液体的摩尔折射度 R，即 $P_{m,i} \approx R$。

（3）介电常数的测定

介电常数可以通过测定电容器的电容后计算得到。按定义

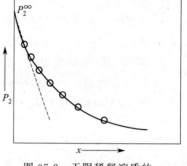

图 37-2 无限稀释溶质的
摩尔极化度 P_2^∞

$$\varepsilon = \frac{C}{C_0} \qquad (37\text{-}15)$$

式中，C_0 是以真空为介质时电容器的电容；C 是充满介电常数为 ε 的待测溶液（介质）时电容器的电容。因为空气相对于真空的介电常数为 1.0006，可以认为与电容器在真空时的电容相等，故实验中通常测定电容器在以空气为介质时的电容 $C_空$，作为式（37-15）中的 C_0。

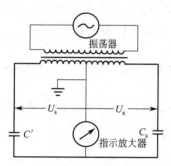

图 37-3 电容电桥示意图

本实验采用如图 37-3 所示的电桥法测定电容，电桥平衡的条件是 $C'/C_s = U_s/U_x$。式中，C' 为电容器充满待测溶液时两极板间的实测电容；C_s 为标准差动电容器的电容。调节差动电容器，当 $C' = C_s$ 时，$U_s = U_x$，指示放大器的输出趋近于零。C_s 可从刻度盘上读出，这样 C' 即可测得。

由于小电容测量仪测定电容时，整个测试系统都存在分布电容 C_d，所以实测的电容 C' 是样品电容 C 和分布电容 C_d 之和，即

$$C' = C + C_d \qquad (37\text{-}16)$$

因此，应先要测定分布电容 C_d，才能求出样品电容 C。具体做法是，分别测定无样品条件下空气的实测电容 $C'_空$ 和充满一已知介电常数（$\varepsilon_标$）的标准物质时的实测电容 $C'_标$，则

$$C'_空 = C_空 + C_d \qquad (37\text{-}17)$$
$$C'_标 = C_标 + C_d = \varepsilon_标 C_空 + C_d \qquad (37\text{-}18)$$

联立式（37-17）和式（37-18），得

$$C_d = \frac{\varepsilon_标 C'_空 - C'_标}{\varepsilon_标 - 1} \qquad (37\text{-}19)$$

根据空气的实测电容 $C'_空$ 和样品的实测电容 C'，并将 C_d 代入式（37-17）和式（37-16），可以求得 $C_空$ 和样品电容 C。再利用式（37-15），可以计算出待测液的介电常数 ε。

【仪器与药品】

1. 仪器

精密电容测试仪 1 台、WYA-2WAJ 阿贝折光仪 1 台、超级恒温槽 1 台、电子天平（0.1mg）1 台、电吹风机 1 只、磨口锥形瓶（50mL）5 只、比重瓶（10mL）1 只、注射器（5mL）1 支、滴管 6 根。

2. 试剂

环己烷（A. R.）、丙酮（A. R.）。

【实验步骤】

1. 样品溶液的配制

在 5 个 50mL 磨口锥形瓶中，用称量法准确配制摩尔分数分别为 0.05、0.10、0.15、0.20 和 0.30 的丙酮-环己烷溶液各 25mL 左右。一经配好应立即盖上瓶塞，防止挥发影响溶液浓度，并做好标记。

2. 溶液密度和折射率的测定

① 根据实验室的室温情况，设定超级恒温槽水浴温度，如 25℃。

② 用比重瓶分别测定环己烷、丙酮和 5 种溶液在 25℃时的密度。

③ 用阿贝折光仪分别测定环己烷和 5 种溶液在 25℃时的折射率。

3. 电容的测定

① 用电吹风机将电容池两极间的间隙吹干，将电容池与电容测试仪相连接，接通恒温槽水浴，使电容池在 25℃下恒温。

② 在量程选择键全部弹起状态下，开启电容测试仪工作电源，预热 10min。然后用调零旋钮调零，再按下 "20PF" 键，显示的数值稳定后读数。重复测一次，两次读数求平均值即为空气的实测电容 $C'_空$。

③ 打开电容池盖，用洁净干燥的滴管将纯环己烷（标准样品）加到电容池样品室，使液面超过两电极，盖好电容池盖，恒温 10min 后，用上一步骤相同的方法，测量并读取电容值。打开电容池盖，用注射器吸去两极间的环己烷（倒回回收瓶），用电吹风机吹干；重新用滴管加纯环己烷样品，同样方法测量其电容值，两次测量电容读数的平均值即为标准样品的实测电容 $C'_标$。

④ 将纯环己烷换成前面配制好的不同浓度的溶液，按照上一步骤相同的方法，测量各种溶液的实测电容 C'。

⑤ 实验测试结束后，关闭精密电容测试仪、超级恒温槽等仪器电源，清洗玻璃仪器。整理实验桌面、搞好实验室卫生。

【数据记录与处理】

1. 记录实验室室温、实验室大气压。记录实验测量时的温度和空气的实测电容 $C'_空$，将所测数据记录于表 37-1 中。

实验室室温_____℃；实验室大气压_____Pa。

实验测量时温度_____℃；空气的实测电容 $C'_空 = $_____pF。

表 37-1 实验测量数据

项目		纯环己烷	0.05	0.10	0.15	0.20	0.30
溶液中丙酮质量/g		—					
溶液中环己烷质量/g		—					
溶液质量/g		—					
丙酮摩尔分数 x_2		—					
溶液密度 $\rho/g \cdot mL^{-1}$							
折射率 n							
实测电容/pF	第 1 次						
	第 2 次						
	平均值						

2. 标准物质环己烷的介电常数 $\varepsilon_标$ 与温度 t 的关系式为

$$\varepsilon_标 = 2.023 - 0.0016(t - 20)$$

计算实验测量温度下的 $\varepsilon_标$。根据式(37-19) 计算 C_d，根据式(37-18) 计算 $C_空$。

3. 根据式(37-16) 计算样品电容 C，由式(37-15) 计算样品介电常数 ε。

4. 分别用不同浓度溶液介电常数 ε、密度 ρ 和折射率 n 对摩尔分数 x_2 作图，得到 ε-x_2、ρ-x_2 和 n-x_2 图，由各图的斜率求 α、β 和 γ。

5. 最后用式(37-3) 求算丙酮的偶极矩 μ。

【注意事项】

1. 每次测定前要用电吹风机将电容池吹干，严禁用热风吹样品室。

2. 测 C' 时，操作应迅速，池盖要盖紧，防止样品挥发和吸收空气中极性较大的水汽。装样品的锥形瓶也要随时盖严。

3. 每次装入量须严格相同，样品过多会腐蚀密封材料渗入恒温腔，实验无法正常进行。

4. 要反复练习差动电容器旋钮、灵敏度旋钮和损耗旋钮的配合使用和调节，在能够正确寻找电桥平衡位置后，再开始测定样品的电容。

5. 注意不要用力扭曲电容仪连接电容池的电缆线，以免损坏。

【思考题】

1. 本实验测定偶极矩时做了哪些近似处理？

2. 准确测定溶质摩尔极化度和摩尔折射度时，为何要外推到无限稀释？

3. 试分析实验中误差的主要来源，如何改进？

实验 38　磁化率的测定

【实验目的】

1. 了解磁化率的意义及磁化率和分子结构的关系。

2. 掌握古埃(Gouy)法测定磁化率的原理和方法。

【实验原理】

1. 磁化率

把物体放在磁场中，一般物体就带磁性，称之为磁化。磁化强度 M 用单位体积的磁矩表示，与外磁场强度 H 成正比

$$M = \chi H \tag{38-1}$$

把比例系数 χ 叫作物质的体积磁化率。在化学上常用质量磁化率 χ_m 或摩尔磁化率 χ_M 来表示

$$\chi_m = \frac{\chi}{\rho} \tag{38-2}$$

$$\chi_M = M\chi_m = \frac{\chi M}{\rho} \tag{38-3}$$

式中，ρ、M 分别是物质的密度和摩尔质量。由于 χ 是量纲为1的量，故 χ_m 和 χ_M 单位分别是 $m^3 \cdot kg^{-1}$ 和 $m^3 \cdot mol^{-1}$。

根据物质在静磁场中的行为，物质的磁性可分为反磁性、顺磁性、铁磁性和反铁磁性几类。

（1）反磁性

物质的原子、离子或分子中没有自旋未成对的电子，即它的分子磁矩 $\mu_m = 0$。当它受到外磁场作用时，内部会产生感应的"分子电流"，相应产生一种与外磁场方向相反的感应磁矩。如同线圈在磁场中产生感生电流，这一电流的附加磁场方向与外磁场相反。这种物质称为反磁性物质，如 Hg、Cu、Bi 等。它的 χ_M 称为反磁磁化率，用 $\chi_{反}$ 表示，且 $\chi_{反} < 0$。

（2）顺磁性

物质的原子、离子或分子中存在自旋未成对的电子，它的电子角动量总和不等于零，分子磁矩 $\mu_m \neq 0$。这些杂乱取向的分子磁矩在受到外磁场作用时，其方向总是趋向于与外磁场同方向，这种物质称为顺磁性物质，如 Mn、Cr、Pt 等，表现出的顺磁磁化率用 $\chi_{顺}$ 表示。但它在外磁场作用下也会产生反向的感应磁矩，因此它的 χ_M 是顺磁磁化率与反磁磁化率之和。因 $\chi_{顺} \gg |\chi_{反}|$，所以对于顺磁性物质，可以认为 $\chi_M = \chi_{顺}$，其值大于零，即 $\chi_M > 0$。顺磁性是物质具有永久磁矩而导致的，顺磁磁化率与分子永久磁矩 μ_m 的关系服从居里定律

$$\chi_{顺} = \frac{N_A \mu_m^2 \mu_0}{3kT} \tag{38-4}$$

式中，N_A 为阿伏伽德罗常数；k 为玻耳兹曼常数；T 为热力学温度；μ_0 为真空磁导率，其数值等于 $4\pi \times 10^{-7} \, N \cdot A^{-2}$。

（3）铁磁性和反铁磁性

在外磁场方向强烈地磁化，并且当外磁场消失后，还显示出剩余磁化的叫铁磁性。铁、镍、钴等是代表性实例。产生铁磁性是由于电子自旋，通过电子的交换作用定向的缘故。由于相互作用的形式不同，邻接自旋磁矩相互反向定向，因此，整体不显示自发磁化的，称之为反铁磁性。

2. 分子磁矩与磁化率

顺磁性物质的摩尔磁化率 χ_M 是摩尔顺磁磁化率与摩尔反磁磁化率之和，即

$$\chi_M = \chi_{顺} + \chi_{反} \tag{38-5}$$

把式（38-4）代入上式，得

$$\chi_M = \frac{N_A \mu_m^2 \mu_0}{3kT} + \chi_{反} \tag{38-6}$$

由于 $\chi_{反}$ 不随温度变化（或变化极小），所以只要测定不同温度下的 χ_M 对 $1/T$ 作图，截矩即为 $\chi_{反}$，由斜率可求 μ_m。

对于顺磁性物质，$\chi_{顺} \gg |\chi_{反}|$，在不很精确的测量中可忽略 $\chi_{反}$，式（38-6）作近似处理为

$$\chi_M = \chi_{顺} = \frac{N_A \mu_m^2 \mu_0}{3kT} \tag{38-7}$$

物质的永久磁矩 μ_m 与它所含有的未成对电子数 n 的关系为

$$\mu_m = \mu_B \sqrt{n(n+2)} \tag{38-8}$$

式中，μ_B 为玻尔磁子，其物理意义是单个自由电子自旋所产生的磁矩

$$\mu_B = \frac{eh}{4\pi m_e} = 9.274 \times 10^{-24} \mathrm{J \cdot T^{-1}} \tag{38-9}$$

式中，h 为普朗克常数；m_e 为电子质量。因此，只要实验测得 χ_M，即可求出 μ_m，算出未成对电子数 n。这对于研究某些原子或离子的电子组态，以及判断配合物分子的配键类型是很有意义的。

配合物分为电价配合物和共价配合物。电价配合物中心离子的电子结构不受配位体的影响，基本上保持自由离子的电子结构，靠静电库仑力与配位体结合，形成电价配键。在这类配合物中，含有较多的自旋平行电子，所以是高自旋配位化合物。共价配合物则以中心离子空的价电子轨道接受配位体的孤对电子，形成共价配键，这类配合物形成时，往往发生电子重排，自旋平行的电子相对减少，所以是低自旋配位化合物。例如 Co^{3+} 其外层电子结构为 $3d^6$，在配离子 $[CoF_6]^{3-}$ 中，形成电价配键，电子排布为

3d　　　　　　　　　4s　　　　3p

此时，未配对电子数 $n=4$，$\mu_m = 4.9\mu_B$。Co^{3+} 以上面的结构与 6 个 F^- 以静电力相吸引形成电价配合物。而在 $[Co(CN)_6]^{3-}$ 中则形成共价配键，其电子排布为

3d　　　　　　　　　4s　　　　3p

此时，$n=0$，$\mu_m = 0$。Co^{3+} 将 6 个电子集中在 3 个 3d 轨道上，6 个 CN^- 的孤对电子进入 Co^{3+} 的六个空轨道，形成共价配合物。

3. 磁化率的测定

古埃法测定磁化率装置如图 38-1 所示。将装有样品的圆柱形玻管悬挂在两磁极中间，使样品底部处于两磁极的中心（亦即磁场强度最强区域），样品的顶部则位于磁场强度最弱，甚至为零的区域。这样，样品就处于一不均匀的磁场中。设样品的截面积为 A，沿样品管长度方向上，$\mathrm{d}l$ 长度的体积 $A\mathrm{d}l$ 在非均匀磁场中所受到的作用力 $\mathrm{d}F$ 为

$$\mathrm{d}F = \chi\mu_0 HA\mathrm{d}l \frac{\mathrm{d}H}{\mathrm{d}l} = \chi\mu_0 HA\mathrm{d}H \tag{38-10}$$

式中，$\dfrac{\mathrm{d}H}{\mathrm{d}l}$ 为磁场强度梯度。对于顺磁性物质，该作用力指向磁场强度最大的方向，反磁性物质则指向磁场强度弱的方向，当不考虑样品周围介质（如空气，其磁化率很小）和 H 的影响时，整个样品所受的力为

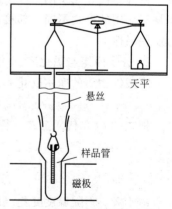

图 38-1　古埃磁天平示意图

$$F = \int_H^0 \chi\mu_0 HA\mathrm{d}H = \frac{1}{2}\chi\mu_0 H^2 A \tag{38-11}$$

当样品受到磁场作用力时，天平的另一臂加减砝码使之平衡，设 Δm 为施加磁场前后的

质量差，则

$$F = g \Delta m = g(\Delta m_{空管+样品} - \Delta m_{空管}) \tag{38-12}$$

将 $\chi = \dfrac{\chi_M \rho}{M}$、$\rho = \dfrac{m}{lA}$ 代入式(38-11) 整理得

$$\chi_M = \frac{2(\Delta m_{空管+样品} - \Delta m_{空管}) lgM}{\mu_0 m H^2} \tag{38-13}$$

式中，l 为样品高度；m 为样品质量；M 为样品摩尔质量；ρ 为样品密度；μ_0 为真空磁导率。

磁场强度 H 可用"特斯拉计"测量，或用已知磁化率的标准物质进行间接测量。例如用莫尔盐 $[(NH_4)_2SO_4 \cdot FeSO_4 \cdot 6H_2O]$，已知莫尔盐的 χ_m($m^3 \cdot kg^{-1}$) 与热力学温度 T 的关系式为

$$\chi_m = \frac{9500}{T+1} \times 4\pi \times 10^{-9} \tag{38-14}$$

【仪器与试剂】

1. 仪器

古埃磁天平（包括电磁铁，电光天平，励磁电源）1 套、特斯拉计 1 台、软质玻璃样品管 4 只、样品管架 1 个、直尺 1 只、角匙 4 只、广口试剂瓶 4 只、小漏斗 4 只。

2. 试剂

莫尔盐（A.R）、$FeSO_4 \cdot 7H_2O$（A.R.）、$K_3[Fe(CN)_6]$（A.R.）、$K_4[Fe(CN)_6]$ · $3H_2O$(A.R.)。

【实验步骤】

1. 磁极中心磁场强度的测定

① 用特斯拉计测量。将特斯拉计的探头放入磁铁的中心架中，套上保护套，调节特斯拉计的数字显示为"0"。除下保护套，把探头平面垂直置于磁场两极中心，打开电源，调节"调压旋钮"，使电流增大至特斯拉计上显示约"0.3T"，调节探头上下、左右位置，观察数字显示值，把探头位置调节至显示值为最大的位置，此乃探头最佳位置。用探头沿此位置的垂直线，测定离磁铁中心的高处 H_0，这也就是样品管内应装样品的高度。关闭电源前，应调节"调压旋钮"使特斯拉计数字显示为零。

② 空样品管的测定。取一支清洁、干燥的空样品管悬挂在磁天平的挂钩上，使样品管正好与磁极中心线齐平，（样品管不可与磁极接触，并与探头保持适当的距离）。准确称取空样品管质量（$H=0$）时，得 $m_1(H_0)$；调节旋钮，使特斯拉计数显为"0.300T"（H_1），迅速称量，得 $m_1(H_1)$，逐渐增大电流，使特斯拉计数显为"0.350T"（H_2），称量得 $m_1(H_2)$，然后略微增大电流，接着退至（0.350T）H_2，称量得 $m_2(H_2)$，将电流降至数显为"0.300T"（H_1）时，再称量得 $m_2(H_1)$，再缓慢降至数显为"0.000T"（H_0），又称取空管质量得 $m_2(H_0)$。这样调节电流由小到大，再由大到小的测定方法是为了抵消实验时磁场剩磁现象的影响。

$$\Delta m_{空管}(H_1) = \frac{1}{2}[\Delta m_1(H_1) + \Delta m_2(H_1)] \tag{38-15}$$

$$\Delta m_{空管}(H_2) = \frac{1}{2}[\Delta m_1(H_2) + \Delta m_2(H_2)] \tag{38-16}$$

式中

$$\Delta m_1(H_1) = m_1(H_1) - m_1(H_0)$$
$$\Delta m_2(H_1) = m_2(H_1) - m_2(H_0)$$
$$\Delta m_1(H_2) = m_1(H_2) - m_1(H_0)$$
$$\Delta m_2(H_2) = m_2(H_2) - m_2(H_0)$$

③ 用莫尔盐标定。取下样品管用小漏斗装入事先研细并干燥过的莫尔盐，并不断让样品管底部在软垫上轻轻碰击，使样品均匀填实，直至所要求的高度（用尺准确测量），按前述方法将装有莫尔盐的样品管置于磁天平上称量，重复称空管时的路程，分别得到：$m_{1空管+样品}(H_0)$，$m_{1空管+样品}(H_1)$，$m_{1空管+样品}(H_2)$，$m_{2空管+样品}(H_2)$，$m_{2空管+样品}(H_1)$，$m_{2空管+样品}(H_0)$。求出 $\Delta m_{空管+样品}(H_1)$ 和 $\Delta m_{空管+样品}(H_2)$。

2. 测定未知样品的磁化率

同一样品管中，同法分别测定 $FeSO_4 \cdot 7H_2O$，$K_3[Fe(CN)_6]$ 和 $K_4[Fe(CN)_6] \cdot 3H_2O$ 的 $\Delta m_{空管+样品}(H_1)$ 和 $\Delta m_{空管+样品}(H_2)$。

测试结束后，关闭仪器电源，将测定后的样品倒回试剂瓶，可重复使用。整理实验桌面，搞好实验室卫生。

【实验记录和数据处理】

1. 记录实验室室温、实验室大气压。将实验数据记录于表 38-1。

实验室室温_____℃；实验室大气压_____Pa。

表 38-1　实验数据

项目	样品高度 l/cm	磁场 H/T	m/g		$\overline{m}/g$	$\Delta m/g$	样品质量 m/g
			电流升高	电流降低			
样品管		0					
		0.3					
		0.35					
样品管 + $(NH_4)_2SO_4 \cdot FeSO_4 \cdot 6H_2O$		0					
		0.3					
		0.35					
样品管 + $FeSO_4 \cdot 7H_2O$		0					
		0.3					
		0.35					
样品管 + $K_3[Fe(CN)_6]$		0					
		0.3					
		0.35					
样品管 + $K_4[Fe(CN)_6] \cdot 3H_2O$		0					
		0.3					
		0.35					

2. 由莫尔盐的单位质量磁化率和实验数据计算磁场强度值。

3. 计算 $FeSO_4 \cdot 7H_2O$、$K_3[Fe(CN)_6]$ 和 $K_4[Fe(CN)_6] \cdot 3H_2O$ 的 χ_m、μ_m 和未成对电子数。

4. 根据未成对电子数讨论 $FeSO_4 \cdot 7H_2O$ 和 $K_4[Fe(CN)_6] \cdot 3H_2O$ 中 Fe^{2+} 的最外层电子结构以及由此构成的配键类型。

【注意事项】

1. 装样时不要一次加满，应分次加入，边加边碰击填实后，再加再填实，尽量使样品紧密均匀，防止混入铁磁性物质。

2. 样品管的底端应放入磁场的中端部位，并且不能与探针、磁极接触。

3. 电流开关关闭前先将电位器逐渐调节至零，然后关闭电源开关以防止反电动势将其击穿。

4. 励磁电流的升降要平稳缓慢。

【思考题】

1. 为什么要用莫尔盐来标定磁场强度？

2. 试分析各因素对 χ_m 值相对误差的影响。

3. 本实验关键步骤有哪些？

4. 样品的填充高度和密度对测量结果有何影响？

实验 39　粉末 X 射线衍射法测定晶胞常数

【实验目的】

1. 了解 X 射线衍射仪的结构与工作原理。

2. 掌握 X 射线衍射仪的基本使用方法与粉末样品的制备方法。

3. 学习和掌握 X 射线衍射图谱的分析与处理方法。

4. 测定 NaCl 晶体的晶格常数。

【实验原理】

1. 晶体的结构特点

晶体是由其结构单元（也称为质点，指分子或原子等）在三维空间按长程有序排列而成的固体物质，组成晶体的质点按一定的周期性和对称性进行排列。周期性排列的最小单位称为晶胞，晶胞的大小和形状由它的三个边长 a、b、c 及它们之间的夹角 α、β、γ 来描述。因此，a、b、c 和 α、β、γ 称为晶胞常数。由对称性来划分，晶体可以分为三斜、单斜、正交、四方、三方、六方和立方七大类。

晶体的空间点阵可以划分为一簇簇平行等间距的平面点阵。在晶体点阵中任取一个点阵点为原点 O，取晶胞的平行六面体单元的三个边为坐标轴（x、y、z），以晶胞相应的三个边长 a、b、c 分别为 x、y、z 轴上的单位长度，则有一平面点阵与坐标轴相交，截距为 p、q、r。以 $(1/p):(1/q):(1/r)=h^*:k^*:l^*$ 表示这一平面点阵，h^*、k^*、l^* 是最简单的整数比，$(h^* k^* l^*)$ 称为晶面指数或 Miller 指数。两相邻平行晶面间的垂直距离称为晶面间距，是从原点作某晶面 $(h^* k^* l^*)$ 的法线，则法线被相邻两个晶面 $(h^* k^* l^*)$ 所交截的线段的距离，用 d 表示。

2. Bragg 方程与实验原理

X 射线衍射是目前研究晶体物质和某些非晶态物质微观结构主要的也是极其有效的方法之一，通过给出晶胞参数，如原子间距离、晶面间距、双面夹角等可确定晶型与结构。由于每一种晶体物质都有各自独特的化学组成和晶体结构，没有任何两种物质的晶胞大小、质点种类及其在晶胞中的排列方式是完全一样的，因此每一种晶体的粉末图谱，其衍射线的分布位置和强度有着特征性规律,故成为物相鉴定的基础。X射线衍射在金属学研究方面应用最多,既可以进行定性分析,又可以进行定量分析。前者通过对材料测得的点阵平面(晶面)间距和衍射强度与标准物相的衍射数据进行比对,确定材料中的物相;后者根据衍射花样的强度,确定材料中各相的含量。X射线衍射在研究材料的性能与含量之间的构效关系和检测材料的成分配比等方面得到了广泛的应用。

X射线是一种波长在0.001～10nm之间的电磁波,用于晶体结构分析的X射线波长在0.05～0.25nm之间,与晶面间距的数量级相当。当用选定波长为λ的特征X射线以一定方向通过晶体平面点阵时,在偏离入射光的方向产生衍射现象,见图39-1。

若入射光与样品表面夹角为θ,相邻晶面间距为d,则相邻两晶面反射光程差为$MB+BN=n\lambda$。而$MB=BN=d\sin\theta$,故有

$$2d\sin\theta=n\lambda \tag{39-1}$$

上式称为Bragg方程。θ为衍射角或Bragg角,随n不同而异,n是1、2、3等整数。

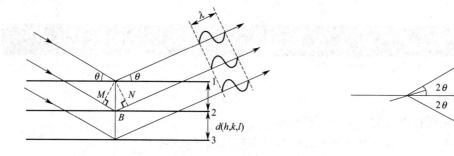

图39-1 晶体的Bragg-衍射   图39-2 衍射线和入射线夹角,衍射圆锥

如果样品与入射线夹角为θ,晶体某一簇面符合Bragg方程,其衍射方向与入射线方向夹角为2θ,见图39-2。对于多晶样品,试样中晶体存在着各种可能的晶面取向,与入射线成θ角的晶面间距为d的晶簇面晶体不止一个,而是无限多个,且分布在以半顶角为2θ的圆锥面上。满足Bragg方程的晶面簇也不止一个,而是有多个衍射圆锥相应于不同晶面间距d的晶面簇和不同的θ角。当X射线衍射仪的记数管和样品绕试样中心轴转动时(试样转θ角,记数管转动2θ),就可以把满足Bragg方程的所有衍射线记录下来。从衍射峰位置(2θ)、晶面间距(d)及衍射峰强度比(I/I_0)可得到样品的晶型结构信息。

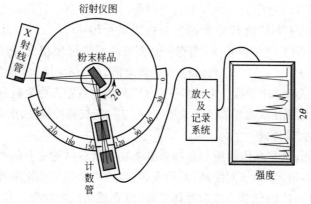

图39-3 计数管衍射仪

X 射线粉末计数管衍射仪示意图见图 39-3。测量时将样品装在 X 射线衍射仪测角圆台中心的样品架上，圆台的圆周边装有 X 射线计数管，以接受来自样品的衍射线，并将衍射转变成电信号后，再经放大器放大，输入记录器记录。以粉末为样品，测得的 X 射线的衍射强度（I）为纵坐标，以 2θ 为横坐标，表示的图谱为粉末 X 射线衍射图。

3. 晶胞大小的测定

以晶胞常数 $\alpha = \beta = \gamma = 90℃$，$a \neq b \neq c$ 的正交系为例，由几何结晶学可推出

$$\frac{1}{d} = \sqrt{\frac{h^{*2}}{a^2} + \frac{k^{*2}}{b^2} + \frac{l^{*2}}{c^2}} \tag{39-2}$$

对于四方晶系，$\alpha = \beta = \gamma = 90℃$，$a = b \neq c$，上式简化为

$$\frac{1}{d} = \sqrt{\frac{h^{*2} + k^{*2}}{a^2} + \frac{l^{*2}}{c^2}} \tag{39-3}$$

对于立方晶系，$\alpha = \beta = \gamma = 90°$，$a = b = c$，上式继续简化为

$$\frac{1}{d} = \sqrt{\frac{h^{*2} + k^{*2} + l^{*2}}{a^2}} \tag{39-4}$$

其他晶系的晶胞常数、晶面间距与密勒指数的关系可参阅有关 X 射线结构分析的相关资料。

从衍射谱各衍射峰所对应的 2θ 角，通过 Bragg 方程，求得的是相对应的 n/d（$=2\sin\theta/\lambda$）值。由于不知道某一衍射是第几级衍射，将上面计算晶面间距的各公式分别改写为

$$\frac{n}{d} = \sqrt{\frac{n^2 h^{*2}}{a^2} + \frac{n^2 k^{*2}}{b^2} + \frac{n^2 l^{*2}}{c^2}} = \sqrt{\frac{h^2}{a^2} + \frac{k^2}{b^2} + \frac{l^2}{c^2}} \tag{39-5}$$

$$\frac{n}{d} = \sqrt{\frac{n^2 h^{*2} + n^2 k^{*2}}{a^2} + \frac{n^2 l^{*2}}{c^2}} = \sqrt{\frac{h^2 + k^2}{a^2} + \frac{l^2}{c^2}} \tag{39-6}$$

$$\frac{n}{d} = \sqrt{\frac{n^2 h^{*2} + n^2 k^{*2} + n^2 l^{*2}}{a^2}} = \sqrt{\frac{h^2 + k^2 + l^2}{a^2}} \tag{39-7}$$

式中，h、k、l 为衍射指数，与密勒指数的关系为

$$h = nh^* \quad k = nk^* \quad l = nl^* \tag{39-8}$$

若已知入射 X 射线的波长为 λ，从衍射谱中直接读出各衍射峰的 θ 值，通过 Bragg 方程可求得所对应的各 n/d 值。如又知道各衍射峰所对应的衍射指数，则立方（或四方或正交）晶胞常数便可求出。寻求各衍射峰指数的步骤称"指标化"。

对立方晶系，指标化最简单，由于 h、k、l 为整数，各衍射峰的 $(n/d)^2$ 或 $\sin^2\theta$，以其最小 $(n/d)^2$ 值除之，所得 $(n/d)_1^2 / (n/d)_1^2$、$(n/d)_2^2 / (n/d)_1^2$、$(n/d)_3^2 / (n/d)_1^2$、$(n/d)_4^2 / (n/d)_1^2$ ……或 $(\sin^2\theta_1 / \sin^2\theta_1)$、$(\sin^2\theta_2 / \sin^2\theta_1)$、$(\sin^2\theta_3 / \sin^2\theta_1)$、$(\sin^2\theta_4 / \sin^2\theta_1)$ ……的数列应为一整数数列，如为 1、2、3、4……按 θ 角增大的顺序，标出各衍射线的衍射指数，h、k、l 为 100、110、200 等。

在立方晶系中，有素晶胞（以符合 P 表示）、体心晶胞（以符合 I 表示）和面心晶胞（以符合 F 表示）三种形式。在素晶胞中衍射指数无系统消光。但在体心晶胞中，只有 $h + k + l$ 为偶数的粉末衍射线。而在面心晶胞中，却只有 h、k、l 全为偶数或全为奇数的粉末

衍射，其他衍射线因散射线的相互干扰而消失（称为系统消光）。表 39-1 为立方点阵衍射指标规律。

表 39-1　立方点阵衍射指标规律

$h^2+k^2+l^2$	P	I	F	$h^2+k^2+l^2$	P	I	F
1	100			11	311		311
2	110	100		12	222	222	222
3	111		111	13	320		
4	200	200	200	14	321	321	
5	210			15			
6	211	211		16	400	400	400
7				17	410,322		
8	220	220	220	18	411,330	411	
9	300,221			19	331		331
10	310	310		20	420	420	420

因此，可由衍射谱各衍射峰的 $(n/d)^2$ 或 $\sin^2\theta$ 来确定出所测定物质所属的晶系，晶胞的点阵形式和晶胞常数。如果不符合上述任何一个数值，说明该晶体不属立方晶系，需要用对称性较低的四方、六方等由高到低的晶系逐一来分析尝试决定。

知道晶胞常数，就知道晶胞体积，在立方晶系中，每个晶胞中的内含物（原子或离子或分子）的个数 N 可按下式求得

$$N = \frac{\rho a^3}{M/N_A} \tag{39-9}$$

式中，M 为样品的摩尔质量；N_A 为阿伏伽德罗常数；ρ 为晶体密度。

【仪器与试剂】

1. 仪器

DX-2000 型 X 射线衍射仪 1 台、玛瑙研钵 1 只。

2. 试剂

NaCl（A. R.）。

【实验步骤】

① 在玛瑙研钵中将 NaCl 晶体研磨至粉末状，颗粒大小在 200～300 目。

② 将磨细的 NaCl 样品小心地加到样品槽的填充区内，所加样品的量稍微高出样品槽的槽沿。

③ 用不锈钢片或玻璃板在样品上面往下压，使样品足够紧密且表面光滑平整、与槽沿相平，附着在样品槽内不得脱落。

④ 将制备好的样品插入衍射仪的样品架上，盖上顶盖，关闭防护罩。

⑤ 开启水龙头，使冷却水通过。X 射线管应关闭，管电流表和管电压表指示应在最小位置。接通总电源，接通稳压电源。

⑥ 开机操作。开启衍射仪总电源，启动循环水泵。待准备灯亮后，接通 X 射线管电源。缓缓升高管电流、管电压至需要值（若使用新 X 射线管或停机后再用，需预先在低管电流和低管电压下"老化"后再用）。打开计算机 X 射线衍射仪应用软件，设置合适的衍射条件，选择阳极靶、管电压、和管电流、发散狭缝、扫描范围、扫描速度等参数，使计数器在设定条件下扫描。

⑦ 停机操作。测量完毕，缓慢顺序降低管电流、管电压至最小值，关闭 X 射线管电源；取出样品。15min 后关闭循环水泵，关闭水龙头。关闭衍射仪总电源、稳压电源及线路总电源。

⑧ 整理实验桌面、搞好实验室卫生。

【实验记录和数据处理】

1. 记录实验室室温、实验室大气压。

实验室室温＿＿＿＿＿＿＿℃；实验室大气压＿＿＿＿＿＿＿Pa。

2. 将数据导入绘图软件（如 Origin、Sigma、Plot 等）画图，横坐标为 2θ，纵坐标为强度 counts。

3. 标出粉末 X 射线图谱中各衍射峰的 2θ 值及峰高值。依据 Bragg 方程，由 2θ 值求出 d/n，并以最高的衍射峰为 100（I_0），标出各衍射峰的相对衍射强度（I/I_0），将这些数值列于表 39-2。通过 PDF（Powder Diffraction File）卡片集进行物相分析。

4. 算出各衍射峰的 $(n/d)^2$ 值或 $\sin^2\theta$，将各衍射峰所对应的 $(n/d)^2$ 或 $\sin^2\theta$ 都除以其中的最小值，将所得的数列化为整数列，与立方晶系可能出现的三种格子的 $(h^2+k^2+l^2)$ 数列进行比较，以确定所测样品所属的晶系和格子类型。将各衍射线指标化，进而求出其晶胞常数 a。将相关数据列于表 39-2。

5. 按公式（39-9）算出单一晶胞中所含原子（或分子，或离子）的个数，已知 $\rho_{NaCl}=2.164g\cdot cm^{-3}$。

表 39-2　X 射线粉末衍射图谱数据

峰序号	2θ	$\sin\theta$	$(d/n)/nm$	I_i	$(I_i/I_0)\times100$	$\sin^2\theta$	$\sin^2\theta_i/\sin^2\theta_1$	$h^2+k^2+l^2$	hkl
1									
2									
...									

【注意事项】

1. 必须将样品研磨成 200～325 目的粉末，便于能较好地充填到样品槽的填充区内。

2. 严格按操作规程使用 X 射线衍射仪，注意对 X 射线的防护，以免对人体造成辐射危害。

【思考题】

1. 对于一定波长的 X 射线，是否可以对晶面间距 d 为任何值的晶面都能产生衍射？

2. NaCl 晶体中若有少量 Na^+ 的位置被 K^+ 所替代，其衍射图有什么变化？NaCl 晶体中若混有少量 KCl，其衍射图又有什么变化？

3. 多晶衍射可否用含有多种波长的多色 X 射线？为什么？

【拓展与讨论】

1. 要得到精确的晶胞常数，须先得到精确的 θ 值。使用较高 θ 值，除读数精确外，也使 $\sin\theta$ 的精度得到提高。由三角函数可知，θ 角愈接近 90°时，$\sin\theta$ 的变化愈小，读数 θ 误差造成的 $\sin\theta$ 误差也愈小。这点可以从误差分析得以证明。

2. 在一定的实验条件下衍射方向取决于晶面间距 d。而 d 是晶胞参数的函数 $d(hkl)=d(a,b,c,\alpha,\beta,\gamma)$，衍射强度取决于物质的结构，即晶胞中原子的种类、数目和排列方式。

因此决定 X 射线衍射谱中衍射方向和衍射强度的一套 d 和 I 的数值，是与一个确定的结构相对应的，即任何一个物相都有一套 d-I 特征值，两种不同物相的结构稍有差异，其衍射谱中的 d-I 也将有区别。这是应用 X 射线衍射分析和鉴定物相的依据。国际上已经分别建成各类化合物（无机、有机化合物和矿物等）的粉末 X 射线衍射数据库，如最著名的美国国际衍射中心的 PDF 库，使用者可按分子式、化合物名称、谱线的 d 与 I/I_0 值进行化合物检索。

3. 若某一种物质包含有多种物相时，每个物相产生的衍射将独立存在互不相干。该物质衍射实验的结果是各个单相衍射图谱的简单叠加，因此应用 X 射线衍射可以对多种物相共存的体系进行全分析。

例如，中药及其制剂都是由多种化学成分组成的复杂多相系统，因此不能使用对单一化合物分析的物相分析方法来剖析中药及其制剂组分。X 射线衍射傅里叶指纹图谱分析法，是基于中医药的整体论思想，并以组成中药方剂的源头物质中药材作为基础。当 X 射线照射到经机械粉碎过后制成细粉（100～200 目筛）的中药材样品上时，中药材中的几十种化学成分将产生各自独立的粉末 X 射线衍射图谱，它们的叠加就形成一幅表示该中药材整体结构特征的粉末 X 射线衍射指纹图谱。

中药材的粉末 X 射线衍射傅里叶指纹图谱，是由衍射图谱的图形几何拓扑规律与特征标记峰值构成。将通过性状显微宏观鉴定确认的中药材，经 X 射线衍射实验转换为一幅在衍射空间以图形、数值表示的专属粉末 X 射线衍射指纹性图谱，既包含中药材的全部成分，也体现各种成分的相对含量值，由此可以实现对中药材的鉴定、分类与质量控制。

4. 一般而言，聚合物材料是由晶区和非晶区组成；特殊情况下，许多聚合物能形成某种程度有序的单项体系或完全无序的非晶态。当试样有择优取向时，衍射曲线不再是水平线，而是在某些位置出现强度较大的峰。这些峰的高低、位置及数目，与试样的择优取向类型及取向度相关。

第12章

附 表

附表 1　国际单位制的基本单位

量的名称	单位名称	单位符号
长度	米	m
质量	千克(公斤)	kg
时间	秒	s
电流	安[培]	A
热力学温度	开[尔文]	K
物质的量	摩[尔]	mol
发光强度	坎[德拉]	cd

引自：刘勇健，等．物理化学实验．南京：南京大学出版社，2009.

附表 2　国际单位制的辅助单位

量的名称	单位名称	单位符号
平面角	弧　度	rad
立体角	球面度	sr

引自：孙尔康，等．物理化学实验．南京：南京大学出版社，1999.

附表 3　国际单位制的部分导出单位

物理量	名称	单位符号		用国际制基本单位表示的关系式
		英文	中文	
频率	赫　兹	Hz	赫	s^{-1}
力	牛　顿	N	牛	$m \cdot kg \cdot s^{-2}$
压力	帕斯卡	Pa	帕	$m^{-1} \cdot kg \cdot s^{-2}$
能、功、热	焦　耳	J	焦	$m^2 \cdot kg \cdot s^{-2}$
功率	瓦　特	W	瓦	$m^2 \cdot kg \cdot s^{-3}$
电量	库　仑	C	库	$s \cdot A$
电压、电位、电动势	伏　特	V	伏	$m^2 \cdot kg \cdot s^{-3} \cdot A^{-1}$
电容	法　拉	F	法	$m^{-2} \cdot kg^{-1} \cdot s^4 \cdot A^2$
电阻	欧　姆	Ω	欧	$m^2 \cdot kg \cdot s^{-3} \cdot A^{-2}$
电导	西门子	S	西	$m^{-2} \cdot kg^{-1} \cdot s^3 \cdot A^2$
磁通量	韦　伯	Wb	韦	$m^2 \cdot kg \cdot s^{-2} \cdot A^{-1}$
磁感应强度	特斯拉	T	特	$kg \cdot s^{-2} \cdot A^{-1}$
光通量	流　明	lm	流	$cd \cdot sr$
光强度	勒克斯	lx	勒	$m^{-2} \cdot cd \cdot sr$
黏度	帕斯卡秒	Pa·s	帕·秒	$m^{-1} \cdot kg \cdot s^{-1}$
表面张力	牛顿每米	N·m^{-1}	牛·$米^{-1}$	$kg \cdot s^{-2}$
热容量、熵	焦耳每开	J·K^{-1}	焦·$开^{-1}$	$m^2 \cdot kg \cdot s^{-2} \cdot K^{-1}$
比热	焦耳每千克每开	J·kg^{-1}·K^{-1}	焦·$千克^{-1}$·$开^{-1}$	$m^2 \cdot s^{-2} \cdot K^{-1}$
密度	千克每立方米	kg·m^{-3}	千克·$米^{-3}$	$kg \cdot m^{-3}$

引自：岳可芬主编．基础化学实验（Ⅲ）物理化学实验．北京：科学出版社，2012.

附表 4 国际单位制词冠

因数	词冠	符号	名称
10^{12}	tera	T	太
10^{9}	giga	G	吉
10^{6}	mega	M	兆
10^{3}	kilo	k	千
10^{2}	hecto	h	百
10^{1}	deca	da	十
10^{-1}	deci	d	分
10^{-2}	centi	c	厘
10^{-3}	milli	m	毫
10^{-6}	micro	μ	微
10^{-9}	nano	n	纳
10^{-12}	pico	p	皮
10^{-15}	femto	f	飞
10^{-18}	atto	a	阿

引自：顾月姝，等．基础化学实验（Ⅲ）：物理化学实验．北京：化学工业出版社，2009.

附表 5 常用的单位换算

单位名称	符号	折合 SI 单位制	单位名称	符号	折合 SI 单位制
力的单位			比热容单位		
1千克力	kgf	9.80665N	1卡·克$^{-1}$·摄氏度$^{-1}$	cal·g^{-1}·℃$^{-1}$	4186.8J·kg^{-1}·℃$^{-1}$
1达因	dyn	10^{-5} N	1尔格·克$^{-1}$·摄氏度$^{-1}$	erg·g^{-1}·℃$^{-1}$	10^{-4} J·kg^{-1}·℃$^{-1}$
黏度单位			功能单位		
泊	P	0.1Pa·s	1千克力·米	kgf·m	9.80665J
厘泊	cP	10^{-3}Pa·s	1尔格	erg	10^{-7}J
压力单位			1升·大气压	L·atm	101.325J
毫巴	mbar	100Pa	1瓦·时	W·h	3600J
1达因·厘米$^{-2}$	dyn·cm^{-2}	0.1Pa	1卡	cal	4.1868J
1千克力·厘米$^{-2}$	kgf·cm^{-2}	98066.5Pa	功率单位		
1工程大气压	at	98066.5Pa	1千克力·米·秒$^{-1}$	kgf·m·s^{-1}	9.80665W
1标准大气压	atm	101325Pa	1尔格·秒$^{-1}$	erg·s^{-1}	10^{-7} W
1毫米水柱	mmH$_2$O	9.80665Pa	1卡·秒$^{-1}$	cal·s^{-1}	4.1868W
1毫米汞柱	mmHg	133.322Pa	1大卡·时$^{-1}$	kcal·h^{-1}	1.163W

引自：孙尔康，等．物理化学实验．南京：南京大学出版社，1999.

附表 6 常用物理化学常数

常数名称	符号	数值	单位
真空光速	c	2.99792458	10^{8} 米·秒$^{-1}$
基本电荷	e	1.6021892	10^{-19} 库
阿伏伽德罗常数	N_A	6.022045	10^{23} 摩$^{-1}$
原子质量单位	u	1.6605655	10^{-27} 千克
电子静质量	m_e	9.109534	10^{-31} 千克
质子静质量	m_p	1.6726485	10^{-27} 千克
法拉第常数	F	9.648456	10^{4} 库·摩$^{-1}$
普朗克常数	h	6.626176	10^{-34} 焦耳·秒
电子荷质比	e/m_e	1.7588047	10^{11} 库·千克$^{-1}$
里德堡常数	R_∞	1.097373177	10^{7} 米$^{-1}$
玻尔磁子	μ_B	9.274078	10^{-24} 焦·特$^{-1}$
气体常数	R	8.31441	焦·开$^{-1}$·摩$^{-1}$
玻耳兹曼常数	k	1.380662	10^{-23} 焦·开$^{-1}$
万有引力常数	G	6.6720	10^{-11} 牛·米^{2}·千克$^{-2}$
重力加速度	g	9.80665	米·秒$^{-2}$

引自：复旦大学，武汉大学，中国科技大学，等．物理化学实验．北京：高等教育出版社，2004.

附表 7　标准储气瓶型号分类

气瓶型号	用　途	工作压力 /kg·cm⁻²	实验压力/kg·cm⁻²	
			水压试验	气压试验
150	氢、氧、氮、氩、甲烷、压缩空气	150	225	150
125	二氧化碳、纯净水煤气等	125	190	125
30	氨、氯、光气等	30	60	30
6	二氧化硫	6	12	6

引自：GB/T 15384—2011.

附表 8　常用储气瓶的色标

气瓶名称	外表面颜色	字样	字样颜色
氧气瓶	天蓝	氧	黑
氢气瓶	深绿	氢	红
氮气瓶	黑	氮	黄
粗氩气瓶	黑	粗氩	白
纯氩气瓶	灰	纯氩	绿
氦气瓶	棕	氦	白
压缩空气	黑	压缩空气	白
氨气瓶	黄	氨	黑
二氧化碳气瓶	黑	二氧化碳	黄
氯气瓶	草绿	氯	白
乙炔瓶	白	乙炔	红
氟氯烷	铝白	氟氯烷	黑
石油气体	灰	石油气	红

引自：GB 7144—2016.

附表 9　福廷式气压计温度校正值[①]

$t/℃$	986.58 /hPa	999.92 /hPa	1013.25 /hPa	1026.58 /hPa	1039.91 /hPa
0	0.00	0.00	0.00	0.00	0.00
1	0.16	0.16	0.16	0.17	0.17
2	0.32	0.33	0.33	0.33	0.20
3	0.48	0.49	0.49	1.52	0.51
4	0.64	0.65	0.67	0.67	0.68
5	0.80	0.81	0.83	0.84	0.85
6	0.96	0.97	0.99	1.00	1.01
7	1.13	1.15	1.16	1.17	1.19
8	1.29	1.31	1.32	1.35	1.36
9	1.45	1.47	1.49	1.51	1.53
10	1.61	1.63	1.65	1.68	1.69
11	1.77	1.80	1.81	1.84	1.87
12	1.93	1.96	1.99	2.01	2.04
13	2.09	2.12	2.15	2.17	2.20
14	2.25	2.28	2.31	2.35	2.37
15	2.41	2.44	2.48	2.51	2.55
16	2.57	2.61	2.64	2.68	2.71
17	2.73	2.77	2.80	2.84	2.88
18	2.89	2.93	2.97	3.01	3.05
19	3.05	3.09	3.13	3.17	3.21
20	3.21	3.25	3.29	3.35	3.37
21	3.37	3.41	3.47	3.51	3.56

续表

$t/℃$	986.58 /hPa	999.92 /hPa	1013.25 /hPa	1026.58 /hPa	1039.91 /hPa
22	3.53	3.59	3.63	3.68	3.72
23	3.69	3.75	3.79	3.84	3.89
24	3.85	3.91	3.96	4.01	4.07
25	4.01	4.07	4.12	4.17	4.23
26	4.17	4.23	4.28	4.35	4.40
27	4.33	4.39	4.45	4.51	4.56
28	4.49	4.55	4.61	4.68	4.73
29	4.65	4.72	4.77	4.84	4.91
30	4.81	4.88	4.95	5.00	5.07
31	4.97	5.04	5.11	5.17	5.24
32	5.13	5.20	5.27	5.33	5.40
33	5.29	5.40	5.43	5.51	5.57
34	5.45	5.52	5.60	5.67	5.75
35	5.61	5.68	5.76	5.84	5.91

① 当温度高于0℃时，气压计读数要减去温度校正值，低于0℃时要加上温度校正值，单位为百帕（hPa）。

引自：岳可芬主编．基础化学实验（Ⅲ）物理化学实验．北京：科学出版社，2012.

附表10　几种有机物质饱和蒸气压计算参数[①]

名称	分子式	适用温度范围/℃	A	B	C
四氯化碳	CCl_4		6.87926	1212.021	226.41
氯仿	$CHCl_3$	−30～150	6.90328	1163.03	227.4
甲醇	CH_4O	−14～65	7.89750	1474.08	229.13
1,2-二氯乙烷	$C_2H_4Cl_2$	−31～99	7.0253	1271.3	222.9
醋酸	$C_2H_4O_2$	0～36	7.80307	1651.2	225
		36～170	7.18807	1416.7	221
乙醇	C_2H_6O	−2～100	8.32109	1718.10	237.52
丙酮	C_3H_6O	−30～150	7.02447	1161.0	224
异丙醇	C_3H_8O	0～101	8.11778	1580.92	219.61
乙酸乙酯	$C_4H_8O_2$	−20～150	7.09808	1238.71	217.0
正丁醇	$C_4H_{10}O$	15～131	7.47680	1362.39	178.77
苯	C_6H_6	−20～150	6.90561	1211.033	220.790
环己烷	C_6H_{12}	20～81	6.84130	1201.53	222.65
甲苯	C_7H_8	−20～150	6.95464	1344.80	219.482
乙苯	C_8H_{10}	−20～150	6.95719	1424.251	213.206

① 物质在不同温度时的饱和蒸气压 p（Pa）按下式计算：

$$\lg p = A - \frac{B}{C+t} + D$$

式中，A、B、C 为常数；t 为温度，℃；D 为压力单位的换算因子，其值为2.1249。

引自：John A Dean. Lange's Handbook of Chemistry, 12th ed, 1979.

附表11　不同温度下乙醇的密度、黏度和饱和蒸气压

$t/℃$	$\rho/g·mL^{-1}$	$\eta×10^3/kg·m^{-1}·s^{-1}$	p/kPa
10	0.7979	1.466	
15	0.7937	1.330	4.386
20	0.7894	1.200	5.946
25	0.7852	1.091	7.973
30	0.7810	1.005	10.559
35	0.7767		13.852
40			17.985
45			23.158
50			29.544

引自：大连理工大学编．化工原理．北京：高等教育出版社，2009.

附表 12　不同温度下纯水的饱和蒸气压

$t/℃$	p/Pa	$t/℃$	p/Pa	$t/℃$	p/Pa	$t/℃$	p/Pa
−15.0	191.5	21.0	2486.6	57.0	17308	93.0	78473
−14.0	208.0	22.0	2643.5	58.0	18142	94.0	81338
−13.0	225.5	23.0	2808.8	59.0	19012	95.0	84513
−12.0	244.5	24.0	2983.3	60.0	19916	96.0	87675
−11.0	264.9	25.0	3167.2	61.0	20856	97.0	90935
−10.0	286.5	26.0	3360.9	62.0	21834	98.0	94295
−9.0	310.1	27.0	3564.9	63.0	22849	99.0	97770
−8.0	335.2	28.0	3779.5	64.0	23906	100.0	101324
−7.0	362.0	29.0	4005.4	65.0	25003	101.0	104734
−6.0	390.8	30.0	4242.8	66.0	26143	102.0	108732
−5.0	421.7	31.0	4492.4	67.0	27326	103.0	112673
−4.0	454.6	32.0	4754.7	68.0	28554	104.0	116665
−3.0	489.7	33.0	5053.1	69.0	29828	105.0	120799
−2.0	527.4	34.0	5319.4	70.0	31157	106.0	125045
−1.0	567.7	35.0	5489.5	71.0	32517	107.0	129402
0.0	610.5	36.0	5941.2	72.0	33943	108.0	133911
1.0	656.7	37.0	6275.1	73.0	35423	109.0	138511
2.0	705.8	38.0	6625.0	74.0	36956	110.0	143263
3.0	757.9	39.0	6986.3	75.0	38543	111.0	148147
4.0	813.4	40.0	7375.9	76.0	40183	112.0	153152
5.0	872.3	41.0	7778.0	77.0	41916	113.0	158309
6.0	935.0	42.0	8199.0	78.0	43636	114.0	163619
7.0	1001.6	43.0	8639.0	79.0	45462	115.0	169049
8.0	1072.6	44.0	9101.0	80.0	47342	116.0	174644
9.0	1147.8	45.0	9583.2	81.0	49289	117.0	180378
10.0	1228.0	46.0	10086	82.0	51315	118.0	186275
11.0	1312.0	47.0	10612	83.0	53408	119.0	192334
12.0	1402.3	48.0	11163	84.0	55568	120.0	198535
13.0	1497.3	49.0	11735	85.0	57808	121.0	204886
14.0	1598.1	50.0	12333	86.0	60114	122.0	211459
15.0	1704.9	51.0	12959	87.0	62488	123.0	218163
16.0	1817.7	52.0	13611	88.0	64941	124.0	225022
17.0	1937.2	53.0	14292	89.0	67474	125.0	232104
18.0	2063.4	54.0	15000	90.0	70095	126.0	239329
19.0	2196.7	55.0	15737	91.0	72800	127.0	246756
20.0	2337.8	56.0	16505	92.0	75592	128.0	254356

引自：Robert C Weast . CRC Handbook of Chem & Phys. 63th ed. 1982-1983.

附表 13　常用液体的正常沸点和该沸点下的摩尔蒸发焓

物质	T_b/K	$\Delta_{vap}H_m/kJ\cdot mol^{-1}$	物质	T_b/K	$\Delta_{vap}H_m/kJ\cdot mol^{-1}$
水	373.2	40.679	正丁醇	390.0	43.822
环己烷	353.9	30.143	丙酮	329.4	30.254
苯	353.3	30.714	乙醚	307.8	17.588
甲苯	383.8	33.463	乙酸	391.5	24.323
甲醇	337.9	35.233	氯仿	334.7	29.469
乙醇	351.5	39.380	硝基苯	483.2	40.742
丙醇	355.5	40.080	二硫化碳	319.5	26.789

引自：John A Dean. Lange's Handbook of Chemistry, 11th ed , 1973.

附表 14　有机化合物的标准摩尔燃烧焓

名称	化学式	$t/℃$	$-\Delta_c H_m^{\ominus}/kJ \cdot mol^{-1}$
甲醇	$CH_3OH(l)$	25	726.51
乙醇	$C_2H_5OH(l)$	25	1366.8
甘油	$(CH_2OH)_2CHOH(l)$	20	1661.0
苯	$C_6H_6(l)$	20	3267.5
己烷	$C_6H_{14}(l)$	25	4163.1
苯甲酸	$C_6H_5COOH(s)$	20	3226.9
樟脑	$C_{10}H_{16}O(s)$	20	5903.6
萘	$C_{10}H_8(s)$	25	5153.8
尿素	$NH_2CONH_2(s)$	25	631.7

引自：Robert C Weast. CRC Handbook of Chemistry and Physics. 66th ed，1985-1986.

附表 15　25℃下不同浓度醋酸水溶液中醋酸的解离度和解离常数

$c \times 10^3/mol \cdot L^{-1}$	α	$K_c \times 10^5/mol \cdot L^{-1}$	$c \times 10^3/mol \cdot L^{-1}$	α	$K_c \times 10^5/mol \cdot L^{-1}$
0.2184	0.2477	1.751			
1.028	0.1238	1.751	12.83	0.03710	1.743
2.414	0.0829	1.750	20.00	0.02987	1.738
3.441	0.0702	1.750	50.00	0.01905	1.721
5.912	0.05401	1.749	100.00	0.01350	1.695
9.842	0.04223	1.747	200.00	0.00949	1.645

引自：苏联化学手册（第三册）. 陶坤译. 北京：科学出版社，1963.

附表 16　无机化合物的标准摩尔溶解热[①]

化合物	$\Delta_{sol}H_m/kJ \cdot mol^{-1}$	化合物	$\Delta_{sol}H_m/kJ \cdot mol^{-1}$
$AgNO_3$	22.47	KI	20.50
$BaCl_2$	−13.22	KNO_3	34.73
$Ba(NO_3)_2$	40.38	$MgCl_2$	−155.06
$Ca(NO_3)_2$	−18.87	$Mg(NO_3)_2$	−85.48
$CuSO_4$	−73.26	$MgSO_4$	−91.21
KBr	20.04	$ZnCl_2$	−71.46
KCl	17.24	$ZnSO_4$	−81.38

① 25℃，标准状态下 1mol 纯物质溶于水生成 1mol·L⁻¹ 的理想溶液过程的热效应。

引自：日本化学会编. 化学便览（基础编Ⅱ）. 东京：丸善株式会社，昭和 41 年 9 月.

附表 17　不同温度下 KCl 在水中的溶解热[①]

$t/℃$	$\Delta_{sol}H/kJ$	$t/℃$	$\Delta_{sol}H/kJ$
10	19.895	20	18.297
11	19.795	21	18.146
12	19.623	22	17.995
13	19.598	23	17.682
14	19.276	24	17.703
15	19.100	25	17.556
16	18.933	26	17.414
17	18.765	27	17.272
18	18.602	28	17.138
19	18.443	29	17.004

① 此溶解热是指 1mol KCl 溶于 200mol 的水。

引自：吴肇亮，等. 物理化学实验. 北京：石油大学出版社，1990.

附表 18　乙醇水溶液的混合体积与乙醇质量分数 w_B 的关系[1]

w_B/%	$V_混$/mL	w_B/%	$V_混$/mL
20	103.24	60	112.22
30	104.84	70	115.25
40	106.93	80	118.56
50	109.43		

[1] 温度为 20℃，混合物质量为 100g。

引自：傅献彩，等. 物理化学（上册）. 北京：人民教育出版社，1979.

附表 19　几种有机物质的密度计算参数[1]

名称	ρ_0	α	β	γ	适用温度范围/℃
四氯化碳	1.63255	−1.9110	−0.690		0～40
氯仿	1.52643	−1.8563	−0.5309	−8.81	−53～55
乙醚	0.73629	−1.1138	−1.237		0～70
乙醇	0.78506	−0.8591	−0.56	−5	
乙酸	1.0724	−1.1229	0.0058	−2.0	9～100
丙酮	0.81248	−1.100	−0.858		0～50
乙酸乙酯	0.92454	−1.168	−1.95	20	0～40
环己烷	0.79707	−0.8879	−0.972	1.55	0～60

[1] 下列几种物质的密度可以按下式计算：

$$\rho_t = \rho_0 + \alpha(t-t_0)10^{-3} + \beta(t-t_0)^2 10^{-6} + \gamma(t-t_0)^3 10^{-9}$$

式中，ρ_0 为 $t=25℃$ 时的密度，单位为 $g \cdot mL^{-1}$，$t_0=25℃$。

引自：International Critical Table of Numerical Data, Physics, Chemistry and Technology. Ⅲ, P.28.

附表 20　不同温度下水的密度

t/℃	ρ/g·mL^{-1}	t/℃	ρ/g·mL^{-1}
0	0.99987	45	0.99025
3.98	1.0000	50	0.98807
5	0.99999	55	0.98573
10	0.99973	60	0.98324
15	0.99913	65	0.98059
18	0.99862	70	0.97781
20	0.99823	75	0.97489
25	0.99707	80	0.97183
30	0.99567	85	0.96865
35	0.99406	90	0.96534
38	0.99299	95	0.96192
40	0.99224	100	0.95838

引自：Robert C Weast. Handbook of Chem & Phys, 1982—1983.

附表 21　常用溶剂的凝固点降低常数

溶剂	纯溶剂的凝固点/℃	K_f/K·kg·mol^{-1}
水	0	1.853
醋酸	16.6	3.90
苯	5.533	5.12
二噁烷	11.7	4.17
环己烷	6.54	20.0

引自：John A Dean. Lange's Handbook of Chemistry, 11th ed., 10～80, 1985.

附表 22 25℃时常见液体的折射率

名称	n_D^{25}	名称	n_D^{25}
甲醇	1.326	氯仿	1.444
水	1.3325	四氯化碳	1.459
乙醚	1.352	乙苯	1.493
丙酮	1.357	甲苯	1.494
乙醇	1.359	苯	1.498
乙酸	1.370	苯乙烯	1.545
乙酸乙酯	1.370	溴苯	1.557
正己烷	1.372	苯胺	1.583
1-丁醇	1.397	溴仿	1.587

引自：Robert C Weast. Handbook of Chem & Phys，1982-1983.

附表 23 25℃时乙醇-环己烷溶液的折射率 n_D^{25}-组成 $x_环$ 关系

n_D^{25}	$x_环$	n_D^{25}	$x_环$
1.35935	0.0000	1.40342	0.5984
1.36867	0.1008	1.40890	0.7013
1.37766	0.2052	1.41356	0.7950
1.38412	0.2911	1.41855	0.8970
1.39216	0.4059	1.42338	1.0000
1.39836	0.5017		

引自：岳可芬主编. 基础化学实验（Ⅲ）；物理化学实验. 北京：科学出版社，2012.

附表 24 20℃时环己烷-异丙醇溶液浓度-折射率 n_D^{20} 关系

$x_异$	n_D^{20}	$w_异\%$	$x_异$	n_D^{20}	$w_异\%$
0.0000	1.4263	0.00	0.4004	1.4077	32.61
0.1066	1.4210	7.85	0.4604	1.4050	37.85
0.1704	1.4181	12.79	0.5000	1.4029	41.65
0.2000	1.4168	15.54	0.6000	1.3983	51.72
0.2834	1.4130	22.02	0.8000	1.3882	74.05
0.3203	1.4113	25.17	1.0000	1.3773	100.0
0.3714	1.4090	29.67			

引自：刘勇健，等. 物理化学实验. 南京：南京大学出版社，2009.

附表 25 不同温度下水的折射率 n_D、黏度 η 和介电常数 ε

$t/℃$	n_D	$\eta \times 10^3/kg \cdot m^{-1} \cdot s^{-1}$	ε
0	1.33395	1.7702	87.74
5	1.33388	1.5108	85.76
10	1.33369	1.3039	83.83
15	1.33339	1.1374	81.95
20	1.33300	1.0019	80.10
21	1.33290	0.9764	79.73
22	1.33280	0.9532	79.38
23	1.33271	0.9310	79.02
24	1.33261	0.9100	78.65
25	1.33250	0.8903	78.30
26	1.33240	0.8703	77.94
27	1.33229	0.8512	77.60
28	1.33217	0.8328	77.24
29	1.33206	0.8145	76.90
30	1.33194	0.7973	76.55

续表

$t/℃$	n_D	$\eta \times 10^3/kg \cdot m^{-1} \cdot s^{-1}$	ε
35	1.33131	0.7190	74.83
40	1.33061	0.6526	73.15
45	1.32985	0.5972	71.51
50	1.32904	0.5468	69.91
55	1.32817	0.5042	68.35
60	1.32725	0.4669	66.82
65		0.4341	65.32
70		0.4050	63.86
75		0.3792	62.43
80		0.3560	61.03
85		0.3352	59.66
90		0.3165	58.32
95		0.2995	57.01
100		0.2840	55.72

① 黏度是指单位面积的液层，以单位速度流过相隔单位距离的固定液面时所需的切线力。其单位是 $N \cdot s \cdot m^{-2}$ 或 $kg \cdot m^{-1} \cdot s^{-1}$ 或 $Pa \cdot s$（帕·秒）。

② 介电常数（相对）是指物质做介质时，与相同条件真空情况下电容的比值。故介电常数又称相对电容率，无量纲。

引自：John A Dean. Lange's Handbook of Chemistry, 11th ed. 1985.

附表 26 常压下几种共沸物的沸点和组成

共沸物		各组分的沸点/℃		共沸物的性质	
甲组分	乙组分	甲组分	乙组分	沸点/℃	组成(组分甲的质量分数)/℃
苯	乙醇	80.1	78.3	67.9	68.3
环己烷	乙醇	80.8	78.3	64.8	70.8
正己烷	乙醇	68.9	78.3	58.7	79.0
乙酸乙酯	乙醇	77.1	78.3	71.8	69.0
乙酸乙酯	环己烷	77.1	80.7	71.6	56.0
异丙醇	环己烷	82.4	80.7	69.4	32.0

引自：Robert C Weast. CRC Handbook of Chemistry and Physics. 66th ed，1985-1986.

附表 27 几种金属混合物的熔点①

金属		金属(Ⅱ)质量分数 $w/\%$										
Ⅰ	Ⅱ	0	10	20	30	40	50	60	70	80	90	100
Pb	Sn	326	295	276	262	240	220	190	185	200	216	232
	Sb	326	250	275	330	395	440	490	525	560	600	632
Sb	Bi	632	610	590	575	555	540	520	470	405	330	268
	Zn	632	555	510	540	570	565	540	525	510	470	419

① 温度单位为℃。

引自：Robert C Weast. CRC Handbook of Chemistry and Physics. 66th ed，1985-1986.

附表 28 常见无机化合物的脱水温度

水合物	脱水	$t/℃$
$CuSO_4 \cdot 5H_2O$	$-2H_2O$	85
	$-4H_2O$	115
	$-5H_2O$	230

续表

水合物	脱水	$t/℃$
$CaCl_2 \cdot 6H_2O$	$-4H_2O$	30
	$-6H_2O$	200
$CaSO_4 \cdot 2H_2O$	$-1.5H_2O$	128
	$-2H_2O$	163
$Na_2B_4O_7 \cdot 10H_2O$	$-8H_2O$	60
	$-10H_2O$	320

引自：印永嘉主编. 大学化学手册. 济南：山东技术科学出版社，1985.

附表 29　18℃时水溶液中阴离子的迁移数

电解质	$c/mol \cdot L^{-1}$					
	0.01	0.02	0.05	0.1	0.2	0.5
NaOH			0.81	0.82	0.82	0.82
HCl	0.167	0.166	0.165	0.164	0.163	0.160
KCl	0.504	0.504	0.505	0.506	0.506	0.510
KNO_3（25℃）	0.4916	0.4913	0.4907	0.4897	0.4880	
H_2SO_4	0.175		0.172	0.175		0.175

引自：拉宾诺维奇 B A 等著. 简明化学手册. 尹永烈等译. 北京：化学工业出版社，1983.

附表 30　不同温度下不同浓度 HCl 水溶液中 H^+ 的迁移数

b_{H^+} /$mol \cdot kg^{-1}$	$t/℃$						
	10	15	20	25	30	35	40
0.01	0.841	0.835	0.830	0.825	0.821	0.816	0.811
0.02	0.842	0.836	0.832	0.827	0.822	0.818	0.813
0.05	0.844	0.838	0.834	0.830	0.825	0.821	0.816
0.1	0.846	0.840	0.837	0.832	0.828	0.823	0.819
0.2	0.847	0.843	0.839	0.835	0.830	0.827	0.823
0.5	0.850	0.846	0.842	0.838	0.834	0.831	0.827
1.0	0.852	0.848	0.844	0.841	0.837	0.833	0.829

引自：Conway B E. Electrochemical data. New York：Plenum Publishing Corporation，1952.

附表 31　25℃时 HCl 水溶液的摩尔电导率 Λ_m 和电导率 κ 与浓度 c 的关系

$c/mol \cdot L^{-1}$	$\Lambda_m \times 10^4/S \cdot m^2 \cdot mol^{-1}$	$\kappa/S \cdot m^{-1}$
无限稀释	425.95	
0.0005	423.0	
0.001	421.4	0.04212
0.002	419.2	0.08384
0.005	415.1	0.2076
0.010	411.4	0.4114
0.020	406.1	0.8112
0.050	397.8	1.989
0.100	389.8	3.998
0.200	379.6	7.592

引自：印永嘉主编. 物理化学简明手册. 北京：高等教育出版社，1988.

附表 32 　25℃时无限稀释水溶液中一些离子的极限摩尔电导率 ($\Lambda_m^\infty \times 10^{-4}/S \cdot m^2 \cdot mol^{-1}$)[①]

离子	Λ_m^∞	离子	Λ_m^∞	离子	Λ_m^∞	离子	Λ_m^∞
Ag^+	61.9	K^+	73.5	F^-	54.4	IO_3^-	40.5
Ba^{2+}	127.8	La^{3+}	208.8	ClO_3^-	64.4	IO_4^-	54.5
Be^{2+}	108	Li^+	38.69	ClO_4^-	67.9	NO_2^-	71.8
Ca^{2+}	117.4	Mg^{2+}	106.12	CN^-	78	NO_3^-	71.4
Cd^{2+}	108	NH_4^+	73.5	CO_3^{2-}	144	OH^-	198.6
Ce^{3+}	210	Na^+	50.11	CrO_4^{2-}	170	PO_4^{3-}	207
Co^{2+}	106	Ni^{2+}	100	$Fe(CN)_6^{4-}$	444	SCN^-	66
Cr^{3+}	201	Pb^{2+}	142	$Fe(CN)_6^{3-}$	303	SO_3^{2-}	159.8
Cu^{2+}	110	Sr^{2+}	118.92	HCO_3^-	44.5	SO_4^{2-}	160
Fe^{2+}	108	Tl^+	76	HS^-	65	Ac^-	40.9
Fe^{3+}	204	Zn^{2+}	105.6	HSO_3^-	50	$C_2O_4^{2-}$	148.4
H^+	349.82			HSO_4^-	50	Br^-	73.1
Hg^+	106.12			I^-	76.9	Cl^-	76.35

① 各离子的温度系数除 H^+ (0.0139) 和 OH^- (0.018) 外，均为 $0.02℃^{-1}$。

引自：John A Dean. Lange's Handbook of Chemistry. 12th ed, 1979.

附表 33 　不同温度时不同浓度的 KCl 溶液电导率 ($\kappa/S \cdot cm^{-1}$)

$t/℃$	$c/mol \cdot L^{-1}$[①]			
	1.000	0.1000	0.0200	0.0100
0	0.06541	0.00715	0.001521	0.000776
5	0.07414	0.00822	0.001752	0.000896
10	0.08319	0.00933	0.001994	0.001020
15	0.09252	0.01048	0.002243	0.001147
16	0.09441	0.01072	0.002294	0.001173
17	0.09631	0.01095	0.002345	0.001199
18	0.09822	0.01119	0.002397	0.001225
19	0.10014	0.01143	0.001449	0.001251
20	0.10207	0.01167	0.002501	0.001278
21	0.10400	0.01191	0.002553	0.001305
22	0.10594	0.01215	0.002606	0.001332
23	0.10789	0.1239	0.002659	0.001359
24	0.10984	0.01264	0.002712	0.001386
25	0.11180	0.01288	0.002765	0.001413
26	0.11377	0.01343	0.002819	0.001441
27	0.11574	0.01337	0.002873	0.001468
28		0.01362	0.002927	0.001496
29		0.01387	0.002981	0.001524
30		0.01412	0.003036	0.001552
35		0.01539	0.003314	
36		0.01564	0.003368	

① 在空气中称取 74.56g KCl 溶于 18℃水中，稀释到 1L，其浓度为 $1.000 mol \cdot L^{-1}$（密度为 $1.0449g \cdot mL^{-1}$）再稀释得其他浓度溶液。

引自：复旦大学，武汉大学，中国科技大学等．物理化学实验．北京：高等教育出版社，2004.

附表 34　25℃时标准还原电极电势及温度系数

电极反应	$E^{\ominus}(298K)/V$	$(dE^{\ominus}/dT)/mV \cdot K^{-1}$
$Ag^{+}+e^{-}\!\!=\!\!=\!\!Ag$	$+0.7991$	-1.000
$AgCl+e^{-}\!\!=\!\!=\!\!Ag+Cl^{-}$	$+0.2224$	-0.658
$AgI+e^{-}\!\!=\!\!=\!\!Ag+I^{-}$	-0.151	-0.248
$Ag(NH_3)_2^{+}+e^{-}\!\!=\!\!=\!\!Ag+2NH_3$	$+0.373$	-0.460
$Cl_2+2e^{-}\!\!=\!\!=\!\!2Cl^{-}$	$+1.3595$	-1.260
$2HClO(aq)+2H^{+}+2e^{-}\!\!=\!\!=\!\!Cl_2(g)+2H_2O$	$+1.63$	-0.14
$Cr_2O_7^{2-}+14H^{+}+6e^{-}\!\!=\!\!=\!\!2Cr^{3+}+7H_2O$	$+1.33$	-1.263
$HCrO_4^{-}+7H^{+}+3e^{-}\!\!=\!\!=\!\!Cr^{3+}+4H_2O$	$+1.2$	
$Cu^{+}+e^{-}\!\!=\!\!=\!\!Cu$	$+0.521$	-0.058
$Cu^{2+}+2e^{-}\!\!=\!\!=\!\!Cu$	$+0.337$	$+0.008$
$Cu^{2+}+e^{-}\!\!=\!\!=\!\!Cu^{+}$	$+0.153$	$+0.073$
$Fe^{2+}+2e^{-}\!\!=\!\!=\!\!Fe$	-0.440	$+0.052$
$Fe(OH)_2+2e^{-}\!\!=\!\!=\!\!Fe+2OH^{-}$	-0.877	-1.06
$Fe^{3+}+e^{-}\!\!=\!\!=\!\!Fe^{2+}$	$+0.771$	$+1.188$
$Fe(OH)_3+e^{-}\!\!=\!\!=\!\!Fe(OH)_2+OH^{-}$	-0.56	-0.96
$2H^{+}+2e^{-}\!\!=\!\!=\!\!H_2(g)$	0.0000	0
$2H^{+}+2e^{-}\!\!=\!\!=\!\!H_2(aq,sat)$	$+0.0004$	$+0.033$
$Hg_2^{2+}+2e^{-}\!\!=\!\!=\!\!2Hg$	$+0.792$	
$Hg_2Cl_2+2e^{-}\!\!=\!\!=\!\!2Hg+2Cl^{-}$	$+0.2676$	-0.317
$HgS+2e^{-}\!\!=\!\!=\!\!Hg+S^{2-}$	-0.69	-0.79
$HgI_4^{2-}+2e^{-}\!\!=\!\!=\!\!Hg+4I^{-}$	-0.038	$+0.04$
$Li^{+}+e^{-}\!\!=\!\!=\!\!Li$	-3.045	-0.534
$Na^{+}+e^{-}\!\!=\!\!=\!\!Na$	-2.714	-0.772
$Ni^{2+}+2e^{-}\!\!=\!\!=\!\!Ni$	-0.250	$+0.06$
$O_2(g)+2H^{+}+2e^{-}\!\!=\!\!=\!\!H_2O_2(aq)$	$+0.682$	-1.033
$O_2(g)+4H^{+}+4e^{-}\!\!=\!\!=\!\!2H_2O$	$+1.229$	-0.846
$O_2(g)+2H_2O+4e^{-}\!\!=\!\!=\!\!4OH^{-}$	$+0.401$	-1.680
$H_2O_2+2H^{+}+2e^{-}\!\!=\!\!=\!\!2H_2O$	$+1.77$	-0.8342
$2H_2O+2e^{-}\!\!=\!\!=\!\!H_2+2OH^{-}$	-0.8281	-0.451
$Pb^{2+}+2e^{-}\!\!=\!\!=\!\!Pb$	-0.126	-1.194
$PbO_2+H_2O+2e^{-}\!\!=\!\!=\!\!PbO(red)+2OH^{-}$	$+0.248$	-0.326
$PbO_2+SO_4^{2-}+4H^{+}+2e^{-}\!\!=\!\!=\!\!PbSO_4+2H_2O$	$+1.685$	-0.209
$S+2H^{+}+2e^{-}\!\!=\!\!=\!\!H_2S(aq)$	$+0.141$	-0.282
$Sn^{2+}+2e^{-}\!\!=\!\!=\!\!Sn(白)$	-0.136	
$Sn^{4+}+2e^{-}\!\!=\!\!=\!\!Sn^{2+}$	$+0.15$	$+0.091$
$Zn^{2+}+2e^{-}\!\!=\!\!=\!\!Zn$	-0.7628	-1.002
$Zn(OH)_2+2e^{-}\!\!=\!\!=\!\!Zn+2OH^{-}$	-1.245	

引自：王正烈等. 物理化学（下）. 4 版. 北京：高等教育出版社，2001.

附表 35　25℃时常用参比电极的电势及温度系数

名　称	体系	E_{25}/V	$(dE/dT)/mV \cdot K^{-1}$
氢电极	$Pt,H_2 \mid H^{+}(a=1)$	0.0000	
饱和甘汞电极	$Hg,HgCl_2 \mid$ 饱和 KCl	0.2412	-0.761
标准甘汞电极	$Hg,Hg_2Cl_2 \mid 0.1mol \cdot L^{-1} KCl$	0.2801	-2.75
$0.1mol \cdot L^{-1}$ 甘汞电极	$Hg,Hg_2Cl_2 \mid 0.1mol \cdot L^{-1} KCl$	0.3337	-0.875
银-氯化银电极	$Ag,AgCl \mid KCl(a=1)$	0.2224	-6.45
氧化汞电极	$Hg,HgO \mid 0.1mol \cdot L^{-1} KOH$	0.165	
硫酸亚汞电极	$Hg,Hg_2SO_4 \mid 0.1mol \cdot L^{-1} Hg_2SO_4$	0.6758	

引自：龚茂初等. 物理化学实验. 北京：化学工业出版社，2013.

附表 36　甘汞电极（SCE）的电极电势与温度的关系

甘汞电极种类	E/V
饱和甘汞电极	$0.2412 - 6.61 \times 10^{-4}(t/℃ - 25) - 1.75 \times 10^{-6}(t/℃ - 25)^2 - 9 \times 10^{-10}(t/℃ - 25)^3$
标准甘汞电极	$0.2801 - 2.75 \times 10^{-4}(t/℃ - 25) - 2.50 \times 10^{-6}(t/℃ - 25)^2 - 4 \times 10^{-9}(t/℃ - 25)^3$
$0.1 \text{mol} \cdot \text{L}^{-1}$甘汞电极	$0.3337 - 8.75 \times 10^{-5}(t/℃ - 25) - 3 \times 10^{-6}(t/℃ - 25)^2$

引自：岳可芬．基础化学实验（Ⅲ）；物理化学实验．北京：科学出版社，2012.

附表 37　不同温度下一些难溶电解质的溶度积

化合物	K_{sp}	化合物	K_{sp}
AgBr	4.95×10^{-13}	$BaSO_4$	1.1×10^{-10}
AgCl	1.77×10^{-10}	$Fe(OH)_3$	4.0×10^{-38}
AgI	8.30×10^{-17}	$PbSO_4$	1.6×10^{-8}
Ag_2S	6.30×10^{-52}	CaF_2	2.7×10^{-11}
$BaCO_3$	5.10×10^{-9}		

引自：顾庆超等．化学用表．南京：江苏科学技术出版社，1979.

附表 38　25℃时不同质量摩尔浓度强电解质的离子平均活度系数

电解质	$b/\text{mol} \cdot \text{kg}^{-1}$				
	0.01	0.1	0.2	0.5	1.0
$AgNO_3$	0.90	0.734	0.657	0.536	0.429
$CaCl_2$	0.732	0.518	0.472	0.448	0.500
$CuCl_2$		0.508	0.455	0.411	0.417
$CuSO_4$	0.40	0.150	0.104	0.062	0.0423
HCl	0.906	0.796	0.767	0.757	0.809
HNO_3		0.791	0.754	0.720	0.724
H_2SO_4	0.545	0.2655	0.209	0.1557	0.1316
KCl	0.732	0.770	0.718	0.649	0.604
KNO_3		0.739	0.663	0.545	0.443
KOH		0.798	0.760	0.732	0.756
NH_4Cl		0.770	0.718	0.649	0.603
NH_4NO_3		0.740	0.677	0.582	0.504
NaCl	0.9032	0.778	0.735	0.681	0.657
$NaNO_3$		0.762	0.703	0.617	0.548
NaOH		0.766	0.727	0.690	0.678
$ZnCl_2$	0.708	0.515	0.462	0.394	0.339
$Zn(NO_3)_2$		0.531	0.489	0.474	0.535
$ZnSO_4$	0.387	0.150	0.140	0.063	0.0435

引自：复旦大学等．物理化学实验．第2版．北京：高等教育出版社，1995.

附表 39　均相化学反应的速率常数

（1）蔗糖水解的速率常数

$c_{HCl}/\text{mol} \cdot \text{L}^{-1}$	$k \times 10^3/\text{min}^{-1}$		
	298.2K	308.2K	318.2K
0.4137	4.043	17.00	60.62
0.9000	11.16	46.76	148.8
1.214	17.455	75.97	

（2）乙酸乙酯皂化反应的速率常数与温度的关系 $\lg k = -1780T^{-1} + 0.00754T + 4.53$（$k$ 的单位为 $\text{L} \cdot \text{mol}^{-1} \cdot \text{min}^{-1}$）。

（3）丙酮碘化反应的速率常数 $k(25℃) = 1.71 \times 10^{-3} \text{L} \cdot \text{mol}^{-1} \cdot \text{min}^{-1}$；$k(35℃) = 5.284 \times 10^{-3} \text{L} \cdot \text{mol}^{-1} \cdot \text{min}^{-1}$。

引自：International Critical Tables of Numerical Data. physics，Chemistry and Technology. New York：McGraw-Hill-Book Company Inc. Ⅳ：130，146.

附表 40 不同温度下水的表面张力（$\gamma \times 10^{-3}/\text{N·m}^{-1}$）

$t/°C$	γ	$t/°C$	γ	$t/°C$	γ	$t/°C$	γ
0	75.64	17	73.19	26	71.82	60	66.18
5	74.92	18	73.05	27	71.66	70	64.42
10	74.22	19	72.90	28	71.50	80	62.61
11	74.07	20	72.75	29	71.35	90	60.75
12	73.93	21	72.59	30	71.18	100	58.85
13	73.78	22	72.44	35	70.38	110	56.89
14	73.64	23	72.28	40	69.56	120	54.89
15	73.59	24	72.13	45	68.74	130	52.84
16	73.34	25	71.97	50	67.91		

引自：John A Dean. Lang's Handbook of Chemistry. 11th ed，1973.

附表 41 被吸附分子的截面积

分子	$t/°C$	分子截面积	
		σ/nm^2	$\sigma/10^{-16}\text{m}^2$
氩 Ar	$-195, -183$	0.138	13.8
氢 H_2	$-183 \sim -135$	0.121	12.1
氮 N_2	-195	0.162	16.2
氧 O_2	$-195, -183$	0.136	13.6
正丁烷 C_4H_{10}	0	0.446	44.6
苯 C_6H_6	20	0.430	43.0

引自：印永嘉. 物理化学简明手册. 北京：高等教育出版社，1988.

附表 42 几种胶体的 ζ 电势

水溶胶				有机溶胶		
分散相	ζ/V	分散相	ζ/V	分散相	分散介质	ζ/V
As_2S_3	-0.032	Bi	0.016	Cd	$CH_3COOC_2H_5$	-0.047
Au	-0.032	Pb	0.018	Zn	CH_3COOCH_3	-0.064
Ag	-0.034	Fe	0.028	Zn	$CH_3COOC_2H_5$	-0.087
SiO_2	-0.044	$Fe(OH)_3$	0.044	Bi	$CH_3COOC_2H_5$	-0.091

引自：天津大学物理化学教研室主编. 物理化学（下）. 北京：人民教育出版社，1979.

附表 43 高聚物特性黏度与平均摩尔质量关系式中的常数

高聚物	溶剂	$t/°C$	$K \times 10^3/\text{L·kg}^{-1}$	α	分子量范围 $M \times 10^{-4}$
聚丙烯酰胺	水	30	6.31	0.80	$2 \sim 50$
	水	30	68.0	0.66	$1 \sim 20$
	1mol·L^{-1} $NaNO_3$	30	37.3	0.66	
聚丙烯腈	二甲基甲酰胺	25	16.6	0.81	$5 \sim 27$
聚甲基丙烯酸甲酯	丙酮	25	7.5	0.70	$3 \sim 93$
聚乙烯醇	水	25	20.0	0.76	$0.6 \sim 2.1$
	水	30	66.6	0.64	$0.6 \sim 16$
聚己内酰胺	40% H_2SO_4	25	59.2	0.69	$0.3 \sim 1.3$
聚醋酸乙烯酯	丙酮	25	10.8	0.72	$0.9 \sim 2.5$

引自：印永嘉主编. 大学化学手册. 济南：山东科学技术出版社，1985.

附表 44　液体分子偶极矩 μ、介电常数 ε 与极化度 P^{∞} [①]

物质	$\mu \times 10^{30}/C \cdot m$		0	10	20	25	30	40	50	
水	6.14	ε	87.83	83.86	80.08	78.25	76.47	73.02	69.73	
		P^{∞}								
氯仿	3.94	ε	5.19	5.00	4.81	4.72	4.64	4.47	4.31	
		P^{∞}	51.1	50.0	49.7	47.5	48.8	48.3	17.5	
四氯化碳	0	ε				2.24	2.23		2.13	
		P^{∞}				28.2				
乙醇	5.57	ε	27.88	26.41	25.00	24.25	23.52	22.16	20.87	
		P^{∞}	74.3	72.2	70.2	69.2	68.3	66.5	64.8	
丙酮	9.04	ε	23.3	22.5	21.4	20.9	20.5	19.5	18.7	
		P^{∞}	184	178	173	170	167	162	158	
乙醚	4.07	ε	4.80	4.58	4.38	4.27	4.15			
		P^{∞}	57.4	56.2	55.0	54.5	54.0			
苯	0	ε		2.30	2.29	2.27	2.26	2.25	2.22	
		P^{∞}				26.6				
环己烷	0	ε			2.023	2.015				
		P^{∞}								
氯苯	5.24	ε	6.09		5.65	5.63		5.37	5.23	
		P^{∞}	85.5		81.5	82.0		77.8	76.8	
硝基苯	13.12	ε		37.85	35.97		33.97	32.26	30.5	
		P^{∞}		365	354	348	339	320	316	
正丁醇	5.54	ε								
		P^{∞}								

① 极化度 P^{∞} 单位为：$L \cdot mol^{-1}$

引自：巴龙 H M 等. 物理化学数据简明手册. 2 版. 上海：上海科学技术出版社，1959.

附表 45　几种化合物的磁化率

无机物	T/K	质量磁化率 $\chi_m \times 10^9 / m^3 \cdot kg^{-1}$	摩尔磁化率 $\chi_M \times 10^9 / m^3 \cdot mol^{-1}$
$CuBr_2$	292.7	38.6	8.614
$CuCl_2$	289	100.9	13.57
CuF_2	293	129.0	13.19
$Cu(NO_3)_2 \cdot 3H_2O$	293	81.7	19.73
$CuSO_4 \cdot 5H_2O$	293	73.5(74.4)	18.35
$FeCl_2 \cdot 4H_2O$	293	816.0	162.1
$FeSO_4 \cdot 7H_2O$	293.5	506.2	140.7
H_2O	293	-9.50	-0.163
$Hg[Co(CNS)_4]$	293	206.6	
$K_3[Fe(CN)_6]$	297	87.5	28.78
$K_4[Fe(CN)_6]$	室温	4.699	-1.634
$K_4[Fe(CN)_6] \cdot 3H_2O$	室温		-2.165
$NH_4Fe(SO_4)_2 \cdot 12H_2O$	293	378.0	182.2
$(NH_4)_2Fe(SO_4)_2 \cdot 6H_2O$	293	397(406)	155.8

引自：复旦大学等. 物理化学实验. 第 2 版. 北京：高等教育出版社，1995.

参 考 文 献

［1］ 孙尔康，张剑荣. 物理化学实验. 3 版. 南京：南京大学出版社，2018.

［2］ 宋淑娥. 基础化学实验（Ⅲ）：物理化学实验. 3 版. 北京：化学工业出版社，2019.

［3］ 孙尔康，张剑荣，刘勇健等. 物理化学实验. 南京：南京大学出版社，2009.

［4］ 岳可芬. 基础化学实验（Ⅲ）：物理化学实验. 北京：科学出版社，2012.

［5］ 吴慧敏. 物理化学实验. 2 版. 北京：化学工业出版社，2021.

［6］ 徐菁利，陈燕青，赵家昌等. 物理化学实验. 上海：上海交通大学出版社，2009.

［7］ 张秀芳，贺文英. 物理化学实验. 2 版. 北京：中国农业大学出版社，2016.

［8］ 苏永庆，段爱红，刘频等. 物理化学实验. 北京：国防工业出版社，2014.

［9］ 杨仲年，曹允洁，徐秋红等. 物理化学实验. 北京：化学工业出版社，2012.

［10］ 张立庆，李菊清，姜华昌. 物理化学实验. 杭州：浙江大学出版社，2014.

［11］ 乔艳红. 物理化学实验. 北京：中国纺织出版社，2011.

［12］ 郭子成，罗青枝，刘树彬. 物理化学实验. 2 版. 北京：北京理工大学出版社，2011.

［13］ 孙文东，陆嘉星. 物理化学实验. 第 3 版. 北京：高等教育出版社，2014.

［14］ 王桂华，韦美菊. 物理化学实验. 北京：化学工业出版社，2013.

［15］ 淳远，邱金恒，王喜章. 物理化学实验. 北京：高等教育出版社，2023.

［16］ 杨百勤. 物理化学实验. 北京：化学工业出版社，2010.

［17］ 崔广华，崔文权. 物理化学实验. 北京：中国计量出版社，2008.

［18］ 陈芳. 物理化学实验. 武汉：武汉大学出版社，2019.

［19］ 庞素娟，张军锋. 物理化学实验. 北京：化学工业出版社，2015.

［20］ 玉占君，冯春梁. 物理化学实验. 北京：化学工业出版社，2014.

［21］ 宿辉，白青子. 物理化学实验. 北京：北京大学出版社，2011.

［22］ 傅献彩，侯文华. 物理化学. 6 版. 北京：高等教育出版社，2022.

［23］ 刘俊吉，李松林，冯霞，朱荣娇，陈鹏修订. 物理化学. 7 版. 北京：高等教育出版社，2024.

［24］ 朱志昂，阮文娟. 物理化学. 6 版. 北京：科学出版社，2018.

［25］ 刘建兰，韩明娟，裴文博，吴雅静主编. 物理化学. 2 版. 北京：化学工业出版社，2021.

［26］ 黄志斌，唐亚文. 高等学校化学化工实验室安全教程. 南京：南京大学出版社，2015.